百合

刘道敏　吴　佳　孙云开
王国军　陈　乔　何忠军　主编

U0349108

中国农业科学技术出版社

图书在版编目(CIP)数据

百合 / 刘道敏等主编. -- 北京：中国农业科学技术出版社，2024.9. -- ISBN 978-7-5116-7036-6

Ⅰ. S682.202.4

中国国家版本馆 CIP 数据核字第 2024ZC8987 号

责任编辑　于建慧
责任校对　李向荣
责任印制　姜义伟　　王思文

出 版 者	中国农业科学技术出版社
	北京市中关村南大街 12 号　　邮编：100081
电　　话	（010）82109708（编辑室）　　（010）82106624（发行部）
	（010）82109709（读者服务部）
网　　址	https：//castp.caas.cn
经 销 者	各地新华书店
印 刷 者	北京建宏印刷有限公司
开　　本	170 mm×240 mm　1/16
印　　张	21
字　　数	365 千字
版　　次	2024 年 9 月第 1 版　2024 年 9 月第 1 次印刷
定　　价	68.00 元

《百合》编委会

作者分工

前　言 ……………………………………………………… 刘道敏
第一章
　　第一节 …………………………………………… 刘道敏、张　雷
　　第二节 …………………………………………… 张　雷、王月娥
　　第三节 …………………………………………… 孙云开、蔡华庆
第二章
　　第一节 …………………………………………… 吴　佳、王清明
　　第二节 ……………………………………… 李　芳、都斌斌、谢　宇
　　第三节 …………………………………………… 易善勇、蔡华庆
第三章
　　第一节 ……………………………………… 刘道敏、王清明、郝　睿
　　第二节 ……………………………………… 王清明、周　洁、孙云开
第四章
　　第一节 ………………………………… 王国军、李秀娟、任琼芝、李一博
　　第二节 …………………………………………… 王国军、何忠军
　　第三节 …………………………………………… 王国军、何忠军
第五章
　　第一节 ………………………………………………………… 陈　乔
　　第二节 …………………………………………… 陈　乔、曹混尘
全书统稿 ……………………………………………………… 刘道敏

前言

百合是百合属（*Lilium*）所有种的总称，全世界共有115种，我国作为百合属植物的自然分布中心，共分布55种（其中有35个为特有种），主要以西南地区和华中地区最多。百合作为药食同源的植物，是原国家卫生部第一批公布的药食两用的中药材之一，在我国栽培地区广泛、历史悠久，其鳞茎营养丰富，风味独特，具有润肺止咳、宁心安神和补中益气的功效，是很好的药膳食品。同时，百合因其花朵硕大美丽，色彩丰富，花形多样，是世界著名的球根花卉，在园艺鲜切花等方面被广泛应用。20世纪初，荷兰、美国等欧美国家开始进行百合杂交育种研究，培育出了很多闻名世界的观赏百合品种，长期占据着国际花卉市场份额。21世纪以来，我国相继选育了100余个性状优异的百合新品种，栽培面积逐年扩大，市场份额也相应增加。

随着人们对美好生活的追求越来越高，百合作为食用、药用和观赏功能兼有的作物，其需求量也越来越大，已成为带动致富增收的特色产业之一。围绕百合种质资源、品种选育、生长发育、栽培应用等相关研究也愈加深入，国内许多知名专家撰写了著作，为研究人员和种植人员提供了很好的参考资料。目前已有的著作，或专注于种质资源创新利用，或专注于栽培应用，综合性书籍

较少。为全面系统总结百合科研生产中取得的经验与技术成果，多家从事百合研究的同行充分酝酿，决定编写出版《百合》一书，以期为百合科研和生产提供参考。

本书共五章。第一章介绍了中国百合种植概况和百合种质资源及品种选育，第二章介绍了百合种植的生物学基础，第三章介绍了百合栽培，第四章介绍了环境胁迫及其应对，第五章介绍了百合品质及综合利用。

因时间仓促，查阅资料有限，书中不足之处敬请读者批评指正。中国农业科学院作物科学研究所曹广才先生作为本书策划，给予了大力支持，特此致谢。

刘道敏

2023 年 12 月

目　　录

第一章　中国百合种植概况和百合种质资源及品种选育 ················1

第一节　中国百合种植概况 ·······················1

第二节　中国百合种质资源 ·······················11

第三节　百合品种选育 ·························40

第二章　百合种植的生物学基础 ························81

第一节　生长发育 ··························81

第二节　百合的碳代谢 ·························118

第三节　百合的氮代谢 ·························129

第三章　百合栽培 ···························143

第一节　常规栽培 ··························143

第二节　高海拔地区栽培和设施栽培及覆盖栽培 ·············180

第四章　环境胁迫及其应对 ·························199

第一节　生物胁迫及其应对 ·······················199

第二节　非生物胁迫及其应对 ······················258

第三节　连作障碍及其应对 ·······················283

第五章　百合品质及综合利用 ·······················295

第一节　百合品质 ··························295

第二节　百合综合利用 ·························309

参考文献 ····························321

第一章　中国百合种植概况和百合种质资源及品种选育

第一节　中国百合种植概况

百合为百合科（Liliaceae）百合属（*Lilium*）多年生球宿根草本植物的统称，常见别名有重箱、重迈、摩罗、中逢花、强瞿、蒜脑薯等。宋代罗愿在《尔雅翼》中记载，"小者如蒜，大者如碗，数十片相累，状如白莲花，故名百合，言百片合成也"。在我国，百合被视为吉祥的象征，寓意百年好合，自古以来，深受人民喜爱。百合种植地区广泛，历史悠久。

一、种植范围广泛

中国百合资源丰富，分布极广，南起海南，北达黑龙江，东自台湾及沿海，西及新疆，都有百合的踪迹。尤其是山区，分布更为集中，不少地方志中都有这方面的记载（叶静渊，1992）。关于百合在全国的种植区划问题，虽然少见研究报道，然而一些主要产区的生产情况也见于一些统计数据。

（一）观赏类百合

百合色泽艳丽，形态淳朴、典雅，香气怡人，是盆栽、切花和庭院绿化的名贵花卉。百合在园林中的应用更为广泛，可以和花木或山石配置，也可以在公园将百合布置成专类花园。百合的抗污染能力很强，常栽种在公路、街道两侧作为绿化植物配置。此外，还有利用百合花海造景的功能举办以百合为主题的文化节活动，例如北京地区百合文化节、江苏地区百合花海文化节和太原市文瀛公园百合花展等。

连梅（2017）介绍，云南和凌源是依赖于气候优势而形成的百合生产中心，福建、江苏、浙江、广东是因贴近消费地，根据当地局部小气候优势，再加上设施生产而形成的新兴百合产区。云南的观赏百合种植基地主要

百 合

集中在昆明（嵩明、大哨）、会泽、元江哈尼族彝族傣族自治县、玉溪。经过多年的发展，云南的鲜切花百合种植已逐渐由滇中向传统种植区昆明和玉溪周边县（市、区）扩展，生产布局日趋合理。夏秋百合集中分布在昆明的嵩明、寻甸回族彝族自治县和曲靖的会泽。近两年，云南省玉溪元江哈尼族彝族傣族自治县和德宏芒市也开始小规模种植百合。宣威、昭通和昆明周边的晋宁、寻甸、红河等适宜百合生长的地方已经开始种植百合。辽宁的百合鲜切花产区主要在凌源、沈阳等地区。其中，凌源以观赏百合种球繁育、百合商品种球进出口和百合鲜切花生产为主，享有"中国百合第一县"的美誉。2012 年，"凌源百合"获批国家农产品地理标志登记保护，保护范围主要分布在辽宁凌源中北部的城关、红山、东城、小城子、万元店、宋杖子、大王杖子、北炉、瓦房店、乌兰白等 16 个乡镇（街道）共 147 个村，总生产面积 3.5 万亩（注：1 亩≈667m²。全书同）。广东的百合鲜切花主要生产基地在佛山和惠州，作为中国香水百合的主产地，这里已发展成"以花传情，以花会友"的特色文化品牌。从 2010 年开始，佛山市里水镇开始发展百合种植，在万顷农业示范区的带动下，百合种植规模从 2002 年的几十亩，发展到现在的近 2 000 亩，园区周边的汤村、小布、鲁岗、建星、贤僚等多个村都种植了百合切花。里水镇现已成为广东省规模最大、品种最齐全的香水百合种植示范基地，产品除在珠江三角地区销售外，还销往港澳台地区和东南亚国家。福建南平的延平利用王台镇现代农业示范园区地理优势和政策优惠，承接宝珠村百合花原生产区转移，同时结合水口镇库区人多地少的现状和库区移民生产优惠政策，在樟湖镇、炉下镇建设智能温控大棚，作为百合栽培的示范园，发挥百合种植的示范带动效应。目前，延平百合产业形成了以"王台现代农业示范园"和"水口库区移民百合示范园"为中心，辐射带动周边乡镇发展，逐步构建了"两带（316、205 国道沿线发展带）、八镇（王台、峡阳、茫荡、大横、塔前、炉下、太平、樟湖）、多点"的发展布局，被中国林业产业联合会授予"中国百合之乡"的称号，拥有"延平百合"地理标志产品，销售区域遍及全国各地，逐步成为当地农户增产增收的主要支柱产业。东海县是江苏观赏百合的主要种植区，有"华东花都"的美誉，一般 8 月中下旬开始种植，12 月开始上市，一直持续到五一期间。海宁市是浙江切花百合的主要种植区，在 2010 年前，上海、杭州两地花店每卖出 10 支百合，7 支来自海宁。但近年福建、辽宁、江苏产百合逐渐抢占了沪杭市场，海宁花卉的优势正在缩小，市场竞争激烈，亟须用新品种突破市场。目前，百合切花种植范围又有了拓宽，湖北及东北哈尔滨等地区也有一定面积的种植。

（二）药食类百合

《中华人民共和国药典》规定百合药材来源品种为卷丹百合、龙牙百合和细叶百合；所有的药用百合都可食用，但食用百合不可替代药用百合，食用百合还包括兰州百合和川百合（杨利平等，2018）。兰州百合主产于甘肃、青海、宁夏等省（区），卷丹百合主产于江苏、浙江、安徽、湖南、河南等省，东北地区的吉林主产大花卷丹百合，青海也有小范围种植山丹百合和台湾百合，细叶百合仅有一些繁育及引种栽培试验研究，尚无大面积人工种植。

一直以来，业界普遍认为，江苏宜兴、湖南邵阳、甘肃兰州、浙江湖州为中国食用百合四大主产区。其中，宜兴、邵阳、湖州为药食两用百合主产区，甘肃兰州、平凉为兰州百合的主产区，也是我国食用百合的主要产地。随着时代的变化及生产的发展，上述格局已发生了重大的变化（杜弢等，2011）。兰州百合生态适宜性分布面积较为广泛，全国总适宜区面积共计约 $383.488 \times 10^4 \ km^2$，集中在我国西部地区，主要分布于甘肃、陕西、四川、重庆等地。陈艳华等（2003）分析了百合在甘肃中部的气候适应性及地理、气候因子对百合生产的影响，对甘肃中部百合种植进行了乡级适生种植区划。种植区主要分布在甘肃兰州及周边区域，主要有兰州七里河、西固、榆中、永登，定西的临洮和渭源，临夏的永靖以及省外青海、宁夏等地。近些年，青海、宁夏、湖北、山西、内蒙古、河北及东北三省等有高山寒区适宜兰州百合生长的地区也积极引种、试种。安徽是卷丹百合的种植大省，同时也是目前全国药用百合种植面积最大的省，全省常年种植面积约 6 667 hm²，产量约 10 万 t。其中，霍山县是全国四大药用百合产区之一，2009 年种植面积已达到 4 万亩，产量 6 万 t，品种主要为卷丹百合，以漫水河镇为中心，辐射上土市、太平畈及金寨县、舒城县、英山县的部分乡（镇），主要种植在 700 m 以下中山、低山和盆地的土壤肥沃地带；天长市是百合的新兴产区，全市面积约有 2 000 hm²，主要集中在汊河镇汊北村、马路村；庐江县六岗村也有百合种植。湖南龙山县是卷丹百合另一个种植面积较大的地区，2001 年种植面积达 2 000 hm²，遍及全县 25 个乡镇，产量达 5 万 t，是龙山县的支柱产业之一。太湖流域栽培的宜兴百合为卷丹的优良栽培种，主产于江苏宜兴、吴江和浙江湖州一带。此外，豫南山区、丘陵地带、豫西栾川、嵩县、卢氏、湖北宜昌、十堰、神农架、恩施、山西平陆、四川西昌、贵州毕节、重庆黔江等地，也有以卷丹百合为主的种植习惯，并具有一定规模和较好的经济效益。

龙牙百合主产于湖南隆回县和江西万载县，两地总种植面积达 1.7 万余亩。其中，隆回县百合产业主要集中在北山、山界、原石门和桃洪镇等乡镇。此外，湖南新邵县、安化县和江西省永丰县、泰和县等也有龙牙百合种植。

大花卷丹百合又称长白山甜百合，在长白山海拔 300～900 m 的地区广泛分布和种植，产区主要在辽宁抚顺、吉林蛟河、靖宇、伊通和通化等地区。台湾百合是台湾特有的原生植物，也是一种兼观赏、食用与药用的花卉植物，在部落道路两侧、农地旁、居家附近均有种植，台湾各大景区中也有成片栽培。

二、种植历史悠久

中国是百合野生资源最丰富的国家，栽培开发利用百合的历史非常悠久。

在公元 4 世纪之前，人们只了解百合有食用价值和药用的价值。东汉张衡《南都赋》中即有描述，这可能是亚洲对百合花最古老的描述。南北朝时期梁宣帝极为欣赏百合花的美，他曾写诗赞美百合花超凡脱俗、矜持含蓄的气质"接叶多重，花无异色，含露低垂，从风偃柳"。《神农本草经》记录了百合的药用价值，汉末陶弘景《名医别录》中记载，"生荆州。二月、八月采根，曝干"。唐代孙思邈《千金翼方》中对百合的栽培方法已有很详细的记载，"上好肥地加粪熟属介讫，春中取根大者，擘取瓣于畦中种，如蒜法，五寸一瓣种之，直作行"。唐末五代初期韩鄂《四时纂要》，"二月，种百合。此物尤宜鸡粪。每坑深五寸，如种蒜法"。说明中国至少在1 000 多年前就已种植百合。宋代药物学家寇宗奭在《本草衍义》中记载，"百合茎高三尺许。叶如大柳叶，四向攒枝而上"。宋代陆游在窗前种上百合花，赋诗云，"芳兰移取遍中林，余地何妨种玉簪，更乞两丛香百合，老翁七十尚童心"。明代李时珍在《本草纲目》中记载，"二月种百合，法宜鸡粪"。明纂修的《平凉府志》中著录，甘肃省南部虽然早有百合栽培，但是长期只供药用或观赏，直到清代光绪年间才转为蔬用，而且发展迅速。《澄州志林》介绍，"百合，洲诸西野俱生"；《嵩县志》中记载，百合"西南山间有之"；《铅山县志》中介绍，百合"深山有之"；清代《海阳县志》载，"百合，邑境山中多有之"；《建安县乡土志》载，"百合，山谷多有之"等。清代《菏泽县志》记载，该地生产的百合"陆运四外销售甚黔"，说明山东菏泽在清代后期大量栽培百合。清昇允《甘肃新通志》载，皋兰近年栽培百合，"得利甚优，今种者渐多"（叶静渊，1992；产祝龙，2022）。

三、百合产业

中国幅员辽阔，自然条件千差万别，各地出产的百合各具特色。近些年，随着社会经济的发展和科技的进步，我国的百合产业也进一步发展壮大，在国民经济中占有一席之地。不管在专业化、规模化种植上，还是在百合精深加工和产业链延伸上都取得了较大的进展，形成了兰州百合、霍山百合、龙牙百合、湖北百合、宜兴百合、万载百合、云南切花百合、凌源百合等几个重要产区。

（一）兰州百合

兰州百合是全国四大百合品系之一，同时也是唯一味甜可食用的百合。中国著名植物分类学家孔宪武教授曾评价："兰州百合味极甜美，纤维很少，又毫无苦味，不但闻名全国，亦堪称世界第一"（张德纯，2020）。甘肃是兰州百合的主要产区，其中又以兰州、定西临洮面积较大。

兰州从事百合加工的企业达到 220 家，保鲜贮藏能力达到 1.3 万 t，年加工能力 100 t 以上的企业达 39 家。使用"兰州百合"标识的企业达 70 家，主要从事鲜百合、百合粉、百合花等系列产品的包装加工。自 2015 年以来，全市百合种植面积和产量显著增加，种植面积从 0.62 万 hm^2 增加到 0.82 万 hm^2，产量从 4.39 万 t 增加到 6.99 万 t。在百合系列产品生产中，市、区（县）农业农村部门坚持推行原产地保护和标准化种植技术，着力打造绿色食品。截至 2019 年底，全市建成标准化生产示范乡镇 4 个，认定无公害面积 0.26 万 hm^2，认证"绿色食品"企业 29 家、产品 32 个。获得国家市场监督管理总局"兰州百合"证明商标及"中国驰名商标""甘肃名品""中国国际农产品交易会金奖"等称号，入围"全国百家农产品品牌"，在全国有较高的品牌知名度和影响力。在发布的"2021 中国品牌·区域农业产业品牌影响力指数"中，兰州百合品牌以 775 指数，名列榜单 78 位（姜雅欣等，2022）。

临洮中铺、太石、辛店是兰州百合主产区之一（南玉武，2022）。《临洮府志》中记载，早在明朝万历 33 年临洮就有百合种植，和兰州的种植历史相同。目前临洮种植百合的面积达 3 700 hm^2，平均产量 11 250 kg/hm^2，年产量 1.4 万 t，总产值 2.8 亿元。在中铺王家沟、新添冯家沟等 10 个村建成了千亩百合标准化生产基地。在此基础上，整体推进，提升拓展，推动百合产业在全县 9 个乡（镇）62 个村全面铺开。其中，中铺镇 1 870 hm²、太石镇 600 hm²、新添镇 250 hm²、辛店镇 460 hm²、上营乡 220 hm²、站滩乡 140 hm²、窑店镇 60 hm²、康家集乡 40 hm²、南屏镇 90 hm²。临洮县大部分鲜百合采挖后被兰州市七里河区百合加工企业收购进行加工。通过"外引内培"的方式，先后培育引进 2 家省级龙头企业和其他从事百合加工的企业 16 家、农民专业合作社 40 多家，建有百合保鲜库 49 座，贮藏能力 9 470 t。县内年加工百合总量达到 5 000 t，主要销往广东、上海、长沙、武汉等省（市），其中，广东销量占 60%，上海销量占 30%，其他城市约占 10%。此外临洮还通过健全多渠道销售体系，探索推行帮扶消费、线上直播带货、本地消费、干部职工消费、农超对接消费等有效模式，销售百合 3 000 t，实现销售收入 4 200 万元，注册"雪源金正""婵乡源"等百合产品商标 16 个，推动百合产业发展步入"快车道"。

（二）霍山百合

许全宝等（2013）介绍，霍山漫水河百合是卷丹百合的变种，安徽省名优特产。其鳞茎圆整，鳞片肥厚，色泽洁白微泛淡黄，香甜可口，肉质脆嫩，纤维素含量少，是百合当中佳品，深受广大消费者喜爱。漫水河百合在霍山县栽培历史悠久，清《六安州志》即有记载，至今已有百年历史。《六安地区志》和《霍山县志》都在中草药条下记载了霍山的栽培品种百合，并将百合列入"地道药材名录"。经过 100 多年的发展，特别是改革开放以来 30 年的快速发展，漫水河百合由最初的 400 hm² 发展到现在的 3 300 hm²。在漫水河百合主产区漫水河镇建立省级标准化示范基地 333 hm²，从事百合种植人数达 3 000 多人，漫水河百合种植已成为霍山县八大支柱产业之一。

近年来，百合种植面积的扩大带动了百合加工业的发展，形成了以漫水河镇为中心，辐射全县多个乡镇十几家加工企业的兴起。全县现有冷库 5 座，库容量达到 120 万 kg，每年分两季存储，总储存量达 250 万 kg，完全能够满足百合常年加工贮藏的需要。全县年加工能力在 30 t 以上的企业 4 家，使用"漫水河百合"地理商标。90% 以上的百合都经过加工销售到沿海发达城市。同时，漫水河百合深加工产品开发取得了进展，科技含量高的无硫百合干、百合粉、百合营养麦片、百合调味品、百合口服液都已研制出产品。2010 年，上海江桥市场将漫水河百合基地命名为供沪"优质蔬菜基地"并挂牌，作为上海世博会指定的绿色蔬菜供应产品。在销往大城市的同时，漫水河百合还出口到日本、韩国及东南亚等国家地区，2012 年出口创汇达 50 万美元。

（三）龙牙百合

朱校奇等（2008）介绍，近年来湖南省食（药）用百合种植面积在 2.5 万 hm² 左右，主要分布在邵阳的隆回县、邵阳县及新邵县，永州的东安县及零陵区，湘西自治州的龙山县等地。

湖南隆回县地理条件优越，适合百合生长。该地所产百合质量好，产量大，历来畅销于广东、广西、福建、海南、港澳、东南亚和日本等国内和国际市场，享有很高的声誉。近年来，"宝庆龙牙百合"被国家绿色食品开发中心认定为绿色食品，颁发了证书，获准使用绿色食品标志，2001 年荣获湖南省第二届名优特新农副产品博览会金奖。近几年，百合种植面积稳定在 667 hm² 左右，总产达 2 500 余 t。湖南龙山县百合常年种植面积稳定在 5 300 hm² 左右，主要分布在洗洛、兴隆、石牌、石羔、茨岩塘、茅坪、红岩、召市、苗儿滩、洛塔和靛房等 11 个乡（镇、街道），种植面积约占全国百合种植面积的 1/5，产量和销量均居全国第一，产值超过 8 亿元。全县有种植面积 3.33 hm² 以上的大户 60 余户。2017 年，龙山县已建成百合干片加工烘烤房 424 栋、百合保鲜库 28 座，有规模不等的百合加工企业（作坊）100 余家，其中省级龙头企业 1 家。2009 年，国家工商行政管理总局商标局核准注册"龙山百合"地理标志。2010 年，"龙山百合"被国家绿色食品发展中心认定为绿色食品 A 级产品。2011 年，"龙山百合"分别在第九届中国国际农产品交易会和中国中部（湖南）国际农博会上荣获金奖。2013 年，湖南省地方标准《龙山百合》《龙山百合生产技术规程》发布实施。2014 年，成为全国绿色食品原料（百合）标准化生产基地县。2015 年获"中国百佳特色产业县（百合产业）"称号。2016 年，"龙山百合"再次被评为湖南省著名商标。2018 年，被评为国家地理标志保护产品（刘英等，2019）。湖南东安县地处湘西南边陲，位于越城岭中部，百合生产历史悠久，是东安县农民增收的传统产品之一。全县百合基地种植面积由 20 世纪 90 年代初的 3 400 hm² 发展到现在的 9 800 hm²，鲜百合总产量由 1.3 万 t 增加到 9.9 万 t，百合种植户达 11 000 户，占农户总数的 10%。初步培植了白马、紫光、龙牙等一批加工企业，已形成年加工精粉 30 t、微粉 10 t、百合面条 30 t、百合食品 200 t 的生产能力。

湖南永州市零陵区发展百合生产具有十分优越的条件和较好的种植基础。近几年百合生产发展较快，全区 260 多个村种植龙牙百合和卷单百合的面积达 3 300 多公顷，鲜百合产量达到 7.5 万 t。湖南邵阳县种植的龙牙百合近年来已成为继柑橘、黄花菜后的第三大产业，栽培面积近 2 000 hm²。此外，新邵县百合种植面积达 1 300 多公顷。湖南其他地区亦有零星种植。

（四）湖北百合

阳永学等（2021）介绍，湖北位于我国中部，与四川、重庆、贵州、江西、湖南一起属于中国百合第二个集中分布区，是我国百合重要的原生产地之一。目前湖北省生产上大面积种植的主要有卷丹百合、兰州百合和宜昌百合。史料记载，宜昌百合在 1892 年被外国专家命名。2011 年 9 月，宜昌市人民代表大会表决通过，将"宜昌百合"选定为宜昌市的市花；2015 年，"宜昌百合"获批农业部国家农产品地理标志登记产品。近年来，随着农业产业结构的调整，湖北省一些市县将种植食用百合作为农民增收致富的支柱产业来培育，种植规模不断壮大。据不完全统计，至 2019 年，宜昌百合植规模总量达 133.3 hm²，从业人员 500 余人，年创经济价值 3 000 万余元。除了宜昌百合在宜昌广泛栽培外，湖北恩施的富硒百合（卷丹）最为出名，百年好合公司建立了约 200 hm² 百合生态种植基地，集百合生态种植、加工、研发、营销于一体，产品远销国内外。罗田食用百合（卷丹）种植面积达 2 000 hm²，年产百合 37 500 t，总收益 5.625 亿元，成为农民群众增收的又一重要来源。十堰智脑家庭农场有限公司 2020 年种植兰州百合 20 hm²，年产百合 300 t，并注册"金鄂百合"商标，采取"村委会+农场+合作社+农户+电商"的发展模式，有效带动当地农户增收致富。武汉市食用百合产业伴随都市农业的兴起而发展，2016 年，江夏区在山坡街建立"百合产业示范基地"，引进民营资本成立了武汉龙山百合专业合作社。目前，江夏区种植食用百合面积已达 13.3 hm²，平均单个鳞茎质量 300 g，鳞片肥硕雪白；每公顷鲜食鳞茎产量约 83.33 kg，净利润 75 000 元，各项经济指标表明武汉市食用百合种植取得了良好的效益。除食用百合种植面积不断扩大外，湖北省在食用百合的良种繁育和赏花经济方面也呈现良好的发展态势。湖北宜昌多次举办百合花节，除原产宜昌的"宜昌百合"，还有来自国内外的 35 个百合品种，带动了当地赏花经济和旅游发展。位于湖北武汉蔡甸区的武汉花博汇也多次举办香水百合花节，引入少量观赏兼食用的百合花品种，成为武汉新的赏花地。

（五）宜兴百合

王建荣等（2005）介绍，宜兴百合在植物学上称为卷丹百合，在宜兴栽培历史悠久，是江苏省名特优蔬菜之一，有"太湖之参"的美誉。王丽娟等（2013）介绍，20 世纪 80 年代是宜兴百合种植的鼎盛时期，渎边地区宜兴百合种植面积一度超过 666.7 hm²，亩产量达到 500~1 000 kg。然而，由于长期的连续种植，渎边地区土壤酸化，病毒给无性繁殖的宜兴百合带来了严重为害，其产量和品质急剧下降。同时，外地百合冒充宜兴百合大肆冲击市场，让宜兴百合的价格优势逐渐丧失。到 2005 年，太湖渎边地区种植的百合实际面积只有 1.3 hm²，宜兴百合走到了濒临灭绝的边缘。近年来为拯救"太湖之参"，宜兴市专门成立宜兴市百合协会，积极组织渎边百合种植户，推广百合高产高效栽培技术，不断扩大种植面积。从 2005 年开始，宜兴百合的种植面积在逐渐恢复扩大，至 2011 年全市宜兴百合生产面积达到 66.7 hm²，平均亩产量 1 000 kg、效益 2 万元，年产值达到 3 400 万元以上，生产效益达到 2 000 万元以上，经济效益显著。

宜兴南部山区现已成为宜兴百合的主产区。由于南部山区山地面积大，土质肥沃，种植的百合不仅产量高，而且百合中的淀粉转化为糖类，糯性变低，口感更佳，与百合相关的产品极为畅销，当地百合种植规模不断扩大，成为当地农民创收的主要来源。目前宜南山区百合最高每亩产量能达到 2 500 kg，日销售量达 500 kg，售价 40 元/kg 左右仍供不应求。

（六）万载百合

潘其辉等（2013）介绍，江西省万载县素有"百合故里"美誉，龙牙百合是万载县传统的特色品种，种植历史有 500 多年，具有百合鳞茎个体大、肉厚、包心实、味道美等优点。据清道光年间版《万载县志》记载，万载龙牙百合自宋朝开始就作为朝廷贡品，以后历朝相沿。

2006 年万载百合种植被国家标准委列为"国家农业标准化示范区"，龙牙百合被评为"江西省名牌农产品"。百合面积最大年份 1999 年，全县种植面积达 1 333.33 hm²。2000—2013 年万载县百合种植面积一直保持在 1 000 hm² 以上，经济效益远远高于水稻、果树和其他农作物，2012 年种植龙牙百合一般可产鲜百合 18 000~27 000 kg/hm²，产值可达 450 000~675 000 元/hm²，效益是普通蔬菜的 3~10 倍，2009—2012 年，万载县政府为了促进这一传统优势产业的发展，减少农户风险，加大百合扶持力度，采取对种植龙牙百合的农户进行了政策扶助，每种植 1 hm² 龙牙百合，县财政直接补助 800 元，极大地调动了农民种植百合的积极性。

万载龙牙百合加工企业有江西龙牙百合公司、江西千年公司、江西百业食品公司等百合加工企业 11 家，其中龙牙公司、千年公司 2 家为省级龙头企业。百合产品有龙牙百合粉、百合奶、百合面、百合糕、百合凉茶等八大系列，并形成了"龙牙百合"知名品牌。江西龙牙百合公司的"龙牙百合"商标被认定为"江西省著名商标"，龙牙公司、千年公司的百合产品均获得"绿色食品"认证。目前龙牙百合产品已畅销日本、韩国、西欧、东南亚以及中国的香港、上海、南京及东南沿海发达地区，在国内外享有盛誉，市场前景十分广阔。

（七）云南切花百合

云南作为全国重要的百合切花产区以及全国重要的进口百合种球集散中心，百合产业发展规模一直位居前列。种植范围主要集中在昆明市、楚雄彝族自治州大姚县等地区。白盛等（2014）介绍，2012 年云南百合切花单价创 2004 年以来新高，达 6 元/支，较上年增加 76.18%，2 月均价高达 10.75 元/支。同年下半年因进口百合种球行情大幅下跌，以往同样的投资可以种植 2 倍的切花面积，以上两个因素叠加致使当年云南百合切花规模大幅度增加，达 3.2 万亩，达到历史最高规模，成为全国种植规模最大的百合切花生产基地。2013 年云南百合种植面积 2.8 万亩，产量 4.8 亿支，面积和产量分别占云南鲜切花总规模的 16.37%和 5.34%。同年荷兰出口至中国的百合种球近 2 亿粒，其中云南百合种球进口量占全国总进口量的 80%左右。经过 10 多年的努力，云南采取政策支持、项目扶持等形式鼓励企业和科研单位探索出一条百合种球国产化之路，百合种球国产化成效显著，在近 6 亿粒的非进口百合种球中，国产化率从 2005 年前的不到 10%提高到现在的 50%左右，2013 年云南国产化百合种球生产量 3 000 万粒左右。

王文梅（2021）介绍，楚雄彝族自治州大姚县人工种植百合历史悠久，2014 年之前种植规模小而分散，商品化程度低，以食用为主，药用较少。2014 年六苴镇引进"宜兴百合"示范种植，并引进百合收购商，在其带动下百合种植面积迅速增长。2017 年，全县百合种植面积 3 115 hm²；2018 年百合种植面积 8 359 hm²，总产量 8 386 t，总产值 1.62 亿元；2019 年，全县百合种植面积 1.02 万 hm²，其中宜兴百合 2 091.4 hm²，川百合 8 147.6 hm²。全县有百合种植专业合作社 4 个，百合标准化种植基地 2 个，百合种植营销企业 1 个。

（八）凌源百合

韶月（2017）介绍，凌源是国内老牌球根花卉种球繁育基地及鲜切花生产基地之一，素有"北方花都""中国百合第一县"之称。凌源花卉生产源于 20 世纪 80 年代中期，从 90 年代开始种植亚洲百合、东方百合、郁金香、风信子等球根花卉，此后又引进了鸢尾、马蹄莲、玫瑰、非洲菊、康乃馨等多个品种。早在国内百合鲜切花生产开始起步的时候，除了云南和凌源之外，陕西、甘肃、宁夏、青海等地都有百合种植，农户生产百合的积极性都很高。然而随着时间的推移，现在保留下来的规模较大的百合主产区只有云南和凌源。在凌源生产百合具有明显的气候优势和区位优势。凌源气候冷凉，土质、水分也都适合切花生产，而且凌源昼夜温差大，有利于种球的营养积累，种球成熟度很高。凌源位于辽宁、河北、内蒙古3省交会处，且与北京相距不远，非常有利于鲜切花销售。目前凌源东方百合种球每年进口量为5 000万~6 000万粒，切花产量达到8 000万支。亚洲百合裸地繁殖1 000多亩，生产种球2 000万~3 000万粒，亚洲百合切花产量为4 000万~5 000万支。在凌源，约有1万户农户从事百合生产。

付久侠（2023）介绍，20世纪80年代开始，凌源市逐步扩大花卉生产面积，经30多年发展现已扩展到1 700 hm²，成为中国最大的球根类花卉唐菖蒲、亚洲百合种球繁育基地，北方最大的球根类鲜切花生产基地，享有"南有云南、北有凌源"美誉。凌源花卉生产已形成温室、冷棚与露地相结合，鲜切花生产和种球繁育配套发展的新格局，实现了周年生产、四季供应。当地自然条件、技术推广、市场发育优势显著，已成为东北最大的球根类花卉种球繁育和鲜切花生产基地，在全国设有100多个销售网点，产品远销广州、北京、上海、天津、哈尔滨、长春、沈阳等30多个大中城市。其中，东方百合产销量占全国的30%，郁金香产销量占全国的60%。到2020年末，凌源市年产鲜切花2.35亿枝，种球0.5亿粒，产值突破10亿元，花卉产业被辽宁省政府确定为"一县一业"重点扶持产业、朝阳市"十四五"规划高质量农业产业项目，被中国园艺学会确定为"中国百合第一县"，"凌源百合"获得国家地理标志认证，2021年获批创建国家级花卉现代农业产业园。

第二节　中国百合种质资源

一、中国百合分类

据《中国植物志》（1980）记载，百合属约有80个种，分布于北温带。中国有40种，南北各地均有分布，以西南和华中最多。《中国植物志》（2000）记载百合属全球约有115种，中国有55种，其中有35个特有种，1

个引进种。

百合属 (*Lilium*) 野生资源极其丰富，且与假百合属 (*Notholirion*)、大百合属 (*Cardiocrinum*) 和豹子花属 (*Nomocharis*) 的形态特征相似，给基于形态的百合分类造成困难。自 1753 年植物学家林奈 (C. Linnacus) 在《植物种志》中建立百合属起，许多学者开始对百合进行分类。1949 年国外学者 Comber 根据 15 个表型特征（子叶是否留土、种子是否当季发芽、种子的重量、叶片着生方式、叶柄的有无、鳞片是否有节、鳞茎的生长方式、鳞茎的颜色、单鳞茎的茎生数量、花被基部是否光滑、是否有蜜腺、花被片是否反卷、茎是否直立、柱头的大小和是否会产生茎生根）将百合分为 7 个组：轮叶组 (Martagon)，主要特点是留土子叶，叶轮生，鳞片有节，花比较小，主要生长在我国新疆北部和俄罗斯西伯利亚南；根茎组 (Pseudolirum)，主要特点是留土子叶，叶轮生，鳞茎通常有根状茎，全部分布于北美洲；百合组 (Lilium)，主要特点是出土子叶，叶散生，花被片大多反卷，主要分布于欧洲；具叶柄组 (Archelirion)，主要特点是叶片明显具有叶柄，主要分布在日本；卷瓣组 (Sinomartagon)，主要特征是花被片向外反卷，花朵下垂，主要分布于东亚地区；喇叭花组 (Leucolirion)，主要特点是花呈喇叭形，大多数分布在东亚；毛百合组 (Daurolirion)，主要特征是叶片基部有一簇白色绵毛，且无叶柄，只有两种，分布于亚洲东北部。这个分类结果在很长的时间内被广泛接受。其他分类方式研究在第三节中另行介绍。

当前我国广泛认可的是《中国植物志》中关于百合的分类方式，在该著作中中国植物志编辑委员会将百合属植物分为 4 个组，杨利平等 (2018) 也对该分类方式下百合各"种"的特征作了详细介绍，具体如下。

（一）百合组

主要特征为叶散生，花喇叭形，花朵横生，花被片先端向外弯曲，雄蕊上部向上弯曲，共 7 种。

1. 野百合 *Lilium brownii* F. E. Brown ex Miellez

鳞茎近球形，直径 3~4.5 cm，白色。茎高 70~200 cm，带紫色，有纵列小乳头状突起。叶互生，叶片线状披针形至披针形，宽 6~15 mm，上部叶稍小但不呈苞片状。花单生或数朵排列成顶生近伞房状花序，白色，喇叭形，稍下垂，叶状苞片披针形，花梗中部有小苞片，花被片外侧稍带紫色，内侧无斑点，上部张开或先端外弯但不反卷。蒴果长圆形。花期 5—6 月，果期 7—9 月。产于安徽、浙江、江西、福建、湖北、湖南、广东、广西、四川、重庆、贵州、云南、河南、陕西、甘肃等地。生长于海拔 200~

2 100 m 的山坡和灌木林下。

百合 *Lilium brownii* F. E. Brown ex Miellez var. *viriduhum* Baker 为野百合变种，主要区别在于叶倒披针形至卵形。

2. 台湾百合 *Lilium formosanum* Wallace

鳞茎球形，高 3~5 cm，白色或淡黄色。茎高 30~90 cm，有的带紫红色。叶散生，线形或披针形，长 11~12 cm，宽 4~6 mm。花 1~10 朵，排成近伞形花序，有香气，花冠喇叭形，白色，外面带紫红色；花被片先端反卷，长 11.5~14.5 cm；外轮花被片倒披针形，宽 22 cm；内轮花被片匙形，宽达 3 cm，蜜腺草绿色，无乳头状突起。花药矩圆形，子房圆柱形，柱头膨大，3 裂。蒴果直立，圆柱形。花期 7—8 月。产于台湾。生长于海拔 3 500 m 以下的向阳草坡。

3. 宜昌百合 *Lilium leucanthum* （Baker） Baker

鳞茎近球形，高 3.5~4 cm，直径约 3 cm。茎高 60~150 cm，有小乳头状突起。叶散生，披针形，长 8~17 cm，宽 6~10 mm，边缘无乳头状突起。花单生或 2~4 朵，花喇叭形，有微香，白色，里面淡黄色，背脊及近脊处淡绿黄色，长 12~15 cm；外轮花被片披针形，宽 1.6~2.8 cm；肉轮花被片匙形，宽 2.6~3.8 cm，蜜腺无乳头状突起；子房圆楔形，淡黄色；柱头膨大，3 裂。花期 6—7 月。产于湖北和四川。生长于海拔 450~1 500 m 的山沟、河边草丛中。

4. 麝香百合 *Lilium longiflorum* Thunb.

鳞茎球形或近球形，高 2.5~5 cm，白色。茎高 45~90 cm，绿色。叶散生，披针形或矩圆状披针形，长 8~15 cm，宽 1~1.8 cm，先端渐尖，全缘，两面无毛。花单生或 2~3 朵，有香气；花喇叭形，白色，外略带绿色，长约 19 cm；外轮花被片上端宽 2.5~4 cm；内轮花被片较外轮稍宽，蜜腺两边无乳头状突起。子房圆柱形，长约 4 cm，柱头 3 裂。蒴果矩圆形，长 5~7 cm。花期 6—7 月，果期 8—9 月。产于台湾。

5. 岷江百合 *Lilium regale* Wilson

鳞茎宽卵圆形，高约 5 cm，直径 3.5~4.5 cm，黄褐色或紫红色。茎高 0.5~2 m，绿色或淡紫色，无毛。叶散生，狭条形，长 6~8 cm，宽 2~3 mm。花 1~18 朵不等，喇叭形，有淡香气，白色，喉部黄色，花冠外基部淡紫色；外轮花被片长 10~11 cm，宽 1.5~2 cm，内轮花被片倒卵形，蜜腺两侧无乳头状突起。花期 6—7 月，果期 10—11 月。产于四川。生长于海拔 800~2 500 m 的山坡岩石边、河旁及山脊中下部坡度较大的草丛。

6. 通江百合 *Lilium sargentiae* Wilson

鳞茎近球形或宽卵圆形，高 4~4.5 cm，直径 5~6 cm，鳞片披针形，长 3.5~4 cm，宽 1.5~1.7 cm。茎高 45~160 cm，有小乳头状突起。叶散生，披针形或矩圆状披针形，长 5.5~12 cm，宽 1~3 cm，上部叶腋间有珠芽。苞片卵状披针形，长 5~6 cm，宽 1.2~2 cm；花梗长 5.5~8.5 cm；花 1~4 朵，喇叭形，白色，基部淡绿色，先端稍反卷；外轮花被片倒披针形，长 14~16 cm，宽 2~2.8 cm；内轮花被片比外轮花被片宽，狭倒卵状匙形，蜜腺黄绿色，无乳头状突起；花丝长 11~13 cm，下部密被毛；花药矩圆形，长 1.4~2 cm，花粉褐黄色；子房圆柱形，长 3.5~4.5 cm，径 3~5 mm，紫色；花柱长 10~11 cm，上端稍弯，柱头膨大，径 8~10 mm，3 裂。蒴果矩圆形，长 6~7 cm，宽约 3.5 cm。花期 7—8 月，果期 10 月。产于四川。生长于山坡草丛中、灌木林旁。

7. 淡黄花百合 *Lilium sulphureum* Baker apud Hook. f

鳞茎球形，高 3~5 cm，直径约 5.5 cm。茎高 80~120 cm，有小乳头状突起。叶散生，披针形，长 7~13 cm，宽 1.3~3.2 cm，上部叶腋间具珠芽。花 1~6 朵，白色，喇叭形。有淡香味；花被片长 17~19 cm；外轮花被片矩圆状倒披针形，宽 1.8~2.2 cm；内轮花被片匙形，宽 3.2~4 cm，蜜腺两边无乳头状突起；花丝长 13~15 cm，无毛或少有稀疏的毛；花药长矩圆形，长约 2 cm；子房圆柱形，长 4~4.5 cm，宽 2~5 mm；花柱长 11~12 cm，柱头膨大，直径约 1 cm。蒴果矩圆形，长 6~7 cm，宽约 3.5 cm。花期 6—7 月，果期 8—10 月。产于云南、贵州、四川和广西。生长于海拔 90~1 890 m 的路边、草坡或山坡阴处疏林下。

（二）钟花组

主要特征为叶通常散生（藏百合叶片轮生除外），花钟形，花朵下垂、平伸或向上，花被片先端不弯或略弯，雄蕊向中央靠拢，共 10 种。

1. 玫红百合 *Lilium amoenum* Wilson ex Sealy

鳞茎卵形，高 2~2.5 cm，直径 2~2.2 cm，白色。茎高 15~30 cm，有小乳头状突起。叶散生，长椭圆形或狭矩圆形，长 2.8~4.5 cm，宽 2~7 mm，无毛，全缘。花 1 朵，有香味，钟形，紫红色或紫玫瑰色，有红色斑点，下垂；外轮花被片披针形，长 3~4 cm，宽 9~10 mm，先端稍反卷，内轮花被片卵状披针形或椭圆形，蜜腺绿色；雄蕊向中心靠拢。花期 6 月。产于云南。生长于海拔 2 100~2 300 m 的林下。

2. 滇百合 *Lilium bakerianum* Coll. et Hemsl.

鳞茎宽卵形至近球形，高 2.5~3 cm，直径约 2.5 cm，白色。茎高 60~90 cm，有小乳头状突起。叶散生长于茎的中上部，条形或条状披针形，长 4~7.5 cm，宽 4~7 mm，先端渐尖，基部渐狭。花 1~3 朵，钟形，直立或倾斜，白色，内有紫红色斑点；外轮花被片披针形，长 6.5~8.3 cm，宽 1.4~1.8 cm，先端急尖；内轮花被片较宽，倒披针形或倒披针状匙形，先端近圆形，蜜腺两边无乳头状突起；花药橙黄色；柱头近球形，3 裂。花期 7 月。产于云南（西北部）和四川（西部）。生长于海拔 2 800 m 的林缘。

无斑滇百合 *Lilium bakerianum* Coll. et Hemsl. var. *nnanense* （Franch.） Sealy ex Woode et Stearn 为滇百合变种，与滇百合的区别在于花白色或淡玫瑰色，无斑点；叶缘有小乳头状突起，两面有白色柔毛。

金黄花滇百合 *Lilium bakerianum* Coll. et Hemsl. var. *aureum* Grove et Cotton 为滇百合变种，与滇百合的区别在于花为淡黄色，内具紫色斑点。

黄绿花滇百合 *Lilium bakerianum* Coll. et Hemsl. var. *delavayi* （Franch.） Wilson 为滇百合变种，与滇百合的区别在于花黄绿色或橄榄绿至淡绿色，内具红紫色或鲜红色斑点。

紫红花滇百合 *Lilium bakerianum* Coll. et Hemsl. var. *rubrm* Steam 为滇百合变种，与滇百合的区别在于花红色或粉红色，有紫红色或丝斑点。

3. 渥丹 *Lilium concolor* Salisb.

鳞茎卵状球形，高 2~3.5 cm，直径 2~3.5 cm，白色。茎高 30~90 cm，少数近基部带紫色，有小乳头状突起。叶散生，条形，长 3.5~9 cm，宽 3~8 mm，两面无毛。花 1~5 朵排成近伞形或总状花序；花直立，星状开展，大红色，无斑点；花被片矩圆状披针形，长 2.2~4.5 cm，宽 4~10 mm，蜜腺两边具乳头状突起；雄蕊向中心靠拢，花药长矩圆形，子房圆柱形，花柱稍短于子房，柱头稍膨大。花期 6—7 月，果期 8—9 月。产于河南、河北、山东、山西、陕西和吉林。生长于海拔 350~2 000 m 的山坡草丛、路旁，灌木林下。

有斑百合 *Lilium concolor* Salisb. var. *pulchellm* （Fisch.） Regel 为渥丹变种，与渥丹的主要区别是花被片有明显的紫黑色斑点。

大花百合 *Lilium concolor* Salish. var. *megalanthum* Wang et Tang 为渥丹变种。与渥丹的主要区别是鳞茎球形，多年生鳞茎生有地下走茎，其上有小鳞茎，茎高 50~100 cm，叶背面沿脉有短糙毛，花被片长 4~5.5 cm，宽 6~14 mm，产于吉林敦化，生长于沼泽地。

4. 毛百合 Lilium dauricum Ker-Gawl.

鳞茎卵状球形，高 2.5~3.5 cm，直径 3~4 cm；鳞片白色，有节，相互松散抱合。茎高 50~120 cm，有棱。叶散生，在茎顶端有 3~4 枚叶片轮生，基部有白绵毛，边缘有小乳头状突起，有的还有稀疏的白色绵毛。花 1~12 朵顶生，橙红色或大红色，有紫红色斑点；花被片倒披针形，长 7~9 cm，宽 1.5~3 cm，外面有白色绵毛；蜜腺两边有深紫色乳头状突起。雄蕊向中心靠拢；花柱长为子房的 2 倍以上，柱头膨大，3 裂。蒴果矩圆形。花期 6—7 月，果期 8—9 月。产于黑龙江、吉林、辽宁、内蒙古、河北等地。生长于林缘、林下或森林草地。

5. 墨江百合 Lilium henricii Franch.

鳞茎卵圆形或近球形，高约 3.5 cm，直径约 4 cm。茎高 60~120 cm，无毛。叶散生，长披针形，长 12~15 cm，宽 9~14 mm，先端长渐尖，无毛。花近钟形，通常 5~6 朵排成总状花序，白色，里面基部有明显的深紫红色斑块；花被片近矩圆状披针形，长 3.5~5 cm，宽 1.2~2 cm，蜜腺绿色，无乳头状突起；雄蕊向中心靠拢。花期 7 月。产于云南和四川。生长于海拔 2 800 m 的杂木林下。

斑块百合 Lilium henricii Franch. var. maculatm（W. E. Evans）Woodc. et Steam 为墨江百合变种，与墨江百合不同在于内花被片除一个大紫红色斑块外还有少数紫红色细斑点，外花被片只有一个紫红色斑块。

6. 尖被百合 Lilium lophophorum（Bur. et Franch.）Franch.

鳞茎近卵形，高 4~4.5 cm，直径 1.5~3.5 cm；鳞片较松散，白色。茎高 10~45 cm，无毛，叶变化很大，由聚生至散生，披针形、短圆状披针形或长披针形，长 5~12 cm，宽 0.3~2 cm，先端钝、急尖或渐尖，基部渐狭，边缘有乳头状突起。花通常 1~3 朵，下垂；花黄色、淡黄色或淡黄绿色，具极稀疏的紫红色斑点或无斑点；花被片披针形或狭卵状披针形，长 4.5~5.7 cm，宽 0.9~1.6 cm，先端长渐尖，内轮花被片蜜腺两边具流苏状突起；雄蕊向中心靠拢，花药椭圆形。蒴果矩圆形，成熟时带紫色。花期 6—7 月，果期 8—9 月。产于四川、云南和西藏。生长于海拔 2 700~4 250 m 的高山草地、林下或山坡灌丛中。

线叶百合 Lilium lophophorum（Bur. et Franch.）Franch. var. linearifolium（Sealy）Liang 为尖被百合变种，与尖被百合的区别是叶条形，花黄色，有紫色斑点。生长于海拔 3 500~4 000 m 的高山草地。

7. 小百合 *Lilium nanum* Klotz. et Garcke

鳞茎矩圆形，高 2~3.5 cm，直径 1.5~2.3 cm。茎高 10~30 cm，无毛。叶散生，条形，长 4~8.5 cm，宽 2~4 mm，近基部的 2~3 枚叶较短而宽。花单生，钟形，下垂；花被片淡紫色或紫红色，内有深紫色斑点，外轮花被片椭圆形，长 2.5~2.7 cm，宽 1~1.2 cm，内轮花被片较外轮稍宽，蜜腺两边有流苏状突起；雄蕊向中心靠拢；花药椭圆形，长约 6 mm；子房圆柱形，长约 1 cm；花柱长 4~6 mm，柱头膨大。蒴果矩圆形，黄色，略带紫色。花期 6 月，果期 9 月。产于西藏、云南和四川。生长于海拔 3 500~4 500 m 的山坡草地、灌木林下或林缘。

黄花小百合 ［*Lilium nanum* Klotz. var. *flavidum*（Rendle）Sealy］为小百合变种，花黄色。产于云南、西藏等地。生长于海拔 3 800~4 280 m 的林缘或高山草地。

8. 藏百合 *Lilium paradoxum* Stearn

鳞茎近球形，高 1.5~2.5 cm，直径 1~2.5 cm。茎高 20~45 cm，有小乳头状突起。叶轮生，着生于茎的中上部，有时兼有少数散生的；倒卵状披针形或椭圆形，长 4.5~5.5 cm，宽 1.8~2 cm，先端急尖，近基部渐狭，无毛。花单生，钟形，紫色，无斑点；花被片窄椭圆形，长 2.5~3.5 cm，宽 1~1.4 cm，蜜腺两边无乳头状突起；子房圆柱形，紫色。花期 7 月。产于西藏。生长于海拔 3 200~3 900 m 山坡灌丛草地和岩石坡上。

9. 蒜头百合 *Lilium sempervivoideum* Levl.

鳞茎近球形，高 2.5~3 cm，直径 2.5~3 cm。茎高 20~30 cm，有小乳头状突起。叶散生，条形，长 2.5~5.5 cm，宽 2~4 cm，全缘。花单生，钟形，白色，基部具微小的紫红色斑点；外轮花被片披针形，长 3.5~4 cm，宽 5~10 mm；内轮花被片较宽，狭椭圆状披针形，宽 1.2~1.5 cm，蜜腺两边无乳头状突起；雄蕊向中心靠拢；子房紫黑色，柱头膨大，3 裂。花期 6 月。产于云南、四川。生长于海拔 2 400~2 600 m 的山坡草地。

10. 紫花百合 *Lilium souliei*（Franch.）Sealy

鳞茎近狭卵形，高 2.5~3 cm，直径 1.2~1.8 cm。茎高 10~30 cm，无毛。叶散生，5~8 枚，长椭圆形、披针形或条形，长 3~6 cm，宽 0.6~1.5 cm，全缘或边缘稍有乳头状突起。花单生，钟形，下垂，紫红色，无斑点，里面基部颜色变淡；外轮花被片椭圆形，长 2.5~3.5 cm，宽 9~12 mm，先端急尖，内轮花被片宽 1~1.8 cm，先端钝，蜜腺无乳头状突起；雄蕊向中心靠拢；子房圆柱形，紫黑色，柱头稍膨大。蒴果近球形，带紫

色。花期 6—7 月，果期 8—10 月。产于四川和云南。生长于海拔 1 200~
4 000 m 的山坡灌丛草地和林缘。

（三）卷瓣组

主要特征为叶散生，花被片通常向外反卷，雄蕊上端向外张开，共
19 种。

1. 开瓣百合 *Lilium apertum* Franch.

鳞茎卵形，高 1.5~2.5 cm，直径 1~2 cm。茎高 25~50 cm，无毛。叶
散生，披针形，长 3~5.5 cm，宽 0.8~1.2 cm。花 1~4 朵，碟形，红色、粉
红色或淡黄色；外轮花被片狭椭圆状披针形，长 2.2~4.5 cm，宽 1.2~
1.5 cm，基部有 3~8 个紫褐色的斑点，内轮花被片卵形至宽卵形，基部多
个紫红色的斑点；花柱长约为子房的 2 倍，柱头头状，3 浅裂。花期 6—7
月，果期 9—10 月。产于云南（西北部）。生长于海拔 3 000 m 的山坡杂木
林内或草坡上。

2. 条叶百合 *Lilium callosum* Sieb. et Zuce.

鳞茎扁球形，高约 2 cm，直径 1.5~2.5 cm；鳞片卵形或卵状披针形，
白色。茎高 50~90 cm，无毛。叶散生，条形，无毛，边缘有小乳头状突起。
花单生或少有数朵排成总状花序，花下垂；花被片倒披针状匙形，长 3~
4 cm，宽 4~6 mm，中部以上反卷，红色或淡红色，有斑点或无，蜜腺两侧
有乳头转突起；雄蕊紧贴雌蕊。花期 7—8 月，果期 8—9 月。产于台湾、广
东、浙江、安徽、江苏、河南和东北。生长于海拔 182~640 m 的山坡、草
丛或草原。

3. 垂花百合 *Lilium cernuum* Komar.

鳞茎矩圆形或卵圆形，高约 4 cm，直径约 4 cm；鳞片披针形或卵形，
白色。茎高 40~70 cm，无毛。叶细条形，长 8~12 cm，宽 1~4 mm，先端渐
尖，边缘稍反卷并有乳头状突起，中脉明显。总状花序有花 1~13 朵；花下
垂，有香味；花被片披针形，反卷，长 3.5~4.5 cm，宽 8~10 mm，先端
钝，淡紫红色，下部有深紫色斑点，蜜腺两边密生乳头状突起。花期 7 月，
果期 8—9 月。产于吉林和辽宁。生长于山地草丛或灌木林中。

4. 川百合 *Lilium davidii* Duchartre

鳞茎扁球形或宽卵形，高 2~4 cm，直径 2~4.5 cm，白色。茎高 50~
100 cm，有的带紫色，密被小乳头状突起。叶多数，散生，在中部较密集，
条形，长 7~12 cm，宽 2~3 mm，先端急尖，边缘反卷并有明显的小乳头状
突起，中脉明显，往往上面凹陷，背面凸出，叶腋有白色绵毛。花单生或

2~8 朵排成总状花序；花下垂，橙黄色，基部有紫黑色斑点，外轮花被片长 5~6 cm，宽 1.2~1.4 cm，内轮花被片比外轮花被片稍宽，蜜腺两边有乳头状突起，在其外面的两边有少数流苏状的乳突。花期 7—8 月，果期 9 月。产于四川、云南、陕西、甘肃、河南、山西和湖北。生长于海拔 850~3 200 m 的山坡草地、林下潮湿处或林缘。

兰州百合 Liium davidii Duchartre var. unicolor Salisb. 为川百合变种，与川百合的主要区别是花被片斑点颜色变淡，鲜基变大，在甘肃兰州作为蔬菜普遍栽培。

5. 宝兴百合 Lilium duchartrei Franch.

鳞茎卵圆形，高 1.5~3 cm，直径 1.5~4 cm，白色，具走茎。茎高 50~150 cm。具淡紫色条纹。叶散生，披针形至矩圆状披针形，长 4.5~5 cm，宽约 1 cm，两面无毛。花单生或数朵排成总状花序或近伞房花序、伞形总状花序；花下垂，有香味，白色或粉红色，有紫色斑点；花被片反卷，长 4.5~6 cm，宽 1.2~1.4 cm，蜜腺两边有乳头状突起；花药黄色；花柱长为子房的 2 倍或更长。花期 7 月，果期 9 月。产于四川、云南、西藏和甘肃。生长于海拔 2 300~3 500 m 的高山草地、林缘或灌木丛中。

6. 绿花百合 Lilium fargesii Franch.

鳞茎卵形，高 2 cm，直径 1.5 cm；鳞片披针形，长 1.5~2 cm，宽约 6 mm，白色。茎高 20~70 cm，粗 2~4 mm，具小乳头状突起。叶散生，条形，生于中上部，长 10~14 cm，宽 2.5~5 mm，先端渐尖，边缘反卷，两面无毛。花单生或数朵排成总状花序；苞片叶状，长 2.3~2.5 cm，顶端不加厚；花梗长 4~5.5 cm，先端稍弯；花下垂，绿白色，有稠密的紫褐色斑点；花被片披针形，长 3~3.5 cm，宽 7~10 mm，反卷，蜜腺两边有鸡冠状突起；花丝长 2~2.2 cm，无毛，花药长矩圆形，长 7~9 mm，宽 2 mm，橙黄色；子房圆柱形，长 1~1.5 cm，宽 2 mm；花柱长 1.2~1.5 cm，柱头稍膨大，3 裂。蒴果矩圆形，长 2 cm，宽 1.5 cm。花期 7—8 月，果期 9—10 月。产于云南、四川、湖北和陕西。生长于海拔 1 400~2 250 m 的山坡林下。

7. 湖北百合 Lilium henryi Baker

鳞茎近球形，高约 5 cm，直径约 2 cm，白色。茎高 1~2 m，具紫色条纹，无毛。叶两型，上部的叶卵圆形，长 2~4 cm，宽 1.5~2.5 cm，先端急尖，基部近圆形，无柄；中下部的叶短圆状披针形，长 7.5~15 cm，宽 2~2.7 cm，先端渐尖，基部近圆形，两面无毛，柄长约 5 mm。总状花序具 2~12 朵花；花被片披针形，反卷，橙色，具稀疏的黑色斑点，长 5~9 cm，宽约 2 cm，蜜腺两边具多数流苏状突起；雄蕊四面张开，花药深橘红色。蒴果矩圆形，褐色。花期 6—7 月，果期 8—10 月。产于江西、贵州和湖北。生长于海拔 700~1 000 m 的山坡、溪旁灌丛。

8. 卷丹百合 *Lilium lancifolium* Thunb.

鳞茎椭球形，高 3.5~6 cm，直径 3~5 cm，白色。茎高 80~150 cm，带紫色条纹，具白色绵毛。叶散生，矩圆状披针形或披针形，长 6.5~10 cm，宽 1~2 cm，两面近无毛，先端有白毛，上部叶腋有珠芽。花 3~10 朵；花下垂，花被片披针形，反卷，橙红色，有紫黑色斑点；外轮花被片长 6~10 cm，宽 1~2 cm；内轮花被片稍宽，蜜腺两边有乳头状突起；雄蕊四面张开；花柱长为子房的 2 倍多。花期 7—8 月。国内作为中药、花卉和蔬菜普遍栽培。

9. 柠檬色百合 *Lilium leichtlinii* Hook.（中国不产）

大花卷丹（变种）山丹花 *Lilium leichtlinii* Hook. var. *maximowiczii* (Regel) Baker，鳞茎球形，高 4 cm，宽 4 cm，白色。茎高 0.5~2 m，有紫色斑点，具小乳头状突起。叶散生，窄披针形，长 3~10 cm，宽 0.6~1.2 cm，边缘有小乳头状突起，上部叶腋间不具珠芽。花 2~8 朵排列成总状花序，少有单花；苞片叶状，披针形，长 5~7.5 cm，宽 8 mm；花梗较长，长 10~13 cm；花下垂，花被片反卷，红色，具紫色斑点，长 4.5~6.5 cm，宽 0.9~1.5 cm，蜜腺两边有乳头状突起，尚有流苏状突起；雄蕊四面张开，花丝长 3~4 cm，无毛，花药长 1.1 cm，橙红色；子房圆柱形，长 1.2~1.3 cm，宽 2~3 mm，花柱长 3 cm。花期 7—8 月。产于陕西、华北、东北。生长于海拔 1290 m 的谷底沙地。

10. 紫斑百合 *Lilium nepalense* D. Don

鳞茎近球形，高约 2.5 cm，直径约 2 cm。茎高 40~120 cm，有小乳头状突起。叶散生，披针形或矩圆状披针形，长 5~10 cm，宽 2~3 cm，先端渐尖，基部渐狭，边缘有小乳头状突起，两面无毛。花单生或 3~5 朵排列成总状花序，花淡黄色或绿黄色，喉部带紫色，花呈喇叭形，花被片反卷，长 6~9 cm，宽 1.6~1.8 cm，蜜腺两边无乳头状突起。花期 6—7 月。产于西藏南部和云南。生长于海拔 2 650~2 900 m 的杂木林下灌丛中和路边。

窄叶百合 *Lilium nepalense* D. Don var. *burmanicum* W. W. Sm. 为紫斑百合变种，与紫斑百合的不同在于叶长而窄，长 9~16 cm，宽 0.8~1.4 cm。

披针叶百合 *Lilium nepalense* D. Don var. *ochraceum*（Franch.）Liang 为紫斑百合变种，与紫斑百合的不同在于叶较短而窄，长 3~5.5 cm，宽 8~

10 mm。

11. 乳头百合 *Lilium papilliferum* Franch.

鳞茎卵圆形，直径 2.5~3 cm，鳞片白色，卵状披针形。叶散生，条形，长 5~7 cm，宽 0.3~0.4 cm，先端急尖。花 1~5 朵，排列成总状花序，花梗长 4.5~5 cm；苞片叶状，条形，长 4~5 cm；花紫红色，下垂，芳香，花被片 6，长圆状披针形。长 3.5~4 cm，宽 1~1.2 cm，反卷，先端急尖，基部稍狭，蜜腺两边具乳头状突起；花丝淡绿白色，花药淡黄褐色。花期 6—7 月，果期 9—10 月。产于云南丽江、四川和陕西。生长于海拔 1 000~2 700 m 的山坡灌丛中。

12. 山丹（细叶百合）*Lilium pumilum* DC.

鳞茎卵形或圆锥形，高 2.5~5 cm，直径 2~3.5 cm；鳞片矩圆光或长卵心，日色；茎高 15~80 cm。叶狭条形，长 3.5~12 cm，宽 0.7~3 mm，有 1 条明显的脉。花单生或数朵排成总状花序，下垂，鲜红色或紫红色，花被片长 4~4.5 cm，宽 8~12 mm，内轮花被片稍宽，反卷，无斑点，蜜腺两边有乳头状突起，无毛；花药长椭圆形，黄色，花粉红色；子房圆柱形，花柱是子房长的 1.5~2 倍。花期 7—8 月，果期 9—10 月。产于东北、内蒙古、河北、山东、河南、宁夏、山西、陕西、甘肃、青海。生长于向阳山坡、草原。

13. 南川百合 *Lilium rosthornii* Diels

鳞茎扁球形，高 3~4 cm，直径 6~7.5 cm，淡黄白色。茎高 40~100 cm，无毛。叶散生，上部叶卵形，长 3~4.5 cm，宽 10~12 mm，先端急尖，基部渐狭，中脉明显；中下部叶为条状披针形，长 8~15 cm，宽 8~10 mm，先端渐尖，基部渐狭成短柄。花单生或总状花序有 3~9 朵；花黄色至黄红色，有紫红色细斑点，下垂，反卷，花被片长 6~7 cm，宽 0.8~1.1 cm，蜜腺两边有多数流苏状突起；雄蕊四面张开，花丝淡绿色，花药橘黄色。蒴果长矩圆形，棕绿色。花期 7—8 月，果期 9—10 月。产于云南、四川、贵州和湖北。生长于海拔 350~900 m 的山沟、溪旁灌丛或林下。

14. 碟花百合 *Lilium saluenense*（Balf. f.）Liang

鳞茎卵形，高 2~4 cm，直径 2~2.5 cm，白色。茎高 30~90 cm，无毛。叶散生，披针形，长 3.5~7 cm，宽 0.8~1.5 cm。花 1~7 朵，碟形，粉红色，里面基部具紫色的细点；内轮花被片与外轮的相似，长 3.5~5.2 cm，外轮宽 1.6~2 cm，内轮宽 1.7~2 cm，基部具明显的细点；花柱短于子房，向上渐膨大，柱头头状，3 浅裂。花期 6—8 月，果期 8—9 月。产于云南

（西北部）、四川和西藏（东南部）。生长于海拔 2 800~4 300 m 的山坡丛林中、林缘或草坡上。

15. 美丽百合 *Lilium speciosum* Thunb. （中国不产）

变种药百合 *Lilium speciosum* Thunb. var. *gloriosoides* Baker，鳞茎扁球形，白色，高 2~3 cm，直径 4~5 cm。茎高 60~120 cm，无毛。叶散生，宽披针形、矩圆状披针形或卵状披针形，长 2.5~10 cm，宽 2.5~4 cm，先端渐尖，基部渐狭或近圆形，两面无毛，边缘具小乳头状突起，有短柄。花 1~5 朵，排列成总状花序或近伞形花序；花下垂，花被片长 6~7.5 cm，反卷，边缘波状，白色，下部有紫红色斑点，蜜腺两边有红色的流苏状和乳头状突起；雄蕊四面张开；花丝绿色，花药绛红色；花柱长为子房的 2 倍，柱头膨大，3 裂。蒴果近球形，淡褐色。花期 7—8 月，果期 10 月。产于安徽、浙江、江西、广西、湖南。生长于海拔 650~900 m 的林下或山坡草地。

16. 单花百合 *Lilium stewartianum* Balf. f. et W. W. Sm.

鳞茎卵圆形，高约 2 cm，直径约 2 cm；鳞片卵状披针形，白色。茎高 20~50 cm，绿色，有的有紫红色斑点，无毛。叶散生，条形，长 2.5~7 cm，宽 3~4 mm，中脉稍明显，边缘有稀疏的小乳头状突起。花单生，芳香，绿黄色，有深红色斑点，下垂；花被片倒披针状矩圆形，长 4.5~5 cm，宽 7~9 mm，上端反卷，蜜腺两边无流苏状突起；花柱与子房等长，柱头头状。蒴果矩圆形或椭圆形，褐色。花期 7—8 月，果期 10 月。产于云南。生长于海拔 3 600~4 300 m 的石灰岩上、多石空旷草地或林缘。

17. 大理百合 *Lilium taliense* Franch.

鳞茎卵圆形，白色或淡黄色，高约 4 cm，直径 2~3 cm。茎高 1~2 m，有小乳头状突起，具紫色斑点或渐变成紫色。叶散生，薄纸质或膜质，狭线形或狭线状披针形，长 3~10 cm，宽 3~6 mm，无毛，边缘有乳头状突起。花 3~13 朵，花下垂，芳香，花被片反卷，白色，内面喉部黄色，两侧和上部散布紫色或红色细斑点，外轮花被片长圆形，宽 1~1.5 cm，先端急尖，内轮为长圆披针形，宽 1.3~2.2 cm，蜜腺两边无流苏状突起；花丝绿色，花药淡黄色、褐色。花期 6—7 月，果期 9—10 月。产于云南、四川。生长于海拔 2 600~3 600 m 的疏林下及林缘。

18. 卓巴百合 *Lilium wardii* Stapf ex Steam

鳞茎近球形，高 2~3 cm，直径 2.5~4 cm。茎高 60~100 cm，紫褐色，有小乳头状突起。叶散生，狭披针形，长 3~5.5 cm，宽 6~7 mm，上面具明显的 3 条下陷脉，边缘有小乳头状突起。总状花序有花 2~10 朵，少有花单生；花下垂，花被片反卷，淡紫红色或粉红色，有深紫色斑点，矩圆形或披针形，长 5.5~6 cm，宽 8~10 mm，蜜腺两边无流苏状突起；花粉橙黄色；花柱长为子房的 3 倍以上。花期 7 月。产于西藏。生长于海拔 2 030 m 的山坡草地或山坡灌丛下。

19. 乡城百合 *Lilium xanthellum* Wang et Tang

鲜茎近球形，高约 4.5 cm，直径 4~5 cm，黄色。茎高 35~55 cm，密被鳞片状物。叶散生，条形，长 4~8 cm，宽 2~3 mm，边缘稍反卷并具乳头状突起。花 1~2 朵；在被片黄色，无斑点，长约 3.5 cm，宽约 6 mm，先端钝，蜜腺两边有鸡冠状突起。花期 6 月。产于四川（乡城）。生长于海拔 3 200 m 的山坡灌丛中。

黄花百合 *Lilium xanthellum* Wang et Tang var. *luteum* Liang 为乡城百合变种，与乡城百合的区别为花具紫色斑点。

（四）轮叶组

主要特征为叶轮生或者接近轮生，花朵向上或下垂，花被片反卷或不反卷，有斑点，共 3 种。

1. 东北百合（轮叶百合）*Lilium distichum* Nakai

鳞茎卵圆形，高 2.5~3 cm，直径 3.5~4 cm；鳞片披针形，白色，有节，相互松散抱合。茎高 60~120 cm，有小乳头状突起。叶 1 轮，共 7~18 枚生长于茎中部，还有少数散生叶，倒卵状披针形至短圆状披针形，长 8~15 cm，宽 2~4 cm，先端急尖或渐尖，无毛。花 2~12 朵，排列成总状花序；花橙红色，具紫红色斑点；花被片稍卷，长 3.6~4.5 cm，宽 15~6 mm，蜜腺两边无乳头状突起；花柱长约为子房的 2 倍。蒴果倒卵形，果翅明显。花期 7—8 月，果期 9 月。产于黑龙江、吉林和辽宁。生长于海拔 200~1 800 m 的山坡林下、林缘或溪旁。

2. 欧洲百合 *Lilium martagon* L. （中国不产）

变种新疆百合 *Lilium martegon* L. var. *pilosiusculum* Freyn。鳞茎宽卵形，高 3~5 cm，直径约 5 cm。茎高 45~90 cm，有紫色条纹，无毛。叶轮生，少有散生，披针形，长 6.5~11 cm，宽 1~2 cm。花 2~7 朵排列成总状花序；花下垂，紫红色，有斑点，外面被长而卷的白毛；花被片长椭圆形，长 3.2~3.8 cm，宽 8~9 mm，蜜腺两边具乳头状突起。蒴果倒卵状矩圆形，淡褐色。花期 6 月，果期 8 月。产于新疆北部。生长于海拔 200~2 500 m 的山坡阴处或林下灌木丛中。

3. 青岛百合 *Lilium tsingtauense* Gilg

鳞茎近球形，高 2.5~4 cm，直径 2.5~4 cm；鳞片白色，无节。茎高 40~85 cm。叶轮生，1~2 轮，每轮具 5~14 枚叶，矩圆状倒披针形、倒披针花至椭圆形，长 10~15 cm，宽 2~4 cm，先端急尖，基部宽楔形，具短柄，两面无毛，除轮生叶外还有少数散生叶，披针形，长 7~9.5 cm，宽 1.6~2 cm。优单生或 2~7 朵排列成总状花序，花朵星状，花被不反卷：花橙黄色或橙红色。有紫红色斑点，花被片长椭圆形，长 4.8~5.2 cm，宽 1.2~1.4 cm，蜜腺两边无乳头状效虑；花药橙黄色；花柱长为子房的 2 倍。花期 6 月，果期 8 月。产于山东和安徽。主要集中分布于崂山海拔 400~1 000 m 的区域内，一般生长于阴坡或半阴坡的森林中。

二、百合形态特征和生长习性

(一) 形态特征

百合为多年生宿根草本植物，每年冬季地上部枯死，以球茎在土中越冬。各种百合虽然在形态特征上有一定的差异，但主要器官基本相同。

1. 根

百合根可分为肉质根和纤维根两类。

(1) 肉质根 又称"下盘根"，着生于球茎盘底部，多达几十条，粗壮，无主根、侧根之分。以球茎盘为中心，在土壤中呈辐射状分布，其中 2/3 的肉质根分布在地表下 15~25 cm 的土层中，有 1/3 的肉质根向下生长至地表 35 cm 以下的土层内。肉质根的根龄一般为 3 年，随着球茎盘根龄的增长，新生肉质根由中心向外沿扩展生长。当年生或一年生的肉质根，其根表皮光滑，白色细嫩，无分叉侧根，具有吸收水分和营养物质等功能；二年生肉质根，根表皮色黯淡，有环状皱纹，根粗壮，中下段有少量分权侧根，具有吸收、贮存光合产物等功能；三年生肉质根表皮呈暗褐色，萎缩失水，细胞组织老化，失去吸收、合成等功能后逐渐枯死。

(2) 纤维根 又称"上盘根"，为百合球茎春季在茎秆抽生后的入土部位叶腋处生出的不定根。纤维根发生较迟，多在地上茎抽生 15 d 左右，苗高 10 cm 以上时开始发生，形状纤细，数量较多，长 7~15 cm，分布在土壤表层，具有固定和支持地上茎，以及吸收表层土壤中的水分和营养物质供茎秆生长发育等多种功能。在纤维根着生的茎秆基部还能再生出百合子球茎。纤维根每年冬季与茎秆一样枯死。

2. 茎

茎可分为地上茎和球茎两部分。

（1）地上茎　分伸长茎与变态茎两种。伸长茎由母球茎短缩茎的顶芽伸长，长出地面而成。一般在惊蛰至春分出苗，立夏前后停止伸长，茎粗1~2 cm，高可达80~150 cm，不分枝，直立性强，表面光滑或有白色茸毛，茎基呈微紫色。变态茎是植物中茎的一种分类，其生长形态异于一般的茎，属于植物营养器官的一种。百合的变态茎，一种是着生在地上茎叶腋间的圆形紫褐色"珠芽"（或称"球芽"或"百合仔"），还有一种是着生于地上茎入土部分的"子球茎"。

（2）球茎　百合球茎为地下的肉质芽或短缩茎，形似球状，是养分的贮藏器官。其茎部在整个球茎中发育不足，缩小成极小的短缩茎，也被称为球茎盘，具有贮藏养分、促进根系发生、着生和支持鳞片、分生子球茎的功能。在球茎盘上着生众多白色肥厚的肉质鳞片，紧密抱合而成球茎体。球茎的大小和重量因生长年限长短及品种而异，小的100 g以下，大的200~350 g，有的球茎能达到500 g以上。球茎有宿根越冬、越夏习性，能够连续生长多年。球茎盘的顶端生长点能抽出地上茎，地上茎生长到80~150 cm时，顶端开花结实。部分百合品种的母球茎由球茎盘四周的腋芽相继分生而成，一般由2~6个子球茎组成。子球茎如果从母球茎上分离下来，在一定条件下，经过培养，可再生出一株根、球茎、叶齐全的能独立生活的百合植株个体。

3. 叶

百合的叶为互生单叶，无柄或有短柄，多呈披针形、倒披针形或条形，平行脉，全缘或边缘有小乳头状突起。有的品种叶为散生（有的品种的叶片紧贴茎，有的叶有叶柄等），如多数的亚洲品种和杂交品种；有的品种叶为轮生，如新疆百合。

4. 花

百合花朵着生于植株顶端，形状主要有喇叭形、吊钟形、卷瓣形及蝶形，花序排列主要分总状花序和伞形花序，花型主要有直立型、外向型、半下垂型及下垂型。百合花色彩丰富，有白色、黄色、黄绿色、绿色、粉红色、红色、橘红色、淡黄色、金黄色、紫红色等。有的上面有斑点，有的有香味。花被片由萼片花瓣所组成，雄蕊由花丝、花药组成，花药上有花粉。雌蕊由子房、柱头、花柱所成。花瓣6，两轮，蜜腺两边无乳头状鸡冠状突起或有。花丝6，有毛或无毛，花药"丁"字状着生。柱头1，柱头膨大。

花的子房为矩圆形或圆柱状。

5. 蒴果

百合蒴果呈矩圆形或狭长卵圆形，3裂3室，每室2列种子，每个蒴果可结籽120~200粒，千粒重2.08~3.4 g，种子一般呈片状，饱满种子呈褐色。每粒种子的中间有长条形的胚，可发育成未来新植株。胚的外面包围着近圆盘形的胚乳，胚乳是胚发育时所需的营养仓库。种子边缘有一圈透明状的薄膜，称为翅。在自然环境中，这种翅有利于种子随风散布，繁衍后代。

此处以生产上应用广泛的百合（*Lilium brownii* F. E. Brown ex Miellez var. viridulum Baker）为例介绍其形态特征（图1-1），百合鳞茎球形，直径2~4.5 cm；鳞片披针形，长1.8~4 cm，宽0.8~1.4 cm，无节，白色。茎高0.7~2 m，有的有紫色条纹，有的下部有小乳头状突起。叶散生，通常自下向上渐小，倒披针形至倒卵形，长7~15 cm，宽1~2 cm，先端渐尖，基部渐狭，具5~7脉，全缘，两面无毛。花单生或几朵排成近伞形；花梗长3~10 cm，稍弯；苞片披针形，长3~9 cm，宽0.6~1.8 cm；花喇叭形，有香

1. 植株上部；2. 鳞茎；3. 雌蕊；4. 雄蕊；
5. 内花被片；6. 外花被片；7. 叶

图1-1　百合形态特征

注：图片引自《中国植物志》（1980，张秦利绘），经AI算法提高分辨率后形成。

气，乳白色，外面稍带紫色，无斑点，向外张开或先端外弯而不卷，长 13~18 cm；外轮花被片宽 2~4.3 cm，先端尖；内轮花被片宽 3.4~5 cm，蜜腺两边具小乳头状突起；雄蕊向上弯，花丝长 10~13 cm，中部以下密被柔毛，少有具稀疏的毛或无毛；花药长椭圆形，长 1.1~1.6 cm；子房圆柱形，长 3.2~3.6 cm，宽 4 mm，花柱长 8.5~11 cm，柱头 3 裂。

（二）生长习性

1. 海拔

在自然环境中百合属植物多生活在山坡灌木林下、向阳草坡或山沟、河边草丛中或山坡疏林下、高山草地或林下湿地等环境中，其中，百合多生于海拔 900 m 以下的山坡草丛、石缝中或村舍附近；卷丹百合多生于海拔 2 500 m 以下的林缘路旁及山坡草地；山丹（细叶百合）多生于海拔 400~2 600 m 的山坡、林下及山地岩石间。

2. 土壤

百合多生于气候凉爽、土层深厚、肥沃的坡地，对土壤要求不甚严格，但在土层深厚、肥沃疏松的沙质壤土中，鳞茎生长迅速，色泽洁白，肉质较厚。一般以有机质 2.5%、速效磷 15 mg/kg、速效钾 100 mg/kg 以上，pH 值 5.7~6.3 的土壤最为适宜。但不同的百合品种对栽培基质的 pH 有不同要求，如亚洲和麝香百合类型要求 pH 值 6~7，而东方百合类型要求 pH 值 5.5~6.5。

3. 温度

百合地上部茎叶不耐霜冻，秋季早霜来临前即枯死。地下鳞茎在土中越冬能忍耐 -35 ℃ 以上的低温。生长适宜温度为 15~30 ℃。早春气温 10 ℃ 以上顶芽开始生长，14~16 ℃ 时一般能见到刚出土的嫩芽。出苗后气温低于 10 ℃ 时，生长受到抑制，幼苗在气温 3 ℃ 以下易受冻害。花期日平均温度 24~28 ℃ 发育良好，气温高于 28 ℃ 生长受到抑制，气温持续高于 33 ℃ 时植株发黄甚至枯死，一般在高温地区生长不良。

4. 光照

百合喜半阴条件，耐阴性较强，但各生育期对光照要求不同。出苗期喜弱光照条件，营养生长期喜光照，光照不足对植株生长和球茎膨大均有影响，尤其是现蕾开花期，例如光线过弱，花蕾易脱落，但夏季高温强光照直射可引起茎叶提早枯黄。百合为长日照植物，延长日照，能提前开花，日照不足或缩短，则延迟开花。

5. 水分

百合怕涝，耐旱，整个生长期土壤湿度不能过高。浇水时不能漫灌，避免造成土壤缺氧。雨后积水应及时排除，否则球茎因缺氧容易腐烂，导致植株枯死。尤其是高温高湿危害更大，常造成植株枯黄和病害严重发生。百合对空气湿度大小不太敏感，所以在南方湿润和北方干燥气候的条件下，均能正常生长发育。

6. 肥料

百合比较耐肥，需要较多的肥料，在土壤的各种营养元素中，吸收数量较多的是氮、磷、钾，其次为钙、镁、硫、铁、硼、锰、铜及钼等。

三、百合种质资源的种群分类及分布利用研究

（一）种群分类

针对我国丰富的百合种质资源，许多学者都开展了资源调查、性状分析和种群分类研究。杨春起（2008）根据百合花颜色不同将百合划分为白色系、红色系、粉色系、黄色系、杏黄色系和复色系六大色系，张永吉等（2016）按生产目的将百合分为菜用百合、药用百合、花卉百合 3 个种类，游力刚（2012）按从种植到第一朵花开放的时间长短将百合划分为早花类（60 ~ 80 d）、中花类（80 ~ 100 d）、晚花类（100 ~ 120 d）和极晚花类（120 ~ 140 d），按用途将百合分为切花类、盆花类和花坛类等，从不同层面对百合种质资源提出了许多分类方式研究。李卫民等（1990）随机取各种商品百合鳞叶样品 100 片，测定 L 值（即完整鳞叶最长值与最宽值之比），并对各地商品百合 L 值进行聚类分析，结果表明从外观（L 值）上大体可将商品百合分为百合类和卷丹类两个大类。该结果与日本学者下村裕子对 L 值分布图的研究结果一致的，提出百合的主流商品可以分为百合类和卷丹类，从商品百合气孔指数的测定结果来看，基本也符合上述两大分类结果，即上表皮气孔指数小于下表皮气孔指数的卷丹类和上表皮气孔指数大于或基本等于下表皮气孔指数的百合类。张福良（1993）介绍，在百合分类中，应用双向聚类的方法先对 40 个指标聚类，从每类中取一个代表为聚类指标，然后再对样品聚类，能消除主观因素及指标间相关性的影响，聚类结果令人满意。张西丽等（2000）根据 48 个形态学性状，应用聚类分析将 9 个不同来源的百合品种分为亚洲系、东方系和麝香系 3 个类群。并显示了东方系和麝香系亲缘关系较近，符合北美百合协会对百合品种的分类与百合的育种历史、演化关系。将 48 个形态学性状数据集划分为营养器官性状与生殖器官

性状两个数据子集。单独采用营养器官性状子集进行聚类分析时，出现较大的差异，而对生殖器官性状子集的分析结果较为合理。张克中等（2006）采用随机引物扩增多态性 DNA（RAPD）技术分析了中国野生百合 25 份种质的亲缘关系。从 160 个 10 bp 随机引物中筛选出 15 个重复性好的随机引物，通过扩增共得到 156 个 DNA 片段，其中多态性谱带为 133 条，占 85.3%。根据多态性结果进行聚类分析，将 25 份种质分为 4 类 3 个亚类。除野百合（秦岭种源）外，RAPD 聚类结果与传统形态分类基本吻合。轮叶百合聚为第Ⅰ类，轮叶组与其他组明显分开；4 种喇叭花组百合聚为第Ⅱ类；另 4 种喇叭花组百合及未鉴定的河南 1 号聚为第Ⅲ类；第Ⅳ类含有 15 份种质，大部分为卷瓣组野生百合，但第Ⅳ类第 3 亚类含有钟花组 3 种野百合，表明卷瓣组和钟花组之间存在着基因交流。荣立苹等（2008）对我国东北地区 8 种 21 份野生百合的表型多样性进行了研究。结果表明，我国东北地区野生百合资源具有丰富的表型多样性，平均多样性指数为 1.77。基于形态性状，把 21 份野生百合聚类并划分为两大类：第一类包括植株较高、茎叶粗壮的种类，如卷丹、大花卷丹、朝鲜百合和毛百合；第二类包括植株较矮、茎叶纤细的种类，如细叶百合、有斑百合、大花百合和垂花百合。童巧珍等（2009）以百合新鲜鳞叶为材料，利用 RAPD 分子标记技术对 16 份不同生态型百合种质的遗传多样性和亲缘关系进行分析，从 120 条随机引物中筛选出 35 条有效引物，共得到 769 个扩增位点，其中 628 个位点具有多态性，占 81.7%。UPGMA 聚类分析结果表明，16 份百合种质在阈值为 0.940 7 处分为 2 个聚类群，即百合科两个不同属的植物百合属和大百合属；阈值为 0.579 0 处，百合属被分为 3 个不同的种，即百合、卷丹和细叶百合。聚类结果和亲缘关系分析表明不同供试百合之间的遗传多样性较高，亲缘关系较远，且各种质遗传距离与地理距离具有一定的相关性。童巧珍等（2010）利用 RAPD 分子标记技术对 16 份百合种质资源进行遗传多样性研究，用 35 条随机引物进行 PCR 扩增，共得到 769 个扩增位点，628 个位点具有多态性，占 81.7%，其中江苏省引种栽培的 2 个农家品系（尖头系和平头系）种源之间的遗传变异最小，湖南衡山野外的大百合和甘肃引种的细叶百合种源之间遗传变异最大；根据 RAPD 标记划分 16 个百合种源在阈值为 0.940 7 时分为 2 个 RAPD 群，即分别属于百合科的百合属和大百合属；阈值为 0.579 0 时，百合属分为 3 个种，即分别为百合、卷丹和细叶百合。钟山等（2010）通过常规露地栽培和植物学性状观察，并在对各试材的物候期进行调查的基础上，采用形态学分类方法对东北地区野生百合资源进行分类与鉴定，共鉴定出 4 个种、1 个变种，分别是毛百合、朝鲜百合、有斑百合（渥丹变种）、细叶百合和垂花百合，其中部分种类是东北地区的特有种。荣立苹等（2010）对中国东北地区 6 种 3 变种 30 份野生百合的 23 个形态性状进行了研究。结果表明，我国东北地区野生百合种质资源的主要数量性状均有明显差异，其中花柱长和叶宽的变异系数较大，分别为 59.49% 和 54.03%。基于形态性状，把 30 份野生百合聚类并划分为两大类：第一类为茎粗壮、花朵较大的种类，包括卷丹和毛百合；第二类为花朵相对较小的种类，包括有斑百合、大花百合、细叶百合、垂花百合、大花卷丹百合、东北百合和朝鲜百合。陈名红等（2013）为筛选出适合于百合种质资源 ISSR 标记研究的有效引物，利用 58 个 ISSR 引物，对百合属的卷丹、川百合、西伯利亚和索邦进行 PCR 扩增，共筛选出 11 条多态性丰富、条带清晰且可重复性好的有效引物，11 条引物在 4 个样品中共扩增出 125 条 DNA 带，其中 108 条为多态性带，占总扩增带数的 86.4%，平均每个引物扩增出 11.4 条带。梁振旭等（2014）为揭示秦巴山区野百合天然居群的表型变异，对该地区 17 个野百合天然居群花、叶的 8 个质量性状和 21 个数量性状进行了观测。结果表明，野百合在秦巴山区适应性强、分布范围广，而且大多生长在海拔 705~1 913 m 的高山；表型性状变异丰富；上部叶片长与纬度存在显著正相关，柱头宽、上部叶片长与海拔高度存在显著正相关，下部叶间距与年降水量存在显著正相关，花梗长和上部叶片长与年均温度存在显著负相关；17 个野百合天然居群被系统聚类为巴山和秦岭两大组。杜芳等（2018）利用 16 个性状指标，使用统计学软件，对引进的 65 份百合新品种材料的遗传多样性进行分析。结合对材料所做的 UPGMA 聚类法和主成分分析结果，认为百合品种的分类，可以首先以瓣性为基础，分为单瓣和重瓣两类。单瓣百合中按照雄性是否可育分为雄性不育系和雄性可育系。李介文等（2019）为分析我国部分野生百合资源的遗传相似性及其地域分布特点，对其亲缘关系进行评价，以 25 个百合野生种及其不同种源地的 2 个变种，共计 69 份样品为材料，利用 11 对 SSR 引物对 69 份样品进行荧光毛细管电泳检测，通过 Powermarker 3.25 软件对 SSR 位点基因型数据进行处理，通过 NTsys 2.11 构建遗传相似性矩阵及系统发育树，对其进行聚类分析，并进行主坐标分析。结果显示，对 SSR 分子标记的遗传学参数进行分析，发现百合 SSR 位点多态性较高。69 份样品的遗传相似性系数变化范围为 0.289 7~0.981 3；不同种之间，淡黄花百合和泸定百合的遗传相似性系数最大，平均值是 0.953 3；而卷丹百合和玫红百合、卷丹百合和大理百合之间的相似性系数最小，平均值是 0.289 7。聚类分析表明，69 份供试材料主要分为 5 类，第一类包括大百合属的大百合，第二类主要由卷瓣组和喇叭组组成，也包括轮叶组和钟花组，第二、四、五类主要由卷瓣组组成，其中包括豹子花属的滇蜀豹子花。主坐标分析表明种源地位于四川、重庆、云南地区的百合大多聚在一起，位于陕西、湖北、湖南、河南地区的百合大多聚在一起，位于辽宁、内蒙古地区的百合大多聚在一起。研究表明喇叭组 a 亚组与 b 亚组亲缘关系较远，a 亚组的麝香百合、台湾百合明显与卷瓣组亲缘关系较近；属外种大百合与百合属亲缘关系较远，滇蜀豹子花与野生百合资源的亲缘关系较近，此研究支持豹子花属并入百合属这一观点。

由于交通不畅，限制了信息交流，历史上的百合分类没有现代精确（崔凯峰等，2020）。自从卡尔·林奈在《植物种志》（1753）中对百合属进行分类开始，百合的分类研究才逐渐全面开展起来。傅沛云（2002）对东北百合属植物进行了较系统的分类，全雪丽等（2009）对花蕾外部形态的相关性进行了研究，证明花蕾大小与小孢子各发育时期关系密切。根据花型及叶型，学术界将毛百合划分为钟花组。由于毛百合花朵硕大，植株坚挺，观赏价值高，耐寒性强，野外可自然越冬，侯珺将毛百合列入卷瓣组。Lee（2011）、Dubouxet 和 Shinoda（1999）、智利等（2011）通过 SRAP 分子标记对中国 23 个野生种进行的遗传多样性研究表明，毛百合符合野生百合形态学和分子水平分类，证实了 Nishikawa 等（1999）的发现，即毛百合组与卷瓣组亲缘关系较近，钟花组与卷瓣组存在基因交流。

郭方其等（2020）对浙江省主栽的 18 份盆栽百合种质资源的 21 个表型性状进行了变异水平评价、相关性分析和遗传多样性分析。结果表明，盆栽百合品种间具有丰富的表型多样性，在品种间均表现出极显著差异。各个性状的表型分化系数 VST 为 96.50%~99.17%，平均值为 97.95%，群体间平均表型变异约占总变异的 97%，表明品种间的变异是盆栽百合品种表型性状变异的主要来源，品种内的变异对百合品种表型性状变异影响不大。各表型性状的平均变异系数（CV）为 9.14%，性状离散程度低；不同品种之间性状多样性指数均有不同程度的变异，数量性状中指数最高为花序长（3.689），质量性状中指数最高为花瓣主色（1.765）。Pearson 相关性分析发现，盆栽百合的整株花型与营养生长存在显著相关性；相关性状正相关明显大于负相关。表型聚类结果表明，表型性状聚类分析结果与相关性分析一致，18 份种质资源被划分为 5 个居群，基本按花朵表现型而聚类划分。

杜方（2023）在对百合的起源、分类及资源多样性综述中介绍，受相似的选择压影响，遗传关系较远的物种可能在表型上趋同进化，而为适应不同生存环境或受生存竞争影响，遗传关系较近的物种在表型上也可能趋异进化，因此表型的相似性并不总能反映进化关系。基于细胞学和杂交育种实践的认识，以及叶绿体基因组和核基因组 DNA 多态性，Comber 的分类结果不断得到修正。当前国际上的统一认识是：百合科中百合属与贝母属关系最近，大百合属和假百合属是百合属与贝母属的姐妹群，豹子花属应归于百合属；百合属依然被分为 7 个组，但 Comber 分类中部分组名和组内种的位置被调整。修订后的组名为轮叶组、根茎组（北美百合组）、百合组（圣母百合组）、具叶柄组（东方百合组）、卷瓣组（亚洲百合组）、喇叭花组（喇叭百合组）和斑瓣百合组。基于核基因组多态性的分析表明，除轮叶组和斑瓣百合组外，其他组均为多起源组，但基于叶绿体基因组多态性的分析表明，所有的组均为多起源。轮叶组被认为是较原始的组，轮叶组中汉森百合又被认为是最原始的种。

（二）百合种质资源的分布

我国作为世界百合的主要起源中心之一，野生百合资源分布极为广泛，从云贵高原到长白山区，海拔 200~4 800 m 的各地荒山野岭都有分布。从地域分布来看，我国野生百合资源分布大体上可以划分为 5 个区域：中国西南高山与亚高山区域，主要包括云南和四川横断山脉地区，喜马拉雅山区和藏东南地区，主要包括西藏、青海、云南、贵州、重庆、四川西部等地区，这个区域是我国的野生百合资源最集中的区域；中国西北和中西部的秦巴区域，位于甘肃岷山和湖北神农架地区；中国东北区域，主要包括东北三省和内蒙古东部的长白山和大、小兴安岭地区；中国华北区域，主要包括山西、陕西、河北、河南北部和内蒙古部分地区；华东、华中等低山、丘陵区域，主要包括东部沿海的山东、江苏、浙江、福建、广东、台湾，及内陆的安徽、江西、湖南、湖北等地区。龙雅宜等（1999）介绍，我国西部（云南、四川西部）分布的百合种众多，有滇百合、岷江百合、野百合、川百合、宝兴百合、大理百合、绿花百合、墨江百合、松叶百合、丽江百合、文山百合、通江百合、蒜头百合、单花百合、大百合和假百合等；我国西藏东南部分布的百合种有荞麦叶大百合、卓巴百合等；我国中部（四川东部、重庆、贵州、湖北、江西、湖南）分布的有百合（龙牙百合）、滇百合、渥丹、川百合、宜昌百合、湖北百合、药百合和大百合等；我国北部（甘肃、山西、陕西）分布的有川百合、宜昌百合、宝兴百合、山丹等；我国东部（河北、山东、河南、江苏、浙江、安徽）有百合（龙牙百合）、轮叶百合、山丹、卷丹、渥丹、青岛百合与安徽百合；东北部（辽宁、黑龙江、吉林）有毛百合、渥丹、山丹、卷丹、大花卷丹、条叶百合及东北百合；南部（广东、广西、福建、台湾）有野百合、药百合和台湾百合。

围绕各地广泛分布的百合种质资源，国内许多学者开展了大量调查研究，取得了很大进展。孙启时等（1989）在编写《东北草本植物志》过程中，对东北百合属植物进行了深入研究、整理，至此中国东北百合属计 10 种，2 个变种，1 个变型。杜有新（2003）介绍，百合属植物云南分布有 40 种，滇西北产 18 种。其中紫花百合生长于海拔 3 500~4 200 m 的高山杜鹃灌丛和箭竹灌丛中，是百合育种的珍贵种质资源。其他重要的种类有川百合、宝兴百合、紫红花红百合、大理百合、尖被百合等。鲍隆友（2004）自 1993 年 3 月至 2002 年 10 月对西藏高原百合属植物的种类、分布、储量、生境、花期进行了较详细的调查研究，结果显示，西藏高原的百合共有 10 种 1 个变种，且由于西藏具有独特的地理环境，植物分布较为零散，其将百合属植物的分布划为 3 个带，即高山灌丛林带，海拔 3 500~4 800 m；针阔混交林带，海拔 2 700~3 500 m；阔叶林带，海拔 2 000~2 700 m。百合属植物的经济价值虽然较高，但受传统观念和科技的影响，西藏百合属植物开发利用程度很低。向地英（2005）在对秦巴山区及毗邻地区野生百合资源系统调查、收集及保存的基础上，对有关种类的形态多样性进行了较详细的评价研究，首次在宜昌百合上发现了黄色花的生态类型，并对野百合的花色在开花过程中的变化、细叶百合的毛状体的特征等首次详细观察记载，为进一步保护和开发秦巴山区及其毗邻地区的野生百合资源提供了依据。根据评价研究发现，不同种的野生百合在鳞茎、茎干、叶片和花等器官形态上都存在明显的差异，而同种不同生态类型之间也存在着显著的差异，其差异主要表现在花色、花瓣上斑纹的有无，花丝、花药等颜色的差异。而以珠芽无性繁殖的卷丹，其不同生态型的形态差异较小。朱朋波等（2006）通过查阅文献资料、走访当地居民和实地考察等在对江苏云台山野生百合植物系统调查和资料整理的基础上，研究了该属植物在云台山的分布现状以及主要种类的生物学性状。调查发现，云台山区有野生百合 5 个变种，为卷丹、白花百合、条叶百合、山丹、猫耳合。它们多分布在海拔 300~500 m 高度的山坡、草丛、溪沟等处。其中卷丹分布广泛、数量最多。白花百合有少量野生，当地居民有少量栽培供食用和药用。山丹有少量野生，另赣榆大吴山有少量发现。条叶百合为当地山区野生品种，当地俗称"药合"。猫耳合为当地山区野生品种，云台山区附近农家有少量栽培，但在多次考察中未能发现。孙晓杰等（2008）介绍，浙江地处亚热带中部，为典型亚热带气候，地形地貌复杂，境内丘陵、山地约占 7/10，众多山脉海拔均超过 1 000 m，全省最高峰海拔 1 929 m，为百合属植物的生存和发展提供了有利条件。综述各地种质资源资料和实地调查资料，认为目前浙江省已有百合属野生植物种质资源 6 种（其中 3 个为变种），包括卷丹百合、条叶百合、药百合、野百合、百合和有斑百合。百合资源利用方面，浙江地区栽培的主要是卷丹百合，其鳞茎是浙江省中药材"百合"的主要来源。另湖州百合具有芳香微苦的特点，是一种高级的滋补食品，也是一味重要的中药材，深受人们的喜爱。每年除内销外，还远销我国港澳地区和东南亚诸国。李晓玲等（2008）对甘肃省小陇山林区野生百合品种资源进行了详细调查，结果表明，该林区百合属共有 7 种野生百合，即云南大百合、大花百合、白花百合、卷丹百合、大卫百合、山丹花、细叶百合。王森（2008）采用查看相关资料以及实地调查等方法，调查研究了河南野生百合属花卉植物资源的种类、分布、生境、主要用途、观赏特性等。结果表明，河南野生百合属花卉植物计 11 种、4 变种，其中百合与卷丹 2 种具有较高观赏价值和市场应用前景。雷家军等（2008）对辽宁省野生百合资源进行了调查、收集、分类研究，结果表明，收集到的 56 份野生百合资源，分属 6 种、3 变种，包括有斑百合 21 份、黄花渥丹 3 份、毛百合 2 份、朝鲜百合 3 份、细叶百合 6 份、垂花百合 2 份、卷丹百合 14 份、东北百合 1 份和大花卷丹 4 份，没有收集到条叶百合，也未发现渥丹原种。林茂祥等（2009）通过调查访问、野外实地考察和资料整理相结合的方法，发现重庆南川区金佛山分布的野生百合属植物共有 10 种、1 变种。模式标本采自当地的植物有金佛山百合和南川百合 2 种，其中金佛山百合为当地特有种。朱立等（2010）介绍，贵州省位于中国西南的东南部，大部分地区气候温和，冬无严寒，夏无酷暑，年平均气温 14～16 ℃，属于亚热带湿润季风气候。分布有野生百合属植物野百合、淡黄花百合、黄绿花百合、披针叶百合、大理百合、湖北百合、南川百合和川百合等 8 个种。黄新华（2010）介绍，大别山位于河南省南部，山区面积约 5 600 km²，山峰海拔 300～1 000 m，最高海 1 584 m。地势南高北低，地处东经 113°45′～115°55′，北纬 30°23′～32°13′，气候属北亚热带和暖温带的南北过渡区，雨热同季，四季分明，年平均气温 15.3 ℃，年平均降水量 1 194 mm，平均年日照时数 2 180 h。土壤以黄棕壤为主，地形复杂，植被种类繁多，特别是野生植物种类繁多，是河南省重要的野生植物资源库。经初步调查统计，大别山区有野生百合 5 个种，2个变种，分别是野百合、药百合（变种）、卷丹百合、白花百合（变种）、湖北百合、川百合、条叶百合等。它们多分布在海拔 300~700 m 高度的山坡、树林下、草丛中、溪沟等处。肖翠珍（2011）对安徽省宣城市百合属资源的地理分布、种群数量、生物多样性丰富程度进行了调查，大致确定宣城市的野生百合科百合属野百合有3个性状类别：一是鳞茎扁球形，黑白色。鳞片尖端有桃红色细点。茎秆淡绿色，叶披针形，总状花序，花平展，花冠白色中央有辐射状黄色纵条纹，浓香味。二是茎绿色有斑点，上半部有小突起及稀疏绵毛。上部叶卵圆形，下部叶宽披针形，茎绿紫色。叶线状披针形，叶腋处有白色绵毛。花多，呈淡黄色。三是株高 70~100 cm，茎秆上着生黑紫色斑点，株秆呈暗褐色。叶互生，狭披针形，无柄，密集于茎秆的中上部。叶腋间生有可繁殖的珠芽。花夏季开放，数量较多，常 3~10 朵不等，花色橙红色或砖黄色，花序总状，花瓣 9~12 cm，向外翻卷，花瓣上有紫黑色斑点。在富含腐殖质的肥沃砂质和排水良好的土壤中生长茂盛，鳞茎发达，花色艳丽。兰希平等（2013）通过实地踏查发现，目前辽宁共有 7 种百合属野生植物资源，分别为垂花百合、大花卷丹、卷丹百合、轮叶百合、毛百合、山丹、渥丹等。其中渥丹为过去未有记载的野生植物，主要分布在桓仁、庄河、本溪、宽甸、清原、岫岩、凤城、鞍山、丹东、辽阳、沈阳、大连等县（市）。苏彩霞等（2013）通过踏查、知情人访谈等初步了解到兴安盟主要是阿尔山地区有丰富的野生毛百合种质资源，因此进一步采用详细、多样的调查方法对阿尔山市、五叉沟、伊尔施、白狼等地进行调查，结果表明阿尔山市、五叉沟、伊尔施、白狼等地均有分布，其中野生毛百合资源较多，也有细叶百合、铃兰和小黄花菜等。梁振旭等（2014）为系统了解我国野生百合的自然分布及利用特性，对陕西、甘肃、湖北、重庆、四川及云南等中西部地区的野生百合资源进行了系统调查、收集及评价研究。在有关地区共收集保存野生百合 16 个种及 3 个变种，即卷丹百合、宜昌百合、野百合、宝兴百合、山丹、川百合、绿花百合、岷江百合、细叶百合、乳头百合、泸定百合、尖被百合、淡黄花百合、紫斑百合、玫红百合、大理百合、百合、紫脊百合和黄绿花滇百合；按照观赏价值、开发潜力和生态适应性等3方面的 15 个评价指标，应用层次分析法对不同野生百合进行综合评价，综合认为，淡黄花百合、岷江百合和宜昌百合具很高的观赏价值，岷江百合、细叶百合和卷丹的开发潜力最大，卷丹百合和川百合具有很好的生态适应性。潘红丽等（2015）对四川省岷江百合的资源分布进行了初步踏查和研究，结果表明，岷江百合在四川省集中分布于岷江上游汶川县、理县、茂县、黑水县等地干旱河谷地区海拔 1 200~2 360 m 的山体中下部坡度较大的草丛、低矮灌木丛及岩石缝中，生长较分散。在干旱河谷地区常见以伴生种为主，偶见以优势种出现。靳磊等（2015）调查了宁夏罗山地区野生百合种类、分布、生长状况和生态环境，分析其表型性状多样性，结果表明，罗山仅发现野生细叶百合，不同采集地细叶百合在花期存在差异，适于在可溶性盐含量较高的偏碱性土壤中生长，生境中伴生植物多为多年生草本植物，灌木分布较少。李懿等（2017）通过野外实地考察及标本采集鉴定，确定汶川县水磨三江地区存在百合属花卉种质资源 5 种，分别是岷江百合、泸定百合、宝兴百合、川百合和卷丹百合。王友莎等（2017）对安顺市各个地区的百合种质资源进行调查。结果表明，通江百合在安顺分布范围最广、数量最多，野百合只分布在镇宁和龙宫两个地区，而南川百合只有在紫云格凸河才有发现。白杜娟等（2017）2014—2016 年对秦巴山区野生百合资源进行了调查。结果表明秦巴山区野生百合有 12 种，较前人的调查多 3 种（不含云南大百合），增加了紫脊百合、渥丹和岷江百合 3 个种或变种。与 1990 年赵祥云等的调查结果相比增加了野百合、乳突百合和大花卷丹百合 3 个种或变种，少了秦岭野百合。另发现野百合、细叶百合比较常见，绿花百合、岷江百合几乎绝迹。丁芳兵等（2017）介绍，秦巴山区是中国野生百合集中分布地区之一。中国百合资源主要分布于 5 个地区，分别为西部及西南部高山区域，主要生长有玫红百合、卷丹百合、哈巴百合、尖被百合、丽江百合、松叶百合、单花百合、文山百合、大理百合及乳头百合等；中部高海拔山区，分布有宜昌百合、湖北百合、紫花百合、野百合等；东北部高山地带，主要生长有垂花百合、毛百合、卷丹百合、细叶百合、大花百合及条叶百合等；北部及西北地区的黄土高原地区，主要有野百合、湖北百合、南川百合、淡黄花百合等。段青等（2018）为了解云南省境内的泸定百合资源状况，采用查阅文献和实地调查相结合，对采集到的 20 个泸定百合野生居群进行表型多样性分析。结果表明，泸定百合资源以滇东北昭通、滇东曲靖丰富，滇中昆明、滇东南文山、滇南红河和滇西保山次之，滇西北地区最少，仅见于金沙江河谷地带，而滇西南地区普洱、临沧未见分布。

李金鹏等（2018）介绍，中国是百合属植物资源的自然分布中心，其中有 36 个种和 15 个变种为中国特有种，如宜昌百合、岷江百合、渥丹百合、蒜头百合、乳头百合、川百合等均是中国特有种。百合在四川省西部、云南省西北部和西藏自治区东南部分布种类最多，是中国百合的主要集中分布区。东北地区也是百合的集中分布区之一，在吉林、辽宁和黑龙江省南部地区有8个种和2个变种，其中在吉林省长白山地区野生百合花朵大，花期长，主要有毛百合、有斑百合、大花百合、卷丹百合、大花卷丹百合、山丹、垂花百合、东北百合等。大多数百合属植物的染色体数是二倍体，仅卷丹百合是三倍体。

隆世良等（2018）针对岷江上游干旱河谷区进行了野生百合资源调查，并相继开展百合种质资源收集、保存及人工繁育等方面研究。该区内共发现岷江百合、川百合和宝兴百合3种百合。其中岷江百合多生长于山坡灌丛下、向阳草坡或沟边、崖壁及岩石缝隙中，伴生植物多以豆科和蔷薇科居多。川百合和宝兴百合多生长于林缘及高山灌丛、草丛间，伴生植物以蔷薇科、菊科植物居多。

周佳民等（2019）在湖南省武陵山区野生百合聚集区开展实地调查研究，分析该地区野生百合资源分布特征。结果表明，湖南省武陵山区野生百合集中分布在海拔268~667 m溪流的草丛、低矮灌木丛及岩石缝中，生长较集中，伴生植物主要以石菖蒲、蕨类、苔藓为主。说明了武陵山区野生百合资源种群数量减少及分布范围相对集中萎缩，种群受威胁程度加剧，应加强野生南川百合资源群落的监测研究和保护。

张冬洋（2021）介绍，百合植物主要分布在亚洲东部、欧洲、北美洲等北半球温带地区，原产于中国。种类繁多，全球已发现至少120种，其中55种产于中国。吉林省长白山通化地区百合种类共有9种，具有花色艳丽、色彩多样、香味浓郁等特点，具有食用价值、观赏价值、药用价值等多方面优势，是一类具有很高经济价值的植物。

刘建霞等（2022）针对岷江上游干旱河谷区进行了野生百合资源调查，重点关注野生百合自然分布、生境及生长状况。发现岷江上游地区野生百合广域分布种为岷江百合，适生环境可概括为中高海拔（1 200~2 000 m），中偏碱性沙壤土，伴生植物多为禾本科茅草及灌木。调查确认岷江上游干旱河谷区野生百合属植物分布较广，自然长势优良，但过度放牧、开荒及旅游开发等行为会导致野生百合种类减少。

王军利等（2023）采用线路调查、野外踏查、标本鉴定及文献资料查阅相结合的方法，用5年多的时间对秦岭北麓30条主要大峪中的百合属野生花卉资源进行了调查研究。结果表明，秦岭北麓主要大峪中分布有8种百合属野生花卉，分别是卷丹百合、野百合、高原百合、白花百合、川百合、渥丹百合、山丹百合和大花卷丹百合，其中分布最广的为卷丹百合，在所调查的每条峪中均有分布，其次是野百合和川百合，在大多数所调查的峪中有分布。百合属野生花卉深受峪中居民喜爱，在当地栽种较为普遍。秦岭北麓中植物多样性有增加的趋势，但由于游客随意采挖，以及野猪等野生动物取食等原因，百合属野生花卉在其间的生存受到一定威胁。

（三）百合种质资源的利用

我国百合种质资源丰富多样，许多地方都有种植百合的传统，除食用、药用外，观赏用也是百合种质资源的一大利用方式。黄济明（1984）介绍，20 世纪初，我国野生百合资源被发现，原产四川省的王百合（*L. regale*）被引至世界各地，它美丽的花型和对各种土壤、气候条件的特殊适应性受到人们普遍重视，各国的艺术爱好者竞相引种而使之成为著名的庭园花卉之一。不仅如此，原产我国台湾省的麝香百合以它独特的幽雅香味和洁白色彩而风靡全球，使原来世界各国常用的各种百合（纯白百合等）黯然失色。我国江浙一带盛产的食用卷丹百合，引至国外后成为受人喜爱的庭园花卉，荷兰花卉工作者利用这种百合杂交育成了著名的"中世纪杂种系统"的各种百合花，这个系统中最突出的品种'Enchantment'花大而多，艳丽，花朵向上开放如杯状，是举世闻名的切花用种。我国还有一些其他的野生百合类型色彩特别丰富，如粉红色的玫红百合、宝兴百合，紫红色的紫花百合、乳头百合，绿白色的绿花百合，一年能开几次花的台湾百合等，都是一些珍奇的花卉资源，有的已成为国外培育百合新品种的常用材料。

针对我国丰富的百合种质资源，许多单位开展了普查和保存利用。中国花卉协会组织建设的国家花卉种质资源库信息管理平台显示，2016 年国家林业局和中国花卉协会公布第一批国家花卉种质资源库名单，沈阳农业大学国家百合种质资源库入选，是当时我国收集保存百合资源最多的单位，通过大量的考察收集、交流，共收集保存野生种质 235 份、品种资源 165 份，共计 400 份百合资源。2020 年国家林业和草原局公布了第二批国家花卉种质资源库名单，北京市农林科学院国家百合种质资源库入选，共收集和保存百合种（变种）63 个，合计资源 1934 份，占世界百合属植物 54.8%，占中国百合属植物 78.2%，是目前有公开报道的保存百合种质资源最多的单位。此外还有许多学者对百合种质资源开展了许多利用研究。

龙雅宜（1998）介绍，百合属植物约 100 种，中国原产约 47 种，种类丰富，特有种多。北起黑龙江有毛百合，西至新疆有新疆百合，东南至台湾有台湾百合。其中野百合、岷江百合（王百合）、宜昌百合、通江百合、渥丹、紫花百合、玫红百合、蒜头百合、大理百合、湖北百合、南川百合、宝兴百合、川百合、乳头百合、绿花百合、乡城百合等均为我国特有种，其中尤以西南和华中为多。根据把百合栽培品种和原始种分为 9 类的意见，在人工育成的 8 类栽培杂种系中有 4 类是利用原产我国的遗传资源育成的，估计在百合杂交育种历史中已经用过的中国百合资源种不足一半。

蔡曾煜（2001）介绍，亚洲百合杂种种群主要是利用分布在亚洲地区的原种进行杂交而形成的。它起源于日本的岩户百合与中国的毛百合，又经与欧洲百合杂交，首先获得新的杂种，其时称为荷兰百合，以后又有朝鲜百合与中国的川百合、卷丹、山丹、松叶百合等原种参与，在花色与早熟性能、抗病性状等方面都有很大的改良。

王仁睿等（2007）对我国百合种质资源的研究与创新进行了综述，认为许多具备特殊优良性状的百合原种有待于进一步开发利用。例如毛百合、东北百合等植株高大，花朵直立向上，适合培育切花品种。尖被百合、藏百合等植株矮小，适合培育微型盆栽品种；湖北百合、峨江百合等是抗病育种的重要亲本；青岛百合、山丹等可用于抗寒育种；通江百合、台湾百合等可用作抗热育种。若将具有优良性状的国产原种加以利用，将会丰富我国的百合资源。

张玉芹等（2011）为建立食用百合种质资源离体保存体系，将试管苗接种到 6 种不同培养基中，分别在不同温度、光照下保存 6 个月，观察不同浓度的脱落酸和甘露醇对试管苗生长的影响。结果表明，2 ℃和 5 ℃，培养基中加入甘露醇和脱落酸均可有效抑制试管苗生长，保存 6 个月后均正常生长；10 ℃和 25 ℃不同浓度的甘露醇和脱落酸对百合试管苗存活率、株高及鳞茎形成均有影响。甘露醇浓度低对生长抑制效果差，浓度高对生长势影响严重，浓度 20 g/L 时保存 6 个月存活率仍达 94.6%，且利于鳞茎形成，对百合试管苗保存效果最好；脱落酸较甘露醇更能抑制试管苗生长，但随保存时间延长存活率减低，叶尖枯死，浓度越高越严重，不利于鳞茎的形成。

张凌云等（2014）研究了珍稀濒危植物青岛百合的自我繁殖方式和人工繁殖方法。通过对崂山范围内 5 个野生种群的调查研究，发现青岛百合可以通过自身种子繁殖和子球繁殖 2 种方式进行增殖，子球由根盘、内部基根、地下茎、散开或是断裂的鳞片基部等部位发生，具有一定的自我繁衍能力。通过 20 ℃恒温催芽可以提高种子发芽的整齐度，提前进入生长期；通过 25 ℃埋片催芽技术，能更好地控制利于子球形成的环境因子，提高繁殖系数，延长绿期，缩短成球时间。

王冉冉等（2015）利用 Apache+MySQL+PHP 数据库技术手段对百合种

和品种的基本信息、形态特征、生物学特性、品质特性、抗逆性、抗病虫性以及其他特征特性的相关数据构建数据库，对百合种质资源数据进行统一、规范的管理，实现百合种质资源信息共享。

万珠珠等（2016）以 3 种食用百合试管苗为试材，采用限制生长保存法，研究了不同浓度生长抑制剂对食用百合试管苗保存效果的影响，并对保存后的试管苗进行遗传稳定性检测，以期建立食用百合种质资源离体保存体系。结果表明，龙芽百合试管苗用 10 mg/L 防落素（PCPA）处理保存 300 d 后，试管苗生长缓慢，存活率达 96.00%；川百合试管苗用 2 mg/L 青鲜素（MH）处理保存 150 d 后，试管苗的抑制生长效果明显，结鳞率和存活率高达 100%；兰州百合试管苗用 10 mg/L 多效唑（PP333）处理保存 300 d 后，试管苗抑制作用明显，结鳞率达 100%，存活率达 94.4%。比较限制生长保存后与未保存植株的可溶性蛋白和酯酶同工酶图谱，各处理和对照图谱带相似，初步证明了以上保存方法的可行性，较好地保持了遗传稳定性。

李艳梅（2020）介绍，北京市农林科学院北京农业生物技术研究中心副研究员张秀海团队申报的"国家百合种质资源库"成功入选第二批国家花卉种质资源库名单。张秀海团队从 2013 年起开展百合种质资源收集、发掘利用及新品种选育工作，目前已收集和保存国内外百合属植物种及变种 63 个、种质资源 1934 份，占世界百合属植物的 54.8%，中国百合属植物的 78.2%，抢救性收集和保存了包括绿花百合、条叶百合、藏百合等 10 余个濒危、易危的种和变种。北京市农林科学院百合种质资源保存核心区面积 1.65 hm^2，收集百合品种 213 个。

李晴等（2023）介绍，全国大部分地区均产人工种植百合，其中以甘肃兰州、湖南邵阳、云南等地种植面积较大。药用百合中以卷丹产量最大，为药用主流品种，商品俗称"药百合"或"卷丹百合"。市场上仍以百合品质最好，更偏向药食两用。

第三节　百合品种选育

一、品种演替

（一）20 世纪 50 年代至 80 年代

从中华人民共和国成立到 20 世纪 80 年代，中国广泛栽培的百合基本以食药用百合为主，面积较大的主要有兰州百合、宜兴百合、太湖百合、龙牙百合、川百合等，观赏类百合记载较少，同时该段时间内我国没有开展百合新品种选育的记录。

田春如等（1957）介绍，兰州栽培百合历史悠久，1957 年时已有四十余年历史，兰州百合的鳞茎肥大、白嫩、味甜、营养丰富为国内所罕见，主要产地位于城西南的西果园区，多属 45°以上的斜坡山地，海拔 1 700 m 以上。兰州栽培的百合每亩产量 1 000~1 250 kg，从小鳞茎生长到大百合需 6 年时间，每年实际产量很低。王生林（2002）介绍，兰州百合栽培始于清代同治年间，最初栽种者是一位杨姓农民，但直到解放初期全省百合种植面积还不到 7 hm²。十一届三中全会后，兰州百合的种植区域由兰州的七里河区扩展到西固、红古、永登、皋兰、榆中的部分乡村以及定西地区临洮和金昌永昌的一些乡村，百合栽培面积和商品生产量显著增加。2002 年兰州市百合种植面积已达到 2 500 hm²，年产量约 16 000 t，成为全国食用百合的主要生产基地之一。

陈文铭（1958）介绍，1958 年时我国百合产区很大，南北各省都有栽培，湖南湘潭、邵阳所产叫"湘合"。华南叫"拣片外合"，品质较优。贵州铜仁、思南和四川渠江流域的渠县所称统称"川合"，其合瓣较大，盛销川地。湖北麻城所产叫麻城百合，品质较差。太湖地区，例如浙江湖州、长兴及江苏宜兴等地所产叫"太湖百合"，产量很大，其他例如广东三江所产"龙牙合"、南京所产"白花百合"产量不是很大。

黄书岩（1959）介绍，广东连县百合栽培品种主要是卷丹百合和广百合（当地称龙牙百合）。卷丹百合有大面积生产，抗病虫能力强，产量高，味苦，不宜食用。龙牙百合原栽培龙坪，后播植全县，抗战时期病虫害严重，面积突然缩小，至 1959 年仅有龙坪一带栽培，其叶短而阔，5 月开白色花，地下球茎煮食爽口，经济价值高。

江苏省宜兴市地方志编纂委员会（1990）所著的《宜兴县志》记载，宜兴百合久负盛名，被誉为"太湖之参"，产于洋溪、新庄、大浦和周墅等沿太湖地区。民国三十五年（1946 年），全县种植 4 430 亩，总产 3 099.6 t。1949 年种植 7 118 亩，总产 4 448.75 t。1953 年种植 7 215 亩，平均亩产 823.8 kg，总产 5 943.6 t。宜兴百合是当地华侨、华裔喜爱食用的滋补品之一，上海口岸客户稳定，出口量逐年增加。1959 年出口 200 t，创汇 89 万美元。1979 年 3 月，江苏口岸试销百合干 75 t，售价每吨 2 000 美元，1980 年每吨提高到 4 400 美元。

（二）20 世纪 80 年代至 21 世纪初

20 年代 80 年代至 21 世纪初，我国百合种植面积最大的仍属兰州百合、龙牙百合和宜兴百合。除种植食用药百合外，已开始种植切花百合，但切花百合品种以进口品种为主，虽然也有企业和科研单位研究生产种球国产化，但大部分生产种球仍依靠进口。也是该时期内我国许多科研人员开始进行百合新品种选育，一般认为是 80 年代初由上海市园林科学研究所黄济明先生率先起步，其在短短几年内就通过杂交获得数十个远缘杂交种。但直至 21 世纪初，我国选育的品种均未完成皇家园艺学会（RHS）新品种登录，也极少用于生产。

为降低百合鲜切花的成本，发展我国的百合种球产业，许多科研、生产单位进行了百合种球繁殖的实验探索，1986 年，上海园林科研所在福建南平山区建立的百合试管苗繁殖基地，培育出许多色、香、姿俱佳的新型珍品，其中有价格昂贵的东方型百合品种，如‘梦·卡萨布兰卡’‘罗莎丽’等，也有国际市场上畅销的亚洲型百合，如‘红狮子’‘红骑士’‘阳光’‘阿黛琳’‘诺贝尔’等。1991 年，福建省永安市洪田果树研究所从美国引进 25 个名优百合品种，运用植物组织培养技术繁育百合种球达 3 万余个。创立于 1994 年的宝鸡市百合花卉有限公司，种球繁育基地已达到 20 hm²，年收获优质百合种球 200 万余个。浙江省丽水市格丽亚蔬菜花卉有限公司从 1998 年开始，先后从荷兰引进东方百合系列品种共 25 个，经品种比较试验后筛选出‘西伯利亚’‘辛普隆’‘索邦’‘柏林’‘年轮’等 10 个适销对路、经济效益好、综合性状优的东方百合品种，并于 1999 年开始选取其中的西伯利亚等 5 个品种进行了组培脱毒、子苗增殖、子球快育、种球速成等系列生物技术与工艺的研究，创出了一套适合本地生产东方百合脱毒种球、种苗的高新技术与工艺。1998 年，大连佛伦德球根花卉有限公司与荷兰兄弟有限公司合资、合作生产东方系百合种球，百合种球繁育基地已发展到 6.6 hm²，主要品种为‘西伯利亚’‘索尔邦’等，百合种球年产量已达 100 万粒。国产百合种球成本低于进口，销售价格比进口种球便宜 15%～20%，在国内市场供不应求（王燕，2007）。

20 世纪 80 年代开始，我国科研单位重视并开展百合育种工作，其中上海市园林科学研究所黄济明用王百合与大卫百合进行远缘杂交并获得杂交种，用麝香百合与兰州百合种间杂交培育出花色淡橙、适应性强的杂交种，用玫红百合进行种间杂交培育出花朵浅玫瑰红色具鲜红斑点的杂交种（黄济明等，1982；1983；1984；1985；1990），开始了我国百合品种自主选育之路。90 年代，国内多家单位均开始了百合育种工作，例如东北林业大学利用东北地区抗寒、野生的毛百合和花色鲜红的细叶百合进行种间杂交选育出更适宜东北地区生长的优良杂交后代，用条叶百合和王百合杂交培育出了兼有条叶百合的抗性和王百合的花型花色性状的杂交后代（杨利平，1997；1998）。

夏宜平（2003）介绍，在 20 世纪 80 年代初中国科学院植物研究所、北京农学院、中国农业科学院蔬菜花卉所对百合的种质资源、杂交育种良种繁育等进行了长期的研究工作。同时国内许多科研院所也进行了大量的基础性研究工作，对引进百合新品种、选择种球繁育区、鳞片扦插、种球培育与复壮技术、组培快速繁殖，以及周年开花等方面进行过不少试验，积累了一些研究成果。

田雪慧等（2020）介绍，中国百合有 48 个种 18 个变种，其中龙牙百合、宜兴百合、兰州百合为食用百合三大主栽品种。20 世纪 80 年代是宜兴百合的鼎盛时期，其种植面积一度超过 1 万亩，亩产量达到 1 000 kg；龙牙百合在湖南隆回栽培历史悠久，后引入江西万载，现成为万载的特色产业，是江西省的名牌农产品，1999 年全县栽培面积最大，达到了两万亩；兰州百合栽培历史悠久，但新中国成立后这项产业在兰州历经挫折，1974 年在政府的扶持下才得到发展。特别是 1978 年十一届三中全会召开后，兰州群众的干劲很大，至 1997 年，仅七里河区的生产面积就达到 1.6 万亩，总产量超过 7 000 t。

（三）21 世纪初至今

进入 21 世纪后，我国百合品种国产化进展较快，选育了 100 多个具有自主产权的百合品种。国内大面积栽培的食药用百合以传统品种为主，切花百合品种仍以进口品种为主，如'索邦''西伯利亚'等，但我国自主选育的百合新品种已开始逐年扩大栽培面积，尤其是 2007 年国家花卉工程技术研究中心及非洲菊、百合研发与推广中心（成都）联合培育的'玉娇'和'中华皇冠' 2 个百合新品种成功完成英国皇家园艺学会登录，实现了我国百合自育品种入驻国际植物新品种"零突破"，其他如中国农业科学院花卉研究所选育的'丹蝶''京鹤'及北京农学院选育的'云景红'等品种种植面积已逐年扩大。

赵祥云等（2001）介绍，我国百合栽培历史悠久，但以往的栽培目的主要是生产食用和药用百合。尤其以食用的兰州百合最为著名，主要产区在甘肃兰州，兰州市发展面积约 2 000 hm²，形成了百合区、百合镇，规模化生产和包装加工格局，生产大量的百合鳞茎除内销外，每年还向日本、东南亚等国出口，食用百合生产效益十分显著。其次以龙牙百合（野百合）为主栽品种的食用百合生产区在湖南和湖北等省，种植面积也在 1 000 hm² 以上，并取得较好的经济效益。还有些地方，如山西平陆、四川西昌、贵州等地，有以卷丹百合为主的食用百合种植习惯，目前也有一定规模。我国过去作为观赏的百合栽培主要局限在庭园和盆花栽培，栽培品种较少，庭园常见栽培品种有山丹、药百合、王百合等。盆栽品种主要是麝香百合，栽培最早的是上海和北京，21 世纪初切花百合栽培面积较大的地区有云南、辽宁、甘肃、陕西和四川等地。云南省由于有得天独厚的自然条件，百合切花面积逐步扩大，据不完全统计，2001 年有几百公顷，是国内百合切花质量较高的产区，生产百合切花主要供应北京、上海、广州等城市，部分企业生产的百合还销往中国香港地区及新加坡等地。辽宁省发挥气候和土壤优势，积极发展百合切花生产，仅凌源一个地区发展切花百合面积就达 100 hm²，生产的切花主要供应北京和沈阳花卉市场，取得了较好的经济效益。甘肃、陕西和四川等地利用高海拔冷凉山区建立种球基地，主要生产百合鳞茎，3 省种植面积约 100 hm²，并在种球生产方面积累了丰富经验。

夏宜平等（2001）介绍，百合作为著名的观赏花卉，近年来在我国的生产和消费均呈急剧上升趋势，种球需求量巨大并以每年增长 20% 以上的速度发展。然而，虽然我国的野生百合资源丰富，但观赏用百合的商品化栽培历史较短，育种和繁殖工作严重滞后，目前商品种球主要依靠进口，近几年每年进口百合种球近 8 000 万粒，其他如郁金香、唐菖蒲、球根鸢尾、洋水仙、彩色马蹄莲等种球 1 亿余粒，百合品种选育和商品种球供应已成为公认的扼制我国球根花卉产业发展的“瓶颈”问题。同时由于荷兰种球商担心品种专利得不到保证，并控制我国商品种球市场，最优秀的和最新的品种并未进入我国，而中间经销商为简化推销手续，提高效率，通常出售的百合品种少、花色单调。

张延龙（2002）介绍，与其他作物品种相比，百合育种的历史较短，就世界而言也仅有 100 年左右的历史。但是，21 世纪初百合育种进展很显著，国外以荷兰和美国为中心，培育出数千个百合新品种。如 1960—1993 年，33 年间在英国 Wisley 百合名册中登录的新品种就有 5 223 个，其中欧洲 2 559 个，美国 2 115 个，澳大利亚及大洋洲 596 个，亚洲 153 个，非洲 100 个。这些品种具有引人注目的观赏效果和极好的商品价值，在世界花卉市场上销售取得很大的成功。比较而言，国内在百合育种方面由于杂交组合较少，工作开展的持续性不够，还缺少自育的拳头商业品种。事实上我国的百合种质资源大约于18世纪后期开始相继传入欧洲，对世界百合品种选育作出了极大的贡献。当前世界上主栽的百合杂交品种，如亚洲百合杂种系、东方百合杂种系和麝香百合杂种系，这3个杂种系的主要亲本都少不了中国原产的百合种质资源。湖北百合是当前世界抗病育种的重要亲本。已有百合切花品种适应性试验结果证明，秦岭山区及其毗邻的黄土高原是百合种球生长发育的适生地，其中海拔1 200~1 800 m山区是种球生长的最适区域。在这一区域百合植株生长期长，子球膨大快，种球复壮效果好，病虫害发生少，但2002年该区域种球种植面积只有20 hm^2。

夏宜平（2005）介绍，截至2005年国内生产种球均为进口品种，而在国际市场中，东方百合的8个当家品种'索邦''泰伯''元帅''凝星''西伯利亚''辛普隆''马可波罗''卡萨布兰卡'中，除'凝星'和'西伯利亚'外，均处于品种保护的期限内，不得用于销售的自繁，极大地限制了我国种球国产化的发展。

谭志勇（2005）介绍，2005年广东省东莞市百合切花已发展到6.7 hm^2，产量由几万枝发展到100多万枝，主要种植的为荷兰引进的'Siberia''Sorbonne'等品种，都是当时国内最畅销、价格最高的品种。

吴学尉等（2007）介绍，中国百合花卉生产历史悠久，经历了从食用、药用到观赏，从庭园栽培到切花生产，从小规模生产到大批量引进种球几个阶段，切花生产是近20年才发展起来的。2007年中国百合切花栽培面积较大的主要有以下产区：以云南为主的西南产区；以甘肃为主的西北产区；以辽宁主东北产区；以浙江为主的东部及中部产区；以广东为主的南部产区。但中国生产百合切花用的种球主要从荷兰进口，中国百合种球需求量2007年达到1.5亿粒，百合切花种植面积以云南产区最大，云南的百合切花品种经历了亚洲百合杂种系、铁炮百合杂种系、东方百合杂种系、LA百合杂种系的演变，生产品种主要是荷兰种球种植排名前10位的东方杂交系列品种，如'皇族''西伯利亚''索邦''卡萨''元帅'等。

贾慧群等（2008）介绍，2008年辽宁省百合种球种植面积800 hm^2，产量约2.4亿粒。主要栽培品种为东方百合系'西伯利亚''索邦'，有少量的亚洲百合和麝香百合。同时，辽宁省大面积百合切花生产用种球主要从荷兰进口，据统计辽宁省每年要从国外进口百合种球5 000万粒以上，以2006年进口百合种球价格为例，'西伯利亚'种球16~18 cm的每粒平均价4.8元，每年外购种球消耗达2.4亿元。

陆继亮（2008）介绍，2008年云南切花百合主要以东方百合为主，亚洲百合、铁炮百合和OT系百合为补充，生产用的品种全部来自国外。世界上已有上千个百合品种获得专利保护并大量用于生产，但我国还没有1个百合新品种用于生产，大量品种资源掌握在外国人手中。2008年云南进口百合品种有30多个大宗品种，其中'西伯利亚''元帅''梯伯''索尔邦'等4个品种在云南的种植面积最大，种球进口量约占总进口量的60%。此外，部分企业继续尝试引进一些市场成熟、性状表现良好、适宜云南种植的新品种，如'曼尼莎''木门''诺宾纳'等，其中性状表现良好、非常受消费者喜爱的OT型百合，苞大枝长很受市场青睐。

朱校奇等（2008）介绍，2008年湖南省食（药）用百合种植面积在25 000 hm² 左右，品种多数为龙牙百合，主要分布在邵阳的隆回县、邵阳县及新邵县，永州的东安县及零陵区，湘西自治州的龙山县等地。隆回县生产的百合，商品名为"宝庆龙牙百合"，以其个大、瓣大、肉嫩、厚、色泽洁白至宝黄，营养价值高而著名，种植面积稳定在667 hm² 左右，总产量达2 500 t，最大鳞茎重500 g左右，一般每公顷产鲜百合15 000~30 000 kg。

彭志云等（2009）介绍，截至2008年，兰州市百合的面积已近6 666.7 hm²，主要分布在以七里河区西果园乡为中心的南部二阴山区13个乡镇，直接参与百合种植的农户已超过9万户，百合已成为产区农户的主要收入来源，兰州百合以外销和出口为主，产品主要销往广州、香港、台湾、上海和北京等大城市，而出口则主要通过广州转销世界各地，年销量可达500 t。

岳铭鉴（2010）介绍，辽宁省花卉产业起步较晚，百合切花形成产业迄今只有十几年的时间，但发展非常迅速，2010年辽宁省切花百合种植面积已经超过800 hm²，切花产量约2.4亿枝，主要栽培品种为'西伯利亚''索邦'等。由辽宁省农业科学院花卉研究所引进的'元帅''马可波罗'生产面积虽然不大，但呈逐年增加趋势。有'黄天霸''木门'，还有少量的亚洲百合品种和铁炮百合等。

杜弢等（2010）介绍，2010年全国百合种植面积最大的地区当属安徽省。约20年前，药用百合（卷丹）从外地引入霍山，开始仅有零星种植。从1997年起，在县政府的积极倡导和支持下，面积迅速扩大，至2009年，种植面积已达到4 067 hm²，产量6万t，产品远销南京、上海等大城市。产地主要集中在霍山县的漫水河、上土市、太平畈及金寨县、舒城县、英山县的部分乡（镇）。另外庐江县的六岗村也有百合种植面积约133 hm²。综观全国百合的种植情况，目前我国药用百合的四大产区分别为安徽霍山、湖南龙山、湖南隆回、江西万载。

袁秀波（2011）介绍，2011 年'西伯利亚''索邦''木门'等是我国需求的主要品种，'西伯利亚'的种植面积增加了 10%，'索邦'的面积减少了 3.5%左右。

赵祥云等（2017）介绍，我国食用百合育种是在我国特有的野生百合中选育产生的，在传统品种的基础上，近年来兰州农业技术推广中心在兰州百合混种中，选育出'兰州百合 1 号''兰州百合 2 号'，并已通过甘肃省农作物品种审定；鲜切花百合育种进展较大，如云南省农科院花卉研究所已获得百合新种质和中间材料 98 份，已选育出 200 多个新品种，成功筛选出的'铂金''春色''豆蔻年华''海星''玫瑰糖''美宝莲''俏新娘''晚礼服''信念''雪梅''火凤凰''金龙'等新品种，已获云南省园艺植物新品种注册。浙江永康江南百合育种公司选育出的'喜来临''团圆''龙袍''甜蜜''皇家''彩妆'6 个百合新品种，在英国皇家园艺学会登录。湖南株洲农科所选育的'株洲红''罗娜''喜羊羊'等百合新品种，在英国皇家园艺学会登录。贵州省园艺研究所成功培育出'贵阳红''东方红''中华红'等品种；在庭院百合（景观）育种方面，北京农学院培育的'云景红''云丹宝贝''文雅王子''粉佳人'已获北京市优良新品种证书。辽宁省农科院花卉所选育的'无粉白'和'荣轩'获辽宁省种子管理局审定。中国农科院蔬菜研究所培育的'京鹤''丹蝶'获国家新品种产权保护。南京农业大学培育的'雨荷'和'初夏'等亚洲百合品种通过江苏省农作物品种审定。在盆栽百合育种中，仲恺农学院培育的'白玉'麝香百合已通过广东省农作物品种审定。

马雯静等（2020）介绍，2019 年，兰州市百合种植面积达 6 666.67 hm^2，产量达 40 000 t，外销量达 35 000 t 左右。核心产区为七里河区，下辖的西果园镇为兰州优质百合主产地，被誉为"百合之乡"。该镇青岗村建立了 78.8 hm^2 省、市级无公害标准化示范基地，2 580 hm^2 标准化示范区和 4 个示范乡镇，种植户有 10 954 户，无公害百合认证面积达 2 580 hm^2。

二、百合品种选育方式方法

（一）引种

引种是常用的品种选育方法，是新品种在当地规模化生产的前提和基础，也是种质资源创新利用的重要手段，对新品种在当地的生产栽培具有积极意义。我国幅员辽阔，气候环境差异大，栽培条件不一，同一百合品种在各地表现出不同性状，国内学者对此开展了许多引种试验，取得了较好的成绩。

1. 野生百合资源引种

野生资源是百合引种的重要来源之一，我国野生百合资源丰富，具有天然优势。经过引种和驯化，在栽培管理条件完善的情况下，一般比野生条件下产量更高，表现更好。

曾秀丽（2015）介绍，卷丹百合是重要的药材和观赏花卉，具有花大、适应性强的特点。西藏野生卷丹百合从林芝引种到海拔 3 650 m 的拉萨后因昼夜温差和紫外线辐射增加，空气相对湿度和年积温降低，表现出植株变矮、花朵数增加、花色艳丽、耐低温的特点。卷丹百合连续两年在拉萨均可以露地栽培不进行特殊越冬防护而生长开花正常，既可用于城市园林绿化，也能用于鲜切花和家庭盆栽。

崔凯峰等（2016）通过野外引进种源、集中驯化栽培，研究了长白山区毛百合的形态学特征、地理分布、生态习性、繁育技术。结果表明在长白山区毛百合可以进行人工栽培，在观花、赏叶、鳞茎的生长上都明显优于野生自然生长，引种栽培后病害较多，通过精细管理可以防治，有性繁殖与无性繁殖均可获得大量种源。

崔凯峰等（2019）在长白山自然保护区开展条叶百合引种栽培试验及繁育技术研究，结果表明，条叶百合可以进行人工繁殖，并且通过旱化栽培，其株型、鳞茎生长均优于野外自然生长。条叶百合生长物候期为120 d，种子萌发为子叶出土型，繁育方式为有性繁殖、无性繁殖。利用"必速灭广谱土壤消毒剂"可以防治百合属重茬种植引起的病害，人工栽培繁育可以获取优质种源。邢景景等（2019）在武汉对从云南红河州采集的野生淡黄花百合进行引种栽培，研究其物候期、生长发育规律及繁殖栽培技术。结果表明，淡黄花百合适应性较好，植株生长健壮，开花结实正常，观赏价值高，耐热性良好。可通过鳞茎、珠芽、种子繁殖，特别是珠芽，量大易成活，小鳞茎 1.5～2 年即可开花，可作为人工繁殖的主要方式。开展基质、施肥对珠芽生长的试验表明泥炭与珍珠岩比例为 1∶1、氮磷钾比例为 2∶1∶1 的组合对植株成活率、株高以及鳞茎增长等方面均具有显著促进作用，可作为珠芽繁殖的最佳配比。曹志伟等（2020）通过在讷河和齐齐哈尔两地开展毛百合和轮叶百合引种驯化栽培试验，结果表明，毛百合通过补充一定量的水分可以在黑龙江省西部干旱区生长发育，未发生严重寒害、病虫等危害，植株能正常生长发育，较好完成生活周期，结实种子的成苗率可达 42.05%。轮叶百合由于对生长环境的特殊要求，难以发育成开花结实植株。马宏宇等（2021）开展长白山区有斑百合引种驯化研究，为科学保护和利用野生有斑百合种质资源提供技术支持。结果显示：长白山区有斑百合资源数量少且分散，物候期约 103 d，群花期 25 d；种子萌发为子叶出土型；繁育方式为有性繁殖、无性繁殖。无性繁殖使用吲哚丁酸 1 000 mg/kg 速蘸鳞片扦插发芽整齐；可以利用"必速灭"广谱土壤消毒剂防控病虫害。杨道兰等（2021）在兰州榆中地区对野生兰州百合、大花卷丹、王百合的适应性进行研究。结果表明，3 个野生百合品种均能适应榆中地区的环境条件，但生长周期存在差异，为 174～226 d。王百合花型大、柱头长、植株高、茎粗、叶多；大花卷丹花型、花形等花性状与王百合相似，但自身结实率较高，采收后产量增长率较高；兰州百合花型小、柱头短、采后母籽个数，但母籽周径小于大花卷丹百合。冯树林等（2023）以秦岭野生卷丹百合、川百合和野百合为材料，研究了 3 个野生百合品种引种至关中平原后，春夏两季株高、地径，叶片中叶绿素和氮含量变化特点。结果表明，3 个百合品种株高和地径在春季和夏季的表现特征趋于一致，卷丹百合>川百合>野百合，其中卷丹百合春季的株高和地径分别是川百合和野百合的 1.07 倍、1.17 倍，1.39 倍、1.44 倍，夏季分别是川百合和野百合的 1.06 倍、1.61 倍，1.39 倍、1.93 倍；3 个百合品种叶片中叶绿素和氮含量的表现为卷丹百合>野百合>川百合，其中卷丹百合春季叶绿素和氮含量分别是川百合和野百合的 1.59 倍、1.03 倍，1.4 倍、1.02 倍，夏季分别是川百合和野百合的 1.57 倍、1.05 倍，1.38 倍、1.03 倍。综合分析认为，3 个百合品种在生长、叶绿素和氮含量的综合表现为：卷丹百合>野百合>川百合，结合引种驯化区域实际情况，在引种栽培驯化中表现较好的是卷丹，其次是野百合和川百合。

崔凯峰（2023）开展了朝鲜百合引种驯化过程中的物候、土壤处理、繁殖、田间管理、病虫害防治研究。结果显示，朝鲜百合野生资源属种群持续衰退种；喜暗棕色森林腐殖土，pH 值 5.5～7 可以正常生长，物候期约 140 d，群花期约 22 d；种子萌发为子叶出土型；有性繁殖人工辅助授粉可以有效提高种子成熟率，无性繁殖鳞片需进行消毒处理，栽培土壤基质需消毒；病害以为害鳞茎的青霉病为主，虫害主要是东方蝼蛄，林区秋季需防野猪拱食。

2. 国外百合资源引种

国外百合育种起步较早，育种体系完善，成果丰富，无论是百合品种数量还是选育技术均领先我国，许多商业百合品种都是由荷兰等欧美国家选育，占据了国际球根花卉种球市场较多份额。因此许多学者也选择从国外引进百合品种，进行栽培试验和进一步的选育利用。

李建清等（2015）通过对'木门''罗宾娜'等8个百合品种的农艺性状表现和抗叶枯病情况调查及综合性状及综合评分，认为这8个百合品种在温州平阳地区及其周边的温室内都能正常生长开花，并生产出符合标准的鲜切花，可规模发展'木门''罗宾娜''卡丽''西伯利亚'等品种，作为搭配品种可少量种植'八点后'和'小天际'等盆栽品种。

张冬菊等（2016）以荷兰引进的6个切花百合品种为试验材料，对其生育期、生物学特性和切花品质等方面进行综合比较分析。结果表明，在冬季棚内低温和低光照的栽培环境中，各引种百合品种的株高为111~142 cm，生长周期为105~127 d，平均为119.5 d，其中'Robina'和'Donato'较短，分别为105 d和109 d。参照百合切花分级标准对引种品种进行切花品质评价，发现'Donato'、'Robina'和'Mitsuyo'等3个品种综合切花品质优良，第1个花蕾长10 cm以上、花色纯正、花形完整，茎秆韧性强，叶色浓绿、叶部特征完好。对收获种球进行分析发现'Snow Patrol''Robina''Mitsuyo'和'Donato'种球比种植前球径增大明显，初步说明其引种适应性较好，抗退化能力较强。综合引种表现，筛选出了'Snow Patrol''Donato''Robina'和'Mitsuyo'等4个综合性状表现优良且受市场欢迎的品种，适合在上海地区扩大试验和示范种植。

张珊等（2016）从荷兰引进16个亚洲百合杂种系和1个麝香百合杂种系新品种，在北京农学院的苗圃内进行引种栽培试验，对其生长情况、物候期及抗逆性进行调查。结果表明，引进的17个百合新品种都能在北京地区正常生长、开花、结实，易于栽培。其中'红色生命''婚纱''坎昆''流年''马拉尼''萨尔萨舞''天舞'和'首领'抗病耐热，适合在北京地区栽培。'红色生命''流年'全株花期长、花蕾数多、花朵大且色泽艳丽，观赏性强。'粉色皮鞋'、'首领'和'天舞'植株矮小，茎秆粗壮，适合作为盆栽品种。

黄成名等（2016）对引进的10个百合新品种的物候、主要观赏性状进行观测，通过统计分析比较，筛选适合宜昌地区栽培的切花百合品种。结果表明，当地湖北百合在茎长、花蕾数上有明显优势。LA杂种系的'唯一的情郎'、OT 杂种系的'罗宾娜''瑞格塔''耶罗林'在茎粗、花径上对比当地湖北百合有显著优势，花期均达到 30 d，花色丰富，适合在宜昌地区作为切花品种引进栽培。

李浩铮等（2017）以亚洲百合'Tiny Bee''Tiny Ghost''Tiny Invader'为材料，通过同一批种球连续 2 年的种植，观测 3 种百合物候期、外观形态、开花性状及繁殖能力，比较其适应能力，研究 3 个百合新品种在山西太谷地区的生长适应性，结果表明，3 个百合品种在太谷地区自然气候条件下露天栽培均能完成正常的生长发育，花大色艳，茎秆粗壮，株高分别为18 cm、20 cm、27 cm，观赏价值高，经济效益好，适宜推广种植。

李茂娟等（2019）为开展优良百合品种资源的引种收集与合理利用，推广百合作为林下花卉栽植，以'Caesars Palace''Black Out''Donato''Eyeliner''Manissa''Ceb Dazzle''Brindisi''Bonsoir'等 8 个百合品种为引种供试材料，建立评分表，对其在郴州地区生长的主要观赏性状及适应性进行观测评比，并对评分最高的百合品种开展组培快繁体系建立研究。研究表明，采用 5 分制评分法综合筛选出 3 个适宜郴州地区栽培的观赏百合品种（'Caesars Palace'综合得分 4.78、'Black Out'综合得分 4.33、'Donato'综合得分 4.67）。将得分最高的'Caesars Palace'百合品种的鳞茎为外植体开展组培研究，表明以中层和内层的鳞片诱导效果较好。最佳增殖培养基为 MS+6-BA 1.0 mg/L+NAA 0.2 mg/L，增殖系数达 3.13。最佳生根培养基为 1/2 MS+NAA 0.5 mg/L。移栽基质配方为黄心土：泥炭土：珍珠岩为 5:4:1，成活率可达 85%以上。

杨立晨等（2020）为丰富青岛地区能够利用的百合属植物的优良种类，以荷兰引进的 22 个百合属植物品种为试材，对其在青岛地区的引种适应性进行研究，系统观测不同品系百合品种的物候期、生长规律、花部特征等。结果表明，22 个百合品种均能适应青岛地区的环境条件，不同品系百合花期集中在 5 月，亚洲百合杂种系（AH 杂种系）、麝香百合杂种系（LH 杂种系）和麝香百合和亚洲百合杂种系间的杂交种（LA 杂种系）平均单花花期分别为 9.25 d、12.43 d、14.43 d。不同品系百合株高随时间的延长而呈逐渐增高的趋势，但不同品系间增高幅度不同。不同品系百合品种花径、花苞数目和花量不同，LH 杂种系的花径和花苞数目小于 AH 杂种系和 LA 杂种系。

张芳明等（2020）以荷兰引进的'明哥橙''白冠军''白宝石''红芯''巴赫白''佩维亚''特红''红色宫殿'和'奥特黄'等 9 个切花百

合新品种为试验材料，以'白冠军'为对照品种，通过对引进品种的生育期、茎秆强度、花色和色泽等性状进行综合考查，筛选出综合性状表现良好的品种3个：'特红''红色宫殿''奥特黄'。其中'特红'为红色品种，属东方百合（OR）品种。'红色宫殿'为红色品种，'奥特黄'为黄色品种，2个均为OT杂交百合品种，表现茎秆强壮、生育期较长、切花品质好，其对百合病毒抗性明显比东方百合强，且组培快繁时试管鳞茎膨大快，种球复壮培养时种球的膨大速度比一般东方百合品种快；切花栽培中二茬花开花率高，种球在土壤中经历冬季自然低温后春季出苗整齐，茎秆粗壮，有利于花农种球重复利用，降低生产成本，增加收益。'奥特黄'二茬花品质明显优于东方百合'西伯利亚'和'索邦'，适合浙江省切花栽培。

余志伟等（2021）为了丰富兰州地区药赏两用植物资源，从荷兰引进嘉兰百合（*Gloriosa superba* L.）品种3个，分别为'地狱火''布鲁恩'和'石头'，引种在日光温室内进行生长开花习性、种球更新观测以及分级栽培、切花短截试验和经济效益分析。结果表明，嘉兰百合3个品种4月初播种，初花期6月5~7日。植株长至8~15对叶片时抽生花茎1~3个，单茎开花4~5朵，单朵花期11~13 d，单茎开花期17~27 d，整株开花期58~60 d，温室内整体花期约90 d。花后51~53 d种子成熟，种子收获后24~26 d叶片发黄脱落、种球成熟、采收。3个品种中，'布恩鲁'（T2）的平均株高、花长、蕾径和蕾长均最大，分别为148.30 cm、84.27 mm、20.66 mm和41.64 mm，单株花朵数最多（8.20个），繁殖系数最大（2.20），与T1（'地狱火'）和T3（'石头'）比较差异显著（$P<0.05$）；在对'布鲁恩'进行分级栽培、切花短截试验中发现：不短截（T5）与短截（T4）相比，其繁殖系数（2.08）、新生种球单支长（16.01 cm）均高于短截处理（T4）的相应值，但差异不显著；分级栽培大种球（T6）比小种球（T5）繁殖系数显著提高15%。该试验中新生种球一级品占9.31%，二级品占23.21%，三级品占25.43%，四级品占20.22%，鲜切花以及种球的综合收益达229.88万元/hm^2。

张红升等（2021）为了筛选适合宁夏地区设施栽培的百合品种，探索百合盆栽技术，为寻求适合宁夏地区种植的百合品种提供科学依据，以荷兰引进的12种东方系百合盆栽品种为引种试材，通过观测和统计21个植物学性状指标，应用层次分析法从花性状、茎叶性状、生长适应性和抗病性4个方面构建盆栽东方百合品种的综合评价体系。结果表明，采用5分制评分法综合筛选出4个适宜宁夏地区盆栽的观赏百合新品种，即'Starlight Expers'

'Entertainer''Souvenir''Little Rainbow'。此外，利用镜检和 RT-PCR 分子生物学相结合检测技术，发现 'Starlight Expres''Entertainer''Litle Rainbow' 和 'Souvenir' 均被 1 种病害侵染，其他品种被 2~4 种病害侵染，表明这 4 个品种抗病性强，适合作为盆栽百合品种栽培。

陈子琳等（2021）采用百分制记分法对 18 个盆栽百合新品种（盆栽东方百合 9 个，盆栽亚洲百合 9 个）的物候期、植物学特性和综合抗性进行综合评价与比较，筛选适宜推广种植的百合品种和潜在的优良育种亲本。结果是春季在连栋薄膜大棚内种植的 13 个盆栽百合品种中，8 个盆栽亚洲百合能够正常生长发育，从定植到开花时间为 58~74 d；植株挺直健壮，植株高度为 25~45 cm；花色丰富艳丽，花形完整，单株有 7~11 朵花，多为单瓣；整体花期长 15~25 d，无病虫害发生，适应性好、观赏价值高。盆栽东方百合观赏价值也很高，秋季种植的 13 个盆栽百合品种经过低温处理后，盆栽亚洲百合品种依旧表现出较高的观赏价值和较强的适应性，从定植到开花时间为 29~51 d，明显短于春季，花期长 20~28 d，明显长于春季。南京及附近地区春、秋两季均适宜引种盆栽亚洲百合，而盆栽东方百合仅个别品种适宜在南京地区引种栽培。

3. 国内不同地域间引种

我国幅员辽阔，跨纬度较广，加之地势高低不同，地貌类型及山脉走向多样，因而气温、降水差别很大，形成了各地多种多样的气候，开展不同地域间的百合引种，对百合新品种的选育和地方规模化产业发展均具有重要意义。

谢洲等（2015）为明确兰州百合在达州市的生长适应性情况，引进兰州百合种球进行栽培试验，对其栽培技术进行了初步探索。结果表明兰州百合生长适应性及抗病性强，产量达 300.7 kg/667 m²，选择抗病性强的优良种球作为繁殖材料，可以有效减轻病虫害发生强度、提高植株存活率、降低生产成本。播种时应尽量深播，可大大增加小种球的收获量，用于繁殖。付亮等（2017）分别从江苏宜兴引进卷丹百合、湖南邵阳引进龙牙百合、甘肃兰州引进兰州百合，于 2015 年 9 月底至 2016 年 7 月上旬在达州市农科所柳家坝试验基地进行栽培试验。结果表明，在达州地区的低海拔区域，卷丹百合抗病性较强，产量适中，较适宜于规模化栽培。兰州百合环境适应性较好，但生长缓慢，年收益不高，选择需谨慎。龙牙百合因易感病，不宜发展。崔寿福等（2019）介绍，通过引种台湾原生种百合到厦门种植，栽培植株可正常生长、开花并获得种子；经过栽培观察，台湾百合在厦门地区种植播种最佳时间为 9—10 月，宜选择色泽鲜艳、抱合紧密、根系健壮、无机械损伤、无病虫的健壮种球并经过消毒杀菌、低温处理发芽后种植于高爽、不易积水、土质疏松肥沃的砂壤土或壤土，基肥以优质长效腐熟有机肥为主，同时搭配叶面施肥。田间管理需要加强培土、摘蕾及防止积水，注意防治花叶病、斑点病、鳞茎腐烂病和叶枯病。

武林琼（2020）为了掌握百合优质品种在邢台山区露地条件下的生育规律和种球繁殖栽培技术措施，引进'兰州百合''京橙 812''京橙 906''京黄 804''京白 1 号'等新品种，对其进行连续 3 年的物候期及形态发育的观测，并设置摘蕾、栽植密度等技术措施研究对种球生长发育的影响。结果显示，春植的 4 种百合生长周期为 175～182 d，最佳采收期为 10 月中下旬，株行距 20 cm×20 cm 时，'京白一号'产量最高为 17 259.6 kg/hm²，百合鳞茎营养丰富，富含糖、蛋白质、粗纤维等。以'京黄 804'为例进行栽植密度试验发现，密植虽不利于鳞茎发育，但适度密植有利于提高总产量，最佳种植密度 15 cm×15 cm，商品球（单个重量在 50 g 以上）率达 72.4%，花蕾 4 cm 时摘蕾去顶后地下鳞茎可增产 14.2%，百合 0～1 ℃冷冻贮藏采用真空封口可贮藏 180～200 d。

王建梅等（2020）在黄土高原露地条件下，开展 3 个品种的百合引种栽培试验，对其生物学特性及物候期进行了研究。结果表明，百合的株高、茎粗、叶片数及着花数最大，观赏百合次之，山丹百合最小，观赏百合和百合的出苗期、现蕾期和盛花期基本相同，山丹百合的花期较短，百合的花期持续时间最长，可延续至 9 月上旬。郑鹏华等（2020）于 2018 年从湖南引进龙牙百合种球，在浙北地区进行了栽培试验。结果表明，经过观测龙牙百合的物候期、生育期、主要生物学性状等，发现其在浙北地区种植的适应性较强，11 月中旬种植，在翌年 3 月中旬出苗，4 月底现蕾，7 月下旬叶片基本枯萎，生长周期 125 d 左右，植株株型直立，生长势较强。在整地施肥、种球选择、种植方法、中耕除草、肥水管理、打顶摘花、病虫害防治等环节采用良好的栽培技术，龙牙百合即可表现出个体肥厚、抱合紧密、颜色洁白、肉质细嫩等优良品质。华烨等（2021）研究了北疆各行政区与兰州百合原产地兰州的农业气候相似距，为北疆地区引种兰州百合提供气象参考，采用欧氏距离系数农业气候相似距方法，依据影响百合种植的主要农业气候影响因子，研究北疆地区膜下滴灌引种兰州百合的农业气候适应性。结果表明，北疆 40 个县级行政区中有 80% 的地区与兰州百合原产地农业气候相似，可采用膜下滴灌种植模式直接引种兰州百合，最接近原产地农业气候条件的地区有新源、伊犁、伊宁、霍城、察布查尔和巩留，是北疆地区引种兰州百合的最适区；有20%的地区需驯化观察后才能确定能否引种兰州百合，包括鄯善、托克逊、巴里坤、伊吾、温泉、昭苏、和布克赛尔、青河及吉木乃等地区。北疆地区光照资源丰富，在满足水分供应前提下绝大多数地区可引进兰州百合种植，少数地区需经驯化观察后引种。

（二）育种

国外百合育种历史悠久，育种体系也较为完善，在早年间利用我国特有野生百合资源选育许多商业品种，近年来我国也开始大力推进百合新品种选育。肖海燕等（2015）总结了以百合为代表的球根花卉当前的重点育种目标，结合百合的育种历史和研究进展，对杂交育种、突变育种和分子育种等技术在新品种培育过程中的发展和应用进行了阐述。分析得出，球根花卉的育种目标逐渐从提高观赏性转向重视栽培和采收性状，育种方法趋向于现代分子育种技术和传统育种手段结合。李守丽等（2000）曾对国内外百合种质资源状况、育种过程中的性状改良以及技术创新等方面所取得的成就进行了综述，认为百合育种在新品种选育及育种技术方法等方面均有很多创新，并在无花粉百合选育，克服杂交前、后障碍以及农杆菌介导的转基因操作等方面建立了一系列综合、完整的体系，为今后的育种工作提供了借鉴模式。但在濒危物种的保护，育种过程中杂交不育机理等基础理论研究以及分子生物学育种的开展等方面还比较薄弱，有待进一步加强。在新品种选育方面，抗性育种仍是今后育种研究的重点。蒋丹青（2021）介绍了百合等的育种途径，主要包括杂交育种、倍性育种、突变育种和分子育种等。

1. 杂交育种

杂交育种是培育百合新品种的重要也是最常见方法之一，种间杂交也是产生新变异的重要来源，通过杂交能够将不同百合品种或资源的独有特性在同一后代中显现出来。一般情况下，亲缘关系越近，杂交成功率越高，但优良的变异也越少。在属间等更大范围内的杂交，需要较先进的育种技术去克服远缘杂交障碍，具体分为受精前障碍和受精后障碍。

受精前障碍是由父母本在时间和空间上的隔离造成的，或者说是由不谐和性、不亲和性导致的。Ascher（1975）研究表明，种内杂交的不亲和性是花粉和花柱内同一蛋白抗原及抗体反应的结果，由S基因控制，种间杂交不亲和则是由于亲本双方的遗传信息不同所致。许多研究证明，通过授粉可以克服这一难关，花柱切割授粉技术已经成功地在百合组间杂交中得到了应用，并且Van等（1991）还成功使用了柱头嫁接和子房嫁接法，解决了百合育种中切割授粉后种子形成率低的问题。

　　受精后障碍主要是指受精后幼胚的发育不完整，杂种种子发育不全，播种后不能出苗生长。邓衍明等（2013）等介绍，受精后障碍的主要表现为：受精后的合子不分裂或原胚发育异常或早期停止。胚乳发育不正常，如不能正常细胞化或者在发育过程中提早降解等，或者胚与胚乳发育不协调，并最终导致胚体发育异常而降解。虽然杂种胚可以发育成种子，但后者却不能正常发芽，或虽能发芽，但杂种苗在成株前夭亡；又或者杂种植株不能开花，或虽能开花，但雌配子或雄配子不育，因而造成杂种不实等异常现象，被统称为杂种不育或难稔性。多年来人们对受精后障碍的形成机制进行了广泛的研究，较流行的观点为营养缺乏论，认为在杂种胚发育时，需要胚乳供给足够多的营养元素，当胚乳降解不能给胚提供生长所需的营养物质时，胚由于缺乏营养而停止发育并降解，至于胚乳发育异常的原因，有研究认为是杂种胚和胚乳组织在发育时缺乏协调性，或者合子与母体之间的发育进程不一致引起。

　　受精后障碍的克服方法主要有离体胚培养、离体授粉和子房—胚珠培养等。蒋丹青（2021）等介绍，胚挽救技术是现代花卉育种产业的重大技术突破，已经在多种球根花卉中应用，被誉为百合、郁金香、六出花等花卉育种的常见技术。在百合离体的不同阶段，借助胚挽救技术，能够有效助力百合花卉克服杂交障碍等实际问题。一方面，胚挽救技术的应用，能够最大限度地降低杂交过程中胚、胚乳退化问题，助力杂交成功率的提升。另一方面，结合传统百合育种技术的发展趋势，利用多种强制手段，增加对应的受精频率，能够最大限度地提升杂交育种的可能性。通过多年的科研和探索，20世纪90年代后期，以东方百合为代表的球根花卉品种得到暴发式的发展和应用，尤其是通过杂交技术培育成功的LA、LO、LR、OT等品系，弥补了市场的空缺和不足。

　　黄济明等（1982，1983，1984，1985，1990）将大花芳香的王百合与多花、花瓣反卷和食用的大卫百合进行种间远缘杂交时，采用切割花柱后授粉方法获得了长毫米胚乳败育的杂种胚，将这种幼胚进行离体培养可直接成苗或形成愈伤组织后分化成苗，经过染色体鉴定和同工酶酶谱分析以及杂种苗的形态鉴定，确认其为王百合大卫百合种间远缘杂交种；后以麝香百合为母本，玫红百合为父本杂交得到了胚乳败育的幼胚，并通过幼胚离体培养取得了大花型百合与玫红百合的真正杂种，麝香百合×玫红百合的F_1苗出现了父本的狭叶型（母本为宽叶型），得到了淡粉红花的远缘杂种；以麝香百合为母本，以兰州百合为父本进行杂交，培育出花型、花香都属中间型的远缘杂种麝兰。

杨利平（1997）利用东北产钟花组的毛百合和花色鲜红的细叶百合为亲本，进行百合种间杂交，试图培育出适合东北室外栽培的，且花形、花色优良的百合新品种。试验所得杂种种子在 20 ℃恒温箱内的培养皿中发芽率为 54%，成苗率为发芽种子的 27%。胚培养的杂种种子发芽率为 73.2%，明显高于培养皿条件下的发芽率。通过种子形态、幼苗分化及子叶、真叶特征比较，发现杂种的特征基本介于亲本之间。染色体观察亦显示出杂种染色体中具有双亲染色体的一些特有形态。

王仙芝等（2000）为探索秦巴山区野生百合资源在百合育种中的应用方向及途径，获得具有其独特遗传背景的育种材料，将秦巴山区野生百合的抗病毒及独特观赏特性等优良遗传性状逐渐渗透到栽培品种中去。借助切割柱头杂交及胚抢救技术，选取 6 种秦巴山区野生百合（岷江百合、宜昌百合、山丹、野百合、宝兴百合、川百合）以及亚洲百合（AA）品种‘Elite’、东方百合（OO）品种‘Sorbonne’‘Siberia’和‘Marlon’、OT 百合（OT）品种‘Yelloween’‘Serano’‘Corel’door’进行了 32 组共计 263 朵花的（品）种间杂交，并针对膨大变软的果实剥离可供离体培养的胚及胚囊进行胚抢救。结果表明，①不同杂交组合坐果率、胚获得及萌发率呈现出较大差异，综合坐果率为 11.4%，对 30 个膨大的果实中共计 38 个可供离体培养的胚及胚囊进行胚抢救，有 7 株最终萌发。②以野生百合为父母本的 12 组杂交组合中，6 组获得了膨大果实，得到 6 株杂交后代。③栽培百合做母本，野生百合做父本的 20 组杂交组合中，共 9 组获得了膨大果实，除‘Elite’×山丹可直接收获种子外，共得到 1 株杂交后代。④以岷江百合及宜昌百合为亲本的远缘杂交 TT×AA 及回交 OT×TT 成功获得杂种后代。⑤秦巴山区 6 种野生百合在远缘杂交中获得育种后代的概率存在较大差异，宜昌百合和岷江百合获得后代概率较高，宝兴百合获得后代概率较低，野百合未获得后代。以上结果表明，岷江百合和宜昌百合为母本的 TT×AA 杂交和宝兴百合为父本的 TT×AA 杂交以及岷江百合和宜昌百合为父本的 OT 回交，为三种百合的育种利用提供了新途径，野百合的育种应用途径需要继续探索。

郑思乡等（2010）介绍，‘贵阳红’是以东方百合‘彩云 3 号’为母本，以‘如意’为父本采用常规杂交种方法培育的新品种。3 年田间试验表明，‘贵阳红’整体性状稳定，花色鲜红，白边，柱头乳白色，茎秆绿色带紫色斑点，对镰刀菌有很强的抗性，经济性状优良，适应性强，易繁殖，为优良的切花品种。

林凤琼等（2012）通过优良品种杂交试验，旨在获取大百合（*Cardiocrinum giganum*）与百合属其他品种杂交种子，从而选育出大小适宜、适应性强、与大百合交配亲和力较强的杂交花卉新植株。进行花粉培养液对比试验，检测花粉生活力；以野生的大百合为母本，与百合属的多个优良品种杂交，筛选与大百合交配亲和力较强的百合属亲本。结果是最能促进百合花粉萌发的培养液为5%蔗糖+0.01%硼酸的混合液；切花插水保养和低温环境有利于百合花粉的保存。研究结论是大百合与百合属间杂交成功是可行的，'贵族'和'西伯利亚'两个品种与大百合交配亲和力较强，均可形成较饱满的杂交种子。

程建强等（2013）以东方百合'Cai 74'为母本，'索尔帮'为父本，采用常规杂交育种方法培育出的切花新品种'株洲红'，花瓣为红色带白边，柱头淡绿色，茎秆绿色带紫色斑点，对镰刀菌有很强的抗性，适应性强，易繁殖。

冯丽媛等（2014）介绍，'云景红'是以'Romano'为母本，'Claire'为父本杂交选育出的亚洲百合新品种。花色为红色，柱头为紫红色，花苞大，花数量多，花期长。周径14~16 cm的种球种植后花朵数量3~7朵。植株矮小，平均株高43~52 cm，茎秆粗壮。种球繁育周期短，退化慢。耐干旱，耐湿热，抗病性强。

杨军等（2014）介绍，百合'植百16'是以东方百合杂种系'索邦'作为母本，'西伯利亚'作为父本，杂交选育而成的新品种。主要遗传性状为花粉色，花瓣肥厚，花瓣中下部有较密集的紫色斑点，有香气，花径15~20 cm。早花，球茎为6~8 cm时就能开花，生长健壮，抗逆性强，适用性广。

颜津宁等（2016）介绍，'迎春1号'是利用切割柱头杂交授粉、胚挽救、组培扩繁和种球复壮等技术方法，开花后选取优良株系而获得的百合切花新品种。该品种植株健壮、花大色艳、香味浓郁、商品性好、抗病能力强。经过试种，观赏性优良，适合北方地区保护地栽培。

袁素霞等（2016）以荷兰引进的为亚洲百合'Brunello'为母本，中国原产的百合野生种山丹为父本，通过人工授粉杂交，育成赏食兼用的亚洲百合品种'丹蝶'，该品种可赏食兼用，花橙红色，生长期约80 d，种球周径为14~16 cm，花苞3~5个，花期约20 d，株高60~70 cm，抗逆性较强，鳞茎味甜，营养价值和生物活性物质含量均较高。以'Vermeer'为母本，'Brunello'为父本杂交选育出赏食兼用的亚洲百合品种'京鹤'，株高 110~130 cm，生长期 80~85 d，单株花苞数较多，种球周径为 14~16 cm，花苞 7~10 个，花橙黄色，花期 20~25 d，抗逆性较强，鳞茎营养成分和生物活性物质含量较高。

廖晓珊等（2018）介绍，东方百合'雪儿'是由湖南省株洲市农业科学研究所选育，以东方百合'花仙子'为母本，'西伯利亚'为父本，采用常规杂交育种方法培育的新品种。花瓣为奶白色带白色斑点，柱头淡绿色，茎秆绿色，对镰刀菌有很强的抗性，经济性状优良，适应性强，易繁殖。

潘云兵等（2018）为探索野生百合在改良百合品种中的潜在价值。以百合野生种为父本，栽培品种为母本，通过切割花柱、胚拯救等技术，对具有优良性状野生百合与主要栽培百合远缘杂交的亲和性进行研究。结果显示，6 个野生百合种（卷丹百合、玫红百合、湖北百合、兰州百合、南川百合、大理百合）分别与 5 个主栽品种（'西伯利亚''索邦''西诺红''木门''罗宾娜'）远缘杂交组合的子房平均膨大率为 68.4%、64.7%、56.5%、80.9%、39.6%、62.7%，表现出较高的子房膨大率，并获得了 7 个远缘杂交后代。根据结果得出结论，以南川百合和卷丹百合为亲本的杂交组合比其他野生百合更容易获得有胚种子，具有清香味的玫红百合与东方百合栽培品种具有良好的亲和性；供试的 6 种野生百合与百合主栽品种杂交都有较高的子房膨大率，但真正有胚种子很少，说明子房膨大并不代表胚的发育，仅用子房膨大率评价远缘杂交亲和性并不客观，应把子房膨大率、幼胚萌发率、杂种成活率结合起来综合考虑。

吴美娇等（2019）为研究影响无花粉污染百合杂交亲和性的相关因素，选取无花粉亚洲百合品种'小小的吻'和'平凡生活'，不散粉品种'简单华尔兹'以及花粉团聚状 OT 百合品种'耶罗琳'作为母本，以 11 份百合种质资源为父本进行常规杂交，研究各个组合的杂交亲和性。通过花粉管荧光显微观察与石蜡切片重点研究了'小小的吻'为母本的杂交组合杂交亲和性差异的原因。结果表明，父本中，东方百合'索邦'的花粉萌发率最高（95.30%），LA 百合'莫泽尔'的花粉萌发率最低（6.79%）。33 个杂交组合中，以'小小的吻'作母本的 10 个杂交组合的平均杂交亲和指数最高，为 3.61%，其中'小小的吻'דˇ小飞碟'杂交亲和指数最高；以'平凡的生活'为母本的 9 个杂交组合的平均杂交亲和指数为 0.90%，其中'平凡生活'ד正直'的杂交亲和指数最高；以'简单华尔兹'为母本的

8 个杂交组合的平均杂交亲和指数为 0.57%；以‘耶罗琳’为母本的 6 个杂交组合的杂交亲和指数均为 0。所有杂交亲和的杂交组合中，其父本除 LA 百合‘正直’与川百合外，均为亚洲百合；亚洲百合与亚洲百合之间杂交有亲和性，而亚洲百合与东方百合、OT 百合杂交均不亲和。‘小小的吻’部分杂交组合不亲和原因主要是花粉管未到达花柱底端所致；而以‘小小的吻’为母本的杂交亲和的组合中，花粉管均能到达子房，但其胚胎发育存在正常和异常 2 种情况。综上得出结论：百合杂交亲和性与父本花粉活力无关，主要与父母本亲缘关系有关，来自同一杂种系列的父母本杂交亲和性较高，亚洲百合‘小小的吻’最适合作为选育无花粉污染百合的母本。受精前生殖障碍是无花粉百合杂交不结实的主要原因。

赵兴华等（2019）等利用百合优株‘08061323-1’与‘瓦迪索’做杂交，采用切割柱头授粉，应用胚抢救技术，选育出雄性不育百合新品种‘无粉皇后’。该品种花径为 18.5 cm，复色，花药退化无花粉，具有栽培周期短、抗病等优良性状。

郭朋辉等（2019）为了探究野生紫斑百合远缘杂交亲和性及克服杂交障碍的措施，为野生紫斑百合资源开发利用及具有绿色、清香、抗性等优良性状的百合新品种选育提供理论参考，以云南地区野生紫斑百合及栽培品系东方百合（7 个品种）和 OT 百合（5 个品种）为材料，采用切割花柱（CS）和常规授粉（NP）两种方法进行远缘杂交，分析紫斑百合与东方百合和 OT 百合的远缘杂交亲和性，通过荧光显微技术观察花粉萌发及花粉管生长动态，并通过染色体法鉴定 F_1 代的倍性。结果表明，常规授粉方式下，紫斑百合作母本的 12 个杂交组合中仅紫斑百合×‘索邦’（NP）、紫斑百合×‘西诺红’（NP）和紫斑百合×‘布卡迪’（NP）3 个杂交组合的亲和性相对较好，其他 9 个组合（NP）均杂交不亲和，存在受精前障碍，但切割花柱授粉方式下，紫斑百合作母本的 12 个杂交组合均具有不同程度亲和性，其中，紫斑百合×‘罗宾娜’（CS）杂交亲和性最佳，其子房膨大率、有胚率、杂种胚萌发率和亲和指数分别为 40.00%、15.12%、43.08% 和 6.05。以紫斑百合为父本的 6 个杂交组合在两种授粉方式下的杂交亲和性整体较差，仅切割花柱授粉方式下的‘罗宾娜’×紫斑百合（CS）的子房膨大率和有胚率分别为 20.00% 和 10.71%，其他 5 个杂交组合的子房假膨大或授粉后不久枯萎衰败。紫斑百合×‘索邦’（CS）授粉后其花粉管到达子房胚珠的时间比紫斑百合×‘索邦’（NP）提前 4 d，有利于减少花粉管伸长过程中的营养消耗及杂交障碍的克服。‘西诺红’×紫斑百合（NP）和‘黄天霸'×紫斑百合（NP）2个杂交组合授粉 8 h 后花粉均在雌蕊柱头上萌发，花粉管沿着花柱向下延伸，'黄天霸'×紫斑百合（NP）的花粉萌发量较'西诺红'×紫斑百合（NP）少，但二者均在花柱和胚囊两端出现不同程度的胖胀反应，花粉管扭曲缠绕，阻碍花粉管伸长及伸向胚珠完成受精。紫斑百合×'白色眼睛'（CS）的杂交后代组培苗染色体数为 24 条，属二倍体；但紫斑百合×'斯特腾'（CS）和紫斑百合×'维拉布兰斯'（CS）的杂交后代组培苗染色体数分别为 26 条和 28 条，为非整倍体植株。根据试验结果得出结论，切割花柱授粉法可较好地克服紫斑百合与东方百合和 OT 百合远缘杂交受精前杂障碍，提高各杂交组合的子房膨大率、有胚率和杂种胚萌发率，且紫斑百合正反交组合的杂交亲和性差异明显，紫斑百合作母本的杂交组合较其作父本的杂交组合亲和性好，说明其杂交亲和性具有单向性。

颜津宁等（2019）介绍，'Sorbonne'和'Siberia'是我国北方切花百合产区的主栽品种，历经 30 余年，颜色单一，品种退化，已不能满足客户需求，亟须选育出一系列具有浓郁花香、优美花型和抗性强的新品种。其利用切割柱头杂交授粉、胚挽救、组培扩繁和种球复壮等技术方法，选育出'金箔 1 号'新品种。该品种植株健壮、花大色艳、香味浓郁、商品性好、抗病能力强。经过试种，市场认可度高，适合北方地区保护地栽培。

岳玲等（2020）介绍，百合'舞娘'是以优良品种'212'为母本，'西伯利亚'为父本，采用常规杂交方法选育而成的新品种。植株生长势较强，株高约 91 cm，花红色，花朵向上开放，花径约 18 cm，观赏性好。抗逆性强，适于沈阳以南地区庭院栽培。

廖晓珊等（2020）介绍，太极红是以东方百合'Cai74'为母本，以'索尔帮'为父本采用常规杂交育种方法培育的东方百合新品种'太极红'。花瓣为红色带白边，柱头淡黄色，茎秆绿色带紫色斑点，对镰刀菌有很强的抗性，适种区广，适应性强，易繁殖。

尹燕等（2022）利用兰州百合与大花卷丹进行正反交，研究了花期调控、不同授粉方式、蒴果采收时间及胚挽救培养基配方对杂种胚萌发率及成苗率的影响。结果表明，兰州百合延后种植及大花卷丹提前种植，可有效地解决花期不遇的问题；兰州百合与大花卷丹百合杂交授粉时，花期授粉的蒴果膨大率可达 93.3%，种子有胚率为 2.00%；大花卷丹百合与兰州百合杂交授粉时，切割柱头的授粉膨大率最高，仅为 7.6%，但种子有胚率为 0%。兰州百合与大花卷丹百合杂交授粉后 60~70 d 的蒴果进行胚培养较为适宜。

兰州百合与大花卷丹百合的杂交胚适宜培养基为 MS＋0.3 mg/L NAA＋0.2 mg/L 6-BA。

樊金萍等（2022）介绍，百合'冰粉皇后'是以亚洲百合的优良品种'粉美人'和'多安娜'作为父母本，采用常规杂交育种的方式，选育而成的新品种。植株生长势强壮，株高约 86 cm，花浅粉色，花朵向上开放，花径约 16.5 cm，观赏性强。抗寒，抗旱，抗逆性强，适于东北地区城市园林绿化及庭院栽培。

秦晓杰等（2022）选用百合科百合属东方百合系'索蚌'和百合科大百合属云南大百合的愈伤组织为材料，对其分离纯化的原生质体进行体细胞杂交及培养研究，以克服远缘杂交障碍、为百合属间杂交和品种改良奠定基础。研究发现，比较 3 种不同浓度 PEG 及不同处理方法对原生质体融合的影响得出改良 PEG 融合法最好，即 A 液（35% PEG），（27±3）℃，15 min，黑暗，融合率达 30%。对融合后原生质体进行 5 种不同培养方法培养，结果表明，最适合融合原生质体培养方法为看护培养。在改良 MS＋Picloram 2 mg/L＋6-BA 1.5 mg/L＋NAA 0.1 mg/L＋2,4-D 0.1 mg/L 培养 50 d 后可获得再生细胞团，但未发育成愈伤组织。

舒珂等（2022）为培育抗性强、观赏性优良的卷丹百合新种质，采用液体培养基悬滴法测定 3 个观赏百合品种'Blackstone''Tresor''Sorbonne'的花粉生活力；用蕾期授粉、正常授粉、延迟授粉、切割柱头授粉方式分别与母本卷丹百合进行杂交，对获得的杂交后代进行胚珠培养及增殖扩繁，采用 SSR 分子标记的方法鉴定杂种的真实性。结果表明，'Sorbonne'的花粉萌发率总体高于'Blackstone'和'Tresor'；蕾期授粉的结实率最高，为 14.44%；卷丹百合×'Blackstone'组合获得蒴果数量最多，共得到了 17 个蒴果；对杂交蒴果进行胚珠培养，得到 9 株 F$_1$ 代杂种苗；筛选杂种苗增殖扩繁的较适培养基为 MS＋30 g/L 蔗糖＋0.1 mg/L NAA ＋ 1 mg/L 6-BA ＋ 8 g/L 琼脂；鳞茎膨大生根较适培养基为 MS＋80 g/L 蔗糖＋0.1 mg/L NAA ＋ 0.05 mg/L 6-BA ＋ 0.75 g/L 活性炭＋ 6.5 g/L 琼脂，最适培养环境为黑暗培养；通过 4 对引物鉴定证实卷丹百合×'Tresor'的 2 个杂种株系为真实杂种。

吴然等（2023）介绍，百合远缘杂交存在严重的胚败育现象，为提高育种效率，其通过多年试验研究，总结了胚拯救技术，包括：材料选择、组培准备、外植体消毒、接种、增殖培养、生根培养。

周敏等（2023）以'Siberia''Martinique''After Eight O'clock''Sunshine Iceland'和'Bonaire'为亲本进行杂交育种，并进行正反交实验，比较正反交结实率及有胚率；采用胚挽救技术克服受精后障碍，比较不同杂交组合、胚龄、培养方式、培养基对幼胚生长萌发的影响，以期建立一套适合东方百合'Siberia'的正反交及胚挽救方案，创制东方百合新种质。结果表明，'Siberia'与'Martinique'、'After Eight O'clock'正反交存在受精障碍，但均获得了膨大子房及有胚种子；其中，'Siberia'作父本的有胚率显著高于其作母本，在'Siberia'与'After Eight O'clock'组合中，其作父本的有胚率是其作母本的4.5倍；在'Siberia'×'Martinique'组合中有胚率是其作母本的2.3倍；在'Siberia'×'Bonaire'杂交组合中有胚率是其作母本的1.01倍；在'Siberia'×'Sunshine Iceland'杂交组合中有胚率是其作母本的1.2倍。胚挽救试验结果显示，70 d胚龄的幼胚最适合剥除胚乳培养，在'Siberia'×'Sunshine Iceland'杂交组合中，其剥除胚乳培养的萌发率最高，是未剥除胚乳培养的5.5倍；胚离体培养的最佳培养基为 MS+1.0 mg/L 6-BA+0.1 mg/L NAA+0.3%蔗糖。杂交后的种子在播种20 d左右开始萌动，萌发率在0.8%~8.7%，40 d左右出苗率显著提高，其中在'Siberia'×'Bonaire'杂交组合中最高达64.3%。

周敏等（2023）以不同杂种系的22个百合品种为材料进行杂交试验，探讨常规授粉对系内、系间子房膨大率、有胚率的影响，并用子房切片、幼胚培养方法对不同杂交组合进行胚挽救研究。结果表明，系内杂交除 LA 杂种系不亲和外，其他杂种系均表现为不同程度的亲和，其中 OO 杂种系子房的膨大率最高，为30.00%~81.82%，并获得了3个杂交后代。在不同杂种系间杂交时，以东方杂种系为母本与亚洲、OT 百合进行杂交育种的亲和性较高，分别为33.33%、50.00%，获得了3个杂交后代；而与麝香百合杂交表现为不亲和，子房不膨大且无杂交后代；以 OT 杂种系为母本与 LA、亚洲、东方、麝香杂种系7个品种进行杂交，其中'紫色大理石'×'穿梭'、'紫色大理石'×'爱马仕'、'激情月球'×'卡里'、'罗宾娜'×'索邦'和'紫色大理石'×'小火箭'5个杂交组合出现子房膨大并获得了有胚种子，子房膨大率最高达100.00%，有胚率为1.21%~13.03%。胚挽救试验结果显示，30 d胚龄的幼胚最适合子房切片培养，其中'帕拉左'×'小月亮'杂交组合光培养后的萌发率最高，达100.00%；而60~75 d胚龄的幼胚进行胚培养获得的杂交后代最多。研究探讨了不同类型百合及不同百合品种间的杂交亲和性规律，对培育花大色艳、抗性强的百合新品种具有一定的理论意义和实际应用价值。

2. 倍性育种

百合的倍性育种主要是单倍体育种和多倍体育种，单倍体育种主要用于加快育种进程，主要步骤是对花粉、花药等组织培养，获取单倍体植株，再用秋水仙素等将单倍体植株染色体加倍，得到纯合二倍体植株以缩短育种年限。多倍体育种则主要用于克服杂交障碍和提升百合品质。

百合具有基因组大、杂合度高、品种倍性复杂等特点，常常出现杂交育种障碍，致使百合育种进展缓慢。单倍体育种技术已成为常规杂交育种的重要补充，具有巨大商业育种价值，由于双单倍体自交系能够直接稳定单倍体所携带的遗传变异，大大加速育种进程，已经成为常规杂交育种的重要补充。但与常规育种相比，百合与其他物种一样，利用单倍体诱导技术育成的品种很少，还存在许多局限性：大多数重要的种质不能通过诱导花药（小孢子）或子房（胚珠）高频率地获得单倍体，严重受种质类型和基因型影响；加倍试剂对材料和环境有毒性，不同加倍系重复性差，可能得到不同倍性的混倍体和嵌合体（赵志珩等，2020）。

百合的多倍体育种研究历史悠久，虽然自然界中常发生天然多倍体化，但育种上主要是人工诱导产生多倍体，如诱导二倍体的染色体数目加倍形成同源多倍体，或利用不同种属间材料杂交，再进行染色体数目加倍形成异源多倍体。人工诱导多倍体的方法可分为：利用温度激变、机械创伤、辐射、离心力等物理因素诱导染色体加倍；利用秋水仙素等化学试剂处理正在分裂的细胞以诱导染色体加倍；利用胚乳培养、原生质体培养及体细胞融合等生物技术诱导产生多倍体。多倍体育种技术在百合新品种培育过程作用甚大，如百合的种间杂交种可能会因为在减数分裂过程中发生染色体丢失最终造成杂种不育，而通过染色体加倍技术可以使其恢复育性。如今大多数的亚洲百合杂种系都是多倍体，结合多倍体技术的种间和属间杂交育种已成为观赏植物引进遗传变异最重要的方式（肖海燕等，2015）。倍性育种在百合品种选育中应用也较为广泛。

席梦利等（2012）介绍，'雨荷'是以二倍体亚洲百合'金甲'为母本，四倍体亚洲百合'布鲁内罗'为父本，杂交选育而成的三倍体新品种。花橙红色，有少量紫褐色斑点，花瓣肥厚。花丝和花柱橙色，花粉黑褐色。株高 75～80 cm，花径 14～15 cm。生长强健，抗逆性强，适宜中国华东地区栽培。

曹钦政等（2016）为探究三倍体 LA 百合是否可作为育种亲本并筛选与亚洲百合远缘杂交育性较高的组合，对 26 个 LA 品种与 10 个亚洲百合品种进行 62 个组合的远缘杂交，并利用基因组原位杂交技术（GISH）对部分杂种后代进行鉴定分析。结果表明，①三倍体 LA 杂种系百合通常雄性不育，但可以作母本与二倍体或四倍体亚洲百合杂交。②与二倍体亚洲百合（AA）相比，四倍体亚洲百合（AAAA）与 LA 杂种系百合远缘杂交的育性普遍更高。③筛选出了 7 个育性较高的亲本组合，包括 ‘Nashville’×‘Nello’、‘Freya’×‘ValdiSole’、‘Desiderio’×‘Detroit’、‘Samur’×‘Nello’、‘Batistero’×‘Regata’、‘Rousseau’×‘Valdi Sole’和‘Ercolano’×‘Benlica’；对 62 个组合杂交结实情况的分析显示，3 个 LA 品种（‘Freya’‘Nashville’和‘Orange Tycoon’）作为母本较好，6 个亚洲百合品种（‘Valdi Sole’‘Nello’‘Regata’‘Detroit’‘Benlica’和‘Blackout’）作为父本结实性较高。④三倍体 LA 品种可产生非整倍体配子和基因组间的染色体重组，在百合种质渗入育种中有较大潜力。

丁群英等（2016）介绍，2009 年东方百合‘彩云 3 号’获得农业部植物新品种保护授权，成为具有我国自主知识产权的第一个百合新品种，我国花卉产业中百合种球完全依赖国外的历史从此结束，‘彩云 3 号’也是我国第一个通过多倍体育种方式得到的百合新品种。

郑思乡等（2017）以 OT 型百合‘黄天霸’×O 型东方百合‘西伯利亚’，OT 型百合‘罗宾娜’×O 型东方百合‘索邦’进行杂交，利用体外受精和胚胎挽救技术获得 OTO 远缘杂交新材料。细胞学观察表明：从‘黄天霸’×‘西伯利亚’获得的 F_1 杂种为非整倍体植物，其染色体数目变化为 16~48，其后代的气孔尺寸存在多样性，不同植株的气孔大小不同，甚至同一叶片的气孔尺寸也不同；从‘罗宾娜’×‘索邦’获得的 F_1 杂种为三倍体植物，其染色体数目是 $2n = 3x = 36$，其后代的三倍体气孔尺寸为（93.2±1.04）×（70.4±0.53）。在大多数 OT×O 的营养繁殖后代中，它们的有丝分裂是规则的，但是观察到一些异常现象，例如核不均等分裂，染色体桥，染色体落后；核萌发，核管侵入并缢裂，形成微核。

朴美玲等（2020）为探究百合远缘杂种‘骄阳’百合的花粉与雌配子的育性，通过诱导提高、恢复配子的育性，在多倍体优秀种质渗入育种中加以应用。以‘骄阳’百合为试验材料，通过醋酸洋红染色法观测花粉育性，观察其花粉母细胞减数分裂进程，采用秋水仙素注射法诱导 2n 配子，通过与兰州百合杂交以验证 2n 花粉育性；为探究雌配子的育性，以‘骄阳’百合为母本与兰州百合杂交，通过直接授粉法与切割柱头授粉法，以子房膨大率、有胚种子数、发芽率加以衡量雌配子的育性。结果显示，‘骄阳’百合在花粉母细胞减数分裂过程中存在染色体与细胞质不均等分离的现象，产生大量非整倍体小孢子，不能发育成可育的花粉，雄配子没有育性。通过秋水仙素处理后，产生部分有活力的 2n 花粉，适宜的秋水仙素诱导浓度为 0.10%，最高诱导率为 86.00%，与兰州百合杂交时未能结实。当'骄阳'百合作母本与兰州百合杂交时可以结实，雌配子具有育性并产生非整倍配子，通过切割柱头法授粉，子房膨大率由 11.91% 提高至 65.02%。

曹潇等（2017）为了探讨三倍体 OT 百合与二倍体东方百合系间杂交育种规律，培育系间杂种。采用常规压片法，分析母本染色体核型，采用切花柱及柱头直接授粉技术，进行 OT×O 系间杂交；在授粉后不同时间，采用胚珠直接接种法进行胚抢救。研究中作母本的 6 个 OT 百合品种均为三倍体。柱头直接授粉技术明显优于切花柱授粉技术，前者的结果率及结籽率明显高于后者。24 个 OT（♀）×O（♂）杂交组合中，有 16 个组合能结果，占 66.67%；能结果的杂交组合，大部分能收获饱满种子，结籽率为 2.49%~16.78%。4 个 O（♀）×OT（♂）反交组合、6 个 OT（♀）×OT（♂）自交组合均未能结果。胚抢救 60 d 后，授粉 60 d 后进行胚抢救最有效，胚珠萌发最快，各组合出苗率为 5.26%~18.56%。

张震林等（2022）以自主研发的远缘杂交一代百合'新希望'为试验材料，借助多倍体育种技术成功培育出异源四倍体百合，再与东方百合'薇薇安娜'进行杂交，培育出异源三倍体百合，利用 ISSR 分析对杂交后代进行早期鉴定。结果表明，利用 0.1% 秋水仙素处理 24 h，效果最佳，诱导率达到 30.67%；气孔鉴定表明四倍体气孔长度大于二倍体，而气孔密度的检测结果与之相反；染色体数目鉴定表明已获得了四倍体百合。花粉萌发试验表明，异源四倍体花粉有 11.8% 已经萌发，表明恢复其育性。采用田间授粉的方式将异源四倍体花粉涂抹到二倍体东方百合'薇薇安娜'的柱头上，蒴果膨大率为 56.45%，坐果率为 11.27%，染色体数目鉴定表明杂交植株染色体数目为 36，即为异源三倍体。在有丝分裂期间无异常现象，表明三倍体具有高度的遗传稳定性。ISSR 分子鉴定试验证明，选取的 19 株杂交后代均为远缘杂交种。

3. 突变育种

突变育种在许多植物新品种选育中均有重要意义，如桃、梨等果树新品种选育就常以芽变材料为基础。突变可以是自然发生的，也可以人工诱导，其方向具有不确定性。当切花百合或庭院百合等以花卉为产品的百合突变后出现新、奇、稀的性状时，就可以增加其观赏价值，而当食药用百合中物质含量、鳞茎大小出现符合生产需求的变化时，也可以提升其价值。总之，利用突变所产生的优良性状来进行新品种选育，也是百合常用育种方法之一，如兰州市农技推广中心利用兰州百合群体中自然变异的植株选育了兰州百合新品种'兰州百合 1 号''兰州百合 2 号'。但百合自然变异的概率较低，生产和研究上主要是通过人工诱变的方式来增加其变异概率，主要可分为物理诱变、化学诱变及体细胞无性系变异等。

徐学军等（2010）介绍，'兰州百合 1 号'是 2002 年从兰州百合栽培群体和贮藏冷库中优选出的一批自然变异单株，经过多年复选、组培快繁、品种比较试验、区域试验以及生产试验筛选出的优良品种。2002 年对选出的变异单株进行复选和组培快繁，2003—2005 年经单株系统选育，选出生长势强，植株高大，叶色浓绿，叶片宽且长，茎秆粗壮，球茎高圆，包裹紧实，鳞片洁白、肥厚，独头率达到 95% 的株系 200601。2006 年春在兰州市榆中县小康营进行品种比较试验，以当地栽培的兰州百合混杂品种为对照，2008 年采挖测产，'兰州百合 1 号'平均每亩商品百合产量 2 162.3 kg，较对照增产 19.4%。2007 年在七里河进行生产试验，试验面积 7.5 hm²，2009 年采挖测产，'兰州百合 1 号'平均每亩商品百合产量 2 035.7 kg，比当地栽培的兰州百合混杂品种增产 18.6%。田间未见灰霉病、疫病和枯萎病发生。2009 年通过甘肃省科技厅组织专家进行的鉴定验收，定名为'兰州百合 1 号'。目前已在海拔 1 800~3 000 m 的兰州百合种植区累计推广种植超过 15 hm²。推广区商品百合平均产量达到 1 800~2 300 kg/亩，商品率达到 85%。

徐学军等（2010）介绍，'兰州百合 2 号'是从兰州百合栽培群体中优选出的一批自然变异单株，经过复选、组培快繁、品种比较试验、区域试验及生产试验选育出的优良品种。2004—2008 年进行试种观察、品种比较试验、区域试验及生产试验。2009 年获准甘肃省农作物品种登记委员会登记，定名为'兰州百合 2 号'。目前已在海拔 1 500~3 000 m 的兰州百合种植区累计推广超过 25 hm²。

吴青青等（2010）用百合的 O/A 系列间杂种为实验材料，通过组织培养，比较不同浓度的秋水仙素及不同处理时间长度的诱导效果的差异。结果表明，用浓度为 0.05% 的秋水仙素处理 24 h 的效果最佳，突变率高达 38.5%。与正常植株相比，变异植株的叶片肥厚，叶面变宽，叶色深绿，气孔显著增大。通过显微镜观察根尖细胞，发现其染色体数目为 2n=4x=48。

陈丽静等（2010）以王百合雄性不育突变种质材料白天使小鳞茎的鳞

片为外植体，接种在含有不同质量浓度配比的 NAA、6-BA 的 MS 培养基上，进行诱导、继代增殖及生根培养，探讨不同因素对白天使离体快繁的影响。结果表明，不同的植物生长调节剂质量浓度配比对王百合雄性不育突变种质材料白天使的离体快繁会产生较大影响。最适诱导培养基为 MS+6-BA 2.0 mg/L+NAA 0.4 mg/L，最适不定芽继代增殖培养基为 MS+6-BA 1.0 mg/L+NAA 0.2 mg/L，最适生根培养基为 1/2 MS+NAA 0.2 mg/L，生根率可达 100%。

刘艳妮等（2012）用甲基磺酸乙酯（EMS）对铁炮百合离体叶片进行处理，并在高温条件下筛选耐热突变体。结果表明，随着处理体积分数和处理时间的增加，叶片的分化率和存活率均下降，并筛选出其半致死剂量（$\varphi=0.6\%$）和处理时间（4 h）。利用筛选的半致死剂量和处理时间对百合离体叶片进行处理，在 35 ℃高温胁迫下，进行抗热性突变体筛选，得到抗热性诱变植株。鉴定结果表明，其 SOD、POD 活性增强，可溶性蛋白含量增加，MDA 含量减少。表明筛选的百合突变体比对照具有更强的耐热性。

黄海涛等（2013）以东方百合离体不定芽为实验材料，通过 POD、SOD 同工酶电泳技术，研究了不同耐盐性的百合耐盐突变体同工酶的差异性。结果表明，百合的耐盐性与同工酶的表达有一定的相关性，耐盐突变体的 POD 同工酶谱以及不定芽的 SOD 同工酶谱与对照比较出现了新的谱带，且随着突变体耐盐能力的增强，突变体植株与对照的同工酶酶谱相似性越来越低，亲缘关系越来越远。

赵兴华等（2015）以切花‘西伯利亚’种球为试材，采用^{60}Co-γ 射线辐照处理进行辐射诱变育种试验，研究了不同的诱变剂量对百合种球成活及植株生长发育的影响。结果表明，用^{60}Co-γ 射线辐射剂量为 5 Gy 诱变‘西伯利亚’种球比较合适。经（4、5、6 Gy）^{60}Co-γ 处理对百合植株的生长和发育出现较明显的辐射损伤，随着辐照剂量的增加，植株成活率、株高、叶片数、花蕾数、开花株率、花径相应减少，而出苗时间则增加，成活率分别为 80%、52%、20%。

吴青青等（2019）为了获得具有优良观赏性的百合多倍体植株，研究了不同秋水仙素浓度和处理时间对百合‘黄精灵’的诱导效果。结果表明，以 0.1% 的秋水仙素处理 48 h 的变异率最高，达 56%。根尖染色体鉴定，四倍体的染色体为 $2n=4x=48$ 条。

田鑫等（2019）以湖北百合鳞片为试材，采用 9 种不同培养基接种，获得诱导愈伤组织最佳配方为 MS+6-BA 1.0 mg/L+NAA 0.1 mg/L。以该配方诱导出的愈伤组织为诱变材料，先后分别用 NaN$_3$（1 mmol/L、2 mmol/L、3 mmol/L）处理（3 h、4 h、5 h）、EMS（0.2%、0.4%、0.6%）处理（1 h、2 h、3 h）愈伤组织，对诱变处理的愈伤组织分化的不定芽用 0.4% NaCl 胁迫处理 0~12 d 进行盐胁迫筛选，以期获得复合诱变处理后的最佳耐盐浓度。结果表明，3 mmol/L 的 NaN$_3$ 处理 3 h 达半致死，诱变率达 46.7%，使用 0.4% EMS 再次诱变 3 h 达半致死，诱变率达 53.3%。复合诱变测得的超氧化物歧化酶（SOD）活性、过氧化物酶（POD）活性、可溶性糖含量以及可溶性蛋白质含量的变化始终高于对照。因此，在盐胁迫复合诱变筛选的湖北百合的新陈代谢水平较高，表现出对盐胁迫的适应性。

李丽辉等（2021）为了探究 ^{60}Co-γ 射线辐射对百合的诱变效应，以卷丹百合、金百合、湖北百合、岷江百合鳞茎为试验材料，采用不同剂量（0 Gy、2 Gy、4 Gy、6 Gy）^{60}Co-γ 射线进行辐射处理，统计分析其辐射后的出苗率、性状表现、生理生化指标及变异状况。结果表明，随着辐射剂量的增加，金百合、湖北百合、岷江百合的出苗率、株高、开花率、产量均较对照降低。卷丹百合在辐射剂量为 2 Gy 时与对照差异不显著；而辐射剂量为 4 Gy 时，4 个百合品种出苗率与对照相比差异显著；辐射剂量达到 6 Gy 时，鳞茎均未出苗。2 Gy 辐射处理对 4 个百合品种植株的叶绿素含量影响较小，4 Gy 处理时叶绿素含量则下降；所有品种超氧物歧化酶（SOD）活性均先升高后降低，丙二醛（MDA）含量均逐渐增强。随着辐射剂量的增加，卷丹百合的可溶性糖含量先升高后降低，其他品种的可溶性糖含量逐渐增加。金百合、湖北百合、岷江百合适宜辐射剂量分别为 2~4 Gy、2 Gy、2 Gy，卷丹百合在试验中未找到适宜辐射剂量。

胡瑶等（2022）采用不同剂量的 ^{60}Co-γ 射线并结合秋水仙素处理卷丹百合的鳞茎，探讨了不同处理对卷丹百合的诱变效应。结果表明，随着辐射剂量的升高，卷丹百合植株的存活率、株高、叶长、叶宽、节间距、单株珠芽数、单株最大鳞茎鲜重等指标均显著低于对照；辐射处理使开花历期缩短，使开花始期延迟；4 Gy 处理的部分植株顶端生长珠芽，不开花；在辐射剂量 0~4 Gy 及 0.1% 秋水仙素处理下，卷丹百合的花色苷、类黄酮含量发生了不同程度的变化，叶绿素 a 含量在 3 Gy 处理下较对照显著增加；3 Gy 及 3 Gy + 0.1% 秋水仙素处理使卷丹百合新生鳞茎的水分及多酚含量增加。

4. 分子育种

分子育种是随着现代分子生物技术发展起来的，在传统的百合育种过程中，结合分子标记、转基因、基因编辑等手段，可以明显缩短育种年限和定向获得目标性状，在近年来百合新品种选育中已有许多应用。

王红等（2016）为了评价异源三倍体'Royal Lace'的育种价值，采用基因组原位杂交技术分析了'Royal Lace'及其与亚洲百合'Pollyanna'的6个杂种后代的基因组组成。结果表明，'Royal Lace'含有24条亚洲百合染色体和12条麝香百合染色体，为异源三倍体，包括1条亚洲百合重组染色体和1条麝香百合重组染色体。6个杂种后代均为非整倍体，染色体数27~32，不同杂种后代的重组染色体及重组位点存在差异，杂种后代基因组组成的不同是后代表型变异的遗传基础，因此，'Royal Lace'是百合渐渗育种及非整倍性育种的良好亲本。

霍辰思等（2018）从细胞学层面分析 LA 百合品系的遗传特点，为百合遗传育种中亲本选择和后代鉴定提供可靠的染色体信息。采用染色体常规压片法，用 Olympus（BX-51）显微镜进行镜检，分析 8 个 LA 百合品种的染色体数目及核型。结果显示，8 个 LA 百合品种均为三倍体（$2n = 3x = 36$），'Serrada'核型为 3A 型，其余 7 个品种均为 3B 型；核型不对称系数为71.84%~76.33%；染色体主要由2~3对中部着丝点（m）或近中部着丝点（sm）及近端部（st）和端部着丝点（t）组成；品种间次缢痕的位置和数目有差异。根据试验结果得出结论，染色体的随体、次缢痕的特征可作为杂交后代早期鉴定的依据；大多数 LA 百合杂种系都含有基因组重组染色体，可用于筛选目标性状优良的子代。

刘一心等（2019）以野生百合资源和不同系列栽培品种为研究对象，利用 ITS 序列，构建最大简约法（MP）和最大似然法（ML）系统发育树，对其亲缘关系进行评价，为资源保护和可持续利用及育种亲本选配提供指导。系统发育树结果表明，轮叶组 *L. tsingtauense*、*L. martagonalbum*（ML = 67，MP = 59）和 *L. distichum*（ML = 99，MP = 96）单独聚在 Group 1。*L. formosanum*、*L. longiflorum*、*L. brownii* 与 LA 系列的 Bright Diamond 聚在一起（ML = 65，MP = 50），可能是 L 系列的原生亲本。A 系列、LA 系列和 AZ. T 系列的栽培品种亲缘关系很近，在 Group 3 中聚在同一个分支上。*L. leichtlinii*、*L. lancifolium* 可能参与了 A 系列的品种育成。*L. rubellum*、*L. speciosum* var. *gloriosoides* 和 *L. auratum* 与 O 系列的栽培品种的亲缘关系比较近，可能是 O 系列的原始亲本。TR 系列的栽培品种与喇叭组 *L. leucanthum* var. *centifolium*、*L. regale* 和 *L. sulphureum*（ML = 98，MP = 98）亲缘关系比较近，推测可能参与了栽培品种的育成。O 系列与 OT 系列的栽培品种亲缘关系比较近，聚在同一个分支上。基于 ITS 序列的测定和系统发育树构建的分子生物学方法，能有效区分百合属野生种和不同系列栽培品种之间的亲缘关系，以及野生种之间、不同系列栽培品种之间的亲缘关系。利用中国丰富的百合属野生资源，构建系统发育树，提供可靠的亲缘关系图谱，为百合属资源品种的育成、分类以及野生资源的保护提供分子生物学根据。

崔光芬等（2020）介绍，柱头在花粉黏附、水合和花粉管生长中具有重要作用，柱头蛋白参与多种生物学过程。为比较亚洲百合与铁炮百合的柱头蛋白质差异，以亚洲百合‘Brunello’和铁炮百合品种‘White Heaven’为试验材料，利用 iTRAQ 技术分析两种百合的柱头蛋白差异。结果表明，亚洲百合和铁炮百合的柱头蛋白总数为 3963，参与的主要生物过程为代谢过程、细胞过程和刺激应答。定量分析结果表明，241 个蛋白在 2 种百合的柱头上差异显著，功能涉及碳水化合物与能量代谢和运输、脂质运输和代谢、蛋白代谢、细胞壁/膜/包膜生物发生、无机离子转运和代谢、信号转导和辅酶转运和代谢等，其中涉及碳水化合物与能量代谢的差异蛋白数量较多。

马旭等（2020）综述概括了百合遗传转化体系建立、转化效果及转基因应用情况，简述了纳米磁珠的种类性质、转化原理以及纳米磁珠转化法在植物育种中最新进展。其介绍，国内外对于百合遗传转化系统研究已经进行多年，并且对于百合遗传转化体系构建和后期遗传性状的稳定已有过许多研究，但构建良好的转化体系大部分用的是报告基因。转化效率低、转化目的基因成功案例少是研究面临的难题。就现阶段的转化技术来看，可以分为直接导入与载体导入两种。直接导入是指通过物理、化学手段对受体进行处理，同时将经过特殊处理的目的基因直接导入的手段。以基因枪法、农杆菌侵染法为主，电击法、花粉管通道法、超声波法为辅。载体导入是指利用构建好载体与目的基因结合经过转化过程进入受体的方式，分为非病毒型载体和病毒型载体。病毒型载体较为常见，但病毒类载体的价格一般较高，构建手段复杂，在百合转化技术上广泛应用但是效果不好。与病毒型载体相比，非病毒型载体一般指阳离子脂质体、纳米磁珠和阳离子多聚体。其显著的优点有安全、易于生产操作、无免疫活性、包容性好等特点。如何构建一系列安全高效、长期稳定的可持续观测体系成为当下百合转基因体系构建的研究热门。纳米磁珠法作为新的遗传转化手段，一般常见的纳米磁珠直径为 150~200 nm，能够运载大片段的目的基因，相比传统的病毒型转化方法纳米磁珠法更加安全，无免疫活性、具有超顺磁性、操作简便、容易回收等优点。在与目的基因接触的时，发挥纳米磁珠具有生物兼容性，与运载的目的基因形成纳米磁珠—目的基因复合物。使得纳米磁珠能够被细胞吞噬作用内吞进细胞。被吞噬进细胞的纳米磁珠—目的基因复合物可以从溶酶体中脱离，保护目的基因不受细胞内的酶解影响。

李性苑等（2021）以野百合与淡黄花百合的根尖为材料，采用 ASG 染色法和 G 显带技术对其根尖染色体进行研究。结果表明，野百合根尖染色体的 G 带核型公式为 2 n＝24＝2 sm+2 m+5 st+3 t，带纹着色深且粗，多分布在长臂上，带纹总数为 24 条，为 3A 型。淡黄花百合的 G 带核型公式为 2 n＝24＝6 sm+3 m+3 st，带纹多、浅且分布在长臂上，总数为 36 条，为 3A 型。野百合与淡黄花百合的亲缘关系较远。

周俐宏等（2021）连续 3 年利用人工蚜虫接种和蚜量比值法鉴定 60 份百合资源（11 份野生种、49 份品种），荧光 SSR 标记分析遗传多样性。结果表明，60 份百合资源根据蚜量比值法可分为 5 级，12 份资源为高感材料，6 份资源为感虫材料，4 份资源为中抗材料，7 份资源为抗虫材料，31 份资源为高抗材料。6 对 SSR 引物共检测出 35 个主要等位变异，每个位点平均 5.8 个；多态性信息含量为 0.5663~0.8940，平均 0.7472；基因多样性指数变化为 0.491~0.848，平均 0.647；Shannon 多样性指数为 1.3759~2.5319，平均 1.9231。不同抗蚜级别种质间遗传距离变化为 0.1309~0.5403，平均 0.3306，遗传一致度变化为 0.5826~0.8773，平均 0.7267。其中，感虫组和高感组资源遗传距离最小（0.1309），遗传一致度最大（0.8773），亲缘关系较近。UPGMA 聚类分析结果表明，高抗百合组和中抗百合组资源聚为一类，高感百合组和感虫百合组资源聚为一类。个体间聚类，5 组百合资源在多个组群中均出现。通过试验研究，建立百合种质资源抗棉蚜评价体系，明确部分资源抗蚜差异及遗传关系，筛选得到一批抗蚜种质资源，为百合抗蚜及进一步抗病毒病育种提供了参考。

余鹏程等（2021）对世界范围内培育和登录的 OT 百合品种（1958—2018 年）的花色和育种信息进行整理和分类，分析了 OT 百合杂交育种的历史，计算参与 OT 百合起源的重要亲本的核遗传贡献值；系统研究了 OT 百合色系和类型。结果表明，OT 百合品种共有 8 个色系和 5 种着色模式；不同色系主要起源于湖北百合、鹿子百合、乙女百合和天香百合等，这 4 个亲本的总核遗传贡献值分别为 10.3035、6.7955、4.1250 和 2.5255；在杂交育种中出现花朵色块嵌合现象，色素合成途径的互作和染色体变异的演变模式是形成 OT 百合丰富花色的原因。

阚婷婷等（2021）介绍，YAN R 等（2019）首先在山丹百合和麝香百合中，分别通过体细胞胚和再生不定芽建立了稳定遗传转化体系，转化效率分别达到 29.17% 和 4.00%。进一步，该工作通过 CRISPR/Cas9 系统对 2 个百合属植物的 PDS 基因进行了敲除，在获得的再生植株中观察到完全白化、淡黄色和白绿色嵌合的表型。在此研究中，分别获得 30.0% 和 5.17% 的具有抗性和明显表型改变的山丹百合和麝香百合，首次将 CRISPR/Cas9 基因编辑系统成功应用于百合中，为百合的基因功能研究和种质改良奠定了重要的基础。

王静文等（2021）基于转录组信息，利用 NCBI 网站以及 ProtParam、SMART、Swiss-Model、SOPMA、MEGA6.0、TAIR 软件对细叶百合 MYB 转录因子家族进行系统分析，并对不同胁迫条件下 MYB 家族基因进行表达研究。结果在细叶百合转录组中共鉴定到 23 个具有 MYB 保守结构域的转录因子。表达量分析表明，大多数 MYB 成员能被不同非生物胁迫诱导且在根和叶中表达明显上调，在茎中上调表达的基因较少。其中，在脱落酸胁迫下分别有 13 个、4 个和 16 个基因在根、茎和叶中上调表达；在冷胁迫下分别有 17 个、6 个和 13 个基因在根、茎和叶中上调表达；在盐胁迫下分别有 15 个、4 个和 13 个基因在根、茎和叶中上调表达；在干旱胁迫下分别有 12 个、6 个和 15 个基因在根、茎和叶中上调表达。研究结果表明细叶百合 MYB 家族基因可能广泛参与非生物胁迫。

张洁等（2023）以东方百合‘西伯利亚’无菌鳞茎超薄切片（0.5～1 mm）为试材，通过 PIC 和 2,4-D 不同浓度筛选愈伤诱导培养条件，采用超薄鳞片直接分化及愈伤分化 2 种转化方式，测试对 Cef、Kan 及 Hgy 的耐受性，分析不同干燥预处理以及 MES、AS 对转化效果的影响，并通过 EPSP 基因的导入，验证基因转化阳性率及转化效果，以期优化百合遗传转化的技术参数，建立高效遗传转化体系并进行 EPSP 基因的导入。结果表明，PIC 对百合愈伤诱导有良好效果，MS+1 mg/L PIC+0.3 mg/L NAA 为最佳愈伤诱导培养基；抗生素敏感性测试发现，培养基添加 75 mg/L Kan 或 20 mg/L Hyg 结合 250 mg/L Cef 适宜抗性筛选；超薄鳞片及愈伤在 60 min 和 30 min 的干燥预培养下，阳性率均显著提高；MS+10 mmol/L MES+200 μmmol/L AS 为重悬液处理，超薄鳞片获得 48.3% 的高效转化率，优于愈伤转化；同时，将 EPSP 基因转化百合，分子检测表示已获得转基因阳性株。该研究建立以超薄鳞片和愈伤为受体的 2 套高效遗传转化体系，并成功导入 EPSP 基因，获得 800 mg/L 的草甘膦抗性。

贾文杰等（2023）为有效解决百合花粉污染问题，利用分子生物学技术培育雄性不育的无花粉百合，从基因克隆和生物信息学角度研究百合 ATP 合成酶家族基因 ATPase3 在导致百合雄性不育过程中的作用，以百合可育系与不育系花粉母细胞时期花药为试验材料，在百合可育系与不育系转录组测序结果中筛选出 1 个花粉母细胞时期显著上调表达的 ATPase3 基因，利用荧光定量 qRT-PCR 技术检测 ATPase3 基因在百合可育系与不育系花粉母细胞时期不同部位的相对表达量。结合 qRT-PCR 与 Race 技术扩增得到百合花药 ATPase3 基因 cDNA 全长序列，并通过 Prot Param、Prot Scale、NCBI Conserved Domain、SWISS-MODEL 等在线生物信息学数据库对百合 ATPase3 同源性、蛋白结构、理化性质等进行生物信息学分析。结果显示，百合 ATPase3 基因在花器官中表达量最高，其中在可育系花药中的表达量是不育系的 7 倍。通过克隆得到百合 ATPase3 基因，该基因全长 327 bp，编码 109 个氨基酸，含有 1 个典型的保守 ATPase3 结构域；编码蛋白相对分子量约为 12.14 KD，理论等电点为 7.71，为疏水性蛋白，存在跨膜结构，并预测蛋白二级和三级结构。生物信息学分析说明该预测蛋白具有典型 ATP 合成酶特征。同源序列分析表明，该蛋白与拟南芥质膜 ATPase3 同源性最为接近，与拟南芥 $H^{[+]}$ ATPase1，$H^{[+]}$ AT-Pase2，$H^{[+]}$ ATPase3，$H^{[+]}$ ATPase8 同源性也较为接近。推测该蛋白属于百合中提供能量的质膜离子转运蛋白，它在百合不育系花药中表达量下调，提供能量不足，导致雄性不育。

赵红云等（2023）为了给百合品种分类和育种提供一定的细胞学依据，采用染色体常规制片法对 8 个百合品种进行了核型分析。结果表明，'慷慨心大''黑魅''小黄龙''黄色行星'是二倍体，'夕阳''埃尔克拉诺''非洲皇后''安娜塔西娅'为三倍体。8 个百合品种的核型不对称系数为 73.89%~79.61%，'小黄龙'的核型类型为 3A 型，其余 7 个品种均为 3B 型；核型进化程度最高的百合品种是'夕阳''小黄龙'核型进化程度最低。聚类分析结果表明，'黑魅''小黄龙'核型相似度较高，其余品种的核型特征较为相似。

三、百合的代表性品种选育

我国百合种质资源丰富，栽培历史悠久，但育种工作起步较晚。近半个多世纪以来，欧美园艺专家通过杂交等选育手段培育了一系列观赏百合品种，如目前我国栽培面积最广泛的'索邦''西伯利亚''木门'等均是欧美国家选育。从 20 世纪 80 年代开始，我国相继开始了百合种质资源调查、品种选育、组培快繁、种球生产等方面的研究，选育了一批百合新品种。

当前我国食药用百合品种仍以常规品种为主，栽培最为广泛的品种主要是兰州百合、龙牙百合和宜兴百合，目前已形成甘肃兰州、江西万载、湖南隆回、江苏宜兴为中心的四大产区，其中兰州市农技推广中心从兰州百合混种中选育出了'兰州百合 1 号''兰州百合 2 号'新品种，百合种质资源创新与深加工湖南省工程研究中心和株洲市农业科学研究所利用龙牙百合自然芽变共同培育出'龙牙红'新品种。

切花百合新品种选育最多，例如云南省农科院花卉研究所选育的'白雪公主''火凤凰''金龙'等通过云南省园艺植物新品种注册登记，湖南株洲农科所选育的'株洲红''罗娜''喜羊羊'等百合新品种在英国皇家园艺学会登记，另有贵州省园艺研究所成功培育的'贵阳红''东方红''中华红'等品种皇家园艺学会国际登记。

庭院百合（景观）新品种选育也成果丰富，中国农科院蔬菜花卉研究所培育的'京鹤'通过云南省林木品种审定委员会认定并获得农业部植物新品种权证书，'丹蝶'通过江苏省农作物品种审定委员会鉴定并获得农业部植物新品种权证书。北京农学院培育的'云景红''云丹宝贝''文雅王子'等已获北京市优良新品种证书。南京林业大学培育的'雨荷'和'初夏'等通过江苏省农作物品种审定委员会审定。

下面介绍几种国内栽培较为广泛的百合品种。

（一）索邦（Sorbonne）

'索邦'原产于荷兰，由 VDH（Vletter & Den Haan）公司选育，1997 年英国皇家园艺学会登录。株高 80~120 cm。茎秆硬度大，叶较狭长呈披针形，亮绿有光泽。花呈粉红色，边缘具狭窄白边，红色乳突分布于花瓣中部以下，开花时散发出浓香味。在云南、江苏、甘肃等地均有广泛栽培。

（二）西伯利亚（Siberia）

'西伯利亚'原产于荷兰，由西伯利亚东方百合有限公司（Siberia Oriëntal B. V.）选育，2003 年英国皇家园艺学会登录。夏季型，生长周期 110 d。鳞茎由披针形肉质鳞片抱合形成，为无皮鳞茎，球形，叶互生对生或轮生，花顶生、单生或呈总状花序。株高 100 cm 左右，花的颜色为白色。内外黄白色，斑点白色或淡黄色，蜜腺绿色渐变为白色，花粉浅棕色，柱头紫红色。适合西南和北方平原肥力中等地区种植，亩产 12 000 枝花左右。在全国切花百合品种中栽培极为广泛。

（三） 白雪公主

'白雪公主'由云南省农业科学院花卉研究所吴学尉等于 2008 年通过常规杂交结合胚培养技术选育，父母本 L.'D21'×L.'D37'。2014 年 1 月 1 日获植物新品种授权（CNA20080672.6）。'白雪公主'近似于'西伯利亚'，花色洁白，在昆明地区夏季种植生长期 110 d 左右，花朵直径 18~22 cm，球径 16 cm 的种球每支切花着花 7 朵左右。单瓣百合大花型，用于切花或盆花生产，切花瓶插期 15 d 左右。花的主要特征为：叶色深绿色，卵披针形；叶柄绿色，有紫色斑点，叶腋有少量茸毛；茎秆绿色，密布紫色斑点；花苞白色，花色乳白色，花梗长 12~15 cm，花瓣长 9~10.2 cm，花瓣宽 4~5 cm，花瓣光滑，不反卷，萼片边缘波状，反卷度小，花径约 19 cm，柱头白色。适合在以昆明为中心的云南中部地区以及气候相近的地区作保护地栽培，适合的生长环境温度为 15~22 ℃，湿度为 70%~80%，土壤要求 pH 值 5~5.5，有机质丰富，疏松透气。

（四） 兰州百合 1 号

'兰州百合 1 号'由甘肃省兰州市农业科技研究推广中心徐学军等选育。2002 年从兰州百合栽培群体和贮藏冷库中优选出的一批自然变异单株，经过多年复选、组培快繁、品种比较试验、区域试验以及生产试验筛选出的优良品种。2009 年通过甘肃省科技厅组织专家进行的鉴定验收，定名为'兰州百合 1 号'。'兰州百合 1 号'植株生长势强，六年生植株高 85 cm，花茎长 35 cm，光滑无毛，呈深绿色，开展度 28 cm。叶散生排列，茎秆中部叶片密集分布，叶片条形，下部叶片宽 0.7 cm，长 5 cm，中部叶片宽 0.5 cm，长 10 cm，叶色深绿，成龄百合叶片达 300 片以上。鳞茎高圆，高 6~8 cm，横径 7~10 cm，周径 25~28 cm，"独头百合"率达 80%，成品百合单个质量 180~250 g。鳞片包合紧密，色泽洁白，肉质肥厚、细腻，味极甜美，无苦味，纤维很少，富含碳水化合物，蔗糖含量 8.85%，还原糖 3%，淀粉 11.46%，蛋白质 3.36%，脂肪 0.15%，钾 0.38%，锌 0.41%，维生素 B 20.11%。抗病性强，百合灰霉病、疫病、枯萎病的发病率均低于对照兰州百合混杂品种。每 667 m^2 产量 1 800~2 250 kg。适应性较广，在兰州及周边地区海拔 1 800~3 000 m 的山地均可栽培。2010 年在兰州种植面积已超过 15 hm^2。

（五） 京鹤

'京鹤'由中国农业科学院蔬菜花卉研究所明军等选育，2014 年 12 月通过云南省林木品种审定委员会认定，2015 年 11 月获得农业部植物新品种权证书，获 2019 年北京世界园艺博览会金奖。'京鹤'是以'Vermeer'为母本，'Brunello'为父本杂交选育出来的赏食兼用的亚洲百合品种。父、母本均于 2006 年从荷兰引种，于中国农业科学院蔬菜花卉研究所基地栽培。同年夏季采用品系间常规杂交方式人工授粉，配制杂交组合，8 月底采收杂交胚进行胚挽救，并对获得的小鳞茎进行组培扩繁。2008 年 3 月底将周径为 4~6 cm 的子球定植于基地。2009 年 7 月开花期初步优选 08SL3-2 株系，2010 年复选确定其为优良株系。2011—2015 年在云南省进行多点区试和栽培试验。'京鹤'生长势较强，株高 110~130 cm；叶色深绿，条形；茎秆绿色，少量斑点。花梗长 8~12 cm；花瓣橙黄色，长 9.4~9.9 cm，宽 3.5~4.5 cm，光滑，不反卷；柱头橙黄色；无香味。生长期较短，80~85 d；单株花苞数较多，周径 14~16 cm 的种球每株 7~10 个花苞；花期较长，20~25 d。耐盐碱，抗病毒，抗逆性较强。鳞茎可食用。食品感官（包括风味、质地和香气）优于食用百合'龙牙百合'和'卷丹'，蛋白质含量也高于这两个品种，还原糖和总黄酮含量均高于'龙牙百合'，秋水仙素含量低，而粗多糖含量高。切花生产栽培通常采用周径 12 cm 以上规格的种球，定植时间可根据目标花期时间确定，以春节为供花目标期，适宜的种植期为 9 月底至 10 月初，蕾期注意避免冷害，种植前需翻土 25 cm 以上，施充分腐熟的农家肥作为基肥，每亩栽植 1.5 万~1.8 万株，采用高畦栽培，畦宽 90~120 cm，畦高 20~30 cm，夏季栽培要遮光 50%~70%，避免渍水。适宜于凉爽而湿润的环境，不耐高温和高热，适生地区为云南省年均温 13~18 ℃，年降水量 500~1 200 mm，湿度为 60%~80%，土壤 pH 值为 5~7.0，有机质丰富，疏松透气，地下水位不高于 70 cm 的地区种植。在全国示范推广应用约 700 亩。

（六）丹蝶

'丹蝶'为赏食兼用的亚洲百合品种，由中国农业科学院蔬菜花卉研究所明军等选育，2015 年获得国家新品种权（CNA20100609.9），2015 年通过江苏省优良新品种鉴定，获 2019 北京世园会特等奖。母本'Brunello'为亚洲百合，于 2006 年从荷兰引种栽培，父本为中国原产的百合野生种山丹，2006 年夏进行人工授粉杂交，同年 8 月底采收杂交胚进行胚挽救，并对获得的小鳞茎进行组培扩繁。2008 年 3 月底将周径为 4~6 cm 的子球定植于基地。2009 年 7 月开花期进行初选，筛选出优良株系 08SL21-1，2010 年复选确定为优良株系。2011—2015 年在云南省和江苏省进行了多点区试和栽培试验。2013 年对其鳞茎的食品感官、基本营养成分和生物活性物质进行评价和测定。'丹蝶'株高 60~70 cm；叶色深绿色；茎秆绿色，有斑点。周径 14~16 cm 的种球每株 3~5 个花苞；花期约 20 d；花苞橙红色，长 6~7 cm；花梗长 10~14 cm；花瓣橙红色，长 8~8.5 cm，宽 2.5~3.4 cm，光滑，中度反卷；柱头橙红色；无香味。生育期较短，约 80 d；耐盐碱，抗病性较强。鳞茎可食用，味甜，食品感官、淀粉、维生素 C 及总皂苷含量与兰州百合相近，维生素 C 含量远远高于龙牙百合和卷丹；还原糖含量高于龙牙百合；蛋白质含量与卷丹相近，高于兰州百合和龙牙百合；总黄酮和秋水仙素含量与龙牙百合相近；而粗多糖含量高于这 3 种传统的食用百合。既可采用露地栽培，也可温室栽培。夏季栽培要遮光 50%。适宜凉爽而湿润的环境，不耐高温和高热，生长适温为 15~25 ℃，高于 30 ℃ 或低于 10 ℃ 都会影响其生长发育，适宜相对湿度为 60%~80%。喜疏松肥沃、排水良好的土壤，pH 值 5~6.5，地下水位不高于土表以下 70 cm。为利于排水，宜起高畦栽种，一般畦高 20~30 cm，宽 90~120 cm，畦间沟宽 30 cm。定植后即灌 1 次透水，以后保持湿润。浇水在垄旁沟内进行，水渗入根际，或采用滴灌。定植 3~4 周后开始追肥，以氮钾为主，少施勤施，兼用叶片每 7~10 d 喷施 1 次。在生长盛期防治蚜虫。适宜于庭院、景观种植等露地种植。在北京市、湖南省、贵州省、河北省等地推广应用约 600 亩。

（七）云景红

'云景红'是以'Romano'为母本，'Claire'为父本杂交选育出的亚洲百合新品种。由北京农学院园林学院赵祥云等选育，2012 年 4 月获英国皇家园艺学会国际登录，2012 年 12 月获得北京市林木品种审定委员会颁发的林木良种证书，2019 北京世园会获特等奖。'云景红'生育期 65~70 d。周径 14~16 cm 的种球种植后株高达 43~52 cm。茎秆绿色，粗壮，抗倒伏。叶披针形，长 7.0~8.3 cm，宽 1.3~1.7 cm，亮绿色，叶脉 3 条，叶片数 25~29。花被 6 片，雄蕊 6 个，雌蕊 1 个，花径 11.5~13.4 cm。花苞数 3~7 个。无花香，花色为中国红（英国皇家园艺学会标准色卡号 Orange-redgroupN34B），花蜜腺为橘红色，柱头紫红色，花被基部有紫红色斑点；内轮花被长 10.5 cm，宽 2.4 cm，外轮花被宽 2.7 cm。5 月底到 6 月初开花，花期为 15~20 d。蒴果长椭圆形，三室裂，没有获得有胚种子。耐高温，抗病能力强，栽植 3 年后仍保持优良性状。适宜于北京及华北地区露地栽培，宜选择腐殖质丰富，排水性良好，pH 值 6~7，疏松肥沃的砂质壤土。在北京、内蒙古等省（市）进行组培扩繁、推广试种及景观应用，取得良好的景观效果。

（八）贵阳红

'贵阳红'由贵州省园艺研究所郑思乡等选育，2010 年获得皇家园艺学会国际登录。以东方百合'彩云 3 号'（四倍体，其柱头淡紫色，茎秆绿色，花为反卷型）为母本，'如意'（花粉色无白边，花蜜沟黄色）为父本，采用常规杂交育种方法进行选育。2005 年获得杂交种子并进行组培繁殖，2006 年及 2007 年通过接种镰刀菌进行抗病筛选，获得高抗株系，2008 年第 1 次开花，筛选出该优良株系，2009 年第 2 次开花进行复选，2010 年第 3 次开花。整体性状稳定，花色鲜红色，白边明显，柱头乳白色，茎秆绿色带紫色斑点，对镰刀菌有很强的抗性，其总皂苷含量高，经济性状优良，定名'贵阳红'。该品种生育期为 125～130 d。种球周径 14～16 cm 时，株高 120～125 cm。叶广披针形，叶片数 45～51，叶脉 5 条，叶正面平坦，背面凸起，叶长 12.4～13.1 cm，宽 3.4～4.2 cm。花为碗花型，花被 6 片，雄蕊 6 个，雌蕊 1 个，花径平均 25.19 cm，花苞数 3～5 个，香味浓，花色鲜红色，白边明显，花蜜沟为绿色，柱头乳白色，花瓣基部斑点数较多，斑点呈紫红色，茎秆绿色带紫色斑点，单朵花瓶插寿命平均为 8 d 左右。蒴果，长椭圆形，3 室裂，种子多数，扁平，具膜质翅，半圆形。适宜于云南、贵州等温带或高海拔地区栽培，热带地区（如广东、广西及海南）可在冬季种植，保护地种植有加温及降温设备则不受上述限制。要求栽培基质疏松，含盐量低（EC 值小于 1.5），pH 值为 5.5～6.5，生长适温白天 20～25 ℃，夜间 10～15 ℃，8 ℃ 以下需要加温，30 ℃ 以上需要降温。要求相对湿度 60%～80%，光照 50 000～60 000 lx。种植深度冬季 6 cm，夏季 8 cm。

（九）雨荷

'雨荷'由南京林业大学席梦莉等选育，2011 年通过江苏省农作物品种审定委员会审定。'雨荷'是以二倍体亚洲百合'金角'（Golden Horn）为母本，四倍体亚洲百合'布鲁内罗'（Brunello）为父本，杂交选育而成的三倍体新品种。'金角'纯黄色，无斑点。'布鲁内罗'橙红色，无斑点，早花。采用常规杂交技术，于授粉后 50～60 d 进行胚拯救，经过胚培养获得 F₁ 代。用组织培养技术繁育鳞茎，当鳞茎的周长达到 5～6 cm 时置于 4 ℃冷库 6～8 周，以打破休眠。将鳞茎分别种植于南京林业大学苗圃，上海振东园艺有限公司，南京桥林林业科技开发有限公司。各种植地表现性状稳定，适应性强，花瓣肥厚，有少量紫褐色斑点。适宜于华东地区大棚栽培。2011 年通过江苏省农作物品种审定委员会审定，定名为'雨荷'。该品种植株直立，株高 75～80 cm，茎秆绿色，有白色斑块。叶片少，叶披针形，长

13.2 cm，宽3.1 cm。花单瓣，花径14~15 cm；单色橙红色，RHS比色卡号值为28A，花蜜沟绿色，花筒基部有少量紫褐色斑点，斑点小。花瓣端部外弯，花瓣基部皱褶；花瓣略肥厚，结构紧凑，花开放持续时间5~7 d；花丝橙色，花粉黑褐色，花药短（1.6 cm），花柱橙色，花无香。耐热性强，抗病性强。种球周长5~6 cm，成花1~2朵；种球周长6~8 cm，2~3朵；种球周长8~10 cm，3~5朵。适宜于华东地区大棚栽培，切忌连作，以免土传病害的发生。要求土层深厚、土壤疏松，种植前需深翻40 cm以上。为利于排水，可起高畦栽种，一般畦高20~30 cm，宽100 cm，畦间沟宽30~35 cm。设施栽培基质配方为珍珠岩：泥炭=4：6。

（十）株洲红

'株洲红'由株洲市农业科学研究所程建强、吴龙云等选育，2012年6月获得英国皇家园艺协会国际登录。'株洲红'是以东方百合'Cai 74'为母本，以'索邦'为父本，采用常规杂交育种方法选育而成的新品种。母本花径大，且对镰刀菌有很强的抗性。父本花色为粉色，是目前国际上最流行的品种，但对镰刀菌的抗性不强。2006年杂交获得了1 500粒种子，进行胚培养，2007年9月进行试管苗移栽，经过两年大田种球繁育，2010年第1次开花进行初选，并进行抗病性鉴定，2011年第2次开花进行复选，2012年第3次开花。整体性状稳定，花瓣为红色带白边，明显区别于父母本。柱头淡绿色，茎秆绿色带紫色斑点，对镰刀菌有很强的抗性，经济性状优良，定名'株洲红'。该品种生育期为97~105 d。种球14~16 cm时株高105~112 cm，叶广披针形，叶片数43~52，叶片长13.1~13.5 cm，宽3.6~3.8 cm，花被6片，雄蕊6个，雌蕊1个，花径平均22.5 cm，花苞3~5个，香味浓，花瓣为红色带白边，花蜜沟为黄绿色，柱头淡绿色，花瓣基部斑点较少，斑点呈红色，茎秆中下部为绿色带紫色斑点，单朵花瓶插寿命平均为7 d左右。蒴果，长椭圆形，3室裂，种子多数，扁平，具膜质翅，半圆形。与亲本的差异主要表现在其花瓣为红色带白边，而母本为深红色带白边，父本为粉红色带白边。其次，其叶片扭曲且花瓣有片状乳突与父本有明显区别。适宜于云南、贵州等温带或高海拔地区栽培，热带地区（如广东、广西及海南）可在冬季种植，有加温及降温设备的保护地种植则不受上述限制，切花栽培同常规品种。

第二章 百合种植的生物学基础

第一节 生长发育

一、百合的生长发育

（一）生育期

对于一年生植物的种植，生育期一般指从播种（或栽种）到成熟（或收获）的天数，也称物候期。百合是多年生草本植物，在生产实践中，生育期一般指从栽种到收获的天数。百合分布广、品种多，不同品种间植物形态变化很大，并且其生育期各地差异也很大。董燕等（2007）研究表明北方种类（例如，东北百合、兰州百合、卷丹百合、毛百合）的生育期较短，一般只有 100~120 d，卷丹百合生育期稍长，也仅有 150 d 左右。因此，这些种类的生长比较缓慢，鳞茎也较小。而南方种类（如湖北百合、淡黄花百合、野百合）生育期长，均超过 200 d，这几种的生长速度很快，鳞茎较大，特别是幼苗及幼小鳞茎的生长速度快，一般种子繁殖后三年即可开花。但所有的百合有一个共同的特点，它们的初期生长都非常快，一般需要 30~50 d 就能生长到整个植株的 90%以上。

在百合生育期的各个阶段，其物候特征和表型性状差异较大。钱遵姚等（2020）分析了 15 种不同切花百合品种的物候特征和表型性状差异，发现 15 个切花百合品种的出苗期都在 9~17 d，花蕾显露期为 43~57 d，蕾期为 29~49 d（约为相应末花期的 1/3），多数品种呈现先现蕾就先开花的趋势；采花期为 75~105 d，生产实践中于该时期进行切花采收，将采花期少于 80 d 的品种划为早花类，采花期为 80~100 d 的品种划为中花类，采花期大于 100 d 的品种划为晚花类。根据供试切花百合品种的物候期，早花品种采花生育期共 76~79 d；中花品种采花生育期 80~97 d；晚花品种采花生育期

105 d。

　　百合生育期最重要的取决因素，还是品种自身特性决定的。陆小燕等（2016）对 OT 百合、东方百合和亚洲百合中 12 个百合切花品种的物候期进行调查，结果显示每个品种的具体物候期都不尽相同。所有百合切花品种发芽日期为 4 月下旬至 5 月初，从发芽到开第 1 朵花约需 41~51 d；在第 1 朵花盛开之后 2~3 d 迅速进入始花期，始花期较短，基本只有 2~5 d；盛花期相对较长，约为 8~12 d；花期为 10~15 d。对比 12 个百合切花品种可以看出，亚洲百合系品种花期最早，5 月上旬开始现蕾，6 月上旬进入始花期，盛花期在 6 月中旬；东方百合系品种有中期和晚期 2 种花期类型，分别为 5 月中旬和 5 月下旬开始现蕾，6 月中旬和 6 月下旬进入始花期，盛花期在 6 月中下旬；OT 百合系品种花期最晚，5 月下旬才开始现蕾，6 月下旬进入始花期，盛花期在 6 月下旬。

　　其次播期对百合的生育期也有一定的影响。周佳明等（2019）在长沙市桥镇药用植物基地对不同百合品种（麝香百合、川百合、毛百合、龙牙百合、卷丹百合，一株自选品种）生长发育特性、光合特性进行了比较分析及综合评价，研究发现麝香百合生育期最长，达 246 d，其他各个品种生育期在 170 d 左右。其中，药用百合卷丹在湖南省长沙地区 8—12 月均可播种、出苗，随着播期的推迟，卷丹百合的产量，生育期长度，百合植株的叶片数量、株高、茎粗、叶绿素含量等农艺性状呈下降趋势。

　　李敬等（2011）观测了辽宁省百合属植物的萌芽期、展叶始期、现蕾期、花蕾变色期、初花期、盛花期、果熟期和枯萎期等物候期出现的时间，并对观测结果进行相关分析和主成分分析。发现百合属不同种类不同种源间物候期存在较大差异。其中初花期差异最大，来自铁岭的细叶百合 27 号种源开花最早，为 5 月 27 日；来自丹东市宽甸县的卷丹 25 号种源开花最晚，为 7 月 28 日，极差达 62 d。其次是盛花期和花蕾变色期，极差分别为 61 d 和 60 d。展叶始期差异最小，展叶最早的是来自抚顺市新宾县的卷丹 20 号种源，为 4 月 16 日；展叶最晚的是来自大连市庄河县的有斑百合 15 号种源，为 5 月 10 日，极差达 24 d。萌芽期的差异仅比展叶始期多 1 d，极差为 25 d，从植株的营养生长期（从芽开始萌动到现蕾前）来看，最短的为来源于铁岭的细叶百合 27 号种源，仅为 7 d，最长的为来源于凤城的卷丹 22 号种源，为 65 d，二者相差达 58 d。各种源生长期长短的主要影响因素是生长后期各物候的差异程度；伴随着萌发期和展叶始期的提前，现蕾期、花蕾变色期、初花期和盛花期出现的时间会延后，即过于追求百合的营养生长，使其生殖生长延后。主成分分析结果显示，伴随着萌发期和展叶始期的提前，现蕾期、花蕾变色期、初花期和盛花期出现的时间会延后，即过于追求百合的营养生长，会使其生殖生长延后。生产中，可根据生产目的不同，人为调节百合的萌发期，以获得较高的经济效益。

（二）生育时期

在科研和生产实践中，根据需要，可以把百合从种植到收获的全过程人为地划分为一些"时期"（Stage）以便于栽培管理。

刘建常等（1994）在探索兰州百合鳞茎增重规律时，把兰州百合的生育时期划分为发芽出苗期、鳞茎失重期、鳞茎补偿期、鳞茎缓慢增重期、鳞茎迅速膨大期和鳞茎充实期等 6 个时期。王兆禄等（1996）研究了宜兴百合的生长发育过程，以小球为繁殖材料，把其生育时期分为发根期、出苗期、营养生长期、鳞茎膨大期和鳞茎充实期等 5 个时期。Kawagishi 等（1996）认为，百合的自然生育期分为 4 个阶段：①发芽期。从种球下种，发芽，到叶片开始生长，这个阶段利用种球所贮藏的养分。②生长期。叶片生长到露出花蕾，这个阶段叶片生长旺盛，光合产物开始由地上部分向地下部分转移。③开花期，从开花一直延续到花朵凋谢，这个阶段不管是地上部分、地下部分还是整株的干重都在迅速增加，母球的干重比其他器官增长更快。④种子成熟期。从花朵凋谢到采收，这个阶段植株的生长已经停止，只有子鳞茎的干重还在增加。赵祥云等（2000）将百合生长划分为种植前期、营养生长初期、花芽分化期、显蕾期、开花期、鳞茎充实期等 6 个时期。周厚高等（2003）研究了新铁炮百合的主要性状发育动态，结果表明，以扦插苗为繁殖材料，新铁炮百合的生育期可划分为扦插苗生长发育期、初生鳞茎形成期、初生鳞茎缓慢增长期、初生鳞茎快速增长期、初生鳞茎充实期、初生鳞茎膨大充实期等 6 个时期，并说明扦插苗生长发育期，特指扦插苗形成的鳞茎是一个过渡鳞茎（次生鳞茎），它不是生产中收获的对象。董燕等（2007）将百合生长划分为出苗期、现蕾期、开花期、种子成熟期、枯萎期等 5 个时期。董永义等（2014）在基于光温指数的切花百合生育期预测模型一文中对切花百合的生长发育时期进行了划分，并给出了确切的划分标准，分为定植—出苗（苗期），即茎尖出土，开始伸长（茎尖出现）；出苗—展叶（展叶期），即底部基叶完全展开（叶片展开）；展叶—现蕾（现蕾期），即可以看见花蕾（花蕾出现）；现蕾—采收（花蕾膨大期）即花蕾显色，达到采收标准（花蕾成熟）。钱遵姚等（2020）指出百合植株的物候期包括出苗期（从种植至 50% 出苗的天数）、花蕾显露期（从种植至 50%

花蕾显露的天数)、蕾期（从 50%花蕾显露至第一朵花开持续的天数)、采花期（从种植至第一朵花开的天数)、始花期（从种植至 20%花开的天数)、盛花期（从种植至 50%花开的天数)、末花期（从种植至 80%花谢的天数)、群体花期（从第一朵花开至末花期)。王云霞等（2020）将卷丹百合的生育时期划分为现蕾期、花期、半枯期、全枯期等 4 个时期。杨彩玲等（2020）将百合生长划分为苗期、现蕾期、开花期、谢花期和生长后期 5 个时期。王建梅等（2020）在黄土高原进行百合引种时将百合的物候期划分为播种期、出苗期、现蕾期、始花期、盛花期、枯萎期等 6 个时期。

一般认为百合的自然生育周期分为 6 个阶段：播种越冬期、幼苗期、珠芽期、开花期、种子成熟期、生理休眠期。现以卷丹（宜兴百合）为例，说明百合各生育期的生长习性。

播种越冬期：百合感温性强，感光性弱，需经低温阶段，即越冬期。播后在土中越冬至次年 3 月中下旬出苗。这一时期仔鳞茎的底盘生出种子根，即"下盘根"。仔鳞茎中心鳞片腋间，地上茎的芽开始缓慢生长，并分化叶片，但不长出土表。这个阶段利用种球所储藏的养分。

幼苗期：从现苗到珠芽分化，即 3 月中下旬至 5 月中上旬为幼苗期。此时地上茎叶生长较快，光合产物开始由地上部分向地下部分转移，苗茎的茎部开始分化出新的仔鳞茎芽。当苗高 10 cm 以上时，地上茎入土部分长出茎生根，即"上盘根"。"上盘根""下盘根"、子球茎和茎叶同时生长。

珠芽期（卷丹百合、淡黄花百合等具有该特征）：从珠芽开始分化到珠芽成熟，一般于 5 月上中旬至 6 月中下旬。茎高 30~40 cm，珠芽在叶腋内出现，一般珠芽在 40~50 片叶腋间，珠芽生长时，摘除茎顶芽，生长速度加快，一般 30 d 成熟，若不采收，珠芽自动脱落。珠芽期地下新的幼鳞茎迅速膨大，使种鳞茎的鳞片分裂、突出，形成新的鳞茎体。

开花期：6 月上旬现蕾，7 月上旬始花，7 月中旬盛花，7 月下旬末花。此时地下新的鳞茎迅速膨大。现蕾时茎高 80 cm 左右，开花期茎高 100 cm以上，整个生育期总叶片数为 90~120 片。这个阶段不管是地上部分、地下部分还是整株的干重都在增加，母球的干重比其他器官增长更快。

种子成熟期：9 月上中旬开始，从花朵凋谢到采收，这个阶段植株的生长已经停止，只有子鳞茎的干重还在增加，地上茎叶陆续进入枯萎期。

鳞茎收获后进入生理休眠期。

（三）生育阶段

在百合连续的生长发育进程中，合并一些发生质变的生育时期，可以人为地划分为几个"阶段"（Phase）。同其他作物一样，一般可分为营养生长阶段，营养生长与生殖生长并进阶段，生殖生长阶段。百合实生植株在1年内完成生长周期，花芽分化是植株地上和地下器官生长发育的转折期，标志着百合营养生长向生殖生长转变。花芽分化前主要是地上部分的生长发育，花芽分化后则侧重地下鳞茎的膨大增重。地下鳞茎由原生鳞茎和侧生鳞茎两部分组成，其生长发育又可划分为5个阶段，即原生鳞茎分化期、原生鳞茎膨大期、侧生鳞茎形成期、鳞茎快速膨大期、鳞茎充实期。

百合营养生长阶段，这个阶段包括越冬期、幼苗期和珠芽期，一般是从土中越冬到到翌年的6月左右，该阶段生育特点主要是生根、长苗、出叶。首先在土中的子球茎地盘生出"下盘跟"，中心鳞片叶腋间和地上茎的芽开始缓慢生长，但不长出地表；其次地上茎芽开始出土，茎叶陆续生长，地上茎土中开始长出"上盘根"；最后当地上茎高达30~50 cm时，珠芽开始在叶腋内出现。

百合营养生长与生殖生长并行阶段，这个阶段包括现蕾开花期，一般从7—8月。此阶段叶片经光合作用将制造的营养物质贮存到球茎中，是球茎膨大最快的时期，此时期不作为鲜切花保留的植株须打顶、摘除花蕾，减少养分消耗，以利于球茎膨大；作为鲜切花保留的植株则不能打顶、摘除花蕾。盛花期后，地上部分的生长达到顶峰，地下球茎迅速膨大生长，是产量形成期。

生殖生长阶段，这个阶段包括成熟收获期，一般在立秋之后。经过几次轻霜之后百合植株的地上部分枯萎，营养生长完全停止，只进行生殖生长。球茎开始休眠，此时可收获百合球茎。由于用途各异，采收球茎的时间也不同。

周厚高等（2003）对新铁炮百合（*Lilium formolongi*）生长发育过程中的重要生理生化指标进行了研究。试验结果表明，百合的生殖活动是植株生理生化活动的重要转折点，标志着植物由营养生长向生殖生长转变。花芽的分化对干物率和多酚氧化酶的活性有影响。新铁炮百合的花芽分化始于5月中旬，它引起了茎叶鳞茎生长发育方向的改变，导致干物率由上升转入平稳，物质主要流向形态建成。花芽分化引起代谢活动的改变，导致多酚氧化酶活性由上升转入降低。花芽的快速发育引起代谢活动的变化。花的发育在6月上旬到下旬之间，表现快速而旺盛的形态建成。此期表现了干物率的快速增加，淀粉含量的下降，茎叶蛋白质含量的快速增加，说明在形态建成过程中，大量的蛋白质、淀粉参与形态建成的生理活动，引起了其含量的变化。开花引起物质代谢和积累方向的重要变化。开花结束后，植株从旺盛生长发育的时期转入代谢衰退、植株衰老的过程。研究发现，此期百合鳞茎的干物率快速增长，而茎叶的干物率快速下降；茎叶、鳞茎淀粉含量，茎叶蛋白质含量、呼吸氧化酶活性均明显降低。上述的生理活动变化预示衰亡的到来，物质向地下鳞茎转移的开始，迎来鳞茎的快速增大期。新鳞茎一旦形成，干物质含量一直呈增加趋势，物质积累没有停止。鳞茎的重要功能之一是物质储藏，新鳞茎在 3 月下旬开始形成和发育，其干物率是稳步上升，鳞茎的干物率显著高于根茎叶的干物率。鳞茎的淀粉含量在开花以前的时期也同样表现了稳步上升的趋势。过氧化物酶和多酚氧化酶是植物体内普遍存在的一类酶，它们在呼吸系统中起作用，其活性的强弱可以反映茎叶和鳞茎呼吸的强弱，酶活性低，表明代谢活性低，酶活性高，说明呼吸旺盛。茎叶和鳞茎的过氧化物酶和多酚氧化酶活性变化都呈先上升后下降的趋势，植株开花前随着叶片的增加和鳞茎的膨大，它们的酶活性呈上升趋势，表明它们的呼吸代谢旺盛，开花期后随着叶片和鳞茎的自然衰老和成熟，它们的酶活性呈下降趋势，表明它们抗衰老的保护性反应能力降低，是鳞茎成熟可以采收的生理标志。俞红强等（2005）以新铁炮百合品种'雷山一号'为试材，研究其实生植株的生长发育过程和规律。结果表明，新铁炮百合实生植株在 1 年内完成生长周期，花芽分化是植株地上和地下器官生长发育的转折期，标志着百合营养生长向生殖生长转变。花芽分化前主要是地上部分的生长发育，花芽分化后则侧重地下鳞茎的膨大增重。地下鳞茎由原生鳞茎和侧生鳞茎两部分组成，其生长发育可划分为 5 个阶段：原生鳞茎分化期、原生鳞茎膨大期、侧生鳞茎形成期、鳞茎快速膨大期、鳞茎充实期。董燕等（2007）发现，大多数北方品种的生育期较短，从出苗到开花有 2 个月生长发育时期，前期主要是进行营养生长，这段时间生长迅速，占植物株总高度的 90% 以上；后期以孕蕾为主，营养生长缓慢，仅占总高度的 10% 以下。由此表明，分布在北方的种类由于当地的无霜期短，植物的生长、发育速度快，不仅要完成开花、结实的繁殖过程，也要为越冬和次年的生长贮存足够的养分。南方种类的生育期较长，它们的营养生长和生殖生长是分别进行的，现蕾前植株生长迅速，而现蕾后生长几乎停止，只有花蕾不断生长直至开花。但所有的百合有一个共同的特点，它们的初期生长都非常快，一般需要 30~50 d 就能生长到整个植株的 90% 以上。张明远（2019）将亚洲百合作为研究对象，对其不同发育期生理变化进行研究分析，主要研究干物率、可溶性糖、蛋白质含量、淀粉等物质的变化情况。在研究中，主要围绕鳞茎和茎叶开展，并对两者之间含量变化进行对比分析。经过一系列的实验研究，发现百合花的茎叶发育期存在干物率上升、淀粉含量下降、糖分变化小、蛋白质开花期含量最大的特点，鳞茎发育期则具有干物率上升、淀粉上升、糖分下降、蛋白质下降的现象。在营养物质增加的同时，多酚氧化酶（PPO）、过氧化物酶（POD）都会上升，并且随着生长发育其活性不断下降。

陈子琳等（2021）在南京地区盆栽百合引种适应性研究一文中表明：春季，在连栋薄膜大棚内种植的东方百合和亚洲百合系列，13 个盆栽百合品种中，8 个盆栽亚洲百合能够正常生长发育，从定植到开花时间为 58～74 d；植株挺直健壮，植株高度为 25～45 cm；花色丰富艳丽，花形完整，单株有 7～11 朵花，多为单瓣；整体花期长 15～25 d，无病虫害发生，适应性好、观赏价值高。盆栽东方百合观赏价值也很高，但多数品种蚜虫为害严重。秋季，种植的 13 个盆栽百合品种经过低温处理后，盆栽亚洲百合品种依旧表现出较高的观赏价值和较强的适应性，从定植到开花时间为 29～51 d，明显短于春季，花期长 20～28 d，明显长于春季。盆栽东方百合品种除'红马丁''瑞丽'和'粉罗宾'外，其他盆栽东方百合生长异常，病虫害严重。

二、百合鳞茎的形成和生长发育

（一）鳞茎的形成

鳞片是人们研究鳞茎生理的主要对象，百合的肉质鳞片是其养分贮藏的主要器官。在百合生长的早期阶段，外层鳞片的养分提供是非常重要的。如果在生长的早期阶段去除一些外层鳞片，对百合的生长、开花、鳞茎的更新都有较大影响。如果要用鳞片作为繁殖材料来进行组培、扦插，那么鳞片的活力是至关重要的。在不同的生育期间，百合鳞片的活力是不一样的，有人认为春季鳞片的活力最强。当然鳞片的活力，还与鳞片部位，当时的温度，鳞茎贮藏时间有关。

百合鳞茎可以视为一个大的营养芽体，从形态发育上看则为植株的缩影。一个老鳞茎由鳞茎盘、老鳞片和新鳞片、初级茎轴和次级茎轴、新生长点组成。宁云芬等（2002）研究表明，百合鳞茎的形成有如下几种方式：通过种子发芽形成株茎；由茎顶端叶腋形成株芽；由鳞茎基部和茎基部以不定芽形式形成鳞茎；由母鳞茎鳞片的腋芽形成鳞茎；由鳞片扦插形成的不定芽形成鳞茎。

百合商品种球生产方式主要有两种。①由母鳞茎发生新生鳞茎。高彦龙（1986），刘建常等（1994）研究发现，当位于种球鳞茎内部中央的顶芽开始萌发生长时，从外层鳞片吸收养分。当顶芽生长伸出鳞茎顶约 2~3 cm 时，可看到鳞茎盘上顶芽基部两侧新生出 1~3 个生长点。随着茎叶的生长，新生的生长点也以自身为中心，不断分化新的鳞片，形成 1~3 个侧生小鳞茎。随着气温的升高，茎叶生长旺盛，侧生鳞茎内不断分生鳞片，鳞片本身也不断增大增厚，从而使整个鳞茎膨大增重。②用鳞片作为繁殖材料来进行组培、扦插。鳞片是人们研究鳞茎生理的主要对象，百合的肉质鳞片是其养分贮藏的主要器官，在百合生长的早期阶段，外层鳞片的养分提供是非常重要的，如果在生长的早期阶段去除一些外层鳞片，对百合的生长、开花、鳞茎的更新都有较大影响。在生产中，鳞片活力对于百合商品种球繁殖成活率是至关重要的，在不同的生育期间，百合鳞片的活力是不一样的。

（二）鳞茎的生长发育特性

常将多年生球根花卉的地下变态肥大的储藏器官分为鳞茎、球茎、根茎、块茎和块根。其中，百合的地下贮藏器官可被归类为鳞茎这一类。百合的地下茎短缩形成鳞茎盘，鳞片沿鳞茎中轴呈覆瓦状叠生，饱满的鳞茎是百合的主要营养贮存部位、商品器官和繁殖器官。百合作为多年生的鳞茎植物，具有休眠特性和春化特性。

百合鳞茎可以视为一个大的营养芽体，从形态发育上看则为植株的缩影。一个老鳞茎由鳞茎盘、老鳞片和新鳞片、初级茎轴和次级茎轴、新生长点组成。鳞茎是多世代的结合体，因此其发育质量受多代至少 2 个世代环境条件和栽培管理的影响。鳞茎大小常以周径或质量为衡量标准，鳞片数目多并且生长充实，则鳞茎质量就好。切花生产用的种球必须是由子鳞茎培育成的大鳞茎，即上年没有开过花的鳞茎，周径通常在 12 cm 以上。

百合为假单轴茎，是由短缩营养芽抽生而成，在鳞茎内百合茎轴分为初级茎轴和次级茎轴。初级茎轴顶端为短缩营养芽；次级茎轴位于短缩营养芽与新鳞片之间，数目有 1~3 个，是下代子球发育中心，带有少数叶原体，特定发育为子球的新鳞片。

百合打破休眠后，初级茎轴在侧芽上方，茎轴为第一伸长区将短缩芽顶出土面，其上叶片开始展开，说明茎上叶片原基在子球内已大致形成，在采收时其数目已固定。采收后或低温处理过程中虽然可能会再生叶原基，但其数目有限。植株高度取决于叶片数及节间长度。叶片数受品种、前季生长条件及低温处理和生长调节剂的影响，但因鳞茎的叶原基数目在定植前已固定，因此株高主要是由节间长度决定的。弱光、长日照、低温及冷藏前处理均能促进节间伸长；反之，强光、短日照和高温则抑制节间伸长。光处理在现蕾前后 4~5 周最有效，对亚洲百合杂种株高的有效调节范围为 10~16 cm。亚洲百合杂种系在低温处理不足或贮藏时间过长时，植株会矮化，会影响切花品质。

1. 休眠特性

百合是一种夏季休眠植物，其鳞茎是其为适应不利的气候条件而形成的一种营养器官，在自然条件下不能周年种植。

百合切花栽培中首先要解决的技术问题是打破鳞茎休眠，因未解除休眠的鳞茎种植后会导致发芽率不高和盲花出现。亚洲百合杂种系鳞茎的休眠期为 2~3 个月。低温处理打破休眠是目前最有效的方法，一般品种在 5 ℃ 低温冷藏条件下，经 4~6 周处理即可解除休眠，但有些品种，如 Connecticut 需要 6~8 周，Yellow Blanze 则需要 8 周以上才能解除休眠。东方百合杂种系如 Star Gazer Casa Blanca 等更长，至少需要处理 10 周以上方能解除休眠。但低温处理不是无限期的，如果休眠期已打破，百合鳞茎已开始发芽，再继续低温处理对花的发育反而有不利影响。张英杰（等 2011）研究认为长期冷藏会导致盲花。

2. 春化特性

大多数冬性植物或二年生植物在其种子萌动期或营养生长初期必须经过一段时间的低温处理（通常为 4 ℃，2~8 周）才能开花，这种低温促进植物成花的作用称为春化作用。

百合的春化作用直接决定花芽分化，并影响着百合鲜切花的质量。目前生产中多数百合品种需采用低温贮藏的方法来解除休眠，打破休眠后需要一定的低温春化作用才能完成花芽分化。春化作用中，低温处理对百合鳞茎花芽分化的影响主要指不同温度和低温持续时间的影响。低温处理时间越长，开花越早，花茎越矮，并且还会出现二次抽薹开花。但是，长期的低温处理会导致花蕾数目减少甚至出现盲花。研究发现，如果种球采收后先在室温下干燥贮藏 1~3 周，再进行低温处理，种球的发芽率就会急剧降低；但如果低温处理的时间适当延长，种球的发芽情况会得以改善。如果在种球采收后立即低温处理，种球会有较高的发芽率。如果采收后，在 20~30 ℃ 的干燥条件下放置 2 周，然后再进行低温处理，很多种球发不了芽，处于休眠状态。但低温处理不是无限期的，如果休眠期已打破，百合鳞茎已开始发芽，再继续低温处理对花的发育反而有不利影响，长期的低温处理会导致花蕾数目减少甚至出现盲花。

（三）鳞茎的生长发育机理

百合鳞茎既是营养贮藏器官，又是抽薹发育成地面植株体的种源，它的养分主要集中在外层和中层鳞片，利用显微镜可以从成熟的鳞片中观察到淀粉粒，其外侧鳞片的淀粉粒不但直径大，而且密度也高，相反，内部鳞片的淀粉粒逐渐减少，中心的小型鳞片几乎观察不到淀粉粒的存在。这些不存在淀粉粒的内层鳞片随球根发芽后将发育成普通叶片。百合在生长发育的过程中，其碳水化合物的"库流"形式与郁金香类似，首先从鳞片开始陆续分解淀粉，并转移至鳞茎基盘，再由鳞茎基盘供给芽体、基生根和植株体生长发育，而后由地面植株体通过光合作用等自养行为，将养分转移回至鳞茎基盘，再由鳞茎基盘供给于新鳞片、基生根发育并贮藏，鳞茎基盘是碳水化合物转移运输的中间载体。这是百合抽薹和鳞茎膨大发育的营养物流形式。

游向阳（2013）指出百合鳞茎的形态由披针形鳞片、内芽、茎基盘和肉质根组成，其中鳞片分为外层鳞片、中层鳞片和内层鳞片，各层鳞片基部围绕芽体抱合，与芽共同着生在茎基盘上，肉质根则着生在茎基盘下。维管束密集分布在鳞茎盘中，交汇形成复杂网络，茎基盘作为同化作用的运输中转站，承载贮藏物质运输。鳞茎是进行糖类物质转化和积累的营养贮藏器官，在鳞茎膨大停止后，可溶性蛋白质等转化为贮藏物质。吴沙沙等（2010）曾以东方百合'索邦'（*Lilium oriental* hybrids'Sorbonne'）为试材，利用透射电镜技术，对百合鳞茎发育过程中外、中层鳞片的超微结构进行了系统观察和分析。结果表明，栽种期鳞片细胞中淀粉粒、蛋白质、脂滴数量最多，体积最大，鳞茎起着"源"的功能。随着植株的生长，靠近细胞壁和淀粉粒分布的大量的线粒体证明在此过程中鳞片细胞中以分解代谢为主，淀粉粒、蛋白质和脂滴数量呈下降趋势，至盛花期时达到最低。之后鳞茎细胞内开始大量贮藏同化产物，淀粉粒、蛋白质和脂滴的数量明显增多，在花后期鳞茎转变以发挥"库"的功能，收球期淀粉粒和蛋白质再次充满整个细胞。同时观察到外层、中层鳞片细胞都存在大量成束出现的胞间连丝，且在盛花期时胞间连丝的通道中有成列的小囊泡，证明了百合鳞片在"库"—"源"功能转化的过程中主要是以共质体途径进行物质的交换和运输。

景艳莉等（2010）曾对2个百合品种的小鳞茎膨大发育过程中碳水化合物变化进行了研究。结果表明，百合鳞茎和新鳞茎中淀粉含量始终高于茎叶和根；小鳞茎中淀粉含量苗期前降低，苗期至半枯期持续增加，半枯期至采收期淀粉含量稍下降；鳞茎中可溶性糖含量于栽植期最高，栽植期至苗期迅速下降，此后其含量基本稳定；鳞茎中还原糖从栽植期至现蕾后 24 d 始终呈下降趋势，而后稳中有升；茎叶中淀粉和可溶性糖含量从栽植期至半枯期始终呈上升趋势；苗期后，根系中还原糖含量几乎始终呈上升趋势。

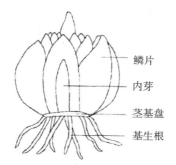

图 2-1　鳞茎形态

（摘自　游向阳 2013）

周厚高等（2003）对新铁炮百合主要性状发育的动态变化进行了报道，研究发现新铁炮百合鳞茎的发育动态与茎叶有较大的差别，鳞茎前期发育缓慢，中期加快，后期快速，而茎叶前期较快，中期高速，后期衰弱。

以上研究均阐明了百合鳞茎在生长过程中经历了多次"库"和"源"在功能上的转换，因此鳞茎的发育过程可划分为母鳞茎营养消耗期、营养生长期、鳞茎膨大期、鳞茎充实期和鳞茎休眠期，前两个时期作为提供养分的"源"，后两个时期则作为积累养分的"库"，为后期的再生长做准备。

三、百合花芽分化与开花

（一）花芽分化

花芽的分化和形成是高等植物个体生长发育的重大转折点，是植物从营养生长进入生殖生长的重大事件，是一个形态建成的过程，是植物成花的基础，需要大量的营养物质。花芽分化简单地说就是在植物生长发育到一定阶段，顶端分生组织在感受光、温度等因子以及在某些激素的作用下，不再形成叶原基和腋芽原基，而逐渐发育为花原基和花序原基，这一系列生理生化及形态结构的变化即为花芽分化。植物从开始接受开花诱导到花芽分化，茎尖内部经历了一系列的生理生化变化，通常称为花芽的生理分化。在花芽生理分化完成或即将完成时，开始花芽分化的启动，发生花芽的形态分化。一般将花芽形态分化期划分为：花原基产生时期、萼片分化期、花瓣分化期、雄蕊分化期、雌蕊分化期，或把萼片分化期与花瓣分化期合称为花被分化期。有一些植物在花原基形成前，有花序原基的形成。

在农业生产上，花芽分化的好坏直接关系到产量的高低。而了解植物内源激素与花芽分化的关系，既可克服大小年结果现象，也可通过施用外源生长调节剂来提早或延迟花期。在生产实践中，掌握花芽分化进程，对比较准确地把握施肥和浇水时期是十分有益的。除此之外，了解花芽分化的形态过程及花芽分化的影响因素，可以为花期控制、类群划分、品种培育等提供科学依据。

1. 芽分化时间

在自然条件下，多数百合花芽分化时间在春季 3—4 月，通常经过 1~2 个月就完成分化全过程。亚洲百合杂种系和麝香百合杂种系一发芽就开始花芽分化，其原因是亚洲百合杂种系鳞茎内的短缩芽对低温很敏感，经 5 ℃ 处理 4~6 周的鳞茎在定植 10~14 d 后，短缩芽生长点就开始形成小花原体，每一小花原体伴生 1~2 个叶原体。如果经低温处理打破休眠的鳞茎，再延长贮藏，则在种植之前就会抽并花芽分化，若不及时种植，会对花芽发育不利。东方百合杂种系多属于鳞茎发芽并生长 1 个月后，才开始花芽分化的百合品种，这也是东方百合杂种系生育期长的原因。也有少数百合的花芽分化时间于当年秋季 9—10 月开始，到年底就完成花芽分化。还有一种花芽分化时间最长的百合，于秋季 9—10 月开始一直到翌年春季 4 月才完成花芽分化。这两种分类类型在亚洲百合杂种系和东方百合杂种系中均存在。凡是在鳞茎内就开始花芽分化的百合，第二年开花期都早，一般 5 月中下旬至 6 月上旬就开花。

不同品种花芽分化速度有差异。麝香百合杂种系的雪皇后在 3~5 ℃ 低温条件下冷藏需要 30 d 左右打破休眠，种植一周后花芽分化形成外轮花被，种植四周后花芽分化形成雄、雌蕊原基，整个花序分化需要 30 d 左右，形成 2~3 个花蕾；东方百合杂种系的西伯利亚在 3~5 ℃ 低温条件下冷藏 45 d 左右休眠即被打破并开始花芽分化，种植四周后花芽分化形成外轮花被，种植八周后花芽分化形成雄蕊原基，整个花序分化需要 55 d 左右，形成 1~2 个花蕾；亚洲百合杂种系的哥德琳娜在 3~5 ℃ 低温条件下冷藏 30 d 左右打破休眠，种植 1 周后开始花芽分化并形成外轮花被，种植 3 周后形成雄蕊原基，种植 6 周后雄、雌蕊原基已经基本分化完成，整个花序分化需要 45 d 左右，形成 7~10 个花蕾。

2. 花芽分化过程及形态变化

百合的花芽分化时间在品种间有着明显的差异，但总体来说都会经历 6 个过程，未分化期、分化初期、花序原基和小花原基分化期、花器官分化期、花序形成期。花芽分化的起始与结束正是植物转变生长状态的过渡时期，通过对该过程的观察，人们发现，进入花芽分化时，植物的生长锥顶端普遍增宽而变成圆或成为半圆球形。在半圆球形分生组织周围会有规律地螺旋形轮生状排列发生一定数量的瘤状突起，这些瘤状突起进而发育成花器官的各个部分。

黄济明等（1985）对麝香百合花芽分化进行观察发现，其分化特点为植物的茎端由未分化时的半圆球形产生 1 个或 2 个明显的球状突起，之后花芽上出现 3 个外轮花瓣原基，其内侧间歇有 3 个内轮花瓣原基，形成最后花芽，中央是 6 个雄蕊和 1 个雌蕊。将麝香百合的花芽分化过程分为茎端未见分化、花原基形成、外层花瓣原基形成、内层花瓣原基形成和雌雄蕊形成 5 个时期。

王家艳等（2014）报道，曾以细叶百合（*Lilium pumilum*）鳞茎为试材，利用石蜡切片和扫描电子显微技术，对细叶百合鳞茎花芽分化全过程进行形态学和组织细胞学观察，研究细叶百合鳞茎在自然越冬状态下花芽的发生、发育进程。结果表明，细叶百合鳞茎芽顶端生长点 9 月中旬开始由营养茎端向生殖茎端转变，11 月中旬封冻前，芽顶端生长点最下面 1~2 个小花原基已完成花被原基的分化，翌年春季解冻后，继续进行花芽分化，至 5 月中旬前，整个花序分化完成。整个花序分化历时 8 个月左右，形成 4~7 个花蕾，并可将百合花芽分化划分为未分化期、分化初期、小花原基分化期、花被原基分化期、雄蕊和雌蕊原基分化期、整个花序形成期 6 个时期。

郭蕊等（2006）介绍，曾以切花百合品种'雪皇后'（麝香百合杂种系 *Longiflorum hybrids* 的栽培品种 Snow Queen）、'西伯利亚'（东方百合杂种系 *Oriental hybrids* 的栽培品种 Siberia）和'哥德琳娜'（亚洲百合杂种系 *Asiatio hybrids* 的栽培品种 Gondelina）为试验材料。采用石蜡切片和扫描电镜的方法对百合花芽在不同分化时期进行形态学观察，研究花芽发生、分化进程。研究表明：百合鳞茎内顶端生长点的分化进程可以分为营养生长期、花原基分化期、花被分化期、雄雌蕊分化期、整个花序形成期 5 个时期（见下图）。

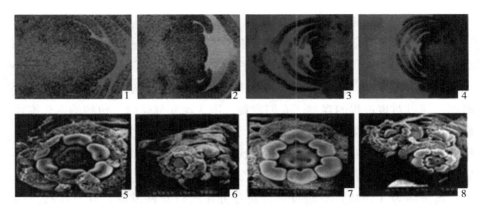

图 2-2　雪皇后花芽分化各时期

（摘自　郭蕊等 2006）

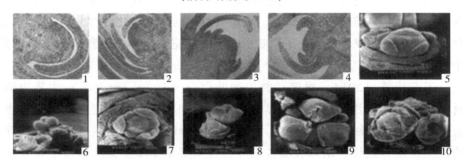

图 2-3　西伯利亚花芽分化各时期

（摘自　郭蕊等 2006）

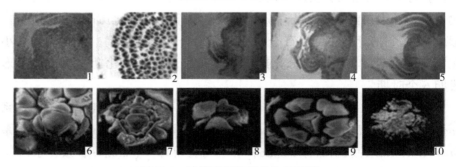

图 2-4　歌德琳娜花芽分化各时期

（摘自　郭蕊等 2006）

　　1. 花芽未分化期×100；2. 花芽未分化期肋状分生组织×200；3. 小花原基形成×100；4. 外花被原基形成×100；5. 内花被原基形成×100；6. 内花被原基形成×80；7. 雄蕊形成×80；8. 雌蕊形成×80；9. 雌蕊三心皮形成×80；10. 整个花序形成×20

3. 花芽分化机理

百合花芽分化及发育的机理对于生产栽培具有重要意义，为了探索其花芽分化及发育的机理，陈鸿等（2010）采用高效液相色谱法对其花芽分化及发育过程中叶片和茎内的内源多胺（腐胺，精胺、亚精胺）和部分内源激素（赤霉素和脱落酸）的含量变化进行了测定。结果表明，花芽分化及发育过程中，腐胺（Put）、精胺（Spm）、亚精胺（Spd）含量均增加，以 Put 最为明显；叶片中 Put 含量在花原基分化期下降，外花被和雌蕊原基形成期含量较高，茎内 Put 含量除外花被原基形成期外与叶片内 Put 含量变化趋势相同；叶片和茎内 Spd 含量与 Spm 含量变化相似，花芽发育后期 Spd 含量呈逐渐上升趋势，但是雄蕊原基形成期 Spm 含量最高（59.94 nmol/g FW）；除雌蕊原基形成期，叶片和茎内变化赤霉素（GA_3）与脱落酸（ABA）含量变化一致，雌蕊原基形成期 GA_3 含量较高，雄蕊原基形成期 ABA 含量较高。可见，Put 和总多胺含量的下降、相对低浓度的 GA_3 和 ABA 有利于花原基分化，高水平的 Put、GA_3 和 ABA 促进花芽的发育；Put、Spd 和 GA_3 含量增加有利于雌蕊原基形成，而 Spm 和 ABA 则有利于雄蕊原基的形成。路苹等（2003）研究了切花百合鳞茎花芽形态分化期碳水化合物代谢变化，结果表明，3 种切花百合栽培品种花芽形态分化期碳水化合物代谢进程和花芽形态分化进程呈正相关，在鳞茎花芽形态分化进程中，其含水量增加，可溶性糖和淀粉含量减少，淀粉酶活性增强，且不同品系切花百合鳞茎花芽形态分化期含水量和碳水化合物含量不同，因植物花芽形态分化过程中花原基代谢旺盛，所以内部有机物质发生显著变化。

（二）开花

花芽分化及形成小花原基的数量受种植前条件的影响很大，而花蕾的发育速度与开花则受种植后生长条件的影响。若种植温度超过 30 ℃ 则易产生盲花，即在现蕾期所有花芽发育失败萎缩；生长期气温达到 25~30 ℃ 时会发生落蕾，开花率只有 21%~43%；在 15~20 ℃ 温度条件下，开花率达到 80% 以上。百合的雄蕊和蕊同时成熟，受精 10~15 d 后，子房开始膨大。果实成熟期随种类和品种而异，早花品种需要 60 d 左右，中花品种需 80~90 d，极晚熟品种则需要 150 d 左右。

研究表明，强光会造成花蕾发育失败，同时引起日灼，遮阴处理有助于改善落蕾现象；相反，光线不足，特别是冬季，花芽出现离层，也能造成落蕾。Wang（1992）从麝香百合品种 Nelie White 的研究中发现，在正常光照条件下，花苞发育早中期（花苞长 2~4 cm）的养分主要来自叶片光合作用，花苞发育晚期（花苞长 7 cm 左右）所需的养分可以由鳞茎来提供，即在花苞发育中后期去除叶片，只要保证正常光照，百合还是能够正常开花的，但鳞茎的养分消耗量增加，鳞茎变小。如果此时是黑暗条件，不管有没有去除叶片，百合都不能开花。

张英杰等（2012）以东方百合'索邦'和亚洲百合'底特律'为材料，观察记录了百合花蕾的生长进程及花被（花萼和花瓣）两侧细胞变化，结果发现东方百合与亚洲百合类似，在开花过程中存在一个突然迸裂的现象，其开花过程是由花瓣中脉控制的；在花蕾的发育过程中，上表皮细胞与下表皮细胞扩张的程度大，这也促进了花瓣由内卷包合变为反卷盛开。

涂淑萍等（2005）分别利用亚洲系百合和东方系百合品种对百合鳞茎定植以后的花芽分化期间一些物质代谢产物的变化进行了研究。结果发现，百合花芽分化期可溶性糖和可溶性蛋白质的代谢进程及过氧化物 89% 活性与花芽分化进程呈正相关，亚洲系百合品种的可溶性糖和可溶性蛋白质代谢强度及活性均较东方系百合品种高，花芽分化进程也以亚洲系百合种较东方系百合品种快。百合的花芽分化并不直接需要淀粉。

张丽娜（2006）曾应用光学显微镜和扫描电子显微镜对百合属（*Lilium*）植物 13 个种花粉的形态、表面纹饰、萌发沟等性状的观察结果表明，百合属植物花粉皆为椭球形，具单萌发沟，网状纹饰，而花粉大小、网脊宽度、网眼直径等性状存在差异。在供试的 13 个种中，麝香百合系品种罗瑞拉（*Longiflorum hybrids* cv. Lorina）的花粉最大，有斑百合（*L. concolor* var. buschi anum Baker）的花粉最小。花粉形态特征和超微结构对百合属植物的分类有一定价值。

郭蕊等（2007）报道，曾以切花百合品种'雪皇后'、'西伯利亚'和'哥德琳娜'为试验材料，对百合花芽在不同分化时期进行形态学观察，并测定百合内源激素的变化，利用 DPS 数据分析系统对试验结果进行主成分分析。结果表明，ABA 和 GA1+3 在解除休眠中起着关键作用。

吴祝华等（2007）介绍，曾利用扫描电镜对 12 个分布于中国的百合（*Lilium*）种（包括 2 个变种）及 6 个栽培品种进行花粉形态观察与比较研究。结果表明百合属花粉粒为椭圆体至长椭圆体，萌发沟均为单萌发沟，萌发沟长达两端。表面纹饰网纹网眼为不规则多边形至近圆形，大小不一。网脊由瘤状或盘珠状颗粒较紧密排列而成，单排基柱脊宽 1.17~2.48 μm，有时有断点。网眼内有疣状、瘤状或棒状突起，少数品种无突起。在花粉形态性状比较基础上初步探讨了百合属植物的系统进化关系。通过对供试 18 个种、变种及品种的 5 个花粉形态指标进行聚类分析。结果除卷丹百合（*L. lancifolium*）外，较准确地将形态分类上的百合组与卷瓣组聚为 2 个类群。

宁云芬等（2008）曾以新铁炮百合'雷山'（*Lilium formolongi* 'Raizan'）为试材，对百合花芽分化的过程进行了形态学观察。结果表明，'雷山'低温贮藏期间鳞茎内顶端生长点尚未开始花芽分化，栽植后 20～30 d 花芽分化开始进行，栽植后 50～60 d 花芽分化完成，整个花芽分化过程约需 40 d。花芽分化进程可分为未分化期、分化初期、花序原基和小花原基分化期、花器官分化期、花序形成期 5 个时期。

李智辉等（2008）为了了解新铁炮百合花芽的分化特性，对实生新铁炮百合花芽分化过程进行形态学观察，研究花芽发生、发育进程。结果表明，实生新铁炮百合的花芽分化进程可以分为花原基分化期、外花被原基分化期、内花被原基分化期、雄蕊原基分化期和雌蕊原基分化期等 5 个阶段。新铁炮百合花芽分化进程与可见茎节数呈显著正相关，当可见茎节数为 7～8 时开始花原基的分化，得出茎节数是新铁炮百合花芽分化进程的最佳外部形态参考指标。

徐丽萍等（2011）介绍了几种百合花器官形态发育进程，结果表明，东方百合、兰州百合和细叶百合 3 种百合在完成花芽分化后即从营养生长转入生殖生长，现蕾期时间的长短随百合种类的不同而不同。在完成花芽分化进入花器官的生长阶段时，花蕾、花瓣、花萼和花柱的生长呈现相同的趋势，子房和花药的发育则表现出缓慢发育、快速发育和充实 3 个阶段，进入第 3 生长阶段后，大小基本不再发生变化而是保持一个相对平稳时期，直到花朵开放。

刘伟等（2012）介绍，曾在暗期光间断条件下采用石蜡切片技术对新铁炮百合花芽分化过程进行了研究。结果表明，新铁炮百合品种花芽或顶芽分化过程可分为营养生长期、花原基或花序原基分化期、花被分化期、雌雄蕊分化期和花序形成期，而对于新铁炮百合品种花器官的发生过程而言只具有前 4 个时期，而无花序形成期；暗期光间断处理下新铁炮百合花序形成所跨度的时间为 25 d。

尹计成等（2021）介绍，曾以兰州百合（*Lilium davidii* var. unicolor）中心芽鳞茎为材料，利用不同生长调节剂 GA3（0、50、100、150、200 mg/L）、NAA（0、50、100、150、200 mg/L）、6-BA（0、1、2、3、4 mg/L）、生根粉（GGR，0、1、2、3、4 mg/L）分别对切根和未切根的中心芽进行

浸泡处理，探究不同植物生长调节剂对兰州百合鳞茎生长量、植株株高的影响，分析最适兰州百合中心芽的植物生长调节剂处理。结果表明，利用兰州百合中心芽进行繁殖时，不需要进行烦琐的切根处理，使用低浓度 GA3 处理中心芽有利于植株及鳞茎生长。

四、环境条件对百合生长发育的影响

（一）影响鳞茎形成和生长发育的因素

1. 光照

有研究表明：百合生长期间长日照条件可以使叶面积增大，进而促进鳞茎的膨大；露地栽培遮阴条件下，香水百合通过增大光合器官面积来吸收和利用更多的光能，叶面积的增加有利于增加干物质的积累。由此可见，适当调控光照强度是可以通过加快光合速率来促进露地栽培的百合鳞茎的生长。但在组培生成小鳞茎中，光培养下小鳞茎的增殖系数高于暗培养，小鳞茎直径却小于暗培养。此外，研究发现在正常光照条件下，花苞发育的早中期（花苞长 2~4 cm）的养分主要来自叶片光合，在花苞发育的晚期（花苞长 7 cm 左右）所需的养分可以由鳞茎来提供。即若在花苞中后期去除叶片，只要是正常光照，百合还是能够正常开花，但鳞茎会被消耗很多的养分。如果此时是黑暗条件，不管有没有去除叶片，都不能开花，当然鳞茎养分也不会有太大的变化。

光质也是影响百合鳞茎生长发育的重要因素。Suk 等（1996）研究了蓝光、红光和远红外光对 *Casa Blanca* 和 *Connecticut King* 子球形成、休眠的影响，结果表明，远红外光（FR）显著提高子球数量；红光（R）或远红外光（FR）可以诱导 *Connecticut King* 休眠；但光质对种球大小没有影响。

张延龙等（2010）介绍，为了探索光周期对百合试管鳞茎生长发育的诱导效应，寻求试管鳞茎生产的最佳光照参数，以秦巴山区野生卷丹试管苗为材料，采用 5 种不同光周期处理（每天分别暗处理 0 h、8 h、12 h、16 h 和 24 h），对试管小鳞茎的发生和膨大、糖含量、淀粉酶活性及其对培养基糖源利用情况进行了测定。研究结果表明，不同光周期处理对试管小苗的形态建成和生长发育影响显著，以 16 h 暗处理对小鳞茎的发生和膨大最为有利；不同培养时期测定表明，经不同光周期处理的小鳞茎可溶性总糖含量、淀粉含量及淀粉酶活性等呈现一定差异；经 60 d 培养，短光照和黑暗处理（黑暗 12 h、16 h 和 24 h）的小鳞茎淀粉含量比全光照和长光照（0 h 和 8 h）处理的高；不同光周期处理下试管鳞茎对培养基蔗糖利用率不同，以短光照（黑暗 16 h/d）处理的利用效率最高。

2. 温度

露地栽培条件下百合鳞茎的生长温度为 10~30 ℃，质量 15~25 g 的百合鳞茎产量最佳温度为 18~23 ℃。研究表明，进行鳞片扦插时，小鳞茎的分生温度为 20~25 ℃，在 25 ℃ 条件下培养出的小鳞茎数量及质量最佳。Qrunfleh 等（2014）以麝香百合品种 'WhiteAmer-ican' 为材料，发现在 5 ℃、10 ℃ 和 15 ℃ 条件下培养 6~10 周均不能分生小鳞茎，而在 20 ℃ 和 25 ℃ 下却能分生出小鳞茎，但小鳞茎数量和鲜质量两个指标都在 25 ℃ 培养条件下表现更佳。也有人则认为日本百合（L. japonicun）在 20 ℃ 条件下培养比 25 ℃ 条件更有利于小鳞茎的分生。组培快繁产生小鳞茎的最适温度为 18~22 ℃。无论采用哪种繁殖方式，高温均会抑制百合鳞茎的生长，低温对百合鳞茎的生长发育影响却尽不相同。低温有利于百合种球的栽培复壮，低温处理种球会使鳞茎所产生的切花质量及花蕾数有所增加，却也可能缩短鳞茎生育期，导致采收的鳞茎不能出苗。

杨琳等（2005）认为，温度是影响百合鳞茎休眠的重要环境因素，低温影响百合种球休眠主要表现在两方面：一是打破种球自发性休眠。低温引起种球内部某些基因的表达，从而改变了内部某些酶的活性或形态，来影响种球的生理生化活动。二是延长种球休眠，使其处于被迫休眠或自发休眠的深休眠状态。低温抑制了百合种球生命活动，使种球内部保持较低的代谢水平，渐渐进入休眠状态。故而，亚洲百合种球休眠与低温有关，亚洲百合在春季生长，冬季休眠，以地下鳞茎度过寒冬，百合种球未经冬季低温将一直处于休眠状态，不能萌芽，人工给予一定低温，休眠状态解除，恢复生长；但若将已打破休眠的种球放于低温下，种球又将进入休眠状态。

陈爱葵等（2005）以东方型（火百合 Stargazer 品种）、亚洲型（新中心 Nove Cento 品种）和麝香型（新铁炮 Liliumf ormolongii 品种）百合鳞片为试验材料，连续在 25 ℃保留 8 周、17 ℃保留 4 周、4~5 ℃保留 8 周后分析温控成球过程中鳞片淀粉、总糖、还原糖和蛋白质等含量的动态变化。结果表明，3 个品种百合鳞片在控温成球过程中，4 种物质的变化与鳞片控温成球处理的不同阶段有密切关系，火百合品种在整个温控成球过程中所测的 4 种物质含量变化较平缓，而新中心和新铁炮 2 个品种在整个温控成球过程中 4 种物质含量变化较大。

3. 水分

百合对土壤湿度的要求较严格，湿度偏低，容易使鳞茎萎蔫，湿度过高易引起病害及导致鳞茎腐烂。张亚娟等（2012）在科尔沁沙地对东方百合'索邦'在不同水分胁迫下的研究表明，水分胁迫是通过降低百合叶片净光合速率，降低百合鳞茎内干物质的积累，从而影响百合鳞茎的发育。兰州百合鳞茎有一定的耐旱能力，在鳞茎生育后期保持土壤相对干燥有利于鳞茎增大。

4. 土壤及栽培基质

大多数百合繁育要求富含腐殖酸的微酸性土壤。组织培养中，采用不同栽培基质繁殖百合小鳞茎，发现无土栽培获得的小鳞茎鲜重较重，但以土壤做基质，叶片和生根量较多。

5. 植物营养

适当的施用肥料有助于百合发育及鳞茎膨大。有研究表明，施肥有增加兰州百合鳞茎产量的效果，N、P、K 肥混施增产效果最明显。适量追施 N、P、K 肥能提高切花质量和花蕾数，采花后叶面喷施硫酸钾、磷酸二氢钾和硼酸溶液，可以促进鳞茎的增大和充实。孙红梅（2005）对兰州百合发育过程中 N、P、K 分配规律的研究中表明，现蕾之后鳞茎对 K 的吸收比例明显增大，而百合新鳞茎的发育从地上植株现蕾开始的，说明鳞茎的膨大对 K 素的要求较高，植株生长的中后期应注意 K 肥的补给。根外施肥和叶面喷施均可。

6. 碳水化合物代谢

鳞茎内含物的变化影响着整个植株的生长发育。研究表明，百合鳞茎内的主要物质是碳水化合物和水分（吴杰等 1997）。碳水化合物是植物体中非常重要的物质，它是能量的贮存者，同时也是植物合成其他有机物的起始物质，它是植物体的组成物质，也是参与新陈代谢的重要底物，在新陈代谢中起着十分重要的作用。多年来的研究表明，百合母鳞茎所需的糖的碳骨架（Matsuo&Mizuno1974；MillerLanghans1990），无论是亚洲系百合品种'Moa'，还是东方系百合品种'Casablanca'，在离体培养形成小鳞茎的过程中，占主导的可溶性碳水化合物形态是蔗糖，而葡萄糖和果糖的含量均很低。

屈妹存等（1998）研究了淀粉含量、淀粉酶活性及淀粉形成与分布的超微结构发展，认为淀粉的代谢特性是影响其形态发生途径的关键因素之一。赵祥云等（2003）证实碳水化合物代谢进程与百合花芽的形态分化进程呈正相关，其可溶性糖含量和淀粉酶活性增加是碳水化合物代谢的主要指标，而且其代谢强度依次为亚洲百合、麝香百合和东方百合。

Niinmi（2000）的试验表明，红点百合（*L. rubellum*）在糖浓度为 250 mmol/L 的 MS 培养基中最能加速小鳞茎的生长，最大鲜重获得发生在培养后第 4~8 周。小鳞茎的生长速度随着培养基中蔗糖浓度的降低而减缓，小鳞茎内的糖含量也在前 4 周上升后逐渐下降。但在培养 12 周后，小鳞茎中糖含量再次上升，而淀粉含量下降，这表明在小鳞茎中积累的淀粉已开始水解为蔗糖。

孙晓梅等（2002）认为糖分尤其是熊糖在百合鳞茎膨大发育过程中起着重要作用，以切花百合品种间杂交获得的胚龄为 30~50 d 的幼胚作外植体，进行离体培养基的筛选，结果证实，碳源种类对萌发的影响从好到差的顺序为蔗糖、甘露醇、白糖、葡萄糖、果糖。而 Haruki（1996）通过在 MS 培养基中分别加入蔗糖、麦芽糖、葡萄糖，并检测被鳞茎吸收利用的情况，结果发现 3% 的葡萄糖最有利于日本百合（*L. japonicum*）小鳞茎的膨大，他认为蔗糖被水解成麦芽糖和果糖，使渗透压升高，反而抑制了小鳞茎的膨大，少量的麦芽糖能被鳞茎吸收，但对鳞茎的膨大作用不大。

7. 植物激素

植物生长调节剂是调控植物生长发育的重要手段，而鳞茎的形成和发育受复杂的激素网络调控，植物生长调节剂已被广泛用于球根植物的无性繁殖中。在研究百合鳞茎发生发育过程中，细胞分裂素、生长素、赤霉素、脱落酸常被作为影响鳞茎发生发育的主要激素。

生长素是最早被发现的植物激素，是细胞分裂和膨大所必需的植物激素，茎尖分生组织是生长素生物合成的主要场所。球根植物去除茎尖分生组织后，会通过调节比例来维持生长素与细胞分裂素之间的平衡，休眠的腋生分生组织被激活而形成球茎。研究表明，培养基中添加萘乙酸后利于百合外植体鳞茎的形成。张慧（2019）通过探究不同外源激素处理对卷丹珠芽表型的影响，发现生长素抑制剂 NPA 能够有效促进珠芽的发生，增加珠芽数量。夏丽莎等（2020）在对百合珠芽的发育中发现，生长素的浓度会影响珠芽的发生，某一浓度范围的生长素会对百合珠芽的发生发挥诱导作用。

细胞分裂素作为一种重要的植物激素，在调控细胞的分裂与分化、茎和根的生长、维持顶端优势、果实和种子发育、营养信号传递、衰老以及对生物和非生物胁迫的响应等过程中发挥着关键作用。许俊旭等（2019）研究表明 CPPU（氯吡脲）是一种人工合成的细胞分裂素类激素，具有调节细胞分裂和器官发生，以及增加果实坐果率和调控果实大小的作用。Wu 等（2021b）研究发现外施高浓度 CPPU 可以防止 '索邦'（*Oriental hybrid lily*

'Sorbonne') 百合中的芽向小鳞茎过渡。

赤霉素是一类广泛存在于高等植物中的双萜类物质，具有调节植物生长和发育的作用。在生产上，外源喷施赤霉素会抑制微鳞茎的膨大，在添加GA3 的培养基中对再生芽进行培养时也会抑制鳞茎的形成。此外淀粉的合成代谢也会受到内源赤霉素的影响。Tang 等（2020）研究表明在鳞茎膨大初期，赤霉素有助于提高蔗糖合成酶的活性，且赤霉素含量的降低会导致淀粉酶（Amylase）活性的降低，降低鳞茎膨大后期淀粉的消耗。Kato 等（1965）利用百合鳞片进行扦插时，赤霉素能够降低百合鳞片的腐烂率，增加小鳞茎的数目但也有研究证明，高浓度赤霉素对鳞茎的形成具有抑制作用，降低赤霉素浓度有利于鳞茎的形成。

脱落酸（ABA）被广泛认为是鳞茎形成中的促进激素。有研究指出GAS 的抑制作用可以被 ABA 抵消从而促进鳞茎的膨大，Li 等（2021）发现ABA 和 GAS 的拮抗作用可以调节唐菖蒲（*Gladiolus gandavensis*）中淀粉的积累进而影响其球茎的发育。方少忠等（2005）研究发现 ABA 在一定的浓度范围内可以促进百合鳞茎的形成与膨大。西伯利亚百合（*Oriental hybrid lily* 'Siberia'）的试管鳞茎使用 ABA 合成抑制剂（Flu）进行处理后可以促进鳞片叶的形成。在郁金香鳞茎的发育过程中，ABA 含量也逐渐增加。

上述研究结果初步明确了各激素对百合鳞茎发生发育的作用，但目前对其中的作用机制尚不明晰。

8. 活性氧代谢

有资料表明，活性氧代谢大都与植物衰老生理或植物逆境生理联系在一起，一些研究发现氧化胁迫和细胞分化有关。因此，在百合鳞茎形成这一特定细胞分化的过程中，必然有氧化胁迫的影响，有其活性氧代谢的规律。

朱治国等（2002）研究表明，在百合鳞茎发生发育过程中，SOD、POD、CAT 3 种抗氧化酶活性有明显的变化，其中 SOD 酶与 POD 酶活性逐渐上升，且 POD 酶活性上升幅度明显大于 SOD 酶活性，在百合鳞茎完全形成以后达到最高值，即 SOD 歧化超氧自由基产生 H_2O_2，POD 酶利用 H_2O_2，这样保证了植物细胞自由基处于相对低的水平，降低了膜脂过氧化作用和膜的损伤。而 CAT 酶活性的变化与 SOD、POD 活性变化趋势正好相反，这可能与 CAT 氧化功能的多样性，及 SOD、POD 功能的专一性有关。因此在百合鳞茎形成过程中，POD 酶活性的增强抑制了 CAT 酶活性的表达，从而使得百合鳞茎发生过程中氧化系统维持在一个相对稳定的水平，以减小逆境对百合鳞茎形成的影响。

9. 气体环境

魏胜林等（2001）的研究认为，CO_2 能较大幅度地提高百合叶片群体净光合率（Pn），没有出现长期高 CO_2 浓度下生长的百合植株光合速率低于普通空气生长的百合植株"光合下调"现象，这可能与百合地下部分母鳞茎和新生子鳞茎时转化并储藏同化物，而部分消除了叶片因过多同化物积累而引起的光合作用产反馈抑制有关。Rossum 等（1998）在组培百合鳞茎的研究中也发现，高氧（100% O_2）环境百合小鳞茎的生长有中等的抑制作用，在低氧（2% O_2）环境中，对百合小鳞茎生长有促进作用。Nim 等（1997）的试验发现，在离体条件下液体培养基里培养红点百（*L. rubellum*）小鳞茎16周，20 mL 基质更新3次的处理，子鳞茎的鲜重可超过60 mg，且最有利于在移栽后成为健壮小苗。孙红梅等（2004）以兰州百合和亚洲系'精粹'百合为试材，探讨了百合发育过程中鳞茎不同部位淀粉、可溶性糖含量和淀粉酶活性的变化，阐明了百合鳞茎在生长过程中经历了多次"库"和"源"在功能上的转换，母鳞茎作为百合萌发阶段的代谢源，其外部鳞片是代谢更为活跃的部位。淀粉和可溶性糖含量同时增加是百合新鳞茎开始膨大的标志。蔗糖是百合鳞茎中可溶性糖的主要形态，还原糖的变化体现了碳水化合物的供应及转化。马君义等（2018）认为百合鳞片作为重要的储能器官，富含的营养物质主要为碳水化合物，其代谢与百合形态发生途径息息相关。淀粉和可溶性糖是维持百合鳞茎发育过程中碳水化合物平衡的主要物质，尤其是糖含量的变化是百合鳞茎低温贮藏条件下较为敏感的生理代谢指标之一。研究结果表明，在 $-2\ ℃$、60 d 的冷藏期内，随着冷藏时间的延长，兰州百合鳞茎内淀粉含量明显下降，可溶性糖和还原糖含量逐渐增加，在低温处理40 d 左右是上述物质变化最活跃的时期。夏宜平等（2005）转述刘建常在探讨兰州百合鳞茎增长规律时把鳞茎发育期分为发芽出苗期、鳞茎失重期、鳞茎补偿期、鳞茎缓慢增重期、鳞茎迅速膨大期、鳞茎充实期和休眠期。Kawagishi 等则认为食用百合的自然生育期可以分为4个阶段：从鳞茎播种、发芽至叶片开始生长，此阶段利用鳞茎所贮藏的养分；叶片生长到露花苞，这个阶段的叶片生长旺盛，光合产物开始由地上部分往地下部分转移；开花阶段，即从开花一直延续到终花，此阶段的地上部、地下部以及整个植株的干质量均增加，母鳞茎的干质量增加高于其他器官；从终花到采收，这个阶段的植株生长已经停止，只有子鳞茎的干质量还在增加。郝京辉等（2003）以新铁炮百合品种'雷山一号'为试料，用实生一代的种球进行鳞片扦插繁殖试验，结果表明，光照条件对子球形态建成有明显影响。在自然光条件下，鳞片形成子球数量多，但个小，每个子球平均产生叶片 2~3 枚，在黑暗条件下，形成子球数量少，但个大，且极少产生叶片；不同层次鳞片扦插产生子球的数量不同．各层鳞片产生的子球按从多到少的顺序依次为：外层鳞片 > 中层鳞片 > 内层鳞片。夏宜平等（2006）研究，花后期的 ^{14}C-同化物分配以地下鳞茎为主，其中下位叶标记处理的鳞茎分配量占植株总 ^{14}C 的比例达 85.8%。证实了植株的光合产物在花后期主要供应鳞茎发育膨大所需。徐欣欣等（2009）采用解剖学方法研究了青岛百合次生鳞茎的形态发生过程。结果表明，次生鳞茎形态发生起源于鳞片近轴面基部向上第 5~10 层薄壁细胞，而非愈伤组织，为器官型形态发生。次生鳞茎发生过程可分为细胞脱分化阶段、生长锥形成阶段、小鳞片原基和根原基形成阶段、次生鳞茎形成阶段。朱志国等（2015）为研究建立高效稳定的百合鳞茎形成体系，以自繁的东方百合（Lilium oriental Hybrid）品种'索蚌'为材料，研究 SOD、POD、CAT 3 种抗氧化酶的活性变化以及可溶性蛋白和可溶性糖含量变化对百合鳞茎发生过程中的生理生化机制。结果表明，在百合鳞茎发生发育过程中，SOD 与 POD 活性升高，而 CAT 酶活性的变化与 SOD、POD 活性变化趋势正好相反；可溶性蛋白累积和可溶性糖变化与百合鳞茎形成密切相关。因此，在百合鳞茎形成过程中，SOD、POD、CAT 酶活性变化与鳞茎诱导及其发育密切相关，其中 SOD、POD 酶在百合鳞茎形成的过程中起着主导作用；可溶性糖和可溶性蛋白质累积变化为百合鳞茎形成提供物质和能量基础。刘芳等（2015）以细叶百合为材料，通过低温（5 ℃）解除鳞茎休眠，研究了休眠解除过程中鳞茎细胞的淀粉粒的变化及细叶百合花芽分化的变化过程。结果表明，低温冷藏期间，顶芽生长锥的高度和宽度逐渐增加，细叶百合花芽分化主要分为 4 个时期 0~48 d 为小花原基分化期，60 d 为外轮花被原基分化期，72 d 为内轮花被原基分化期，84 d 为雄蕊和雌蕊原基分化期；鳞片及顶芽细胞内淀粉粒数量随着冷藏时间的延长逐渐减少。冷藏 0~24 d 内，鳞茎细胞没有进行有丝分裂，冷藏 36 d 以后细胞分裂数量逐渐增加，冷藏 84 d 分裂期细胞数量增加到 2.6 个。杨迎东等（2019）曾以切花百合主栽品种'西伯利亚''索邦''木门'子球为试验材料，以不同立地条件为单因素，采用完全随机试验设计，在辽宁庄河、沈阳、抚顺、阜新、凌源 5 种不同立地条件下开展种球繁育试验，秋季调查比较种球大小、产量、病虫害、淀粉和可溶性糖含量等指标。结果表明，3 个品种在庄河单位面积种球数量最多（'西伯利亚' 192.0 粒/m^2，'索邦' 283.4 粒/m^2，'木门' 286.4 粒/m^2）、鲜重最大

（'西伯利亚' 924.6 g/m²，'索邦' 1 480.0 g/m²，'木门' 2 247.0 g/m²）、平均单球鲜重最大（'西伯利亚' 4.82 g，'索邦' 5.22 g，'木门' 7.8 g）、周径≥6.1 cm 种球数量占比高（'西伯利亚' 78.46%，'索邦' 26.76%，'木门' 31.84%）、感虫率最低（0.00%）、感病率最低（0.00%）；不同立地条件种球淀粉和可溶性糖含量差异明显；同一品种种球淀粉含量与种球规格成正比，种球越大淀粉含量越高；百合种球可溶性糖含量中层鳞片高于外层鳞片。在本试验条件下，庄河的立地条件比其他四地更适宜百合种球繁育。武林琼等（2022）研究了不同低温贮藏对百合种球生长发育的影响，结果表明，卷丹百合生根适宜温度为 18~23 ℃。23 ℃生根最快，72 h 生根率可达到 100%，其他温度处理的种球也在 7 d 内全部生根。18 ℃生根条数最多，可生根 10~11 条。说明 18 ℃可能是最适合种球生根的温度。2~12 ℃范围内，种球发芽所需时间与低温处理时间成反比，随着低温处理时间的延长，发芽所需时间减少。无论何种温度，种球发芽率随着低温处理时间的延长而升高。经过相同贮藏时间的种球，7 ℃处理发芽最快，2 ℃处理发芽相对较慢。贮藏 60 d 以上，2 ℃处理发芽最快。同一温度下，株高、产量等后续生长发育情况随着低温处理时间延长而增高。2 ℃下处理 60 d 的株高最高。相同的处理时间，2 ℃、7 ℃株高要明显高于 12 ℃的株高；2 ℃处理下的产量明显高于 7 ℃、12 ℃处理下的产量。但是低温处理时间也不宜过长，超过 70 d 株高、产量开始有所降低。

（二）影响花芽分化和开花的因素

近一个多世纪的研究表明，温度、光照、植物激素以及土壤水分和营养等各种因素都会影响植物的开花。研究人员还发现许多基因参与调控植物的开花时间，并且总结出至少存在四条调控植物开花时间的信号途径，即光周期途径、春化途径、自主途径以及赤霉素途径。

百合属于长日型植物。一般而言，在生长发育过程中，长日条件可以促进百合完成花芽分化。在长日照条件下，百合开花和生长周期能够缩短，在短日照条件下，百合的开花率会减小，而且开花时间也会延长。在不同的生育时期和试验条件下，光周期也有其特定作用。

1. 光照

（1）光周期 许多植物的生殖生长受到日照时长的控制。法国科学家 Tourois（1912）在蛇麻（*Humulus Lupulus*）和大麻（*Cannabis Sativa*）两种植物中发现了光感应现象。后来，Klebs（1913）在长春花（*Catharanthus roseus*）中也发现了类似现象，并认为光照时数是影响开花的一个关键因素。

百合属于长日照植物，一般而言，在生长发育过程中，长日照条件可以促进百合完成花芽分化。在长日照条件下，百合开花和生长周期能够缩短，在短日照条件下，百合的开花率会减小，而且开花时间也会延长。在不同的生育时期和试验条件下，光周期也有其特定作用。光照长短不但影响花芽分化，而且影响花朵的生长发育。冬季如果不增加光照时间，花芽会出现败育。因此，在冬季每天增加 8 h 的光照（光照强度为 3350 lx），使光照时间延长至 16~24 h，可以明显降低植株高度，加速开花，降低败育花朵数。Boontjes（1973）发现在催花过程中，每天增加 8 h 的光照，可以使百合提前 3 周开花，长日照处理可以加速百合生长，并增加花朵数。Miller 等（1989）研究表明短日照增加植株的高度，花梗和节间加长，花朵品质降低。

（2）光照强度　百合喜光照，光照既影响开花的光周期，也影响其光合作用。充足的自然光照或者在自然光照不足时补充高强度光照有利于降低株高和提高花的品质。

增加光照强度可以提高光合效率，并促进花的发育和增加花朵数量。一般以自然日照的 70%~80% 为好，尤以幼苗期更为明显。在夏季全光照条件下，亚洲百合杂种系和麝香百合杂种系遮光 50%，东方百合杂种系遮光 70%。冬季在温室中进行促成栽培，光照不足时，花芽中的雄蕊进行乙烯代谢，导致花蕾脱落。其中亚洲百合杂种系对光照不足的反应最敏感，其次为麝香百合杂种系和东方自合杂种系许多植物的生殖生长受日长控制。光敏素感受光期/暗期的转变，揭开了光敏素在光周期定时机制中的作用研究。Tsukamoto、Konoshima 等（1972）研究表明，部分百合品种花芽分化是在种球萌发之后开始进行的，而光照对球茎的萌芽在黑暗条件下生长的球琴与在自然光照条件下生长的球茎相比可以显著地提早萌发。樊俊苗等（2017）为了解光照强度对百合从出芽到花朵衰败期间生长发育的影响，以全光照和遮阴两种方式盆栽百合。结果表明，全光照条件下，小重瓣提前 1 d 开花，群体花期缩短 1 d，花蕾长、花瓣长和花朵直径均显著高于遮阴条件；其他百合在全光照条件下花期不同程度推迟，开花时间缩短 2~5 d，其中，小珍珠、冲绳县和 8 h 后的开花质量显著低于遮阴条件下的；"博内尔岛"和演员在两种光照强度下的开花质量没有显著差异。不同品种的百合对光照强度的需求不一，栽培时应区别对待。

研究表明，亚洲百合杂种系品种在冬季如果不增加光照，花芽出现败育，鳞茎周径在 9~10 cm 的尤为显著。Van 等（1983）研究了 'Connecticut

King''Enchantment''Pi-rate''Tobasco''Uncle Sam'等 5 种亚洲百合杂种系品种在促成栽培过程中，光照与花蕾败育的关系，发现随着光照强度的增加，这些百合花蕾的败育率显著减少。

（3）光质　在植物生长过程中光是最重要的调节因子之一，不同光质及其不同配比对植物生长有调节作用。胡绍泉等（2018）以东方百合为试材，探究不同光质组合对百合杂种苗开花的影响，试验采用光质［红光（R）、蓝光（B）、白光（W）、红蓝组合光（R∶B=7∶3，R∶B=8∶2，R∶B=9∶1）］及补光时间（4 h、6 h 和 8 h）进行处理，结果表明，光质及补光时间对东方百合植株光合参数与开花特性有显著影响，且存在显著的互作效应。其中红蓝组合光（7R/3B）在补光时间 6 h 处理下对东方百合植株光合参数的影响效果最佳，但补光 6 h 后随着补光时间的延长东方百合植株光合参数变化不明显；红蓝组合光（7R/3B）在补光时间 6 h 处理下对东方百合植株开花特性（蕾长、花径、花朵数和花期）的影响效果最佳，同样在补光 6 h 后随着补光时间的延长东方百合植株开花特性的变化不明显；从不同光质处理来看，红蓝组合光处理影响效果显著，红、蓝光处理效果次之，白光处理效果最差。说明补光处理下东方百合植株光合作用进程与花芽分化及开花特性间存在紧密联系，此研究为人工补光调控技术在东方百合设施栽培中提供一定的理论依据。

2. 温度

温度是影响植物生长的环境因素之一，是植物形态和自然分布的主要限制因子，也是影响植物花芽分化的主要因素。对于百合，温度是调控百合花芽分化、成花等过程重要的环境因子，百合耐寒性强，耐热性差，喜冷凉湿润气候，白天生长适宜温度为 20~25 ℃，夜间为 13~17 ℃，5 ℃以下或28 ℃以上生长会受到影响，生长前期适当低温也有利于生根和花芽分化。

亚洲百合杂种系在生长前期即生根期和花芽分化期，白天温度应保持在18 ℃左右，夜间温度应保持在 10 ℃，土温 12~15 ℃。花芽分化后温度需要升高，白天适温 23~25 ℃，夜间适温 12 ℃。东方百合杂种系生长前期即生根期和花芽分化期，白天适温 20 ℃，夜间适温 15 ℃，土温 15 ℃。花芽分化后温度应尽快升高，白天适温在 25 ℃以上，夜间适温 15 ℃。麝香百合杂种系属于高温性百合，白天生长适温 25~28 ℃，夜间适温 18~20 ℃，12 ℃以下生长差，易产生盲花。

陈诗林等（2007）研究结果表明亚洲百合有高温、低温 2 种休眠形式，是百合自然的生理现象。亚洲百合因高温而休眠，低温可以打破休眠，但不是打破休眠的唯一方式。百合鳞茎秋季抽芽长叶时并没有花芽分化，只有经过冬季一定时数的低温春化作用，完成花芽分化，才能开花，或者对鳞茎进行低温处理使其完成花芽分化后方能抽芽长叶、抽茎、开花。亚洲系杂种百合的花芽分化、花芽发育过程十分复杂，受大量内外因素控制，低温是百合花芽分化所必须的。

麝香百合杂种系、亚洲百合杂种系等都要求一定时数的低温进行春化才能正常开花。Roh 等 1972~1973 年研究了温度对百合开花的影响，结果表明，连续用 12.8 ℃处理品种 Ace 和 Nellie White 未春化的种球，促进其快速抽茎。以 115 d 作为抽茎到开花的标准，用 1.7 ℃/12.8 ℃处理的 Ace 鳞茎比用 1.2 ℃/7.2 ℃或 7.2 ℃/1.7 ℃处理，能产生更多的花蕾；在品种 Nellie White 中，连续用 1.7 ℃、1.7 ℃/12.8 ℃或 12.8 ℃/17 ℃处理鳞茎比 1.7 ℃/7.2 ℃或 7.2 ℃/1.7 ℃能生更多的花蕾。Roh 等还研究了温度与麝香百合杂种系花蕾数目间的关系，发现在 16 h 的光周期下，从抽茎到花蕾创建阶段，维持 21.1 ℃的日温和 12.8 ℃的夜温，可以使麝香百合杂种系提早开花，并且促进第二级和第三级花蕾数量的增加，从而增加单株花蕾数量；7.2 ℃夜温适宜第二级花蕾的形成，15.6 ℃夜温促进第三级花蕾形成。在 12 h 的光周期下，从花芽分化到花蕾出现时期，日温 18.3 ℃、夜温 15.6 ℃有利于提早开花并且能使花蕾败育率降到最低；从花蕾到开花阶段，日温 21.1 ℃、夜温 18.3 ℃有利于提早开花，并使第三级花蕾败育率最低。

3. 植物激素

植物激素对花芽分化起着重要的调控作用。花芽分化不是由一种激素控制的，而是多种激素综合调节的（崔薇等，1986）。Luckwill（1970）提出了激素平衡假说，认为 CTK/GA 的比值控制花芽分化。国内对 ABA 和 GA 对百合花芽分化影响的研究居多。郭蕊等（2007）研究认为 ABA 和 GA3 在解除百合种球休眠中起着关键作用。在这个调节过程中，激素使营养物质向生殖生长器官分配增多，向营养器官分配减少（何钟佩、1997）。方少忠等（2005）用 GA 350 mg/L+CEPA 100 mg/L+KT 100 mg/L 组合处理冷藏的百合鳞茎，能缩短冷藏时间，打破休眠，促进开花。

李心等（2020）以'木门'百合为试材，探究百合休眠和花芽分化进程中植物激素的变化，发现'木门'百合种球在 3 ℃冷藏条件下 56 d 左右休眠解除，70 d 左右开始花芽分化，其进程分为花芽分化初期、小花原基分化期和花器官分化期 3 个时期。分别对不同时期百合中各种激素的含量进行测定，结果表明，低水平 IAA/ABA、ZR/ABA 促进百合休眠维持，持续上升的 GA3/ABA 促进其休眠解除，ZR/GA3 上升促进百合花芽分化起始，下降则促进小花原基形成。

蔡军火等（2008）用不同浓度的赤霉素（GA3）、生长素（IAA）、细胞分裂素（6-BA）溶液分别对麝香百合种球进行植前浸泡处理，观测其对百合发芽、生长、发育和切花品质的影响效应。结果表明，3 种激素中，以 GA3 100 处理的出苗效果最好且平均花茎数最多；以 6-BA 200 mg/kg 处理的单株展叶数最多；而 IAA 100 mg/kg 处理平均花朵数最多且平均株高与花苞长度最长。从切花综合品质看，以 IAA 100 mg/kg 的促进效应最佳。

4. 定植时间

在进行百合种植时，通常用不同种植时间（即分期种植）可调节花期，以保证随时供应市场。控制百合定植时间是花期调控中最有效的技术措施。在种球充分打破休眠后，定植时间直接决定了开花的时间。在温室中可控光照温度，根据定植时间就能大约推算出开花期；露地种植中，环境因子对植株生长的影响较大。所以借助气象预报，或测量温度等，气温若升高 1~2 ℃，生育期和花期都将提前 4~5 d，而大致确定定植时间。如果栽植期过早时，会因温度过低作用发生死根回芽现象，这时低温高于露地平均地温，会影响根的生长，进而对植物引种成活产生不利的影响，当栽植期过晚，会因为天气温度过高，极有可能造成营养生长缩短，由于前期生长不佳也会影响正常的生殖生长发育。通过研究不同定植期对百合开花的影响，结果表明定植期早的从定植到开花需要的时间比定植较晚的植株长，还有不同定植期使百合的外观形态也有了一些变化。研究显示不同种植时间对百合花期也产生了不同程度的影响。

廉峻丽等（2019）在探索，种植时间对百合花期和开花形状的影响中发现，种‘小重瓣’和八点后种植时间间隔两晚，花期提前 7 d 和 3 d。‘小蜜蜂’‘小鬼’和‘小侵略’三种百合种植时间为 2015 年 3 月和 2016 年 1 月，后者花期较前者分别提前了 39 d、42 d、55 d。

5. 肥料

近年来，由于百合产业的迅速发展，无论是土壤栽培还是基质栽培，其面积都在不断扩大，其中肥料的运用对植物的开花起到了重要作用。肥料中我们常见的元素包括 N、P、K、Ca，研究表明，N、P、K、Ca 肥的合理配施要比单施钾肥对兰州百合鳞茎内部品质的影响大，这一研究结果与许多相关研究结论一致。如果 N 过量会使切花营养生长过盛，降低切花瓶插寿命和品质。在生长后期提高营养水平则会大大降低菊花瓶插寿命。有研究报道缺 K 或缺 Ca 会引起月季花梗弯曲，缺乏 Ca、K、B 时香石竹瓶插寿命缩短；而缺 K 植物的导水能力均减弱，加速切花枯萎。在花芽分化期肥分过多，还易导致香石竹花头弯曲。

朱峤等（2012）在研究不同 N、K、Ca 水平对香水百合生长发育和切花品质效应的研究中发现，施用 N 肥可显著提高花径、叶面积、叶片数和瓶插寿命，表明 N 是香水百合切花外观品质较为重要的影响因素，适宜高浓度的 N 肥是对百合生长有利的。许多研究表明，Ca 除了作为植物的矿质营养元素施用来促进植物开花外，还作为植物的第二信使与钾调速协同作用，在花芽形成和分化过程中起重要作用。Ca 肥对百合切花的蕾长具有显著影响。在高水平 N（300 mg/kg）处理下 Ca 对改善切花质有较重要的作用。这同 Seeley 的研究一致，百合是需要高水平的 N 和 Ca 的，这样才能使百合的生长质量达到最佳状态。Ca 的缺乏影响了百合切花的形成及花的品质，低 Ca 处理的香水百合切花未能达到切花商品质量二级品的标准。通过试验研究，在施用 N、P、K 肥基础上，K 肥与香水百合生长基本呈负相关。这与舒畅成等（2006）研究单施 K 肥可提高百合产量和抗性结果不一致，可能是 K 肥施用浓度过大，抑制了 K 肥的有效性；或 K 肥与 N、P、Ca 肥中某种元素存在一定拮抗作用有关。

（三）影响百合生长发育的因素

1. 温度

温度是影响百合生长发育的重要因素。宋琪新等（2009）以亚洲百合杂交系'Elite'为试验材料，研究了不同冷温处理对种球品质、萌发以及种植后植株生长发育的影响。结果表明，冷藏温度越高，原有基生根出现腐烂症状越早；冷藏时间越长，物候期越短；冷藏时间足够的情况下，各处理间的生育期差距不是很大；经过低温处理的百合生长情况和物候期明显好于对照，并且温度越低，效果越好。

徐琼等（2010）曾以东方百合和亚洲百合为试验材料，研究了冷藏处理（2~5 ℃）打破种球休眠以及冻藏处理（-1 ℃）抑制种球发芽过程中碳水化合物及可溶性蛋白质含量的变化规律。结果表明，在 127 d 的种球冷藏处理中，随着处理时间的延长，淀粉含量呈现下降—升高—下降的变化规律；可溶性糖含量呈现升高—下降—升高的变化规律。之后在 151 d 的冻藏处理中，随着处理时间的延长，淀粉含量出现降低—增加—降低的变化规律；可溶性糖含量出现增加—降低—增加的变化规律。东方百合种球冷藏

73~84 d，冻藏 78~99 d，亚洲百合种球冷藏 58~68 d，冻藏 78~99 d，碳水化合物变化最为活跃。冷藏处理期同一品种小球径种球淀粉含量最低值及可溶性糖含量最高值出现时间均早于大球径种球。随着种球冷藏时间的延长，东方百合可溶性蛋白质含量呈现下降—升高—下降的变化规律，亚洲百合种球可溶性蛋白质含量呈现下降—升高的变化规律。东方百合种球冷藏 58~68 d 后，亚洲百合种球冷藏 94~103 d 后，可溶性蛋白质含量迅速增加，但在冻藏处理期不同品种可溶性蛋白质含量变化比较复杂，呈波动变化。

李翊华等（2011）以东方百合'Siberia'和'Tiber'为试验材料，进行恒温和变温的低温处理，采用高效液相色谱法测定在不同冷藏解除休眠时期赤霉素（GA_3）、吲哚乙酸（IAA）、脱落酸（ABA）和玉米素（ZT）4 种内源激素含量。结果表明，恒温处理'Tiber'先解除休眠，同样处理同期种植的百合鳞茎，'Tiber'比'Siberia'一般早出苗 7 d 左右；变温处理比恒温处理 ABA 含量降低，说明变温处理对百合鳞茎解除休眠有促进作用，可以缩短解除休眠需要的时间，一般变温处理的比恒温处理的早 8 d 出苗，且变温处理有利于百合生长量的增加，Tiber 茎粗和株高分别增加了 23.1%、10.1%。同时'Siberia'分别增加了 5.9% 和 16.6%。变温处理 GA_3 含量 Tiber 高于恒温处理，'Siberia'低于恒温处理，品种之间对温度处理的响应有差异。百合鳞茎休眠的解除与 IAA/ABA、ZT/ABA、GA3/ABA 比值有关，变温'Siberia'和'Tiber'的 3 种比值都在 60 d 后逐渐升高，说明冷藏 60 d 可作为鳞茎解除休眠的临界点，为进一步研究百合鳞茎的休眠机理提供了重要线索。

曹玲玲等（2012）介绍，以'西伯利亚'百合为研究材料，研究北京冬季不同温室环境对百合生育期及其切花品质的影响。结果表明，不同温室环境种植的百合切花生育期和切花品质有所不同。生育期内温室温度低，则生育期延长、株高降低；温室内温度高，生育期缩短、株高增加；对叶片数的影响不显著。

牛松等（2016）研究不同温度和遮阴处理对食用百合部分生理和形态指标的影响，以探寻出适合百合生长的温度和遮阴组合。试验结果表明，不同的遮阴处理对百合的外部形态（鳞茎横径、纵径、鲜质量）的影响不大，但温度对其有较大的影响，室温（25 ℃左右）更有利于食用百合的生长；温度和遮阴处理对百合的营养成分有较大的影响，较高温度有利于百合蛋白质、总糖和灰分的生成和积累．但水分和 VC 的含量会相对较低遮阴处理有助于百合蛋白质和水分的积累，遮阴有助于总糖的生成，但是灰分和 VC 的含量相对较少。综合各测评指标分析认为，室温 25 ℃ 左右条件下，1 层遮阴种植的百合营养价值更高，品质更好。

李润根（2016）探究了低温对卷丹百合分瓣及生育期的影响，研究结果表明经不同低温处理后种植，卷丹百合分瓣数与低温处理时间呈极显著正相关，且植株生育期长短与低温处理时间呈负相关，低温处理 25 d 以上（含 25 d）能明显提早植株开花时间，且能缩短植株生育期，生产上可用于卷丹百合的花期调节和食用百合栽培，但处理时间不宜过长，以 25 d 为宜。

崔寿福等（2019）介绍，曾以台湾百合为试验材料，用鳞茎进行梯度低温处理试验，研究低温处理对台湾百合生长发育的影响。结果表明，梯度低温处理可以打破台湾百合正常休眠，处理后植株生长迅速，生长周期缩短，提前开花，花期集中度高，但花朵数量少，仅 1~2 朵，植株矮，鳞茎小；最佳梯度低温组合为低温预处理（16 ℃）2 周→人工气候箱处理（9 ℃）2 周→人工气候箱处理（4~6 ℃）处理 4 周→回温至（9 ℃）1 周种球打破休眠开始发芽；未经低温处理的台湾百合在 30 ℃ 以下可以直接萌芽生长，但植株生长期长，叶片多，植株高，茎粗，花朵大且数量多。梯度低温处理有利于加快百合育种进程，缩短育种时间，同时可以控制花期，有利于台湾百合在城市园林上应用。

田雪慧等（2020）为百合的抗寒育种、引种及栽培提供理论依据，以 3 种食用百合品种为材料，通过实验观测低温胁迫后各品种叶片形态特征，测定相关生理指标。结果表明，在 4 ℃ 和 10 ℃ 下，'兰州百合' 的综合抗寒系数分别为 71.7 和 58.7，'龙牙百合' 的综合抗寒系数分别为 63.2 和 52.9，'宜兴百合' 的综合抗寒系数分别为 51.6 和 51.8。食用百合抗寒性依次为 '兰州百合' ＞ '龙牙百合' ＞ '宜兴百合'，'兰州百合' 抗寒性最强。

葛蓓蕾等（2020）研究了增温对 '罗宾娜' 和 '索邦' 百合 10 叶期、20 叶期及现蕾期低温胁迫后生理活性的影响，发现低温胁迫后百合叶片超氧化物歧化酶（SOD）、过氧化物酶（POD）和过氧化氢酶（CAT）活性、相对电导率（REC）、脯氨酸（Pro）及可溶性糖含量均随胁迫时间的延长不断升高，增温后其 SOD、POD 和 CAT 活性、REC、Pro 以及可溶性糖含量均随处理时间的延长不断降低，在整个处理过程中，百合叶片抗氧化酶（SOD、POD、CAT）活性、相对电导率及可溶性糖含量随温度变化最为明显，且低温胁迫后增温可降低百合不同生长期所遭受的生理伤害，即增温对低温胁迫后不同生长期百合的生理活性具有一定恢复作用。

吴沈忠等（2021）报道，他们：以'索邦'百合（*Lilium spp.*）的休眠种球为材料，经不同温度和时间的温水浸泡处理，观测百合种球的发芽率、出苗率和营养生长期、盛花期的形态指标以及鳞茎中刺足根螨的发生情况，探究变温处理对百合生长发育的影响和刺足根螨的防治效果。结果表明，百合种球以48 ℃温水浸泡3秒钟，取出冷却，连续次重复上述步骤后，再以45 ℃温水浸泡30 s的处理方式能有效防治刺足根螨的发生和为害，且变温处理能促进百合的生长。

2. 光照

（1）光照长度（光周期）　曹玲玲（2010）探究了不同补光时间对'西伯利亚'百合切花的影响。试验选取'西伯利亚'百合为试验材料，冬季进行不同补光时间的试验，试验表明，冬季对'西伯利亚'百合进行补光可以提高植株的高度，促使花期提前，同时减少畸形花13.3%。

刘伟等（2012）运用2种不同光照长度对比研究了新铁炮百合叶片中可溶性蛋白含量的变化。结果表明，在8 h和17 h光照分别处理下，新铁炮百合上、中、下部叶片可溶性蛋白含量的指标具有各自不同的变化趋势；上部叶片的可溶性蛋白指标与新铁炮百合花芽分化有密切的关系。

刘伟等（2012）在长、短两种光周期条件下对新铁炮百合的三种生理指标进行了测定。结果表明，新铁炮百合上、中部叶片的生理活动与植株生长发育状态的关系较为紧密；顶芽形态分化初期，上、中部叶片可溶性糖和淀粉含量降至较低的水平，而总N含量则升至较高水平；此外，生殖生长状态下，3部分叶片各自C/N值均高于营养生长状态下其各自C/N值。上、中、下部分叶片的C/N值均表现为生殖生长状态高于营养生长状态，结合C/N比假说，认为较高的C/N是新铁炮百合由营养生长向生殖生长转变的原因和生理基础。因此，在新铁炮百合研究和生产中，可通过调节栽培管理手段，提高或降低植株体内的C/N，从而达到调控植株开花的目的。

刘伟等（2012）研究认为，糖类和光周期是植物成花启动中的重要因素，二者相互作用，共同调节植物成花。新铁炮百合（*Lilium formolongi*）具有短生育期的特性，在适宜条件下，一年内可实现从播种到开花。为此，对新铁炮百合品种'雷山三号'实生苗进行不同光周期和外施蔗糖的处理，探究其对内源糖、海藻糖–6–磷酸含量及对成花诱导的影响。结果表明，在长日照条件下外施蔗糖可以提高抽薹率，并缩短抽薹时间和可见花蕾出现的时间；同时提高植株体内蔗糖和海藻糖–6–磷酸的含量。植株体内葡萄糖含量受光周期影响较大，呈现不同变化趋势，而果糖含量在四种不同处理中未表现出明显变化趋势，并且植株体内海藻糖-6-磷酸和蔗糖含量呈现显著正相关。综合而言，光周期是新铁炮百合成花启动的主要影响因素，外施蔗糖在长日照下对成花的促进作用更为明显。

李凌慧等（2015）研究认为，糖类和光周期是植物成花启动中的重要因素，二者相互作用，共同调节植物成花。新铁炮百合（*L. formolongi*）具有短生育期的特性，在适宜条件下，一年内可实现从播种到开花。为此，对新铁炮百合品种'雷山三号'实生苗进行不同光周期和外施蔗糖的处理，探究其对内源糖、海藻糖-6-磷酸含量及对成花诱导的影响。结果表明，在长日照条件下外施蔗糖可以提高抽薹率，并缩短抽薹时间和可见花蕾出现的时间；同时提高植株体内蔗糖和海藻糖-6-磷酸的含量。植株体内葡萄糖含量受光周期影响较大，呈现不同变化趋势，而果糖含量在4种不同处理中未表现出明显变化趋势，并且植株体内海藻糖-6-磷酸和蔗糖含量呈现显著正相关。综合而言，光周期是新铁炮百合成花启动的主要影响因素，外施蔗糖在长日照下对成花的促进作用更为明显。

（2）光照强度 尤伟忠等（2009）研究了补光及施肥对东方百合'玛丽'切花生长和品质的影响，结果表明，补光显著降低了植株高度减少植株徒长，且补光后植株叶面积显著增加，且补光条件下植株叶面积随着施肥水平的提高而增加，补光促进了开花，能提早20 d左右，使切花品质提高，补光完全消除了花苞的败育，促进了花色鲜艳，补光处理对提高植株地上部鲜重和花茎强度，降低种球的消耗重量百分比具有显著作用，另外，补光后植株地上部分N、K和Ca含量均比对照显著增高，说明补光促进了植株吸收N、K和Ca的能力，使植株中N、K和Ca含量显著增加。

宁云芬等（2019）选取'娱乐圈''星光''红马丁'3个品种的东方百合为盆栽试验材料，研究不同补光时间对其生长发育及花期的影响。结果表明，连续补光4 h（T1）处理和暗间断补光4 h（T2）处理均能加速盆栽百合株高、叶片和花器官的生长，提早花期，且表现为T2处理优于T1处理。从试验品种来看，补光处理对花期的影响表现为'娱乐圈'>'红马丁'>'星光'，在T2处理下，3个品种的开花时间分别提早了14 d，11 d和4 d。总体来说，补光处理有利于加速盆栽百合株高、花梗长、叶片和花蕾长宽的生长，使其提前进入生长旺盛期，且暗间断补光（T2）的效果最佳。

（3）光质 胡绍泉等（2009）曾选用东方百合'索邦'为试验材料，试分析光质［红光（R）、蓝光（B）、白光（W）、红蓝组合光（R：B为

7：3，R：B为8：2，R：B为9：1）〕及补光时间（4 h、6 h和8 h）对东方百合植株株高、茎粗、节间距、叶片叶面积值和干物质积累量的影响。结果表明，其中7R/3B的红蓝组合光在8小时补光时间条件下能有效促进东方百合植株株高、节间距及茎粗的增长。东方百合植株在光质及补光时间处理下随着补光周期的延长，百合植株叶片叶面积值和干物质积累量明显提高，3组红蓝光组合（7R/3B、8R/2B和9R/1B）在补光时间8 h条件下对东方百合植株叶片叶面积增长和干物质积累效果最好。

在植物生长过程中光是最重要的调节因子之一，组培过程需要人为添加不同强度和质量的光源，不同的照光方式和倾斜角度，对植物的生长的调节作用也不同，王政等（2016）以'索尔邦'百合为试材，探究了LED不同照光方式对百合组培苗生长的影响。结果表明，8种处理中，LED不同照光方式处理的百合组培苗，其形态和生理指标整体优于对照处理。其中，采用倾斜69.77°侧向照光方式和平面反光膜的处理5更有利于百合组培苗茎叶的生长，其在叶幅、地上鲜质量、地上干质量、叶绿素b含量、叶绿素总含量等方面高于其他处理；而在根系发育方面，采用倾斜79.89°侧向照光方式和曲面反光膜的处理2百合组培苗整体优于其他处理，其根数、根鲜质量、根干质量、根系活力等多个指标显著高于其他处理。因此，采用倾斜69.77°侧向照光方式和平面反光膜的处理5在促进百合组培苗茎叶生长方面效果最佳，采用倾斜79.89°侧向照光方式和曲面反光膜的处理2有利于百合组培苗根系生长，为百合生产过程中提高种苗质量提供参考依据。

3. 其他因素

魏胜林（2005）曾在大棚栽培条件下研究不同CO_2浓度（600 μmol/mol、800 μmol/mol、1 000 μmol/mol）对亚洲型黄花多头切花百合的影响。结果表明，CO_2浓度为600 μmol/mol时，切花百合维持较高的光合速率，在CO_2浓度为600~1 000 mmol/mol时并持续45 d，百合并未出现明显的光合作用下调，这与新生子球对高CO_2浓度下的百合光合适应性具有一定调节能力有关。CO_2浓度为600 μmol/mol时能提高百合切花0.57个茎高等级，对显色花蕾增长有正效应．不同CO_2浓度对百合叶片中的多酚类和类黄酮含量影响不同，CO_2浓度为600 μmol/mol和800 μmol/mol时能明显提高多酚类和类黄酮含量，植株也未出现叶枯病病株，这与适宜的高CO_2浓度对光合速率及碳水化合物的形成和转化以及化感物质与提高百合自身抗病性有关。在试验浓度范围内，CO_2浓度为600 μmol/mol时最有利于百合叶片多酚类和类黄酮含量的提高。

李雪等（2005）研究了光照和温度对克得利亚百合种子萌发的影响，同时探讨了糖浓度对实生小鳞茎增大的影响。结果表明，预冷或热处理对种子萌发有促进作用，可缩短种子萌发时间。光对种子的萌发影响很大，24 h光照有利于种子萌发，可提高种子萌发率和萌发速度；而避光则抑制种子萌发。种子适宜的萌发温度为 25 ℃。糖浓度对实生小鳞茎的增大有重要作用，较高糖浓度的基质中小鳞茎生长较大，且糖浓度为 6%的培养基最适合实生小鳞茎的增大。

杨雨华（2006）曾在 2003—2004 年进行了坡耕地田间试验，研究了平播、垄作和渗水膜覆盖 3 种种植模式下兰州百合的生长特性和产量。结果表明，渗水膜覆盖可以有效提高兰州百合的生物学产量；覆膜条件下，鳞茎所占百分比达最大，2003 年和 2004 年分别为 86.75%和 89.58%；同样，子鳞茎产量在覆膜下也最高，2003 年和 2004 年分别为 4 701.70 kg/hm² 和 7 292.14 kg/hm²，由此可见，覆膜可有效提高百合产量。

伍丹等（2007）曾研究了不同光照和温度条件对大百合种子萌发的影响。结果表明，光照对大百合种子的萌发有明显促进作用，可提高种子萌发率。种子萌发率以 24 h 光照 20 ℃恒温最佳。避光条件下温度对大百合种子萌发有影响，其种子萌发最适温度为 20 ℃，11 d 开始萌动，3 周左右萌发完全随着温度的升高或降低其种子萌发率下降。萌发前经不同预处理的大百合种子的萌发率不同。同一果实内中部种子萌发最好，上部种子次之，下部种子最差，上、中、下三部分种子萌发率与其千粒重呈正相关。

冯冰等（2010）研究在亚洲百合无土栽培中能够替代泥炭的新型基质材料。在混配基质中用麦秆、玉米秆、椰糠、菇渣、豆荚 5 种有机废弃物作为亚洲百合品种'普瑞头'无土栽培基质，设置 7 个处理，研究不同处理对亚洲百合生长发育的影响。结果是 7 种混配基质的各项理化指标均在无土栽培基质的理想范围内，其中 2 份珍珠岩∶2 份蛭石∶3 份椰糠∶3 份沙子栽培的百合生长发育综合表现最好。研究结论是 2 份珍珠岩∶2 份蛭石∶3 份椰糠∶3 份沙子可替代泥炭作为亚洲百合的无土栽培基质。

刘雪凝等（2010）通过对抗性生理指标及电阻抗图谱参数的测定，研究了重复温汤处理种球对亚洲百合'多安娜'及'普瑞头'幼苗耐热性的影响。结果发现，种球经重复温汤处理后，其幼苗在 38 ℃胁迫下，'多安娜'叶片电阻抗图谱参数及脯氨酸含量比'普瑞头'上升幅度大，且峰值出现较早；其淀粉、可溶性糖含量及根系活力均始终高于'普瑞头'。温汤处理种球可显著提高'多安娜'及'普瑞头'幼苗的活性，其中'多安娜’优于‘普瑞头’。

高质量浓度蔗糖具有刺激器官形成的作用，适当提高蔗糖质量浓度对百合鳞茎诱导及膨大有显著作用。周玲云等（2016）为研究蔗糖和光周期对泸定百合试管鳞茎膨大的影响及其交互作用，解释两者在鳞茎膨大过程中的作用机制，以泸定百合种球鳞片为外植体诱导形成的无菌丛芽为材料，采用不同质量浓度（30 g/L、60 g/L、90 g/L）蔗糖与不同光周期（0 h/d、8 h/d、12 h/d、16 h/d、24 h/d）的组合处理，测定鳞茎发生和膨大的形态指标及其内源性糖含量与相关酶活性的变化。结果显示：在蔗糖质量浓度为60 g/L，新增鳞茎率和结鳞茎率最高，生长指数、鲜质量、直径也都优于其他质量浓度蔗糖处理；在30 g/L 蔗糖和各光照时间处理下，蔗糖含量变化趋势为 W 型，果糖和葡萄糖含量变化趋势为 M 型；而在 60 和 90 g/L 蔗糖处理下，蔗糖含量呈先下降后升高再下降趋势，果糖和葡萄糖含量变化趋势与蔗糖含量变化趋势相反；在不同质量浓度蔗糖处理下，蔗糖磷酸合成酶活性的变化趋势与蔗糖含量变化趋势基本一致，而蔗糖合成酶活性的变化趋势与蔗糖含量变化趋势相反。综上，蔗糖质量浓度和光周期对试管小鳞茎的发生和膨大存在交互作用，但蔗糖对百合鳞茎生长与膨大影响更大，是造成鳞茎诱导及膨大的主要因子；蔗糖合成酶参与蔗糖分解代谢过程，而蔗糖磷酸合成酶参与蔗糖积累过程；蔗糖不仅在膨大过程中扮演了生理角色，还可能扮演了糖信号角色，并且这些过程都受到严格的浓度调控．在生产中，推荐的最适组合为蔗糖质量浓度 60 g/L，光周期 0 h/d。

李超等（2019）针对鲜切百合株型设计和优化栽培手段不足的问题，通过田间试验和系统模拟对单株百合生长发育过程形态变化进行仿真模拟，构建百合功能结构模型，并利用叶倾角、叶序、出芽方向、出苗时间等关键生育参数在合理范围内的随机发生，实现对鲜切百合群体生长动态的三维重建。通过设置不同种植时间（4 月 10 日、20 日、30 日和 5 月 10 日、20 日、30 日）、种植密度（66.7 株·m²、33.3 株·m²、22.2 株·m²、16.7 株·m²、13.3 株·m²、11.1 株·m²）和不同株型（叶倾角分别为 20°、30°、40°、50°、60°、70°和 80°）的模拟情景，利用三维建模平台 GroIMP 中的辐射模型对百合群体累积光截获进行定量分析。结果表明，4 月 20 日种植有助于百合群体获得最大累积光截获，叶倾角为 20°的百合群体能够获得最大累积光截获。百合功能结构模型能够优化栽培管理、设计优势株型，为鲜切百合种质资源评价和株型基因改良提供理论依据和技术支撑。

贾汝龙等（2019）选用卷丹百合珠芽作为试验材料，进行不同覆盖方式和温度处理观测珠芽在青海省西宁市露地播种的根系发育和越冬效果。发现 5 ℃处理 13 周的珠芽秋季播种后第 3 周,麦草帘覆盖方式的珠芽根系发育最快,根长最长,极显著高于无纺布和遮阳网覆盖方式,但与 CK(不覆盖)、黑色地膜覆盖方式差异不显著;5 种覆盖方式下的珠芽生根数差异不显著;黑色地膜覆盖下的珠芽生根率最高,为 53.34%,极显著高于遮阳网覆盖方式,与无纺布、麦草帘、CK 覆盖方式差异不显著。播种后第 5 周,麦草帘处理与 CK、黑色地膜、无纺布处理差异均不显著,只显著高于遮阳网处理;麦草帘覆盖方式下的珠芽生根数最多,极显著高于黑色地膜覆盖和CK,与无纺布和遮阳网覆盖差异不显著;除遮阳网处理外其余覆盖方式的珠芽生根率均达到 50%以上,且差异不显著。不同覆盖方式下珠芽经历冬季后的冻伤率都十分严重,以麦草帘覆盖的冻伤率最低,为 42.21%,极显著低于其他 4 种覆盖方式,由此说明珠芽 5 ℃处理后在西宁地区露地秋播无论采用哪种覆盖方式均不能安全越冬。3 种温度(5 ℃、10 ℃、15 ℃)处理 13 周后的珠芽露地无覆盖秋播,经历冬季后 10 ℃处理下的珠芽冻伤率最低,为 13.58%,极显著低于 5 ℃、15 ℃处理,证明 10 ℃低温处理珠芽可以作为西宁地区露地秋播的繁殖材料,结果表明,低温处理有利于打破休眠,提高发芽率和发芽势,而且处理温度越低,打破休眠的效果越显著,越有利于珠芽作为卷丹百合繁殖的“种子”。

王伟东等(2022)为提高百合种球质量,降低生产成本,以东方百合为试材,研究不同土壤消毒配方、栽培深度、栽培密度对百合种球生长的影响。结果表明,土壤消毒药剂为五氯硝基苯 6 g/m² +毒·辛颗粒 6 g/m² 种球感病虫率最低,质量最好。栽培深度为种球顶端覆土 10 cm 最有利于东方百合种球的生长。种球周径为<6 cm、6 ~ 10 cm、10 ~ 14 cm 时,最佳栽培密度分别为 200 粒/m²、150 粒/m²、100 粒/m²。

第二节　百合的碳代谢

一、百合光合作用的品种间差异

常玮等(2007)曾对‘西伯利亚’‘索尔邦’‘蒂伯’3 个东方百合品种鳞茎繁育过程中植株的气体交换、叶 N 含量、叶绿素含量等进行了测定,试图了解东方百合在滇中低纬高原地区的生理生态适应性。3 个品种中,

'蒂伯'的光合能力最强，'西伯利亚'最弱，其光合速率与羧化效率、比叶重及叶 N 含量相关。说明其光合能力主要受 Rubisco 的活性和数量影响。3 个品种的光补偿点和光饱和点较低，且在高光下没有明显的光抑制现象。对光强表现出宽广的适应性。不同品种的光合最适温度不同，'西伯利亚'较高（25.5~34.9 ℃）适宜种植于较温暖的地区；'索尔邦'较低（19.3~25.6 ℃），适宜种植于冷凉地区；'蒂伯'对温度较不敏感，在滇中低纬高原的气候条件下有更广的种植区域。

许东亭等（2015）采用 Li-6400XT 便携式光合测定系统，研究了'西伯利亚'、'帝伯'、'索邦'、'罗宾娜'、'木门'、'元帅'等 6 个百合品种的光合-光响应曲线，获得了净光合速率、光饱和点和光补偿点等光合参数，并探讨了净光合速率与气孔导度、蒸腾速率、胞间二氧化碳浓度的关系。结果表明 6 个百合品种的净光合速率与气孔导度、叶片蒸腾速率呈极显著正相关，但与胞间二氧化碳浓度呈极显著负相关。6 个百合品种中，'罗宾娜'积累物质的能力最高，'西伯利亚'对光照的适应范围最广泛。

周佳民等（2016）为筛选出适合湖南省产区种植推广的百合优良（品）种，对 6 个百合品种的生物学特性、农艺性状、产量性状、抗逆性、品质以及光合特性等指标进行比较研究。麝香百合生育期最长，达 246 d，其他各个（品）种生育期在 170 d 左右。麝香百合、自选品种、卷丹百合和毛百合叶片中的叶绿素含量较高，龙牙百合和川百合的叶绿素含量较低；净光合速率、气孔导度、蒸腾速率、胞间 CO_2 浓度等 4 个光合特征参数在 6 个品种间没有明显差异。自选品种的理论产量、大田产量均为最高，分别达到了 2 543.03 kg/667 m^2、1 608.65 kg/667 m^2，多糖和黄酮的含量却较低。6 个（品）种在湖南地区均可以播种、出苗、生长、开花、成熟收获；毛百合、自选品种等可作为食用百合参考品种；卷丹百合、毛百合的抗逆性强，可在百合病害高发地区推广种植；自选品种、龙牙百合属高感病（品）种；龙牙百合和卷丹百合多糖和黄酮的含量较高、品质好，是药食兼用首选（品）种，川百合的理论产量和大田产量均很低，应酌情考虑发展种植。钟程等（2016）以'湖北百合'和'大花卷丹'为试材，比较其光合作用。研究结果显示，湖北百合净光合速率（Pn）、蒸腾速率（Tr）和光合有效辐射（Par）高于'大花卷丹'，大花卷丹气孔导率（Co）和胞间 CO_2 浓度（Ci）高于湖北百合。综合比较，大花卷丹午休现象更为突出。

为阐明不同百合品种的光合特征差异并为其温室栽培提供理论依据，智永祺等（2018）以东方百合品种'Siberia'和'Sorbonne'、亚洲百合与喇叭百合的杂交品种'Conca Dor'为试验材料,利用 Walz 公司生产的 GFS-3000 光合测定系统和 Junior-PAM 荧光系统测定了 3 个百合品种的光合日变化、荧光参数和快速光曲线。结果表明,3 个品种净光合速率的日变化为单峰曲线,峰值出现在 10 时;其中'Siberia'的 Pn 峰值最大,为 6.530 $\mu mol/(m^2 \cdot s)$;气孔导度(Gs)随时间变化呈下降趋势;蒸腾速率(Tr)的日变化亦为单峰曲线,但不同品种峰值出现的时间不同;胞间 CO_2 浓度(Ci)和气孔限制值(Ls)日变化趋势截然相反,呈现早晚高中午低的单谷型和早晚高中午低的单峰型变化,最低值和最高值均出现在 10:00。环境因子中,光合有效辐射(PAR)和叶片温度(T_L)对 P_n 直接作用较大,均呈极显著正相关($P<0.01$);空气相对湿度(RH)对'Sorbonne'和'Conca Dor' P_n 直接作用较大,但呈负相关。'Sorbonne'的所有叶绿素荧光参数和快速光曲线参数在 3 个品种中均最大,且'Sorbonne'的 Ek 远远大于另外两个品种,表明其具有很高的耐受强光能力。以上结果说明,3 个百合品种光合日变化呈单峰型,净光合速率日变化不同于典型的单峰型,峰值提前到上午 10 时。日光温室条件下,净光合速率的大小关系为'Siberia'>'Sorbonne'>'Conca Dor',3 个百合品种不同叶位光合作用的异质性明显,非光化学淬灭系数(NPQ)的异质性最高。'Sorbonne'比'Siberia'和'Conca Dor'具有更高的耐受强光能力和捕光能力。即日光温室条件下,'Siberia'的光合能力最强;在'Sorbonne'的栽培中,可以适当增加光照,增强光合作用,促进其生长。

二、温光条件对百合光合作用的影响

光合过程中的暗反应是由多种酶所催化的化学反应,而温度直接影响酶的活性,因此,温度对光合作用的影响很大。温度是影响百合生长的重要因子之一。百合耐寒性较差,其最适生长温度为 15~25 ℃。温度低于 10 ℃,生长缓慢,温度高于 30 ℃,生长不良。王祥宁等(2007)和张帆等(2013)认为,光是叶绿素生物合成及叶绿体发育的必要条件,是光合作用的原动力。碳同化过程中关键酶的活性受光的控制,光照也影响其他环境因子,因此光对光合速率有最深刻和多方面的影响。光对植物光合作用的影响主要表现在以下两方面:一方面植物通过吸收光能将光合作用产生有机物给自身的生长发育提供物质能量;另一方面光照作为最直接的环境信号对植物的光形态建成、光合色素合成、开花结果、氧化酶活性、内源激素调节、基因表达等方面起到重要的调节作用。不同的光照条件下,百合形态发生变化，随着遮阳程度的增加，百合叶片将变长、变窄；百合植株变高、变细；茎粗有下降趋势；且随着紫外线侵入越多，叶绿体内的叶绿素破坏越大，叶绿素含量减少。李烨等（2008）研究表明，百合种子萌发深受温度的影响，种子萌发的适宜温度是 20 ℃，随着温度的上升或降低，其种子萌发率下降。低温胁迫下百合的叶绿素含量随低温时间的延长而降低，百合在低温胁迫最初阶段酶活性适当提高起积极作用，但当时间超过一定阈值会受到限制甚至出现伤害性反应；刑晓蕾等（2010）证明，高温胁迫下百合的失绿、萎蔫现象随着温度的升高与处理时间的延长越来越明显。长时间的高温胁迫促进了叶绿素的分解，温度越高，叶绿素分解速度越快，胁迫时间越长，百合叶片中叶绿素含量越低。高温胁迫下，百合 SOD、POD 活性均呈现出先升高后降低的趋势。罗丽兰等（2008）曾介绍：以新铁炮百合的两个主栽品种'雷山一号'和'Sayaka'为材料，对其幼苗在不同温度下（25 ℃、32 ℃、38 ℃和44 ℃）的光合特性及光保护机制进行了研究。结果表明，在低于38 ℃时净光合速率（P_n）下降幅度较小，高于 38 ℃时显著下降。随着处理温度的提高，气孔导度（Gs）呈下降的趋势，胞间二氧化碳浓度（Ci）上升，气孔限制值（IJs）下降。不同处理温度下，两品种叶片最小荧光（F0）无明显变化，最大光化学效率（Fv/Fm）下降程度较小。超氧化物歧化酶（SOD）、过氧化氢酶（CAT）、抗坏血酸过氧化物酶（APX）和过氧化物酶（POD）活性随处理温度升高而提高。本研究表明'雷山一号'和'Sayaka'幼苗能够耐受 32~38 ℃的高温；在较高的处理温度下，叶片可以通过提高非光化猝灭和抗氧化酶活性两种机制来保护光合机构免受伤害。喇燕菲等（2010）为了探明弱光条件下东方百合的生长发育及光合特性，为中国北方地区东方百合切花的耐弱光品种选育提供依据，以东方百合品种'Marcopolo''Tiber''Constanta'和'Acapulco'为试验材料，在整个生长季对其进行不同遮光处理（正常光照、50%遮光、75%遮光），测定不同光强下各品种光合参数及生长发育指标。结果表明，75%遮光条件下东方百合各品种的净光合速率（P）、光补偿点（LCP）、光饱和点（LSP）、暗呼吸速率（R）降低，表观量子效率（AQY）下降，叶绿素含量增高，叶绿素 a 与叶绿素 b 的比值降低，比叶质量减小，叶面积增大，切花观赏品质有所下降；不同百合品种的耐弱光性不同，弱光下'Marcopolo'的 LCP、R 较低，比叶质量较小，AQY 变化幅度小，表现出较强的耐弱光性；相反地 Acapulco 则对弱光较敏感。刘筱等（2011）研究不同程度遮阴对不同种球大小的野生大百合（*Cardiocrinum giganteum*）生长发育和光合特性的影响，探讨野生大百合的引种驯化机制。将不同大小野生大百合按周径等级分类进行不同程度（0、45%、70%）的遮阴处理，处理 13 d 后进行各植株株高、叶片数的测量。处理 46 d 时进行光合指标如净光合速率（P_n）、蒸腾速率（Tr）、胞间 CO_2 浓度（Ci）、气孔导度（Gs）的测定并同步测定光合有效辐射（PAR）及叶温（T_L）。结果在 45% 遮阴处理下大百合具有较高的相对生长率、净光合速率、蒸腾速率和气孔导度，胞间 CO_2 浓度较低。70% 遮阴处理下大百合生理特性普遍优于全光照，但过度遮阴使光合速率降低，不利于其生长。此外，种球周径越大的大百合生长发育及生理特性相对更优。因此，生产上应用周径相对大的种球和适当调控光照强度，是大百合引种驯化的重要措施。该研究可以为大百合在城市园林中的应用提供理论依据。张安林等（2011）研究表明百合在充足光照条件下，产生的光合产物运输到百合鳞茎上，使地下部分的生物量比例升高；在弱光条件下，产生的光合产物可能用于抵抗不良环境和增强自身抗逆性，使地上部分的生物量比例升高。百合在不同遮阴条件下对光合特性呈现出不同影响，遮阴后显著降低不同光质及补光时间对东方百合生长及生理特性影响了百合的净光合速率、气孔导度、胞间 CO_2 浓度以及蒸腾速率；随着遮阴时间的延长，叶绿素含量持续降低，叶绿素 a/b 值呈先迅速增长然后降低的变化趋势。王玲丽（2012）选取抗寒性较好且流行的商业品种'洛宾娜'进行光合生理指标的测定，以研究百合在低温胁迫下的光合生理机制。发现经过低温胁迫后，百合叶片中的叶绿素 b 受损程度要比叶绿素 a 严重，可推论百合叶片叶绿素在低温胁迫下首先受损的是 PS I 与 PS II 的天线组分，其次再是光系统的核心复合物。在持续的低温胁迫下，百合的光饱和点降低，补偿点升高，可利用光谱 K 变窄，同化能力减弱，碳水化合物积累量减少，抵御逆境的能力降低。百合在低温的胁迫初期，其光合作用受到抑制是由于低温使气孔导度降低的气孔因素导致的，而后期则为非气孔因素导致的光合作用的抑制。为丰富北京地区夏秋季百合市场，提高土地利用率，减少不必要的耗能，提高百合夏季生长发育和观赏品质。孟卓（2014）研究了不同光质处理对切花百合光合作用的影响，研究结果表明，红色膜下植株的叶绿素 a 含量、类胡萝卜素含量显著高于其他处理，蓝色膜下的植株叶片的光合色素含量则较对照处理均有所降低，说明光合色素的合成在一定程度上受到了阻碍。相较于蓝膜，其他处理的光饱和点和光补偿点均较低，可以在较低的光照条件下，即开始正向积累。最大净光合速率依次为：红半处理>红色膜>黄色膜>蓝色膜>白色膜。5 个处理的净光合速率日变化曲线均为单峰型曲线。胡绍泉（2018）选用东方百合'索邦'为试验材料，研究不同光质及补光时间对东方百合植株光合特性及开花的作用，不补光为对照。试分析光质红光（R）、蓝光、白光、红蓝组合光及补光时间（4 h、6 h 和 8 h）对东方百合植株光合参数（P_n、Gs、Ci 和 Tr）和开花特征（蕾长、花径、花朵数和花期）的影响。结果表明，红蓝组合光在补光时间 6 h 处理下对东方百合植株光合参数和开花特性的影响效果最佳，但补光 6 h 后随着补光时间的延长东方百合植株光合参数和开花特性变化不明显，说明补光处理下东方百合植株光合作用进程与花芽分化及开花特性间存在紧密联系。王晓冰等（2019）以大百合为研究对象，通过设置不同遮阴条件，对不同光照下叶片比叶重、叶绿素含量和组成、与光合能力相关的指标和叶绿素荧光特性的比较分析，研究不同光照条件对大百合光合生理特性的影响，发现大百合在弱光下通过降低叶片比叶重、增加叶绿素含量、减小叶绿素 a/b 值、降低暗呼吸速率来提高对弱光的适应能力。大百合耐阴性强，怕强光，光系统在全光照下轻微损害，而光照太低也对大百合不利，22%光照是利于大百合生长的最适光照条件。

三、其他因素对百合光合作用的影响

（一）CO_2

CO_2 是植物光合作用的主要原料，其含量直接影响到光合作用的进行，植物通过其绿色器官进行光合作用，同化 CO_2 和水，形成葡萄糖（蔗糖、淀粉、纤维素等碳水化合物）。在适宜的光、温、水条件下，CO_2 浓度增加，原料增多必然加速光合作用的进行，加快碳水化合物的积累。另外，CO_2 浓度过高会引起植物叶片气孔开度减小，而使气孔阻力增大，阻止 CO_2 扩散到叶内。朱志国（2002）以 CO_2 施肥浓度对百合生长开花的影响开展了相关的研究，结果表明增施的 CO_2 浓度不同，百合植株的生长有明显的差异，其中增施 CO_2 浓度到 600 μL/L 的小棚内百合径高、单株叶面积、单株叶片数、总叶面积和花蕾数较对照分别高 14.3%、17.7%、8.6%、26%和 5.6%。

（二）矿质营养

矿质营养影响力植物的光合面积、光合时间和光合能力。具体可在如下几个方面起作用：N、P、S、Mg 等是叶绿素的组分及叶绿体的组成成分，其中 N 与叶绿素含量、叶绿体发育、光合酶活性的关系都很大，所以 N 素营养对光合作用的影响最为显著；Fe、Mn、Cu、Zn 等作为酶的辅基或活化剂而影响叶绿素的生物合成。在光合电子传递链中，主要的电子传递体是含

Cu、Fe 的蛋白质；Mn、Cl 作为放氧复合体的成分参与 H_2O 的光解；光合作用中同化力 ATP 和 NADPH 的形成及许多中间磷酸化合物都需要无机磷酸；K、Ca 影响气孔开闭而影响 CO_2 的出入。K、Mg、Zn 等是多种重要的相关酶的活化剂。磷酸和 B 促进光合产物的运输等。

黄伟等（2009）曾研究了不同钾肥用量对食用百合光合作用、产量和经济效益的影响。结果表明，在 $0 \sim 81$ kg/hm^2 的范围增施 K_2O 能明显提高食用百合叶片的净光合速率和气孔导度，在一定程度上可以降低食用百合叶片的蒸腾速率和胞间 CO_2 浓度；在此范围内，增施钾肥也能使茎秆粗壮，可以有效地促进株高的增加，促进食用百合的现蕾和开花，明显提高其产量和经济效益。与对照相比，施用纯 K_2O 81 kg/hm^2 时，食用百合的净光合速率提高最多，提高 19.3%，鳞茎的鲜重、干重和产量也增加最多，分别增加 14.2%、25.0%和 14.2%，经济效益最高，与其他钾肥处理相比，最高可以提高 4 倍多。在本试验范围内，食用百合的田间适宜施钾量（K_2O）为 81 kg/hm^2。

张芬芬等（2012）以东方百合'索邦'为试材，采用裂区设计试验，研究了冷凉气候下碱性土壤中施入不同量草炭和 N、P、K、Ca 肥对'索邦'百合光合特性的影响，发现不同肥料处理下的'索邦'百合净光合速率在 12—14 时有不同程度的降低，出现 1 个低值阶段，然后升高。在 16 时出现一个高峰，具有双峰曲线特征，有较明显的午休现象。不施 N 肥的处理全天 Pn 值都较高，显著高于不施 P、不施 K 处理。气孔导度（Gs）总体呈现先降低后升高的趋势，12—14 时达到最低值之后逐渐升高。从全天变化来看，不施 N 处理气孔导度要高于其他处理，不施 P 肥处理低于其他处理，不施 K 肥处理也较低。气孔导度的减小常常会导致光合速率的降低。碱性土壤中，土壤溶液浓度大，渗透压高，引起植物生理性干旱，尤其在中午，蒸腾导致细胞失水，而气孔对湿度的直接响应导致气孔导度的下降，出现"午睡"现象。同时有研究表明，严重缺 K 时会导致气孔关闭，增加 CO_2 进入细胞间隙的气孔阻力，影响光合的正常进行。施用 K 肥可增加叶片的保水能力以及保卫细胞的溶质浓度，促进气孔导度的增加。胞间 CO_2 浓度（Ci）总体随时间先降低后升高，12—16 时达到最低值后逐渐升高到初始水平。不施 N 处理下 Ci 值相较其他处理全天波动较小，不施 P 处理 Ci 值总体较低。随净光合速率的降低不施肥与不施 K 处理胞间 CO_2 浓度下降，不施 K、P 相关性不明显。Farquhar 和 Sharky（1982）认为，判断气孔关闭是不是光合速率降低的原因，最重要的是看细胞间隙 CO_2 浓度是不是随着净光合速率的降低而降低。

张贺（2011）研究认为，引起叶片光合速率降低的植物自身因素主要有气孔的部分关闭和叶肉细胞光合活性的下降两类，当气孔的部分关闭是叶片光合速率降低的主要原因时，胞间 CO_2 浓度降低；当叶肉细胞光合活性降低时叶片光合速率降低的主要原因是胞间 CO_2 浓度升高。由此判断，不施肥与不施 N 处理气孔关闭是造成光合速率下降的原因，而不施 P、K 肥则影响到了叶肉细胞结构使光合活性下降。

周诗雨（2021）以'卷丹'为试验材料，设置 K1（0 kg/hm²）、K2（50 kg/hm²）、K3（100 kg/hm²）、K4（150 kg/hm²）、K5（200 kg/hm²）、K6（250 kg/hm²）、K7（300 kg/hm²）共 7 个施钾肥量处理，探究苗期、旺长期、蕾期、鳞茎膨大期、收获期施钾肥量对'卷丹'百合生理及产量的影响，结果表明适宜的施钾肥量促进'卷丹'的净光合速率（P_n）。随着施钾肥量的不断增加，'卷丹'叶片 Pn 呈"高—低"变化。Pn 在'卷丹'各个生长期净光合速率日变化均呈双峰曲线变化于 10 时达到最高值，具有明显的"光合午休"现象；胞间 CO_2 浓度（Ci）随着环境光强和温度的升高而不断降低，于 13 时达到谷底值；气孔导度（Gs）变化趋势与 Pn 相同；蒸腾速率（Tr）随着环境温度的升高先升后降，在 15 时达到最高水平。此外，旺长期和蕾期 Chl 与施钾肥量显著正相关，在施钾肥量为 K5（200 kg/hm²）时达到最高值。

（三）水分

水是光合作用的原料，没有水就不能进行光合作用。但是，与同是光合作用原料的 CO_2 相比，用于光合作用的水仅为植物从土壤吸收或蒸腾失水的 1% 以下，一般而言，不会由于作为原料的水的供应不足而影响光合作用。缺水时叶片气孔开度减小，影响 CO_2 进入，而使光合作用的原料缺乏，光合速率下降。另外，水分亏缺时，一些水解酶活性提高，不利于糖的合成。缺水还影响细胞伸长生长并抑制蛋白质合成，而使光合面积减小，限制了植物的光合作用。在较严重缺水时，光合机构受损，电子传递速率下降，光合磷酸化解偶联，影响同化力的形成。在严重缺水时，叶绿体片层结构受到破坏，叶片光合能力不再能恢复。然而，水分过多时，也会因土壤通气不良、根系发育不好或根系活力降低而间接影响光合作用。

张亚娟等（2011）曾以东方百合'索邦'为试材，在科尔沁沙地对其在不同水分胁迫下的光合特性、叶绿素荧光及干物质积累进行了研究。结果显示，随着水分胁迫的加剧，净光合速率（P_n）和蒸腾速率（Tr）明显下降。另外，水分胁迫下百合叶片发生了"光合午休"现象，气孔导度（gs）也呈下降的趋势，胞间二氧化碳浓度（Ci）先下降后升高，并且通过gs 和 Ci 变化方向可以判断出，百合叶片净光合速率受气孔与非气孔两种因素的限制。百合叶片最小荧光（Fo）无明显变化，最大荧光（Fm）、可变荧光（Fv）和光系统 Ⅱ（PSⅡ）最大光化学效率（Fv/Fm）下降较明显。百合总干重及各器官干重也随水分胁迫的加剧而明显下降。研究表明，水分胁迫降低了百合叶片净光合速率，抑制了 PSⅡ 的光化学活性，从而影响到了百合干物质的积累。因此，在科尔沁沙地，应该采取合理的灌溉技术来保证百合在生长过程中得到充足的水分，以此确保切花百合的品质。

董永义（2011）以切花百合'索邦'（*Lilium*'Sorbonne'）为试验材料，进行了不同定植期和不同水分处理（-10~-4 kPa、-15~-10 kPa、-25~15 kPa、-40~-25 kPa）的栽培试验，以基于光温的温室花卉生长和外观品质预测模型为基础，利用水分处理试验数据资料，定量分析了基质水势对切花百合各生长指标（叶面积指数、叶片最大总光合效率、干物质生产和分配）和各外观品质指标（株高、展叶数、花苞长和花苞直径）以及出花率动态的影响，结果表明，随着基质水势的上升，单叶总光合速率和初始光能利用率也随着升高，达到-15 kPa 时，不再升高。当基质水势小于-15 kPa 时，叶片最大总光合速率和初始光能利用率与基质水势呈线性递减关系。

王美美（2019）采用盆栽法对细叶百合进行自然干旱胁迫处理，通过测定形态品质、膜质透性、光合生理及叶绿素荧光参数，探讨了细叶百合的抗旱能力，结果表明，干旱胁迫对细叶百合叶绿素的影响主要体现在对叶绿素 a 的影响上，叶绿素 a 含量与干旱时间呈负相关。干旱胁迫 0~21 d，细叶百合净光合速率未出现显著变化，其气孔导度和胞间 CO_2 浓度均降低，植株通过调节气孔来减轻干旱胁迫带来的伤害。干旱胁迫 21 d 后净光合速率开始大幅度降低，气孔导度降低，胞间 CO_2 浓度升高，干旱胁迫破坏了PSⅡ中原初光化学反应。干旱胁迫 35 d 对细叶百合光合机构造成了不可恢复的严重破坏。

（四）植物激素

在已知的植物激素及生理活性物质中，对光合作用起促进作用的物质有赤霉素、生长素和细胞分裂素。黄樟华（2006）试验结果表明，GA 处理增强了百合组培苗的光合作用，改善了光合特性。与 CK、鳞茎苗相比，不同浓度 GA，处理均不同程度地提高了叶绿素 a、叶绿素 b、叶绿素 a+叶绿素 b

和类胡萝卜素的含量，改善了叶绿素 a/b 的比值，促进了百合组培苗更协调地吸收和转化光能，提高了叶片的净光合速率、气孔导度、胞间二氧化碳浓度和蒸腾速率，提高了百合组培苗的光合能力，但并不改变净光合速率日变化的单峰曲线形状，尤其以 200 mg/L GA 处理的综合效果最好。此外，植物喷施水杨酸后对光合作用的调节也是植物生长表现改变的一条途径。一般认为水杨酸可以改变植物气孔的开合程度来调节植物的光合能力，尤其是在逆境条件下，水杨酸使气孔关闭来抵抗外界不良条件的伤害，但是仅限一定浓度范围内的水杨酸有促进作用，当浓度过高时，气孔的关闭造成的不可逆伤害的关闭状态，反而抑制植物的环境适应能力和生长。另外，水杨酸对光合色素含量也有一定的影响，适宜的水杨酸浓度可以提高植物体内的叶绿素含量和类胡萝卜素含量，进而促进植物的光合作用。ACC 和乙烯在逆境胁迫下会大量产生，影响植物的光合作用和呼吸作用等生理过程。

（五）百合材料的倍性

秦平然（2021）对不同浓度 SA（Salicylicacid）和 ACC（1-aminocyclo-propane-1-carboxylicacid）处理下的 14 个铁炮百合'清纯'二倍体生长表现和光合能力进行了持续的观测统计。结果表明，四倍体叶片在离体条件下叶绿素 a 含量显著低于二倍体，因此四倍体的叶绿素总量也显著降低了 15.48%，但是移栽后的四倍体叶片的叶绿素含量比二倍体显著增高了 39.02%；四倍体叶片的气孔长度和宽度分别比二倍体增大了 15.01% 和 8.68%，单位视野内的气孔数量比二倍体减少了 22.63%；四倍体和叶片厚度比二倍体增加了 44.57%，主要表现为海绵组织和栅栏组织的显著增厚以及上下表皮细胞的显著增大；铁炮百合加倍后最大净光合速率显著增强 40.54%，叶片的光合能力显著增强。此外，发现中浓度的水杨酸处理下的铁炮百合大球净光合速率日变化最大，光合能力较强，与其处理下的生长发育和形态表现一致。中浓度的水杨酸处理后的生长表现。利用熵值法进行综合评价的评价值最高，但是水杨酸对小球的影响不如 ACC 处理下的铁炮百合小球，低浓度和中浓度的 ACC 对小球的促进作用均比较好，在生产中基于种植成本因素，可以选用低浓度 20 µmol/L 的 ACC 对铁炮百合小球进行喷施。

四、百合的光饱和点和光补偿点

光补偿点和光饱和点能在很大程度上能反映植物对光强的利用能力。一般地，光补偿点低及光饱和点较高的植物对光环境的适应范围较广。许东亭等（2015）测定'西伯利亚'（'Siberia'）、'天霸'（'Tiber'）、'索邦'（'Sorbonne'）、'红罗宾'（'Red Robin'）、'木门'（'Concado'r'）、'元帅'（'Acapulco'）等多个东方百合品种光合作用参数，并采用光合助手软件（Photosyn Assistant，V1·1，Dundee Sci-entific，UK）的 Mechanistic AQ curve analysis 计算 6 个东方百合品种的光饱和点（LCP）、光补偿点（LSP）及光饱和光合速率（Amax）。结果表明 6 种百合中，光饱和点最高的是'西伯利亚'923. 349 μmol/（m·s），最低的是'索邦'324. 032 μmol/（m·s），两者相差 599. 317 μmol/（m·s），说明 6 种百合的光饱和点存在较大的差异。光补偿点最高的是'元帅'16. 006 μmol/（m·s），最低的是'帝伯'7. 997 μmol/（m·s），两者相差 8. 009 μmol/（m·s），说明 6 种百合的光补偿点存在一定的差异。光饱和点与光补偿点的差值最大的是'西伯利亚'912. 149 μmol/（m·s），最小的是'索邦'308. 031 μmol/（m·s）。

束冰等（2013）以东方百合品系中的'木门''索蚌''黑美人'3 个百合品种为试材，使用 Li-6400 便携式光合作用测定仪测定 3 个品种的光合日变化、光响应曲线和叶绿素含量等参数。结果表明，'木门''索蚌''黑美人'这 3 个品种的叶片净光合速率日变化最高峰值分别出现在 10 时、12 时、11 时，3 个品种最大净光速率差异显著，'木门''索蚌''黑美人'分别为 6. 29 μmol/（m·s）、1. 86 μmol/（m·s）、2. 25 μmol/（m·s），且 3 个品种均表现出光合"午休"现象。3 个东方百合品种的光补偿点和光饱和点较低，且在高光下没有明显的光抑制现象，对光强表现出较宽的适应性。

张芬芬等（2012）以东方百合'索邦'为试材，采用裂区设计试验，研究了冷凉气候下碱性土壤中施入不同量草炭和 N、P、K、Ca 肥对'索邦'百合种球产量、光合特性、光合色素含量、不同生长指标和不同器官干物质积累量的影响。结果表明，试验地自然条件下索邦百合叶片表观量子速率（AQY）为 0. 060 μmol/（m·s），最大光合速率（Pmx）为 13. 095 μmol CO_2/（m·s），光补偿点（LCP）为 28 μmol/（m²·s），光饱和点（LSP）为 1 352 μmol/（m·s）。有较低的光补偿点说明'索邦'百合是一种耐阴作物。同时，较低的光补偿点和较高净光合速率，能够较好地利用光能，增加光合产物的积累量。当光照强度高于'索邦'百合的光饱和点时，净光合速率有微弱的下降。试验地温度峰值出现在 14 时，光强全天都较高，8—16 时 PAR 的值均大于 1 300 μmol/（m·s），达到了'索邦'百合光饱和点，说明宁夏隆德地区属于高光强区，在这种光照条件下弱光不属于限制光合作用的因素，但可能会因为光抑制而影响光合速率，因此最好在正午光照过强时进行适当的遮阴处理。

五、百合的 CO_2 饱和点和补偿点

二氧化碳是光合作用的原料，对光合速率的影响很大。

低 CO_2 补偿点常作为植物高光合效率的重要指标之一。李璟等（2015）以 3 个百合品种（'多安娜'、'布朗尼诺'和'精粹'）为研究对象，利用 Li-6400 便携式光合测定系统测定了寡日多雨地区大棚条件下 11 月开花期植株中位叶片的光合特性。结果表明，3 种百合的 CO_2 补偿点以'布朗尼诺'最高 63.71 $\mu mol/mol$，'精粹'次之，'多安娜'最小 12.19 $\mu mol/mol$，'布朗尼诺'与'精粹'之间、'精粹'与'多安娜'之间差异显著；CO_2 饱和点以'精粹'最高 1 313 $\mu mol/mol$，'布朗尼诺'次之，'多安娜'最小 1 257 $\mu mol/mol$，'精粹'与'布朗尼诺'之间、'布朗尼诺'与'多安娜'之间差异显著。常玮等（2007）通过测定'西伯利亚''索尔邦''蒂伯'等东方百合品种在不同 CO_2 浓度（1 800 $\mu mol/mol$、1 400 $\mu mol/mol$、1 200 $\mu mol/mol$、1 000 $\mu mol/mol$、800 $\mu mol/mol$、600 $\mu mol/mol$、400 $\mu mol/mol$、350 $\mu mol/mol$、300 $\mu mol/mol$、250 $\mu mol/mol$、200 $\mu mol/mol$、150 $\mu mol/mol$、100 $\mu mol/mol$、50 $\mu mol/mol$ 和 0 $\mu mol/mol$）下的 CO_2 响应曲线，研究 3 个东方百合品种在滇中鳞茎繁育中的光合特性。结果发现 3 个东方百合品种的 CO_2 响应曲线没有明显的饱和阶段，这说明磷酸丙酮（TPU）利用效率不是 3 种东方百合光合作用的主要限制因子；而魏胜林等（2001）也发现在长期高 CO_2 浓度下百合没有"光合下调"现象，这可能是百合鳞茎能够及时转化并贮藏叶片过多的同化产物，从而部分消除了叶片因过多同化产物积累而引起的光合作用产物反馈抑制的现象。

第三节　百合的氮代谢

一、不同地域百合中的氮含量研究

百合作为药食同源植物在我国的栽培已有悠久的历史。作为发源中心，我国百合占全世界百合总数的一半以上，约有 55 个种，18 个变种。百合在我国分布广泛，资源十分丰富，是世界百合杂交育种不可多得的原材料，具有极大的开发价值。西南地区（如四川、云南地区）是中国百合最大分布

区，约有 36 个种，其中云南有 27 个种（变种）；中原地区（如河南、陕西、甘肃等地）也有分布，约有 14 个种/变种；东北地区有少量分布，主要在黑龙江、吉林和辽宁地区。各个地区百合的化学成分及生理特征也并非全然相同，其中植物中的元素成分也有差异。

张希平（2022）通过对不同种类（采集地）百合鳞茎中养分含量测定得到不同品种百合鳞茎中全 N、全 P、全 K 含量存在显著差异（$P<0.05$）。其中全 N 含量变化范围为 $0.39 \sim 17.14$ mg/g，且'卷丹'百合鳞茎中含 N 量最高的是陕西杨陵区，山西娄烦县马家庄'山丹'百合次之，之后依次为宁夏隆德县山河乡'山丹'百合、四川宝兴县盐井乡'通江'百合、河北围场县石人'梁丹'百合、陕西岗皋县城关镇'卷丹'百合和河南卢氏县文峪乡'卷丹'百合，宁夏西吉县火石寨乡'山丹'百合的 N 含量最低，仅为 0.39 mg/g。此外，该文章还得出了以下结论：不同种类（采集地）百合总多酚、总黄酮含量与鳞茎中全 N 含量呈极显著正相关（$P<0.01$）；不同种百合花色苷含量与鳞茎中全 N 含量存在显著正相关（$P<0.05$）；鳞茎 DPPH 清除力与全 N 含量呈显著正相关（$P<0.05$）；土壤速效 N、速效 P、百合鳞茎中全 P、全 K 含量与百合鳞茎中花色苷含量、Cu 离子还原能力、金属螯合能力及抑制脂质过氧化能力均无显著相关性。不同种类（采集地）百合 DPPH 清除力与总黄酮、总花色苷和全 N 含量呈现显著正相关关系（$P<0.05$）；百合鳞茎中全 N、总黄酮含量及 DPPH 清除力与总多酚含量呈现极显著正相关关系（$P<0.01$）；但与百合多酚类物质、抗氧化活性及百合和土壤中 N、P、K 含量无显著相关系。李海亮等（2014）以东方百合杂种系的'伯尼尼'、'元帅'和亚洲百合杂种系的'普瑞特'百合种球为材料，从蛋白质含量、还原性糖含量、氨态 N 和硝态 N 含量、硝酸还原酶和淀粉酶活性、氨基酸含量等多个方面对国内外的 3 个品种的百合种球进行比较研究，得到国产的 3 品种百合种球中蛋白质、还原性糖含量和硝酸还原酶、淀粉酶活性均低于进口品种，氨基酸种类及含量均低于进口品种；而铵态 N、硝态 N 含量则均高于进口品种。

二、百合不同氮形态的吸收规律

N 素既是植物最重要的结构物质，又是植物生理代谢中最活跃部分-酶的主要成分，所以 N 素对植物生理代谢和生长发育有重要作用。N 形态几乎影响了光合作用的各个环节，包括影响叶片生长、叶绿素含量、光合速率、暗反应主要是酶活性及光呼吸等，直接或间接影响着光合作用。以往的研究表明，作物叶片的 N 素营养与光合作用有着密切的关系，作物叶片的净光合速率不仅受到 N 素总量的影响，而且与不同形态的 N 素营养供应有着密切的关系。高等植物吸收的 N 素主要是无机态 N，即铵态 N 和硝态 N。植物在长期进化过程中形成对不同 N 素形态具有选择吸收的特性，人们一般认为，在水培条件下，单纯使用 $NO_3^- $-N 或 $NH_4^+ $-N 都会影响离子吸收，从而导致平衡破坏而影响植物生长。营养液中 $NO_3^- $-N 和 $NH_4^+ $-N 保持一定的比例效果要优于单独施用，其最佳配比随作物生育期不同而不同。植物对 2 种形态 N 素的吸收、运输、同化等许多代谢过程都存在着较大差异，从而影响到植物的生长发育、生物量累积和次生代谢作用。

苏頔等（2012）采用 0：100、10：90、25：75、75：25、100：0 共 5 个不同铵态 N/硝态 N 配比的营养液，对百合进行砂培盆栽试验，以期得到不同形态 N 素配比对百合生长发育影响，得出以硝态 N 为主的营养液有利于百合的生长发育，可显著提高各器官的干物质积累以及植株地上部、根部的含 N 量。其中 $NH_4^+ $-N：$NO_3^- $-N = 25：75（N3）处理百合株高、花直径、叶片叶绿素含量、地上部干物质积累、根部 N 含量积累均达最大值，3 个以上花蕾所占比例高，花期最长。这表明在以硝态 N 为主的前提下，增加适量的铵态 N，不会显著降低百合的干物质积累。不同 N 素形态配比的营养液对百合干物质重积累具有促进作用，但只有硝态 N 比例较高的，植株干重较大，所以硝态 N 有利于干物质的积累。出现这种现象的原因，认为一方面硝态 N 有利于植物对 K、Ca 等阳离子的吸收、积累。另一方面硝态 N 也是一种信号物质，能够促进细胞分裂素的产生，有利于细胞的膨大，也有利于果实干物质的积累。

NR 是 N 代谢过程中的重要调节酶，也是 $NO_3^- $-N 同化还原过程中的限速酶，在作物对 N 肥的吸收和利用中起关键作用，并与作物的光合呼吸和碳素代谢等有密切关系，从而影响作物的产量和品质。硝酸还原酶（NR）是硝酸盐同化中第一个酶，也是限速酶，处于植物 N 代谢的关键位置。唐文菊等（2013）用营养液培养法，先对健康植株进行缺 N 培养，再提供 $NO_3^- $-N 与 $NH_4^+ $-N 种不同形态的 N 肥，待生长稳定后测定相关生理指标。研究不同 N 素形态对西伯利亚百合生长的影响。不同形态的 N 对植物各项生理指标的影响不同，对西伯利亚百合的研究发现，$NO_3^- $-N 促进硝酸还原酶活性的提高，且活性除在最高施用水平 50 mmol/L 受到抑制外，随施用水平的升高而增强。在 50 mmol/L 施用水平，硝酸还原酶活性反而降低。猜测是由于 $NO_3^- $-N 浓度过高，产生了肥料盐害。在 $NH_4^+ $-N 处理中，随着

NH_4^+-N 浓度的增加，硝酸还原酶的活性呈下降的趋势，说明 NH_4^+-N 对硝酸还原酶活性有一定的抑制作用。NO_3^--N 处理百合叶片中的可溶性糖含量、可溶性蛋白含量、淀粉酶活性普遍高于 NH_4^+-N 处理，但 NH_4^+-N 处理百合叶片中还原性糖含量普遍高于用 NO_3^--N 处理。以上结果都表明硝态 N 是西伯利亚百合生长较好的 N 素形态。有人认为，植物幼苗吸收铵态 N 大于硝态 N。从肥效看，较多研究者认为铵态 N 和硝态 N 配合施用较单施效果好。李海亮等（2011）也研究了不同 N 形态对于百合生长发育的影响，结果得到两种不同形态的 N 配合使用的效果大于单种形态 N 的效果。其实验结果得出用 10 mmol/L 的 NO_3^--N 培养的百合叶片和鳞茎中 NRA 最高，用 1 mmol/L 的 NH_4^+-N 培养的西伯利亚百合的叶片中的 NRA 为最高，而用 10 mmol/L 的 NH_4^+-N 培养下的为最高。所以在实际生产中应注意 NO_3^--N 和 NH_4^+-N 的合理配比，以便让 N 素被植物充分吸收利用。

　　NO 及乙烯作为生物活性小分子或植物生长调节物质，参与了植物生长发育的各个阶段，在植物休眠及解除过程中也发挥着重要作用。也是 N 代谢参与百合的一种特殊形态。研究表明 NO 能够诱导休眠种子内源激素含量的变化，可以诱导乙烯响应相关因子在拟南芥中的转录，NO 诱导牧草种子萌发过程中会引起 H_2O_2 和 ABA 的含量变化，另外，NO 也可通过刺激乙烯的产生，降低对 ABA 敏感的苹果（Malus pumila）种子的休眠，NO 减轻了拟南芥种子对 ABA 的敏感性，促进拟南芥种子的萌发。这表明 NO 在种子休眠及解除方面有明确效果。这使得研究 NO 对休眠百合鳞茎的休眠解除效果有意义。王齐等（2017）用硝普钠（SNP）处理休眠的'哥德琳娜'百合鳞茎后，在 25 ℃ 下进行培养，观测其萌发生长和测定不同解除休眠生长时期 GA（赤霉素）、IAA（吲哚乙酸）、ZR（玉米素核苷）、ABA（脱落酸）4 种内源激素的质量摩尔浓度变化。得到 NO 能够促进'哥德琳娜'百合鳞茎休眠的解除，随处理体积摩尔浓度的增加，鳞茎发芽率呈先增大后减小趋势，其中 10 mmol/L SNP 体积摩尔浓度浸泡处理对休眠'哥德琳娜'百合鳞茎的解除效果最好，发芽率达 58.2%，比对照增大 37.9 个百分点，且与对照差异显著（$P<0.05$）；鳞茎质量和根生长量呈先增大后减小趋势，10 mmol/L SNP 体积摩尔浓度浸泡处理下增加最大，分别比对照增大 41.74% 和 102.03%，且与对照差异显著（$P<0.05$）；用 10 mmol/L SNP 体积摩尔浓度浸泡处理下，鳞茎内源激素 GA、IAA 和 ZR 质量摩尔浓度随处理天数增加呈增大趋势，且均与对照差异显著（$P<0.05$），而 ABA 质量摩

尔浓度随处理天数增加呈减小趋势，与对照之间差异不显著。NO 能够促进生长素的快速生成，加速'哥德琳娜'百合鳞茎休眠解除的进程。这也表明 NO 作为信号分子，参与了植物生长发育和胁迫反应中对植物生长发育、种子萌发和激素反应等生理过程的调节。百合鳞茎受到 NO 作用后，发生了一系列复杂的生理生化反应，致使影响百合鳞茎休眠的内源激素种类和含量发生增减变化，从而打破休眠，促进发芽生长。物极必反，本研究也发现，于百合而言，过高浓度的 NO 会抑制芽的生长，甚至引起芽的死亡。使用外源 NO 能够促进百合鳞茎休眠的解除，在 10 mmol/L 体积摩尔浓度 SNP 处理下萌发效果较好，与没有 NO 处理过的百合鳞茎之间存在显著的差异。NO 也可诱发内源激素 GA、IAA、ZR 的变化，随处理时间的延长呈增大的趋势，说明这些内源激素也参与了百合鳞茎休眠的解除。

NO 是一种普遍存在的、可扩散、具生物活性的小分子，参与了生物体内众多的生理生化反应及调节。采用 NO 可以延长果实、蔬菜及切花的贮藏寿命，它是一种延缓衰老的天然植物生长调节剂，且并不仅仅只通过下游调节乙烯的释放而起作用，研究表明它还对切花保鲜效果明显且它的细胞保护性反应与活性氧密切相关。曾长立等（2011）以硝普钠（SNP）为 NO（一氧化氮）供体、亚甲基蓝（MB-1）为 NO 清除剂，重点研究 NO 对百合切花寿命与生理效应的影响。实验证明 0.1 mmol. L^{-1} SNP 释放的 NO 可显著延长百合切花的瓶插寿命，增大最大花茎，延长达到最大花茎所需时间，增加切花花枝鲜质量，缓解切花中可溶性蛋白质的降解速度，显著提高花瓣中抗氧化酶 SOD 与 POD 活性，延缓丙二醛质量摩尔浓度与游离脯氨酸质量分数升高。而 MB-1 作为 NO 清除剂，能部分或完全逆转 NO 的这些生理效应。

三、百合不同部位氮元素（氮肥）吸收规律

任何一株植物从种子萌发到开花结实，都要不断的由外界环境中吸收其生长发育所需的各种养分，才能完成其正常的生命周期，因而，要定期、定量以各种形式补充作物所需的各种养分。植物营养学还表明，任何一种营养元素，不论是缺乏还是过剩，都会对植物的生长发育产生不良影响，因而，要根据作物的养分吸收规律平衡施肥。百合鳞茎可为生长初期提供养分，所以对外界 N 素的吸收不明显，在现蕾期以前，百合的鳞茎主要消耗鳞茎中的 N 素。各器官中 N 素的累积量变化不明显；直到发育中后期才需要从土壤中吸收 N，如果这时候土壤的 N 素不足，就会影响植株的生长发育，影响农艺性状减低，所以在百合种植的后期，及时补施 N 肥显得尤为重要。现

蕾期至开花期，N 素由地上部转移至地下鳞茎；在半枯期达最大值，生长后期鳞茎作为库积累养分供来年生长。通过对食用百合叶片、茎秆和基生根中的 N 含量进行研究，发现均在幼苗期最高。

（一）百合鳞茎对氮元素（氮肥）的吸收规律

百合为鳞茎植物，形态特征与其他作物有所差别，养分吸收规律也不一样。对于一般作物来说，从种子发芽开始，就不断由外界环境中吸收大量养分，维持其生长发育，直至成熟。而鳞茎植物有一个贮存了大量能量的库，为植物的初期生长提供了大量的养分和水分。

吴朝海（2007）通过实验得到在 16 周之前鳞茎中全 N 含量在一直下降，之后随着地上部光合产物向鳞茎中转移而快速增加；叶中全 N 含量在出苗后逐渐增加，第 20 周达到最大值，之后下降。

（二）地上、地下两部位对氮元素（氮肥）吸收规律

对于地上、地下两个部位 N 元素（N 肥）吸收规律的研究，郭友红等（2004）通过温室田间实验，研究了东方百合的养分吸收规律和分配特点。得到对于地上植株生长部分：在不施钾肥的情况下，百合茎、叶的生长量总的趋势是均随 N、P 施肥水平的升高而增加，株高和茎粗两个主要指标中，处理 A2B0 明显高于 A0B0，而 A1B0 与 A0B0 没有显著差异。叶面积表现为，两个施肥处理 A1B0 和 A2B0 的叶长、叶宽和叶片数均显著高于不施肥处理 A0B0，其中 A1B0、A2B0 的叶长较 A0B0 增加 7.1% 和 19.3%，叶宽增加 3.2% 和 6.4%，叶片数增加 12.3% 和 19.3%。可见，N、P 营养对百合植株生长发育有明显的影响。对于百合鳞茎，在不施 K 肥的条件下产量随施 N、P 量的增加而增加，A0B0 处理明显低于 A0B2 和 A0B1，而 A0B2 和 A0B1 之间没有显著差异，与地上部植株生长特性的结果一致。这表明东方百合由移栽至现蕾，鳞茎的干物质量及各种养分的累积量降低，表明了出苗及幼苗生长的物质消耗；现蕾至切花期，是百合吸收养分和水分的主要时期，茎、叶、蕾及地下部迅速生长，生物总量及各养分累积量也随之迅速增加；生长后期以营养贮存为主，茎、叶中的各种养分回流至地下部分。

（三）百合全株对氮元素（氮肥）吸收规律

对于百合全株 N 元素（N 肥）吸收规律的研究，袁媛等（2007）研究了不同栽植期的野生大百合在成花过程中叶片主要营养物质、C/N 比的变化，以及对其生育进程、开花期性状的影响。结果得到叶片碳水化合物含量与 C/N 比在成花过程中呈先上升后下降的趋势，花期结束时有所上升，11 月 12 日栽植的大百合的碳水化合物含量与 C/N 比最先达到最高值；各处理

含 N 量在现蕾期达到最低值，后处于平稳状态；同时 11 月 12 日栽植的大百合开花期最长，达到 24 d；开花率为 29.33%，单株花朵数达 18 朵，且平均每朵花的花穗长 11 cm。2 月 17 日后栽植的大百合不能正常生长。这表明叶片碳水化合物含量与 C/N 比在成花过程中呈先上升后下降的趋势，在花期结束时有所上升；各处理含 N 量在现蕾期达到最低值，后处于平稳状态，即大百合在成花诱导期需要维持淀粉、水溶性总糖的高含量和总 N 的低水平。

四、碳、氮、磷单种肥料对百合的影响

百合（*Lilium* spp.）由于具有花姿优美、花色娇艳等特点而成为国际市场上最受欢迎的切花之一。然而，百合切花采后易衰老，从而严重限制了其市场行销。刘岚等（2007）认为百合切花花瓣的衰败是与其体内一系列高度调节的生理生化作用过程相关的，如水分平衡失调、呼吸代谢增强、高分子物质的降解、内源激素的调节。近年来，随着栽培面积的扩张，百合种性退化、产量下降、病虫害加剧等，严重制约了其产业化发展。因此，改善百合种植技术，提高其产量是目前需要解决的关键问题。对百合的栽培，使用肥料是现在人们解决百合生长问题的常用手段。科学施肥是影响百合商品价值和产量的关键因素，因为百合对栽培基质要求较高，而且经常是采用无土栽培，其需肥特性又明显不同于一般大田作物，所以，施肥是百合生长过程中重要的管理措施之一，研究百合的施肥技术对提高商品百合的产量与质量都具有重要意义。然而，人们为追求高产大量施用 N 肥，导致 N 肥利用率降低，既浪费资源又污染环境。2003 年 *Nature* 杂志发表了题为"Fertilized to death"的警告性文章，文章指出如果不重视过量施肥带来的环境威胁，将造成灾难性的后果。顿昊阳等（2010）研究表明合理施肥不仅能促进花卉生长发育，植株健壮，叶片富有光泽，而且能获得较多和较大、更鲜艳的花朵。现代对百合的需肥规律和鳞茎增重规律的研究，逐步揭示了 N、P、K 等大量养分元素及微量元素在百合植株生长发育和形态建成中起到的重要作用。

高等植物在其正常生长发育过程中需要足够的 N、P、K 素营养，N、P、K 肥对作物产量和品质关系极大。我国绝大部分耕地有机质含量较低，土壤 N、P、K 素分布不均，供应不足，往往成为限制作物产量和品质的主导因素。作物施用 N 肥，能促进蛋白质和叶绿素的形成，使茎叶色泽深绿，植株发育健壮，叶片生长加速，一定程度上延缓了叶片的衰老，从而使作物

营养和繁殖器官的形成和发育良好，作物产量明显增加，品质增加。P 的正常供应，有利于细胞分裂、增殖，促进根系伸展和地上部分的生长和发育，并促进蛋白质、淀粉，糖分的积累，提高作物的产量和品质。K 与 N、P 配施能够明显提高作物产量和品质，许多研究证实 K 与 N、P 配施可以增加作物可溶性固形物、糖分和淀粉的含量，降低有害物质含量，明显增加产量和品质。百合是需肥较多的作物之一，科学施肥可使其植株生长势强，茎秆粗壮，叶片数增多，叶片功能期延长，提高光合效率，增加产量。

已有很多文章对各种不同品种的百合施肥水平进行研究及优化。花芽分化是一个形态建成的过程，需要大量的营养物质。而矿质营养元素是影响植物开花的多个因素中一个重要的方面。李智辉（2010）对新铁炮百合花芽分化及发育过程中叶片内 N、P、K 含量的变化规律进行了研究。发现在花芽分化及发育过程中，N、P、K 含量均有所下降且在花原基分化时期含量明显低于未分化期，外花被原基形成期 N、K 含量较高，三者的含量关系为 K>N>P；因此，新铁炮百合花芽分化及发育过程中，较低水平的 N、P、K 有利于新铁炮百合的花芽分化，相对高水平的 N、K 有利于其花芽的发育，高水平的 K 对新铁炮百合花芽分化及发育有一定的促进作用。此外，从整个花芽分化及发育的过程看，N、P、K 3 种元素含量总体上较未分化期均有所下降，因此，在新铁炮百合花芽分化及发育过程中，消耗了较多的 N、P、K。在新铁炮百合花芽分化及发育前一定的 N、P、K 积累有利于花芽分化及发育的进行。

株高是衡量植物长势的主要指标之一，施肥量是影响这一指标的关键。实验表明施 N 对百合株高有明显影响，增加 N 肥的施用量，可以提高百合株高，当施 N 量超过一定范围之后，株高又有下降的趋势。茎粗也是衡量植株生长势的指标，施肥量同样是影响这一指标的关键。陈鹏等（2013）实验结果表明单施 N 肥、单施 P 肥、单施 K 肥都对百合植株茎粗有明显的增益效应。光合作用是绿色植物最具特征性的生命活动，而叶片又是光合作用的主要器官，增加叶片数可以提高光合面积、延长光合时间、提高光合效率，增加有机物质积累量。实验证明单施 N 肥、单施 P 肥、单施 K 肥都会使植株叶片数明显增多。此外，该研究还通过田间施肥试验，研究不同 N、P、K 施肥量对兰州百合植株农艺性状及鳞茎产量的影响，并确定最优施肥方案为：在 N、P、K 肥单施条件下，N 肥最优施肥方案为 N 225 kg/hm^2；P 肥最优施肥方案为 P$_2$O$_5$ 150 kg/hm^2；K 肥最优施肥方案为 K$_2$O 150 kg/hm^2。两种肥料配施条件下，N、P 肥最优施肥方案为 N

150 kg/hm²，P₂O₅ 150 kg/hm²；P、K 肥最优施肥方案为 P₂O₅ 75 kg/hm²，K₂O 150 kg/hm²；N、K 肥最优施肥方案为 N 225 kg/hm²，K₂O 75 kg/hm²。N、P、K 肥配施条件下，最优施肥方案为 N 150 kg/hm²，P₂O₅ 75 kg/hm²，K₂O 150 kg/hm²。

王涵等（2021）及赵健等（2017）分析不同 N、K 处理下'卷丹'株高、茎粗、叶片数、叶绿素、鳞茎周径的变化，比较不同处理对卷丹农艺性状影响的差异，研究结果表明，N、K 均能促进卷丹百合地下鳞茎发育及叶片生长，增加株高和叶片数，提高叶绿素含量，使其充分利用光能、增强光合效率，从而促进'卷丹百合植株生长发育，龙牙百合的研究结果也与之相似，为完善卷丹百合生长发育的研究资料和构建有利于生态安全的施肥技术提供依据。并且不施 N 时，随着 K 水平的增加，卷丹百合株高、茎粗、叶片数和叶绿素含量均。随着 K 水平的增加而增加，且差异显著；在 N₂ 水平时，茎粗、叶片数及叶绿素含量随着 K 水平的增加而降低，说明 N 素过高会抑制 K 肥肥效发挥，进而抑制地上部生长。

林玉红等（2011）在施用 P 肥和 K 肥的基础上，研究不同施 N 水平（0 kg/hm²，75 kg/hm²，150 kg/hm² 和 225 kg/hm²）对旱地兰州百合干生物量、养分累积动态及 N 肥利用的影响，结果表明，适宜施 N 量可促进兰州百合植株生长，提高 P 茎养分的转化吸收效率。鳞茎 N、P、K 养分吸收不同步，累积量依次为 K>N>P。施 N 量只影响鳞茎干生物量和养分的阶段累积量，不改变其累积动态趋势。随施 N 量的增加，鳞茎产量、N 累积量和 N 肥利用率均有不同程度的提高，施 N 量为 150 kg/hm² 时三者均最高，分别达（8 982.1±845.8）kg/hm²，（29.123±1.767）kg/hm² 和（4.97±2.16)%。当施 N 量达 225 kg/hm² 时各指标均下降。施 N 量为 75 kg/hm² 时 N 肥效率最大，为（107.36±11.21)%，此后随 N 肥量的增加 N 肥效率极显著下降。综合考虑各因素，建议兰州百合基肥的施 N 量应为 75~150 kg/hm²，这可显著促进兰州百合鳞茎对 N、P、K 养分的转化和吸收累积效率，提早形成健株，提高经济产量。

五、碳、氮、磷三种肥料不同配对比对百合的影响

朱峤（2012）以盆栽香水百合为试验材料，采用 N、P、K、Ca 4 因素 4 水平 L16（44）正交试验设计方法，研究了不同肥料配比对香水百合株高、叶片数、叶面积、叶绿素和叶片中 N、P、K、Ca 含量变化的影响，结果得到 N、P、K、Ca 4 因素对百合不同性状的影响。对于香水百合株高，

盛花期达到最高，初花期以前，株高增长幅度明显，且施用高水平 N （300 mg/kg）处理的百合植株均较高；对于香水百合叶片数，施用高水平 N、中 P、高 Ca 是维持最多叶片数的最佳浓度；对于香水百合叶面积，高 N、中或高 P、中 K 和高 Ca 处理的叶面积在生长期内均保持较高水平；对于香水百合叶绿素，高 N、中或高 P、中 K、中或高 Ca 处理的在各个生长发育时期叶绿素含量均较高。结合试验结果得到施用 N 300 mg/kg、P 100 mg/kg、K 150 mg/kg、Ca 120 mg/kg 效果最佳，该处理的香水百合生长状况最佳，株高增长快，叶片质量高，且叶中养分含量高，叶片 P、K、Ca 积累持续时间长。株高增长快，叶片质量高，且叶中养分含量高，叶片 P、K、Ca 积累持续时间长。试验过程中还发现，低 N （10 mg/kg）处理的百合有缺铁黄化现象，随着 N 肥浓度的提高，这种现象趋于缓解。猜测这与 N 和 Fe 的协同作用有关。

现在已有许多百合需肥规律和鳞茎增重规律的研究，这些研究逐步揭示了 N、P、K 等大量养分元素及微量元素在百合植株生长发育和形态建成中起到的重要作用，然而根外施肥也是一种常见且有着特有优势的一种植物助长方法，根外施肥相对传统土壤施肥是最灵活、便捷的施肥方式，是构筑现代农业"立体施肥"模式的重要措施。与土壤施肥相比，根外施肥具有不受生育期影响、吸收速率快、避免土壤固定和淋溶、养分利用率高、方法简便、经济等优点，已成为农业生产中一项不可缺少的技术措施。百合的生长环境实际上大多在无灌溉条件的山坡地，因而对其实施根外追肥很为必要。黄鹏等（2011）研究不同根外施肥配方对兰州百合植株各器官生长发育和鳞茎产量的影响，旨在阐明 N、P、K 等营养元素根外施用对兰州百合植株生长及鳞茎产量的影响。得到叶面喷施磷酸二氢钾可显著增大百合植株的茎秆粗度和鳞茎产量，喷施尿素对增大叶面积作用显著。磷酸二氢钾与尿素配合喷施可有效改善百合植株的生长性状，提高百合鳞茎的产量，其中以磷酸二氢钾和尿素的配合喷施次数均为 3 次时效果最佳。

因地制宜，由于百合在我国许多省份、许多地区皆有生长及种植，每个地区的土壤质量、空气环境都不同，因而有针对性地探究每一地区的百合生长规律也是十分有必要的，邓军文等（2005）针对粤北种植百合的土壤 pH 值普遍偏酸性的问题，展开了大田试验，结果得到粤北食用百合的土壤障碍因子主要是速效钾严重缺乏，重施 K 肥，对百合产量有明显影响，尤其在百合生长的中后期。另外，该实验组采用 N、P、K 3 因子 3 水平正交设计，经多重比较，得到 N：P：K 为 1：3：3 时施肥的效果最佳，且 N、P、K 配比施肥结果表明重施钾肥增产效果显著。

崔光芬等（2021）通过田间施肥试验，研究了不同 N、P、K 施肥量对兰州百合植株农艺性状及鳞茎产量的影响。结果表明，以 N、P、K 单种肥料设置施肥处理得到相同的肥料种类和用量对 OT 百合切花和子球的品质影响各不相同，并且单种肥料施用后会对土壤 pH 产生显著影响。在适宜的施肥水平下，N、P、K 对 OT 百合子球和切花的生长均有促进作用。在 3 种肥料（N、P、K）中，子球对 N 肥需求大于切花，提高施 N 量可使子球品质明显提升，但 N 肥仅对切花株高的增加有促进作用，其叶部和花部的生长量未表现出增长。另外两种肥料对植物也有着各不相同的显著影响，根据 3 种肥料在 OT 百合种植效果上的表现，宜采用混合施肥的方式对百合施肥，通过平衡施肥消除肥料对土壤 pH 值的影响，另外施肥前更应该考虑土壤的肥力基础，根据土壤中各元素含量确定肥料种类和施用量才能保障切花或子球品质优良。

王丽媛等（2014）根据其不同的 N、P、K 及中量、微量元素组合就 OT 系百合‘Manissa’不同生长期的需肥特性进行了研究，结果表明营养组合表现不同的营养结构，通过不同营养施肥处理后，中量元素和 N、P、K 的交互作用对百合切花品质影响明显，这一结论也佐证了除三大必需矿质元素外，Ca、Mg 对百合生长的作用也不容忽视。对于该看法，黄璐等（2010）进一步证实了百合对 Ca 的需求，并得出结论百合需要较多的 N、K、Ca，对 P 和 Mg 需求量较少。朱峤等（2012）也通过实验结果发现 Ca 肥在现蕾期和盛花期与株高呈显著正相关，花衰败后与株高呈极显著正相关；Ca 肥在初花期和盛花期与叶片数呈极显著正相关，花衰败后呈显著正相关；Ca 肥在展叶期与叶面积呈显著正相关，在现蕾期与叶面积呈极显著正相关；Ca 肥在现蕾期与百合叶绿素呈显著正相关，花衰败后呈极显著正相关。这一发现也从侧面证实了 Ca 在百合的生长中处于重要的地位，它影响了百合的许多显著特性性状。缺 Ca 会使百合植株生长缓慢，花蕾脱落，植株矮小，影响切花品质。所以，百合的养分供应，应考虑 N、K、Ca 的协同作用及与 Ca、Mg 的交互作用，通过平衡施肥，才能有效改善百合的生长，提高经济效益。

通常在生产中，由于种植户对科学施肥的重要性认识不足，往往多施 N、P、K 肥，而少施或不施微肥，这种潜意识的思想使得百合不能对营养元素均衡吸收，可能出现严重的病虫害，这将严重影响了兰州百合的生长发育、产量和品质。路喆等（2011）采用田间试验与室内分析相结合的方法，研究了不同浓度 Zn、B、Mn 肥喷施对兰州百合干物质积累分配、产量和 N、P 吸收的影响。结果表明，在 N、P、K 肥充足的土壤中，喷施浓度为 200 mg/L Zn 肥、100 mg/L B 肥和 100 mg/L Mn 肥均能有效促进兰州百合对 N、P 的吸收转运，增加兰州百合鳞茎产量，改善鳞茎品质，提高肥料的利用效率。Mn 在植物体内主要作为某些酶的活化剂参与氧化作用而参加 N 及无机酸的代谢、二氧化碳的同化、碳水化合物的分解等。该研究还发现喷施浓度在 100~300 mg/L 范围内 Mn 肥增加 N、P 的累积，加速了鳞茎 P 的吸收转运，却降低了 N 的吸收转运效率。与该课题组有着相同想法的何春梅（2007）课题组，也对常规 N、P、K 肥以外的微量元素-Si 元素做了相关研究，Si 肥是一种含活性硅的微碱性或中性的矿物肥料，是植物生长的有益元素之一。国内外关于硅肥对水稻、小麦、芦草等禾本科作物生长发育的作用研究较多，研究表明 Si 可以提高作物的光合作用，提高抗倒伏、抗病能力，从而提高产量，因此 Si 已被列为作物生长发育的重要元素。该课题组在施用 N、P、K 肥基础上配施 Si 肥、B 肥等有益元素和微量元素，旨在探讨其对百合生长的影响。发现百合花施用含 B、Fe、Zn 等元素微量肥可以促进百合株高生长、增加茎粗、提高产花数、增大花苞、提高百合叶绿素含量和促进对 N、P、K 的吸收。这与 B 等微量元素能促进农作物生殖器官的正常发育和体内糖的合成和运输、改善植株各器官有机物的供应状况、增加作物的结实率有关。施用 Si 肥可以显著增加茎粗，这与硅能稳定植物体机械结构、增强组织的机械强度有关。Si 肥通过提高百合叶绿素含量和促进对 N、P、K 的吸收，使百合植株增高、产花数增多、花苞增大，这可能由于施用 Si 肥后，提高作物根系活性，作物表皮细胞硅质化，使作物的茎、叶挺直，减少遮阴，增强叶片光合作用，提高百合光合效率、以及碳水化合物形成，从而明显提高百合光合性能。表明增施 Si 肥或微肥，特别是 Si 肥能显著促进百合的生长，株高增加 28 cm、茎秆增粗 1.98 cm、2.05 cm、花朵数增加 8.3%、23.6%、花苞增大 2.1%、4.0%，同时可提高百合植株的 N、P、K 及叶绿素含量，且随着 Si 肥用量的增加（≤450 kg/hm^2），以上各指标也随之增加。

六、百合凋落物中氮的研究

凋落物分解是生物地球化学循环的重要节点，在维持生态系统功能与结构方面发挥重要作用。凋落物的分解主要由 3 个环节构成：（1）淋溶作用，凋落物中可溶性物质随着水分的流动逐渐流失；（2）粉碎作用，土壤的干湿交替、冻融交替、土壤动物以及人类活动等使凋落物破碎化；（3）代谢过程，土壤微生物和酶的协同作用把结构复杂且难以吸收的有机物转化成易于吸收的无机化合物。贾丙瑞（2019）指出凋落物的种类和所处的环境条件不同，分解速率不同，不同环境条件或者不同分解阶段影响凋落物分解的主导因子也不同。进入 21 世纪，我国科学家在大气 N 沉降和气候变化对凋落物分解的影响方面开展了大量研究工作。大气 N 沉降是全球变化的重要现象，大气 N 沉降含有大量植物生长发育所需的 N，因而对生态系统的影响受到了格外关注。N 输入量增加会引起植物群落结构变化，导致凋落物质量、土壤理化性质、土壤微生物和土壤动物变化，进而影响凋落物的分解。长期 N 添加对凋落物分解酶影响各不相同，促使纤维素酶活性增强，而降低木质素酚氧化酶活性。

　　Gopal 等（2016）和 Taylor 等（1989）都认为化学性质（C、N、P、木质素和纤维素含量等）对凋落物分解的影响主要与凋落物分解时土壤微生物营养有关，土壤微生物在分解初期需从外界环境吸收 N 素，供自身进行分解活动需要，N 素含量不足，会限制凋落物分解。兰州百合是多年生鳞茎类草本植物。目前对于兰州百合的研究主要在根际土壤微生物、土传病害以及根际分泌物和自毒作用方面，对凋落物的研究较少。然而兰州百合植株在农业生产过程中会形成大量田间凋落物，因而针对百合凋落物进行研究是百合研究的一个有意义方向，可为百合种植过程中凋落物的管理提供理论依据。李杰等（2022）研究表明兰州百合各器官凋落物的化学成分显著不同（$P<0.05$），对于其中 N 的含量，在叶中、茎、鳞茎、茎生根、根中 N 元素的含量分别为 12.62 g/kg、5.42 g/kg、12.94 g/kg、8.49 g/kg、14.88 g/kg。兰州百合凋落物年分解速率 k 与 N、P 含量显著负相关，与 Mg 含量、C/N、木质素/N 显著正相关，凋落物初始 C/N 和木质素/N 的值越高，分解速率越高。

　　与其他植物一样，N 代谢对于植物百合同样起着重要的作用。百合作为我国的一种本源植物，广泛分布于我国大部分省份。我国百合占全世界百合总数的一半以上，约有 55 个种，18 个变种。通过实验证明 N 元素在不同地区的百合中量并不相同，仅针对卷百合，以陕西杨陵区的百合鳞茎含 N 量为最高。2 种形态 N 素的吸收、运输、同化等许多代谢过程都存在着较大差异，从而影响到植物的生长发育、生物量累积和次生代谢作用。针对 N 素的形态，研究表明硝态 N 是西伯利亚百合生长较好的 N 素形态，但大多试验结果得到两种不同形态的 N 配合使用的效果大于单种形态 N 的效果。N

代谢在百合不同部位的影响程度也并不相同，N 元素对百合鳞茎、地上地下、全株的影响规律不同。在当今社会，百合作为不仅作为一种药食两用的药材，同时拥有各种类型的它，也是花市上随处可见的切花种类。良好的市场使得现代社会对百合的需求量增大。因而百合的种植问题的当今百合发展的重要问题，农户力求通过各种手段来优化百合植株的增长及增加百合植株的产量，其中施肥为简单有效的方法。许多研究对 C、N、P 3 种常见的植物肥料对百合的影响进行考察，主要考察变量有：不同的百合种类、C、N、P 各种对百合的影响、C、N、P 3 种肥料不同配料比对百合的影响、C、N、P 3 种元素对不同百合部位的量及影响，此外还有其他元素对百合植株产生的影响。因而研究 N 代谢对百合影响具有理论意义以及应用意义。

第三章　百合栽培

第一节　常规栽培

一、选择适宜种植地区

百合生态适宜范围广泛，在山坡、丘陵、平原、沼泽和雨林等不同自然环境下均可生长，种植区域分布跨北方一熟地区、一熟向二熟制过渡地区、中纬度二熟地区、二熟制向多熟制过渡地区及多熟制地区。

赵祥云等（2016）介绍，目前，中国大部分百合原种仍处在野生状态，多生长在人烟稀少、交通不便的山区。自然分布区跨越亚热带、暖温带，温带和寒温带等气候带，垂直分布多在海拔 100~4 300 m 阴坡和半阴半阳的山坡、林缘、林下、岩石缝及草甸中，加上土壤和其他因素的差异，使野生百合形成 5 种生境。

（一）西南高海拔山区

该区主要包括西藏东南部喜马拉雅山区和云南、四川横断山脉地区。该分布范围内 1 月平均气温为 2~8 ℃，7 月平均气温为 12~18 ℃，年降水量 1 000 mm 左右，周年气候温暖、湿润、光照条件适中，土壤微酸性，加之地形复杂，从而形成百合种间花期隔离，为百合的分化、种的多样性提供了良好条件，因此形成亚洲百合野生种最主要的集中分布区，以玫红百合、大理百合、尖被百合、乳头百合、单花百合等为代表种。约有 36 种野生百合生长在这里。这些百合对低温、阴湿和短日照环境有一定适应性。但王百合和通江百合例外，它们适应性较强，耐热性好。

（二）中部高海拔山区

该区包括陕西秦岭、巴山山区，甘肃岷山，湖北神农架和河南伏牛山区，区内海拔高度为 1 000~2 500 m。该分布范围内 1 月平均温度为−3 ℃~

3 ℃，7 月平均温度为 24~27 ℃，年降水量 600~1 000 mm，夏天较热，冬天较冷，属于亚热带向暖温带、湿润向半湿润过渡的气候型，土壤微酸性或中性。由于该地区是中国南北气候和植物区的分界线，也是中国温带和亚热带植物交会集中分布区，因此该区分布着 13 种百合，如宜昌百合、川百合、宝兴百合、绿花百合、野百合等。这些百合喜欢在空气湿度大、土壤排水良好、凉爽和半阴的环境下生长。

（三）东北部山区

该区主要包括辽宁、吉林和黑龙江南部的长白山和小兴安岭等山区。区内海拔高度 1 000~1 800 m，1 月平均温度在 -20 ℃ 以下，7 月平均温度在 20 ℃ 左右，年降水量 800~1 000 mm，属于北温带湿润半湿润气候型。毛百合和东北百合等 8 种百合分布在这里，它们生长在全光照的草甸、岩石坡地或森林与灌丛边缘。这些百合的特点是耐寒性强，喜光照，但不耐热。

（四）华北山区和西北黄土高原

该区范围广，包括我国秦岭、淮河以北地区，冬天寒冷干燥，1 月平均温度为 -20 ℃~-10 ℃，夏季炎热，7 月平均温度为 18~27 ℃，年降水量 400~600 mm，光照充足，土壤偏碱性，属于暖温带、温带，半湿润、半干旱气候型。这一地区分布最多的百合是山丹、渥丹、有斑百合等，多分布在海拔 300~600 m 的岩石坡地或阴坡灌木丛中。这些百合分布广，适应性强，喜光，耐干旱，并能在微碱性土壤中生长。

（五）华中、华南浅山丘陵地区

该区包括中国东南沿海各省份，具有典型季风气候特点，夏季炎热多雨，冬季冷凉干燥，1 月平均温度为 7~15 ℃，7 月平均温度为 27~28 ℃，年降水量 1 200~2 000 mm，光照适中，土壤偏酸性，属于亚热带气候型。分布在这一地区的有野百合、湖北百合、南川百合、淡黄花百合和台湾百合。这些百合分布在海拔 100~800 m 浅山丘陵地区林缘、灌丛和岩石缝中，耐热性强，特别是淡黄花百合和台湾百合等能在 30 ℃ 以上气温下正常生长。

二、选择适宜的产地环境条件

百合的适生条件较广，只要合理开发、精细整地、科学管理，就可以获得满意的效果。从我国百合生产区所利用的地类情况看，林间、林缘、沿河两岸的沙壤地，土壤肥沃湿润的山坡、牧坡、丘陵、平原、山区农耕地均可种植。

（一）光照

刘伟等（2010）运用梯度变化光照对新铁炮百合开花进行了研究。结果表明，新铁炮百合为绝对长日照植物，其光周期临界暗期约为 11.5 h。对长于 12.5 h 的光照长度而言，新铁炮百合花蕾长度的增长率随日照长度的延长呈"S"形曲线，曲线转折点为 14.5 h 的光照长度。杨宝山等（2012）介绍，百合喜半阴条件，耐阴性较强，但各生育期对光照要求不同。出苗期喜弱光照条件，营养生长期喜光照，光照不足对植株生长和球茎膨大均有影响，尤其是现蕾开花期，如光线过弱，花蕾易脱落，但怕夏季高温强光照，引起茎叶提早枯黄。百合为长日照植物，延长日照，能提前开花；日照不足或缩短，则延迟开花。

（二）温度

杨宝山等（2012）介绍，百合地上部茎叶不耐霜冻，秋季经轻霜后即枯死。地下球茎在土中越冬能忍耐-35 ℃以上的低温。生长适宜温度为 15~30 ℃。早春气候 10 ℃以上时，顶芽开始萌动，14~16 ℃时出土。出苗后气温低于 10 ℃时，生长受到抑制，幼苗在气温 3 ℃以下易受冻害。花期日平均温度 24~28 ℃发育良好，气温高于 28 ℃生长受到抑制。气温持续高于 35 ℃，植株发黄，地下球茎进入休眠期。生长的前、中期喜光照，后期怕高温。崔玉玲等（2021）介绍，达坂城区百合性喜冷凉、湿润气候及半阴环境，喜肥沃、腐殖质丰富、排水良好、结构疏松的砂质壤土，稍偏酸性土为好。适宜生长的温度为 12~18 ℃，各生育期对温度要求不同：播种期（4 月初至 5 月中旬）适宜的气温为 10~28 ℃；出苗期（4 月 25 日至 5 月底）要求日平均气温≥10 ℃，气温>3 ℃幼苗能存活，但<10 ℃抑制生长；开花期（6 月 15 日至 7 月 20 日）适宜的日平均气温为 16~24 ℃，此时地上茎生长速度最快，气温>30 ℃影响生长，持续≥35 ℃高温可导致茎叶枯黄，地下鳞茎进入休眠期；开花期到鳞茎膨大期（7 月中下旬至 9 月 30 日）以日平均气温 24~29 ℃为宜，<5 ℃或>30 ℃时，百合生长基本处于停滞状态；10 月底百合进入休眠期，直至翌年 3 月底，其间可耐-30 ℃的低温。

（三）土壤

储成虎等（2005）以皖西大别山区为例，介绍食用百合栽培技术时提到，土壤宜选择地势较高、土层较厚、土质肥沃、排水和抗旱方便、坐北朝南、疏松的砂质壤土。杨宝山等（2012）介绍，百合属多年生草本植物，对土壤要求不甚严格，但在土层深厚、肥沃疏松的沙质壤土中，球茎生长迅速，色泽洁白，肉质较厚。黏质土壤，通气排水不良，球茎抱合紧密，个体小，产量低，不宜栽培。据测定，土壤 pH 值为 5.5~6.5 较为适宜。

高磊等（2014）在介绍南方山地食用百合高产栽培技术时提到，百合适应性较强，喜干燥阴凉，怕水渍，忌连作。山地种植时，应选择土层深厚、疏松含砂、肥沃通气、排水良好的微酸性（pH 值 6.5~7.0）土壤，具体地块以半阴坡地或稻田、旱地，尤其是近 3 年内未种过茄科、百合科作物的地块最佳。

杜立和等（2015）介绍，以兰州百合种植为例，宜选择土壤肥沃，土层深厚，土质疏松，含有机质的沙壤土缓坡地。

杨迎东等（2020）在食用百合大花卷丹标准化种植技术中介绍，选择光照条件好、土层疏松深厚、排灌方便、有机质含量高、排水透气性好、地力中上的沙壤土种植，低洼地、风口地、背阳地、北坡地不宜种植。土壤 pH 值 5.5~7.5，土壤 EC 不超过 1 mS/cm。

付久侠（2022）认为，百合喜疏松肥沃土壤，适宜的 pH 值为5.5~6.5。

（四）水分

余艳玲等（2004）在同一联体钢架大棚内，相同面积的试验小区，分别采用不灌、地面灌溉和喷灌 3 种灌溉方式，探讨不同灌溉方式对百合需水量、需水规律的影响。结果表明，大棚内百合全生育期喷灌的灌水量少于地面灌溉，全生育期喷灌的平均日需水强度为 3.74 mm/d，地面灌溉的平均日需水强度为 4.23 mm/d。百合的需水规律表现为"前期小，中期大，后期小"的变化规律，需水高峰出现在生殖期，喷灌最大需水强度为 5.5 mm/d，地面灌溉最大需水强度为 5.8 mm/d。

杨宝山等（2012）介绍，百合喜干燥，怕涝，整个生长期土壤湿度不能过高。百合出苗期和发根期需要湿润土壤条件，百合种植地不能渍水，偏黏土地更不能渍水，浇水不能漫灌，避免造成土壤缺氧。雨后积水，应及时排出，否则球茎因缺氧，容易腐烂，导致植株枯死。尤其是高温高湿，危害更大，常造成植株枯黄和病害严重发生。

仙鹤等（2015）基于补灌水公式及大田水量平衡原理下，研究大田栽培食用百合的需水量、需水规律，探索适宜于食用百合的灌溉方式。结果显示，各处理生育期需水规律均呈现"低—高—低"的变化趋势，需水强度随生育期推移逐渐增大，食用百合全生育期内的需水量由高到低依次为：沟灌（383 mm）、喷灌（322 mm）、滴灌（280 mm）。采用喷灌植株下部土壤地温高，土壤温度变化较小，百合出苗快，喷灌模式优于滴灌和沟灌。在喷灌条件下，百合种球的平均茎围分别较沟灌和滴灌提高了 3.7% 和 2.6%，平均鲜重分别较沟灌和滴灌提高了 14.2% 和 7.2%，平均干重分别较沟灌和滴灌提高了 24.9% 和 12.4%。不同灌溉方式下，采用喷灌方式灌溉，食用百合单产（鲜重）最高，达到 1362 kg/667 m²，较沟灌和滴灌提高了 35.7% 和 13.4%。

（五）其他条件

周厚高等（2015）介绍，百合特别是麝香杂种系百合和部分亚洲杂种系百合（如精粹）对空气污染，特别是酸雨十分敏感，会导致灰霉病严重发生，因此在工业城市郊区种植百合不利于其生长和保证切花品质。百合对乙烯气体十分敏感，其中亚洲型百合最敏感。

段志坤等（2020）在龙牙百合优质高效栽培技术中介绍，百合忌重茬连作，实行一年一种，同一块地需间隔 3~4 年方可再种植百合。也不能与葱蒜类作物轮作，以豆类、禾本科、瓜类蔬菜前茬地最为适宜。二氧化硫、硫化氢等有害气体对百合生长极为不利，危害轻的引起苗叶损伤，重的造成植株死亡。

方建林等（2023）认为，栽培地应远离交通主干道、城市城镇及工厂，选用无污染的耕地作为栽培用地。

卢堃等（2023）研究结果显示，榆中、临洮、渭源、永靖、七里河生态区主要气候环境因子是纬度、气温、pH 值、日照、昼夜温差、经度、无霜期、海拔、降水量。降水量对兰州百合养分含量的变化影响达极显著水平；pH 值和无霜期对养分含量变化的影响次之。蛋白质含量与降水量呈极显著负相关。粗脂肪含量与海拔呈极显著负相关，与年最低气温呈显著正相关。可溶性糖含量与 pH、年最高气温呈极显著负相关，与平均气温、年均最高气温呈显著负相关。总灰分含量与纬度、pH 值呈显著正相关，与降水量呈显著负相关。镁元素含量与 pH 值呈显著正相关。锌元素含量与年最低气温呈显著正相关，与经度、日照呈显著负相关。硒元素含量与年均最高气温呈极显著正相关，与平均气温、pH 值、年最高气温、年均最低气温呈显著正相关。磷元素含量与纬度、日照、pH 值呈显著负相关。钾元素含量与纬度呈显著正相关，与降水量呈显著负相关。兰州百合生态区受气候环境因子的影响程度由高到低表现为七里河区>永靖县>榆中县>临洮县>渭源县。临洮和渭源生态区兰州百合营养品质受气候环境因子影响较小，产品质量表现稳定；七里河、永靖和榆中生态区兰州百合营养品质受气候环境因子影响较大，产品质量表现不稳定。综合营养品质含量与气候环境因子之间的关联性，建议在今后的种植规划中将兰州百合作为临洮、渭源产业结构调整的特色优势作物进行培育，为乡村产业振兴增加新的亮点和活力。

三、选用优良品种

品种是栽培技术的载体，选择优良品种是提高百合种植效益的前提和保证。在百合种植中，对于优良品种的选育和推广应用是持续的研究内容。

（一）主要品种

寇晋华等（2021）介绍，观赏百合花型端正，花朵较大，花色鲜艳，常作为高贵、纯洁、幸福的像征，尤其在欧美国家，百合在鲜切花市场占有重要地位，是全球仅次于郁金香的第二大球根花卉。观赏百合的品种选育主要集中在东方杂交系、亚洲杂交系、铁炮杂交系、喇叭杂交系、LA 杂交系、OA 杂交系、OT 杂交系、LO 杂交系和 TA 杂交系，生产上主要以 LA 百合为主。目前主要优良品种如下。

1. 丹蝶

'丹蝶'是中国农业科学院蔬菜花卉研究所明军等以从荷兰引进的亚洲百合'Brunello'为母本，以中国原产野生种山丹为父本，于 2006 年夏进行人工授粉杂交和胚挽救，2010 年复选出优良株系，选育而成；于 2015 年 8 月通过江苏省农作物品种审定委员会鉴定（苏鉴花 201514），并于 2015 年 11 月获得农业部植物新品种权证书（CNA20100609.9），命名为'丹蝶'。该品种株高 60~70 cm；叶色深绿色；茎秆绿色，有斑点。周径 14~16 cm 的种球每株 3~5 个花苞；花期约 20 d；花苞橙红色，长 6.0~7.0 cm；花梗长 10~14 cm；花瓣橙红色，长 8.0~8.5 cm，宽 2.5~3.4 cm，光滑，中度反卷；柱头橙红色；无香味。生育期较短，约 80 d；耐盐碱，抗病性较强。鳞茎可食用，味甜，食品感官、淀粉、维生素 C 及总皂苷含量与'兰州百合'相近，维生素 C 含量远远高于'龙牙百合'和'卷丹'；还原糖含量高于'龙牙百'；蛋白质含量与'卷丹'相近，高于'兰州百合'和'龙牙百合'；总黄酮和秋水仙素含量与'龙牙百合'相近；而粗多糖含量高于这 3 种传统的食用百合。

该品种既可采用露地栽培，也可温室栽培。夏季栽培要遮光 50%。适宜凉爽而湿润的环境，不耐高温和高热，生长适温为 15~25 ℃，高于 30 ℃或低于 10 ℃都会影响其生长发育，适宜相对湿度为 60%~80%。喜疏松肥沃、排水良好的土壤，pH 值 5~6.5，地下水位不高于土表以下 70 cm。为利于排水，宜起高畦栽种，一般畦高 20~30 cm，宽 90~120 cm，畦间沟宽

30 cm。定植后即灌 1 次透水，以后保持湿润。浇水在垄旁沟内进行，水渗入根际，或采用滴灌。定植 3~4 周后开始追肥，以氮钾为主，少施勤施，兼用叶片每 7~10 d 喷施 1 次。在生长盛期防治蚜虫。

2. 京鹤

'京鹤'是中国农业科学院蔬菜花卉研究所明军等以 2006 年从荷兰引进的'Vermeer'和'Brunello'为母本和父本，于 2006 年夏进行人工授粉杂交和胚挽救，2010 年复选出优良株系，杂交选育出来的赏食兼用的亚洲百合品种；于 2014 年 12 月通过云南省林木品种审定委员会认定，并于 2015 年 11 月获得农业部植物新品种权证书，命名为'京鹤'。

该品种生长势较强，株高 110~130 cm；叶色深绿，条形；茎秆绿色，少量斑点。花梗长 8~12 cm；花瓣橙黄色，长 9.4~9.9 cm，宽 3.5~4.5 cm，光滑，不反卷；柱头橙黄色；无香味。生长期较短，80~85 d；单株花苞数较多，周径 14~16 cm 的种球每株 7~10 个花苞；花期较长，20~25 d。耐盐碱，抗病毒，抗逆性较强。鳞茎可食用。食品感官（包括风味、质地和香气）优于食用百合'龙牙百合'和'卷丹'，蛋白质含量也高于这两个品种，还原糖和总黄酮含量均高于'龙牙百合'，秋水仙素含量低，而粗多糖含量高。

适宜作保护地切花栽培，也可用于庭院等景观种植。夏季栽培需遮光 50%。适宜凉爽而湿润的环境，不耐高温，生长适温为 15~25 ℃，高于 30 ℃或低于 10 ℃都会影响其生长发育，相对湿度以 60%~80% 为宜。喜疏松肥沃、排水良好的土壤，pH 值 5~6.5，有机质丰富，疏松透气，地下水位不高于土表以下 70 cm。在南方地区为利于排水，宜起高畦栽种。定植后即灌透水 1 次，以后保持湿润。定植 3~4 周后出苗，开始追肥，以氮钾为主，少施勤施。在生长盛期注意防治蚜虫。

3. 太阳花

'太阳花'是辽宁省农业科学院花卉研究所冯秀丽等人以'瓦迪索'为母本，'西伯利亚'为父本，于 2011 年 6 月采用切割柱头法进行杂交得到子球，经培养至 2015 年首次开花，从群体中筛选出 1 株花瓣上部黄色，基部橘色的单株（编号 08061323）。对其进行扩繁并调查生物学性状，2016—2018 年连续开花，遗传性状稳定，于 2018 年通过英国皇家园艺学会百合新品种登录，正式命名'太阳花'。

该品种适宜在凉爽湿润的气候环境下种植。生长适温为 15~25 ℃，相对湿度 50%~85%，温度高于 30 ℃或低于 10 ℃都会影响其生长发育。喜光，光照时间过短或光强过弱会影响开花。喜疏松肥沃排水良好的砂壤土，pH 值 5.5~6.5 为宜，黏性强和表层熟化不够的土壤可加入适量腐熟有机肥、草炭、干净河沙等改良土壤，增加土壤透气性和有机质含量。适应中国北方地区露地栽培和设施栽培，可广泛应用于切花生产和景观营造。

4. 白鳞

‘白鳞’是长江师范学院花卉遗传育种团队符勇耀等人以来自黑龙江省齐齐哈尔市的卷丹百合为材料，经秋水仙素诱导，育成 JD-h-15 株系，于 2022 年 12 月获得国际权威园艺作物鉴定机构英国皇家园艺学会审核，获得百合新品种国际登录证书，命名为卷丹‘白鳞’。

5. 冰粉皇后

‘冰粉皇后’是东北农业大学园艺园林学院樊金萍等人以亚洲百合的优良品种‘粉美人’和‘多安娜’分别作为父母本，采用常规杂交育种方式选育而成的新品种，于 2021 年通过英国皇家园艺学会百合新品种登录，命名为‘冰粉皇后’。该品种植株生长势强壮，株高约 86 cm，花浅粉色，花朵向上开放，花径约 16.5 cm，观赏性强。抗寒，抗旱，抗逆性强，适于东北地区城市园林绿化及庭院栽培。

该品种适宜在东北地区露地种植，可用于花坛、花境观赏。露地栽植时，选择地势平坦、耕层深厚、疏松肥沃、排水良好的沙壤土或壤土。避免连作或在种植蔬菜的土地上栽培。定植前用土壤消毒剂进行土壤消毒。栽培床宽 100~120 cm，栽培床之间的通路宽 50~60 cm。种球栽培密度为 30 个/m²~40 个/m²，覆土厚度为 15 cm。定植时间为 4 月中下旬。施入氮、磷、钾复合肥料 2.5 kg/m²~3.0 kg/m² 作为基肥，比例为 1:3:1。在开花前期补充磷钾肥 25 g/m²。定植 1 周之内要保持充足的水分，营养生长期视土壤情况约每周浇水 1 次，开花期不浇水。结合锄草进行松土，松土深度 2~3 cm 为宜。生长季配合中耕除草，做好病虫害防治。入冬前浇足封冻水，或者对百合进行根部培土。

6. 白雪公主

‘白雪公主’是云南省农科院花卉研究所吴学尉等人运用常规杂交结合胚培养技术，以 L.‘D21’和 L.‘D37’为亲本，历时 10 年培育的东方百合品种，于 2008 年育成，2014 年 1 月获得中国农业部新品种办公室植物新品种权证书，品种权号为 CNA20080672.6。‘白雪公主’近似于‘西伯利亚’，花色洁白，切花瓶插期 15 d 左右，在昆明地区夏季种植，生长期 110 d 左右，花朵直径 18~22 cm，球径 16 cm 的种球每支切花着花 7 朵左右。适合在以昆明为中心的云南中部地区以及气候相近的地区作保护地栽培，适合的生长环境温度为15~22 ℃，湿度为70%~80%，土壤要求pH值5~5.5，有机质丰富，疏松透气。

7. 红粉佳人

'红粉佳人'是辽宁省农业科学院园艺分院杨佳明等人以东方百合杂交系品种'马可波罗'为母本，东方百合杂交系品种'索拉亚'为父本，杂交选育获得，于2012年育成，2013年通过辽宁省种子管理局备案登记，并正在申请英国皇家园艺学会的国际植物新品种登录，品种授权号为CNA20090481.5。该品种株高约80 cm，茎绿色，茎粗0.6 cm。单株叶片数30枚，叶片长约12.5 cm，宽约2.6 cm。花朵向上开放，花径约17 cm，花粉色，花瓣上有红色斑点和乳突，花瓣边缘波浪状，具香味。蒴果长椭圆形，鳞茎粉白色。生育期89 d。植株生长健壮，生育期短，观赏性好，可露地或温室促成栽培，亩栽种球12 000~13 000粒。

8. 龙牙红

'龙牙红'是湖南工业大学百合种质资源创新与深加工工程研究中心和株洲市农业科学研究所通过自然芽变共同选育的龙牙百合新品种。经过多年试验与推广栽培，该品种表现出早熟、高产、抗病性强、繁殖速度快等突出优良特性，具有特早熟、高产、抗倒伏、抗茎腐病等特点，现已获得国际百合新品种登记证书。该品种8月中旬播种，翌年2月底至3月初出苗，5月2日始花，5月4日盛花，7月中下旬收获，全生育期315~330 d。植株株高95~140 cm，茎秆粗壮直挺。叶片细长披针形，平行叶脉5~7条，叶片着生密，互生或散生，无柄，草绿色，表面光滑无茸毛，长约15 cm。地下鳞茎近圆形或卵形，白色细嫩，抱合紧密，鳞茎高约3 cm，直径约2.5 cm。鳞片肥大，长卵形或矩圆形，长约3 cm，宽约1.5 cm。茎颈节间一般还能生长10~20个小鳞球，可用作种球繁育。花单生或数朵排成总状花序，花朵数随种球球龄变化较大，一般种球球龄越长花朵数越多，花朵数为1~20朵。花朵下垂，花被乳白色，基部黄色，外部中肋略带粉紫色，无斑点，花朵全展开后向花柄方向反卷，花梗有1枚小叶，花具有浓郁的清香，花期5—6月，开花期长约10 d。鳞片育苗一般不开花，茎高仅为40~70 cm。

9. 花仙子

2009年株洲市农业科学研究所廖晓珊等以东方百合'Cai74'为母本，以OT-62为父本，采用常规杂交方法培育的新品种。2012年第1次开花，2013年第2次开花，2014年第3次开花，整体性状稳定，花瓣主色为白色，次色位于花瓣中脉为红色，柱头淡绿色，茎秆绿色带紫色斑点，明显区别于父、母本，对镰刀菌有很强的抗性，经济性状优良，适应性强，易繁殖。母本为深红色带白边抗病性强，父本为黄色带白边对镰刀菌抗性弱，'花仙子'对镰刀菌有很强的抗性，病原接种后发病率为10.5%。经济性状优良，且病毒对其品质影响很小，2014年获得 RHS 国际登录。

适宜于云南、湖南、贵州等温带或高海拔地区栽培，热带地区（如广东、广西及海南）可在冬季种植，有加温及降温设备的保护地种植则不受上述限制。栽培基质需疏松，含盐量低（EC 小于1.5），pH 值5.5~6.5，生长适温，白天20~25 ℃，夜间10~15 ℃，8 ℃以下需要加温，30 ℃以上需要降温。湿度60%~80%，光照50 000~60 000 lx。种植深度，冬季6 cm，夏季8 cm。当茎生根长至1~2 cm 时开始施肥，每周1次，肥料种类及数量同常规品种。采用常规方法防治病虫害。

10. 惊鸿

'惊鸿'是株洲市农业科学研究所龙彬等人以东方百合'花仙子'为母本，'西伯利亚'为父本，进行常规杂交育成的新品种。2015年第1次开花，筛选得到该品种百合；2016年第2次开花复选，2017年第3次开花。整体性状稳定，花瓣颜色为白色，基部带白色斑点。母本花瓣主色为白色，次色位于花瓣中脉为红色；父本为白色。该新品种继承母本优良特性，对镰刀菌有很强的抗性，病原接种后发病率为8.5%。经济性状优良，于2017年7月获得英国皇家园艺协会国际认证。

适宜于云南、湖南、贵州等温带或高海拔地区栽培，热带地区（如广东、广西及海南）可在冬季种植，有加温及降温设备的保护地种植则不受上述限制。栽培基质需疏松，含盐量低（EC 小于1.5），pH 值5.5~6.5，生长适温，白天20~25 ℃，夜间10~15 ℃，8 ℃以下需要加温，30 ℃以上需要降温。湿度60%~80%，光照50 000~60 000 lx。种植深度，冬季6 cm，夏季8 cm。当茎生根长至1~2 cm 时开始施肥，每周1次，肥料种类及数量同常规品种。采用常规方法防治病虫害。

四、百合种植技术

（一）百合繁殖方式

百合的繁殖方式包括有性繁殖和无性繁殖。百合的幼鳞茎要连续培育数年，达到一定的大小方可采收，在采收当年供播种的鳞茎称为种球。珠芽、子鳞茎、鳞片、子球和种子繁殖均可培育成种球。目前，百合种球扩繁应用最多的方式是鳞片繁殖法、子球繁殖法，其他如珠芽繁殖、种子繁殖、种芯繁殖和组织培养法等，在实际生产中应用较少。

刘小峰等（2009）介绍，百合可以用有性方式（种子繁殖）和无性方式进行繁殖，以无性繁殖为主。多数百合虽在自然条件下能结种子，一个果实的种子可达几百粒。除个别种类以外，多数种子发芽后生长缓慢，从出苗到开花要好几年的时间。杂种百合的后代还会发生分离，不能保持原有的种性，故生产上很少采用。百合的无性繁殖方法有鳞茎的自然繁殖、子球繁殖、鳞片繁殖、珠芽繁殖、组织培养繁殖。

1. 鳞片繁殖法

百合鳞茎的自然发育过程缓慢，繁殖效率低，严重制约其商业化发展。鳞茎无性繁殖是百合繁殖的主要方式，可以加快百合鳞茎的发育过程，对于百合产业的发展具有重要意义。鳞片繁殖法是百合无性繁殖中最常用的、繁殖系数最高的方法。此法最适用于龙牙百合，因其不产生珠芽，也可用于兰州百合。

张雪敏等（2023）介绍，百合鳞茎可以通过种子的胚、珠芽、鳞茎基部、茎基部及鳞片基部形成的不定芽等多种方式发育而来。目前，鳞片扦插繁殖是商业生产中最常用的繁殖方式。张琳等（2020）研究表明，百合鳞片从鳞茎上剥离后，在外源创伤信号诱导、内源胁迫响应等因素综合作用下，其内源激素发生变化，导致鳞片基部近轴面形成不定芽，最后不定芽经发育形成完整的鳞茎。周生坛等（2013）介绍，剥伤刺激作用是启动百合鳞瓣维管束周围薄壁细胞恢复分生能力的主要外在因素。根据植物组织培养技术的有关实验结果推测，百合鳞瓣本身含有比较丰富的内源激素是维持细胞分裂分化活动的主要内在因素。吕忠恕教授在"植物呼吸代谢的研究进展"中提出伤害诱导的抗氰呼吸作用原理，即植物组织受伤害后，在有氧条件下陈化，其呼吸作用比新鲜切片时的呼吸作用强烈许多倍，这种陈化后发展的呼吸称为诱导呼吸。诱导呼吸与氧气条件充足与否密切相关，而百合鳞瓣气培法正是把鳞瓣裸露在空气中的一种培养方法，这种方法可以保证有充足的氧气条件。综上所述，百合鳞瓣经剥伤刺激作用导致鳞瓣剥伤处诱导呼吸作用中心的形成，引起细胞代谢方式的改变，促进了细胞内蛋白质的合成作用，使细胞器的重新建造与内部膜体系重新形成过程随之发生，这就是启动百合鳞瓣剥伤处的维管束周围薄壁细胞恢复分生能力，形成突起物，发育成不定根、定芽，成为百合小鳞茎等一系列生物学过程的一般生理机制。

当前鳞片繁殖方式分为3种。

室外苗床扦插法：繁殖系数高，一般适合百合大规模商品化生产。苗床地最好选择背风向阳、排水良好、疏松肥沃的地块，土壤以壤土或砂壤土为宜，土质好的新荒地也是良好的苗床地。生产上，室外苗床扦插鳞片主要采用条播、宽幅条播或小厢散播。

室内沙培法：采用鳞片室内苗床扦插后再播入大田育种的两段式育种法，是目前国内外商品种球工厂化生产的主要途径。鳞片室内苗床扦插要选择阴凉通风、气温较低（20 ℃左右）且较稳定、泥土地面的房子。若温度合适，鳞片扦插后，一般 15 d 左右鳞片上即可长出直径约 1 cm 的小鳞茎，经 25 d 左右就能长出 3 cm 长的底根。在一个月内，便可连同鳞片、小鳞茎带根移植到大田苗床继续生长。

百合鳞片气培法：该方法是在 1982 年于甘肃省农业科学院蔬菜研究所首先实验成功。这项技术是把百合新剥离的鳞片裸露在空气中进行人工控制条件下的开放式培养。在培养过程中，不需要任何培养基，不添加任何营养液，在室内经 60~80 d，就能培养出根、叶、鳞茎齐全的百合成苗。然后把室内培养后的子球移栽到田间，可以正常出苗、生长，并发育成生产上种用百合种球。这项培养百合种球的新技术，对设备的要求简单，操作技术容易掌握，大大地缩短了百合的生长周期，且子球生长良好，扩繁数量多，因此利用此法可进行工厂化批量生产。生产实践证明，兰州百合、龙牙百合、宜兴百合、卷丹百合等都可以采用鳞片气培法来培育子球。

根据国内外的研究，百合种球的成活率受百合种类、种球处理、鳞片在母球上的位置、基质以及繁殖时的温度、光照、水分等多种因素的影响。刘小峰等（2011）研究表明，不同的物种和品种其遗传特性有很大差异，无论在形态构造、组织结构、生长发育上，还是在对外界环境的同化及适应能力上都有很大的区别。一般亚洲百合鳞片扦插易成活，而东方百合杂种系鳞片扦插不易成活，因此，其种球的繁育受到限制。崔兴林等（2013）介绍，繁殖前晾晒处理可减少鳞片腐烂，提高成活率。这是因为百合鳞茎的组织一般都较脆弱，直接扦插易造成鳞片断裂、损伤而腐烂。但晾晒时间不能过长否则组织中的水分过分蒸发则不利于鳞片的萌发和子球形成。晾晒过程中鳞片色泽与生理变化对鳞茎的形成有一定的影响。不同部位鳞片扦插成活率不同，但外、中、内层鳞片成活率的高低却各有说法。崔兴林等（2013）以兰州百合为试材将外、中、内鳞片分别扦插。外层鳞片腐烂率最高达 46.9%，繁殖系数最低；中层鳞片腐烂率降低为 18.9%，繁殖系数最高；内层鳞片腐烂率最低为 5.8%，繁殖系数介于外层与中层之间。且获得的最大的小鳞茎均来自中层鳞片，因此认为中层鳞片是鳞片扦插繁殖的最理想材料。王刚等（2002）也认为兰州百合鳞片产生芽的能力从强到弱依次为外层、中层、内层。中层鳞片扦插产生鳞茎最多且较大，内层鳞片次之，外层鳞片最差。但外层鳞片机械损伤严重，病菌多，易于污染；内层鳞片细胞再生能力强，但由于基部面积较小营养积累少，不能为分化提供充足的能量，因此繁殖系数较低。王爱勤等（2003）研究表明，造成百合不同层位鳞片扦插污染的原因主要是外植体和基质带菌。中层鳞片扦插产生鳞茎最多且较大，内层鳞片次之，外层鳞片最差。外层鳞片积累营养多，但出苗时间迟缓，可能与其处于休眠状态有关，而且外层鳞片多数有机械损伤，易染菌腐烂。内层是被层层包围在里面的，病原菌少，且无机械损伤，扦插时不易受污染，但其积累的物质少，影响了鳞茎形成的数量和质量。因此，在进行扦插前，选中层鳞片进行扦插效果好。与上述研究不同的是，郑大江等（2017）在兰州百合鳞片扦插繁殖研究中发现，以外层鳞片作为繁殖材料最好，平均繁殖系数最高及新生子球最大；其次是中层鳞片，而内层鳞片不太适合做扦插材料，这可能是由于外、中层鳞片贮藏的营养物质较多所致。笔者认为，不同扦插材料可能引起不同部位的鳞片对扦插的影响不同，同一材料由于试验方法不同得出的结论也可能不同。基质通常被认为是除温度外影响百合鳞片繁殖第二最重要的环境因子，对鳞片出芽率、新生子球数、鳞片繁殖系数、子球直径都有很大影响。在百合生产中，扦插基质选择主要有珍珠岩、细河沙、草炭、蛭石，这些都比较适合鳞片生根及增殖要求。张凌云等（2014）试验证明，细草炭土与蛭石等量混合的基质保湿透气性较好，对鳞片具有较长时间的保鲜作用且利于根的生长，是低温环境下埋片扦插的首选基质。沙的保水能力差，在间歇喷雾状态下小鳞茎萌发率较高。大颗粒的蛭石保水保温性较好，在温度适宜的环境中也有利于小鳞茎的形成。郑大江等（2017）研究发现不同基质对百合扦插的影响较大，不同基质体积配比，对诱导产生的子球发生率、子球直径及繁殖系数都不同，另外扦插基质的含水量也是关系到扦插成活的重要影响因素。在长期的实践中发现，基质偏干，不易诱导新生子球的产生；而基质偏湿，鳞片容易腐烂。吴然等（2022）在研究不同基质处理兰州百合鳞片繁殖情况中，以河沙为基质的鳞片扦插繁育效果较差，可能与河沙中营养物质少且保水性差的特点有关；以草炭、珍珠岩、河沙体积比 2∶1∶1 为基质的各项繁殖指标均高于其他处理，可能是草炭本身富含的营养成分对于鳞片生长有利，且配置的珍珠岩增强了基质的排水透气性，有利于根系生长。

各种植物的生长发育都有"温度的三基点"，扦插繁殖同样要遵循自身的"温度三基点"，只有在其适宜的温度范围内，才能达到预期的扦插效果。陈志波等（2022）通过研究发现，少数百合生长的适宜温度视品种而定，从不同温度条件的试验情况看，'香水百合'在 15~25 ℃生根最佳，'甜百合''卷丹百合''麝香百合'在 8~12 ℃条件下生根最好。胡涛等（2010）对东方百合'Sorbonne'进行鳞片扦插研究发现，25 ℃比 15 ℃更有利于小鳞茎的发生和膨大。水是植物体的重要组成成分，也是植物活体新陈代谢生理代谢活动的媒体和参与者。植物的每一项生理活动，均需要水的参与。扦插繁殖，外植体脱离了母体的营养供给，芽的分化、根的增生都需要水的参与。只有保证鳞片充足的水分供给，才能保证正常的子球分化，提高繁殖系数和成活率。一般扦插基质持水量为 65%~70%，对扦插成活是适宜的。光照是植物光合作用的能源，一般绿枝扦插或者鲜叶片适当给一定强度的光照，有利于扦插成活，但百合鳞片扦插过程中一般前期不需要光。郝京辉（2003）以新铁炮百合品种'雷山一号'为试料，用其实生一代的种球进行鳞片扦插繁殖试验。结果表明，光照条件对子球形态建成有明显影响，在自然光条件下，鳞片形成子球数量多，但个小，每个子球平均产生叶片 2~3 枚；在黑暗条件下，形成子球数量少，但个大，且极少产生叶片。曹彩霞等（2022）以兰州百合鳞片为材料，根据不同温度、光照条件下的单因子及二因素随机区组优化试验的繁殖效果，筛选出最佳气培环境。从温度单因素气培试验表明，各气培温度（15 ℃、20 ℃、25 ℃、30 ℃）下以 25 ℃处理下鳞片分化率最高、小鳞茎粒重最大、生根数最多；20 ℃处理下小鳞茎生根率最高；20 ℃、25 ℃处理下小鳞茎分化数最高，且二者无差异，分别达到 146.67 粒/100 片、146.48 粒/100 片。在气培各光照强度（暗培养、500 lx、1 000 lx、1 500 lx、2 000 lx）下，以 500 lx 处理下催培的综合效果最佳，分化率最高为 95.33%，小鳞茎分化数最多达到 278.00 粒/100 片，同时生根率最高、生根数最多。最后从催培过程中鳞片的碳水化合物变化再次证实了 25 ℃和 500 lx 为最佳气培环境。

2. 子球繁殖法

许多百合，例如麝香百合地下部或接近地面的茎节上会长出许多子球，待充分长大后，将其小心取下单独种植，都可形成新的植株。许多百合能形成子球，例如兰州百合每株一般可生 20 个左右，多的可达 30 余个。子球形成较多的植株，会影响大鳞茎的生长发育，影响商品百合的产量和质量。据调查，生产中兰州百合小鳞茎约占鳞茎总产量的 20%，其中达到种球标准的（30～50 g）约占小鳞茎总重的60%。所以，如果不扩大种植，兰州百合仅用自身小鳞茎培育种球即可满足生产需要。总的来说，这种方法的优点是繁殖时间缩短（1～2年即可得到种用球茎），病害较少，有一定的更新复壮效果；缺点是数量增长慢，用种量大。为了促进更多子球茎的形成，提高繁殖率，可采用人工促成法。例如将植株倾斜生长，或采取地面覆土措施并保持表层土壤湿度，即可获得较多的子球。百合开花后，将地上茎留40 cm剪去上部茎叶，也可促使地下茎节形成子球茎。

3. 珠芽繁殖法

珠芽是生长在百合叶腋处的微小鳞茎。珠芽繁殖法是利用珠芽作为繁殖器官进行营养繁殖的方式，适用于能产生珠芽的品种，如卷丹品种、宜兴百合等。由于珠芽数量多、生命力强、生活力高，珠芽繁殖是一种高效的繁殖方式。但珠芽培育种球的方法生长缓慢，在田间的时间长，培育过程中无收益，因此生产上不采用此法。在引种和大量发展生产中遇到种球缺乏时用珠芽培育种球仍是一种较好方法。樊金萍等（2019）通过石蜡切片方法观察发现，卷丹百合珠芽结构与鳞茎有显著区别。珠芽从叶腋叶柄基部下表皮薄壁细胞分化而来，再经脱分化形成成熟组织。与山药珠芽发生特征一致。成熟后为多层鳞片包裹，类球形有锯齿的黑褐色繁殖体。卷丹百合珠芽发育可分为启动期、膨大期、成熟期。在珠芽启动期，由叶腋处皮层薄壁细胞以平周分裂和垂周分裂为基础，形成珠芽原基，经细胞再分化逐渐膨大到肉眼可见的白点。珠芽膨大期，白色凸起变大，颜色由浅变深，最终为绿色，腋生分生组织膨大转变为类球形结构。成熟期，珠芽逐步发育成熟，由绿色变为褐色，成熟时为外部包裹数层鳞片的黑褐色类球体。珠芽成熟后大部分在外力作用下脱离母株，小部分自然脱落。

在生产中为了打破珠芽休眠期，可采用激素和低温双重处理，激素可使用赤霉素，温度控制在0～5 ℃。王艳等（2023）以卷丹百合珠芽为材料，将不同温度处理的珠芽分别在处理14 d、28 d、42 d和56 d后进行栽植，结果表明，5 ℃处理56 d的珠芽出苗速度最快，且出苗率最高（56.67%），因此利用卷丹百合珠芽进行繁殖，5 ℃冷藏处理56 d是最佳选择。

4. 种子繁殖法

百合的种子繁殖是一种有性繁殖方式，适用于能开花结实而产生种子的品种。百合的种子可分为两种类型，第一种为透亮的薄片状，质轻，有的近似膜状物，用口吹气可以飞扬，经培养根本不能发芽。第二种为有一定厚度的呈钝三角形的片状物，呈褐色，经培养有部分种子可以发芽。第二种类型的种子群体又可分为两个亚类型。第一亚类型有明显的子叶体，将种子放在透光处用肉眼可以直接看出，第二亚类型无明显的子叶体，在透光处用肉眼看不到子叶体。种子繁殖的优点是繁殖系数较高。其缺点一是育苗期较长，一般需3~4年时间；二是易发生品种变异。在新品种培育过程中经常采用种子繁殖法。

百合种子实生苗是经有性生殖所得到子一代，同鳞茎的营养体繁殖所得到的后代有着本质的不同。高彦仪等（1988）对兰州百合的研究，发现种子实生苗个体间存在着很大差异。1年生实生苗同期培养个体间抽生叶片的性状存在着极大的差异，最多的抽生真叶12片，而最少的仅抽生1~2片真叶。而真叶叶片的宽度、长度、厚度，实生苗个体间也各不相同。1年生百合种子实生苗经过一个阶段的培养后，其鳞茎净重的差异也十分显著。据调查，培育9个月的实生苗有的单株鳞茎净重超过7 g以上，而最轻的不足1 g。而且从肉质根的发育情况看出，有的个体肉质根发达，有的个体肉质根细弱。以上1年生实生苗个体间存在差异的现象可为实生苗幼龄期选育优良个体提供生物学依据。从5年生实生苗个体选育中看到不仅在抽生叶片的多少、叶片的性状、鳞茎的重量与大小、植株生长势与生长速度等方面存在差异，而且在其他一些植株性状上同样存在差异。如有的花瓣上分布密集的大的紫色斑点，花色鲜艳，而有的无紫色斑点，也有的介于二者之间，紫色斑点小，且分布稀而少。鳞茎形状有的呈高桩型，有的呈莲座状，也有的呈普通形状。生长过程也表现出有的实生苗个体抗衰老，茎秆一直保持生活状态；有的过不了夏季炎热，茎秆很早枯萎。高彦仪等通过选择培育，选择出了表现较为突出的两个株系（85026和85066），表现为鳞茎呈高桩型，鳞瓣大而肉厚，肉质根发达鳞茎增重量较多，生长势强，茎秆抗衰老，花瓣上分布的紫色斑点稀少。

5. 种芯繁殖法

百合收获后，剥去种球中、外层粗大鳞片后用于食用、药用，或加工成食品等，种芯部分可作为繁殖材料再重新栽入大田中。此法简单易行，但繁殖系数较小，扩繁面积一般只为本田面积的2~3倍。

6. 茎段扦插繁殖法

茎段扦插繁殖是一种利用百合枝条扦插形成新株，再产生子球茎的繁殖种球的方法。车力华等（2007）介绍，对不能形成珠芽的品种，可切取1~2节的茎段，带叶扦插，也能诱导叶腋处长出芽，如'麝香百合'。一般在植株开花后，将地上茎切成小段，平埋于湿沙中，露出叶片。控温21℃左右，每天光照 16~17 h，20~30 d 产生小鳞茎，即在叶腋处长出子球。湿度不能太大，否则容易腐烂。

7. 组织培养法

前面介绍了百合扦插繁殖、子球繁殖、珠芽繁殖等几种主要的传统繁殖方式，但传统繁殖方式繁殖系数低、速度慢，经多代繁殖后，还会出现病毒积累及种质退化。近年来，由于经济水平的提高，大众对百合的需求量及品质要求不断提高，使百合种植面积不断加大，我国百合产业发展迅速，传统繁殖方式已无法满足大众对百合的需求。因此，需通过快速繁殖和培育新品种来满足生产、生活需要。利用组织培养技术建立百合离体再生体系，可提高繁殖系数、保留原有品种的优良性状、促进百合的商品化生产、缩短育种程序。同时，还可利用组织培养技术生产出脱毒苗，以及通过胚培养获得远缘杂交的新品种。与常规方法相比，组织培养法是百合繁殖中科技含量最高的一种方法，一般要用高科技手段才能进行。组织培养繁殖就是利用百合的球茎盘、鳞片、珠芽、叶片、茎段、花器官各部和根等组织作为繁殖体，采用植物克隆技术培育成试管苗，然后栽植于苗床或基质中产生种用球茎的一种方法。适宜的离体再生体系是百合组织培养成功的关键。祁宏英等（2023）在百合植株再生及遗传转化研究进展中对百合再生体系建立进行了具体介绍。

（1）外植体的选择与消毒　百合的很多器官和组织都可作为百合离体再生的外植体，不同的外植体再生能力不同，消毒方式也不同，因此需选用再生能力强且污染率低的器官或组织作为外植体。以百合鳞茎鳞片、叶片和叶柄为外植体，发现鳞片再生率比叶片和叶柄高，可达到 88%。以百合花器官为外植体，发现花丝基部易诱导出愈伤组织且花蕾的消毒方式较为简单，流水冲洗后只需 75% 酒精消毒，随后火上灼烧即可。以兰州百合的鳞茎、茎及叶片为外植体，诱导愈伤组织的能力最强的外植体为鳞茎，但消毒较为复杂。以鳞茎为外植体进行消毒时，发现不同百合品种鳞茎的消毒方式有些许差异，但相同点是都以 75% 酒精与次氯酸钠或升汞的组合，用 75% 酒精进行消毒时，消毒时间为 20~30 s，次氯酸钠消毒剂则需根据不同浓度确定消毒时间，每个品种的适宜浓度和时间均稍有差异，0.1% 升汞消毒时间最好在 7~10 min，消毒剂浓度过高或消毒时间过长则会导致外植体死亡。在百合的离体再生中，鳞茎是最常用的外植体，具有材料易得、分化能力强的优点，但需确定适宜的消毒方式及时间。

（2）培养基质　基本培养基可为离体再生植株的形成提供营养物质，

适用于植物离体再生的培养基有 MS、1/2MS、N₆、White、B₅、WPM 等，在百合离体再生中使用最为广泛的是 MS 及 1/2MS 培养基。在百合的直接器官再生、间接器官再生、体细胞胚诱导、不定芽诱导、愈伤组织诱导、增殖、膨大中总是使用 MS 培养基作为基本培养基。近年的研究中也有使用 N₆、B₅ 等培养基，但研究较少且只适用于部分品种，不能广泛应用于百合的离体再生。在百合的生根培养基中，通常使用 1/2MS 培养基作为基本培养基，但也有少部分品种用 MS 培养基。例如'甜百合''龙牙百合'及'香水百合'等百合品种的生根培养基为 1/2MS，但'卷丹百合'在生根时则使用了 MS 培养基。

（3）植物再生途径　器官直接发生途径：百合组织培养中经常以百合鳞茎鳞片、叶片作为外植体来诱导不定芽的产生，此过程不需要诱导愈伤组织就可直接产生不定芽进行增殖，具有来源广、时间短的优点。在百合组织培养中经常添加 6-BA、NAA、2,4-D、TDZ、KT、CCC 等激素，通过单独或组合的形式来促进百合不定芽诱导、增殖及膨大。以东方百合叶片为外植体时，发现单独使用 TDZ 会诱导出愈伤组织，但将 TDZ 与 2,4-D 组合使用时，发现随着 2,4-D 浓度的增加，芽诱导率增加，成愈率不断下降；以东方百合无菌苗鳞片为外植体时，探究 6-BA 和 NAA 对其影响情况，发现当 6-BA 在 1 mg/L 以上时，不定芽诱导系数随着 NAA 浓度增加而下降，当 NAA 浓度为 0.15 mg/L 时，增殖系数随着 6-BA 浓度的升高出现先升后降的趋势，研究也发现蔗糖有利于试管鳞茎膨大。不同的百合品种对 6-BA 和 NAA 的敏感程度不同，以'野生毛百合'的鳞茎鳞片为外植体时，发现当 6-BA 在 1.00 mg/L 时，不定芽分化率随 NAA 浓度增加而提高，最适宜 NAA 浓度为 1.00 mg/L。以 OT 百合的无菌苗鳞片为外植体，探究 6-BA、NAA、2,4-D 及 KT 两两组合对不定芽诱导的影响，发现生长素与细胞分裂素配比更易诱导不定芽的产生，当 KT 浓度恒定时，不管 2,4-D 浓度如何变化，芽诱导率都可达到 100%。以'高加索百合'鳞茎鳞片为外植体时，发现当 NAA 和 GA₃ 浓度一定时，不定芽诱导率随着 TDZ 浓度增加呈现先增后减的趋势，最适宜的浓度为 3 mg/L。利用草甘膦作为诱导剂，诱导亚洲百合'京鹤'鳞片产生不定芽，发现在常规诱导培养基中添加 2.50 mg/L 的草甘膦更有利于提高'京鹤'百合的不定芽诱导系数。

器官间接发生途径：百合组织培养中除了直接器官发生途径，还有通过脱分化诱导出愈伤组织，在植物生长调节剂的作用下分化成器官，最后形成完整植株的间接发生途径，具有效率高、数量大的优点。在器官间接发生途径中经常以百合的叶片、鳞片及花器官等作为外植体，在培养基中添加 2,4-D、6-BA、NAA、ZR、PIC 等植物生长调节剂诱导愈伤组织，再经分化形成不定芽。一般常用 2,4-D、NAA 植物生长调节剂来诱导百合愈伤组织的产生，不同基因型的百合适宜激素浓度也不同，较低浓度的 2,4-D、NAA 更适宜'野百合''卷丹百合'等大部分百合品种愈伤组织的产生，但印度百合适宜的 2,4-D 浓度则相对较高一些。PIC、2,4-D 也可配合 NAA 一起使用，NAA 有助于愈伤提早发生并形成颗粒化，PIC 可有效诱导东方百合超薄鳞片形成愈伤，随着 PIC 浓度升高，成愈率也逐渐升高且愈伤颜色呈黄色，而 2,4-D 诱导出的愈伤则呈白色或淡黄色。

体细胞胚状体途径：体细胞胚状体途径是一种体外再生方法，是外植体在添加不同植物生长调节剂的培养基上经过脱分化获得体细胞胚再通过再分化形成完整植株的过程，具有繁殖数量大、转化效率高及遗传稳定性强的优点。在百合的组织培养中经常以 MS 为基础培养基向其中添加 PIC 及 NAA 这两种植物生长调节剂来诱导胚性愈伤组织进而形成体细胞胚。研究表明，以无菌苗叶片作为外植体诱导胚性愈伤，具有易获得、诱导率高的优点，但也具有周期长且愈伤组织疏松脆弱的缺点；以无菌苗鳞片为外植体诱导胚性愈伤则可避免此情况的出现。PIC 在诱导百合体细胞胚中具有很重要的作用，当 PIC 浓度为 1.5~2.5 mg/L 时有利于'麝香百合''亚洲百合'及'东方百合'胚性愈伤组织诱导，当 PIC 浓度为 0.14 μmol/L 有利于'东北百合'及'垂花百合'胚性愈伤组织诱导，当 PIC 浓度为 1 mg/L 时有利于'细叶百合'的体细胞胚诱导，诱导率可达 100%，因此需根据不同百合品种筛选适宜的 PIC 浓度。

生根培养：在百合的组织培养中经常以 1/2MS 及 MS 培养基作为生根培养的基本培养基，在基本培养基中添加 IBA、NAA、6-BA 及 AC 等植物生长调节剂有利于百合组培苗的生根。在百合组织培养中使用 IBA、NAA 诱导组培苗生根的次数较多，NAA 诱导出的根要比 IBA 诱导出的根多且粗壮，对于'兰州百合''印度百合'及'沂水百合'组培苗生根适宜的 NAA 浓度均为 0.5 mg/L，亚洲百合'京鹤'及'野生毛百合'组培苗生根 NAA 浓度均为 0.3 mg/L，而'卷丹百合''龙牙百合'组培苗生根适宜的 NAA 浓度则为 1 mg/L 和 0.1 mg/L，而适宜的 IBA 浓度则都不相同，需根据不同的百合品种进行筛选。活性炭可以制造出暗环境并吸附培养基中的抑制物，有研究表明在培养基中添加适宜浓度的活性炭可有利于根系的产生，添加活性炭可促进百合根系伸长，但浓度不适宜时则会抑制根系生长。

（4）炼苗移栽　炼苗移栽是植物再生体系的最后一步，也是最关键的一步。炼苗移栽需要注意的是炼苗时间、温度、湿度、光照等环境因子及移栽基质的选择。百合组培苗的炼苗时间一般最短为 3 d，最长可达 7 d，此时移栽更易成活。在对'龙牙百合'组培苗的移栽研究中，发现适宜'龙牙百合'移栽的温度为 25～30 ℃，适宜湿度为 70%～80%，适宜光照强度为40%，龙牙百合组培苗的移栽成活率随温度、湿度的上升呈先增后减的趋势，而对于光强则一直呈上升趋势。移栽基质的选择对于百合试管苗移栽成活率也至关重要，基质要求疏松且具有适宜百合生长的营养物质及酸碱度才行。常用的移栽基质有珍珠岩、蛭石、草炭土及河沙等，珍珠岩及蛭石无营养成分，不易保水，草炭土具有营养物质，但水不易下渗，河沙细致疏松，每种基质特点不同，因此需将基质进行组合作为百合组培苗移栽基质。适宜'印度百合'的移栽基质为草炭土：蛭石为 1：1，移栽成活率为 92.50%；适宜'沂水百合'的移栽基质为草炭土：水苔为 1：1，移栽成活率为 90%；'Caesars Palace'观赏百合的适宜移栽基质黄心土：泥炭土：珍珠岩为 5：4：1，移栽成活率为 85% 以上。因此，环境因子、基质种类及配比则需根据品种及生存环境进行控制。

（二）百合种植模式

有关百合种植模式的研究有单作、连作、轮作、间作和套作。单作是指同一块土地上，一个完整的植物生育期内只种同一种作物的种植方式。连作指一年内或连年在同一块田地上连续种植同一种作物的种植方式。轮作指在同一田块上有顺序地在季节间和年度间轮换种植不同作物或复种组合的种植方式。间作指在同一田地上于同一生长期内，分行或分带相间种植两种或两种以上作物的种植方式。套作是指在前季作物生长后期的株、行或畦间播种或栽植后季作物的一种种植方式。

1. 单作与连作

单作有利于集中精力管理和照顾百合，提高百合的产量和质量。但连续多年单作会出现连作障碍。百合连作障碍主要表现为产量与品质逐年下降。喻敏等（2004）对百合连作土壤进行分析，发现连续多年种植百合后，土壤养分含量比例失调、有机质降低、土壤酸性变强，随着百合连作年限增加，百合的产量和品质明显下降。Li 等（2022）通过比较不同连作年限设施土壤的理化性质，发现百合长期连作不仅导致土壤酸化，还会导致速效养分积累，进而导致土壤盐碱化，最终造成连作障碍。因此，土壤性质恶化是连作障碍发生的重要原因，也是连作障碍的主要表现。但也有关于克服连作障碍的一些方法见于研究报道。

选用耐连作百合品种是当前为了应对百合连作障碍，有效减轻百合连作带来的负面影响，保证百合的健康生长和优良品质的重要手段。百合生产中普遍存在着种性退化、良种缺乏、病害严重等问题，选育抗病抗逆品种可推动百合产业可持续发展。鉴于野生种保留了大量在抗性和一些特殊品质性状上的有用基因，利用野生种与商品种多代杂交及回交将野生百合的优良基因转嫁到栽培种中是百合育种的有效途径之一（吴祝华等，2006）。例如Löffler等（1996）用'毛百合'与'麝香百合'杂交，将'毛百合'抗真菌性病害的特性渐渗到'麝香百合'。我国百合种质资源丰富，可充分利用该优势在群体中选择优良的自然变异，选育耐连作百合新品种（李润根等，2015）。

合理进行轮作、间作和套作是消减连作障碍的有效方式。首先，轮作可减轻百合的自毒效应等连作障碍因子并提高种植收益；其次，连作会因特异性吸收导致土壤某些养分匮乏，合理轮作可有效避免土壤养分比例失调，恢复土壤地力。间套作一方面可充分高效利用土地资源，另一方面可避免因作物特异性吸收土壤养分而引发的土壤养分失衡问题。此外，不同作物会通过招引不同微生物促进自身生长，间套作可有效维持土壤微生物多样性（胡双等，2021）。如Zhou等（2018）发现百合与玉米间作可有效改善百合根际微生物群落的多样性和结构，且在一定程度上提高百合产量。Li等（2021）对比土豆、豌豆和党参3种作物与兰州百合轮作的效果，发现百合与豌豆轮作可有效减轻连作障碍。

对土壤和种球进行处理也可有效缓解百合连作障碍问题。强还原土壤处理是一种在作物种植之前对土壤进行处理的方法，首先添加大量易分解有机物料到土壤中，再通过薄膜覆盖或淹水隔绝空气，快速创造土壤强还原条件，短期内杀灭土传病原菌。该方法已在国内外广泛应用于防治土传病原菌引发的作物病害，在消减百合连作障碍中的应用也有零星报道（蔡祖聪等，2015）。夏青等（2022）研究强还原土壤处理对龙牙百合连作土壤土传病原菌和杂草种子的影响，发现该方法能显著杀灭土传病原菌和抑制杂草萌芽。曹坳程等（2022）介绍，土壤熏蒸消毒法是当前防治土传病害、解决连作障碍最有效和稳定的方法之一，是指将土壤熏蒸剂施入待处理土壤中并覆盖专用塑料薄膜，在人为创造的密闭空间中利用其产生的特殊气体来防治土传病、虫、草等为害。种球播前处理可有效杀灭种子自身所携带的病菌，防止种子病害的传播。毕路然等（2023）研究发现，0.33 g/L 磷酸二氢钾 +

1.67 g/L 生根粉+特 8TM 菌剂浸种处理可有效改善土壤理化性质，改善土壤细菌与真菌的丰度和数量，促进百合种球发芽和幼苗生长。

2. 轮作

百合忌连作、重茬。因为连作、重茬，可使土壤内病原菌增加，易遭真菌病害及土传疫病的为害，致使百合品质变劣，产量下降。合理地轮作倒茬，不仅可以培肥地力，减少病虫为害，而且可以提高百合球茎的产量。能与切花百合轮作的作物种类多元，常见的禾本科、豆科、葫芦科、十字花科蔬菜都可以用作切花百合的轮作作物，不要选择前茬是辣椒、茄子、甘薯马铃薯、甜菜、烟草、葱蒜类及贝母等作物的地块。袁仁长等（2002）介绍，百合—晚稻轮作栽培，即在先一年晚稻收割后 10 月上旬种植百合，第二年双抢期间采挖百合后 7 月中下旬再栽培晚稻。这种水旱轮作方式较好地解决了百合不能连作的问题。黄晓飞等（2013）报道，根据江西省实际，总结出早春黄瓜、一季晚稻、百合水旱轮作模式。早春黄瓜于 2 月中下旬播种，3 月中下旬定植，4 月下旬开始上市，6 月上旬收园；晚稻于 6 月中旬移栽，9 月下旬至 10 月初收获；百合于 10 月上中旬播种，翌年 7 月下旬至 8 月上旬收获。李溪等（2016）介绍，早春黄瓜—晚稻—百合水旱轮作新模式，不仅能培肥地力，减轻土传病虫害的发生，还能实现土地单位面积的高产。一般黄瓜产量 5 500~6 200 kg/亩，产值约 5 550 元/亩；水稻产量约 560 kg/亩，产值约 1 570 元/亩；百合产量约 1 700 kg/亩，产值约 40 000 元/亩；按水旱轮作新模式种植，3 茬总产值可以达 36 800 元/亩。王立仕等（2018）以水稻、印度豇豆等水、旱 2 种作物为代表与切花百合进行轮作栽培试验，观察轮作效果并与二闲置组（泡水，不泡水）进行对比，发现与水稻轮作对切花百合的生长效果最佳，是有效克服百合连作障碍的重要措施，印度豇豆效果次之，泡水闲置组优于干旱闲置组。因此根据不同作物对土壤各种营养元素的吸收有较大的差异性，通过作物间的轮作促进了土壤的养分平衡，通过水旱轮作大大降低土壤中的病原菌基数，减轻病虫害发生的概率，种植水稻，大田经过精耕细作后土壤理化性状得到很大改善，土壤团粒结构趋于合理，是改良土壤培肥地力的好方法。印度豇豆茎叶茂盛，根系发达，能生长出大量根瘤菌，后期杂草被印度豇豆茎叶荫蔽，基本无法生长，大大改善土壤的生态环境，对改良土壤非常有利。所以在克服切花百合轮作障碍问题上，有灌溉条件的地方应首选水旱轮作特别是与水稻轮作，因种植水稻便于大棚钢架内小型机械化作业，省工省力，降低成本提高收益。而无灌溉条件的地方应选印度豇豆等豆科作物作为与切花百合的轮作组合为好。即使闲置没有种植任何作物，有灌溉条件的地方也要放水泡田，以减轻百合连作障碍问题。吴剑锋等（2018）介绍了浙江省丽水市卷丹百合与玉米高效轮作栽培技术。卷丹百合忌连作，一般提倡收获后次年与水稻、茭白等作物进行水旱轮作。为了提高土地利用率，增加种植效益，从2016年开始在青田县舒桥乡等地开展了卷丹百合—鲜食玉米高效轮作栽培技术模式示范。据调查统计结果，示范基地平均亩产鲜百合860 kg，以统货收购价12元/kg计，亩产值10 320元；鲜食甜玉米720 kg/亩，亩产值2 740元。2 茬合计亩产值13 060元，扣除种苗、用工及物化成本，每亩纯收益在6 500元左右，种植效益显著。该模式既保证了中药材种植规模，又稳定和扩大了旱粮生产面积，促进了农业增效和农民增收。

3. 间套作

由于百合有喜阴的特性，因此可与多种作物间套作。实行间套种对百合生长会有一些影响，鳞茎产量有所下降，但单位面积总收入高于单种百合的收益。如果在间套作时间和管理上安排恰当，对百合生长有利，可以提高产量和品质。百合特别适宜和林果间作，百合为短期植物，1~3年见效，林果为长期植物，以短养长，互相促进。如和杨树、槐树、松树、梨树、苹果树、杏树、桃树、李树、樱桃树、栗树、花椒树、柿子树及枣树等间作，也可和玉米、大豆、小麦、高粱及杂粮等作物间作，还可和蔬菜（如萝卜、乌塌菜、白菜、豆角、菠菜、姜、西瓜）及其他花卉等间作。实行间作套种应注意百合株行距要求整齐均匀且一般比单作要大，其次要增加施肥用量和次数，以保证土壤含有足够的养分，满足百合及间作套种作物的生长。李爱娟等（2021）介绍，对兰州百合生长习性及甘肃省古浪县灌区物候环境进行研究，借鉴国内其他省市县（区）引种兰州百合的培育栽植技术，在古浪县灌区优质梨园及庭院经济林苹果、红枣、葡萄等林冠下进行了栽培试验。试验结果表明，在不影响经济林正常生长的情况下，这种种植模式产出的兰州百合产量、品质俱佳，能有效降低农业用水量、人工成本、土壤用肥量，提高农民收入。

（三）百合种植方法

1. 地块选择与整地

张扬城等（2022）介绍，百合要选择环境条件良好、水源清洁、交通便利的地块种植。要求地势稍高、土层深厚、土质疏松、排灌方便、富含有机质的微酸性壤土或沙壤土；灌溉水的含盐量不高于0.5 g/L，氯离子含量不高于50 mg/L。不选前茬是辣椒、茄子等作物的田块，选择豆科、禾本科作物为好，忌连作。如果连作，连作地在种植前必须进行土壤消毒。常用方法有太阳能覆膜高温消毒法、蒸汽消毒法等。作畦前要先施足基肥，一般亩均匀撒施充分腐熟的 6 m³ 羊粪作基肥，将肥料与土壤混匀。如果有条件，再撒些碎木屑覆盖在畦面，以降低土壤湿度、防止杂草生长，有利于鳞茎发育。种植地还要进行全面的除草、清杂，深翻土壤 30 cm，然后作畦。畦高 20 cm、畦面宽 100~120 cm，沟底宽 30 cm，畦面力求平整。方小燕等（2023）介绍，鲜食百合具有耐寒和喜阴性能突出的特点。选择种植地应优先选择地势平坦、排水性能良好、土层深厚、土壤肥沃且有较强保肥能力的地块，还要确保有较高的有机质含量，坡度控制在 5°左右的阴坡。不宜选择以前栽培过百合科作物如百合、蒜、葱等作物的地块。地块选择完成后，种植户要做好整地工作，选择药剂对土壤进行消毒处理，选择 7.5 kg/hm² 辛硫磷+750 kg/hm² 细沙土搅拌均匀制成毒土，均匀撒施在地面上。对于鲜食百合来说，主要是收获地下茎块部位，为了确保百合优质高产，需要做好田间种植管理及施肥工作。在前茬作物收获后，第一时间进行深翻整地，将土块耙松平整。还要施加足量的基肥，可以选择施加 75 000~90 000 kg/hm² 腐熟有机肥或者 7 500~9 000 kg/hm² 商品有机肥，作为基肥使用，直接铺撒在地面，耕地后翻入土内即可。在春季播种工作还没有开始前，在田块内播撒磷酸氢铵 30~45 kg/hm²、过磷酸钙 79.5~120.0 kg/hm²、硫酸钾 15~30 kg/hm²，或者选择磷酸二铵 19.5 kg/hm²、硫酸钾 15~30 kg/hm² 和腐熟有机肥混合均匀后，铺撒到田块，耕翻入地块即可，同时第一时间耙糖、平整土地。方建林等（2023）介绍，选择光照条件好、土层疏松深厚、排灌方便、有机质含量高、排水透气性好、地力中上的沙壤土种植，低洼地、风口地、背阳地、北坡地不宜种植。土壤 pH 值 5.5~7.5，土壤 EC 不超过 1 mS/cm。百合忌重茬连作，实行一年一种，同一块地需间隔 3~4 年方可再种植百合。也不能与葱蒜类作物轮作，以豆类、禾本科、瓜类蔬菜前茬地最为适宜。二氧化硫、硫化氢等有害气体对百合生长极为不利，危害轻的引起苗叶损伤，重的造成植株死亡，因此，栽培地应远离交通主干道、城市城镇及工厂，选用无污染的耕地作为栽培用地。在前茬收割后播种前 15 d 左右开始耕地，采取二次耕整方式。第一次用大型犁田机翻坯，翻犁深度 25~30 cm，让其晒干土壤水分，再用旋耕机反复将泥土整碎整平后开厢，厢向以南北向为宜，厢宽 1.5~2 m。开好腰沟、围沟、厢沟，做到沟沟相通，达到能速排速灌的效果。

2. 种球选择与处理

种球的质量直接影响着产量的高低，一般种球单个大的，植株生长旺盛，容易获得较高的产量。但大球茎的投资费用高，为了降低成本，一般不用大种球，而种球过小又影响出苗质量，因此选择中等种球为宜。在收获时选为种球的百合，不宜立即种植，必须经过晾种，即在室内铺开种球，上面盖草晾种 7 d 左右，让百合表层水分有所蒸发，以促进后熟，利于发根和出苗。赵统利等（2022）介绍，观食兼用百合要选择根系健壮、基盘完好、鳞片饱满、抱合紧密、无病虫、无腐烂片、无机械损伤、单球质量在 80～100 g 的鳞茎作生产用原种。种球种植前，还需要进行灭菌杀虫处理。可使用灭杀镰刀菌、青霉菌、灰霉菌等灭菌剂和灭杀线虫、根蛆、根螨的杀虫剂。如：50%咪鲜胺锰盐 1 000 倍液，添加 0.3%印楝素 500 倍液浸泡 30 min 消毒，取出晾干。方小燕等（2023）介绍，为了提升产品的经济性能和商品性能，应优先选用鳞片厚、色泽白、无病斑、无腐烂且没有损伤的种球作为母籽，种球直径控制在 2～3 cm，需要种球 3 000 kg/hm² 左右。在收获时节，作为种球的百合需要晾晒后才能种植，在室内将种球全部铺开，且厚度不能超过 10 cm，晾晒种子 1 d 左右，确保百合表面水分蒸发掉，以加快其成熟速率，对种子发根和出苗较为有利。可以结合种球大小，将其划分为大、中、小 3 种不同的级别，栽种时应严格按照地块情况分级栽培。为了避免病菌感染，播种前需要做好种球的消毒工作，可以将种球放在 50%多菌灵 500 倍液中浸泡 15～30 min，或者选择生石灰水浸泡 15～20 min，晾干之后播种即可。

3. 种植时期

百合在我国栽培分布较广，各地气候环境条件各异，因此，在确定百合播种期时，要根据本地情况灵活掌握。秋季栽植的，冬前虽不出苗，但在土中发根，翌春出苗早，苗的长势比春植的旺盛。但应注意，栽植过早，年内可能发芽而遭遇冻害，过迟则不利于根的生长。播种时一般要求种球已完成休眠阶段，部分根已萌动，外界气温已下降到日平均气温在 20 ℃左右，无 32 ℃以上高温出现，选在秋雨过后晴天播种。在严寒地区为了防止冻害，宜于春季开冻后尽早播种。张扬城等（2022）介绍，以收获切花为目的的百合种植，种植时期要根据上市时期和品种的生育周期两项指标确定。6 月中旬至 8 月底种植的，可保证国庆节前后有鲜花供应；9 月中下旬至 10 月下旬种植的，在元旦至春节前后开花；11 月上旬至 12 月底前种植的，可在翌年春节后至 5 月前上市。方小燕等（2023）介绍，百合栽植主要包括春季栽植和秋季栽植，大多选择种球栽植，在完成休眠阶段后，一部分根开始萌动，若是外界气温稳定在 13 ℃即可开始栽培，秋季栽植百合可以选择霜降到立冬这段时间进行栽培。春季栽植百合需在每年 3 月中旬完成，若栽植时间过早，年内发芽后容易遭受冻害。水源充足的地块最好浇水 1~2 次。若是春天出现干旱少雨天气，会延缓百合出苗时间，极易出现缺苗缺垄的情况，可以在秋季重新栽植。

4. 种植密度

合理密植是增加单位面积产量、降低生产成本，提高效益的有效措施。种植密度要根据品种、种球大小、土壤肥力、肥料用量等确定。同时，也应注意百合产量与单株鳞茎重的关系，一般情况下，二者是相对矛盾的。随着种植密度增大，产量相对较高，而单株鳞茎重则相对变小。也就是说，产量提高则意味着百合的商品性降低。同时，种植密度增加后生产成本也相应增加，但密度过小，产量降低，也会影响经济效益。李冲等（2011）在研究东方百合'西伯利亚'时发现，株高随着种植密度的增加而逐渐增加，而叶片数会随着种植密度的增加而逐渐减小。牛芬菊等（2018）研究认为，百合种球周径随着种植密度的增大而逐渐减小。尚永强等（2021）研究指出兰州百合随着种植密度的增加，单株重和种球周径均表现为先增加后减小的趋势。王伟东等（2022）在研究中发现，3 种规格种球随着栽培密度的增加，收获种球周径<14 cm 所占比例呈现增加的趋势，而周径≥14 cm 所占比例呈现减少的趋势，种球平均鲜重随着栽培密度的增加呈现减少的趋势，与牛芬菊研究结论较一致。但不同规格种球周径与鲜重中密度处理与低密度处理差异不显著，与高密度处理差异显著。综合考虑到生产实际中单位面积土地利用率、生产成本等因素，种球周径为<6 cm、6~10 cm 、10~14 cm 时，栽培密度为 200 粒/m²、150 粒/m²、100 粒/m² 较为适宜。

5. 种植深度

百合栽培深度是种球管理中的一个重要参数，其关系到种球膨大倍数、子球系数及地上植株的生长情况。百合种植的深度根据种球大小而定，一般小球的种植深度为 3~5 cm，大球为 5~8 cm。土壤黏重地区要种得浅些，土质疏松、保水性能差的土壤要种得深一些。宜兴百合用子鳞茎种植以浅一些为好。在北方少雨区，如甘肃等地种植兰州百合时其深度可适当加深。路喆等（2008）研究了栽植深度对兰州百合植株生长及鳞茎产量、品质的影响，结果表明栽植深度为 15 cm，植株茎秆粗壮，鳞茎增产显著。郝瑞杰等（2008）在研究栽培深度对百合子球繁育的影响中发现，栽培深度对亚洲百合的膨大影响不明显；而对东方百合 10 cm 深度是较适宜的深度，或深或浅都降低了种球的膨大倍数。另外东方百合和亚洲百合的子球系数都随深度的增加而增加出现该规律可能与百合植株形态特征有关。百合种球与地表间的部分称为地下茎，是着生上层根和分生子球的部位，随深度的增加延长了地下茎的长度，增加百合子球的分生位点，使其获得更多子球的同时也可生成更多的上层根，有利于植株养分的吸收促进种球膨大。邵小斌等（2017）研究指出百合种植深度方面，太浅及太深均不利于子球生长发育，东方百合组培球种植深度以 5~8 cm 较为适宜。白伟东等（2022）在研究不同栽培措施对东方百合种球生长的影响中发现，栽培深度为 10 cm 时收获大规格种球数量所占比例最高，种球鲜重最大。生产上具体种植深度也要根据不同百合品种、不同种球规格进行调整。

五、百合田间管理

（一）中耕除草

百合是深根性植物，特别是鳞茎生长发育要求土壤疏松、透气性好。中耕除草就是为百合生长发育创造疏松透气的良好环境，促进根系向下生长，吸收土壤深层中的养分和水分，从而达到生长健壮、提高抗病能力和百合产量的目的。近年来，在百合生产中主要依赖化肥、除草剂，而不注重有机肥的施用，导致土壤有机质含量下降、有益微生物少、土壤板结、通透性差、地力下降，给百合的生长发育带来不利影响。因此，中耕除草在百合生产中的作用不可忽视。百合中耕除草一般进行 3 次左右，中耕除草时，宜浅锄，不宜过深，以防造成百合根茎伤害，感染病菌，引起病害发生。

第一次在百合栽植后至出苗前进行，在这期间，百合子鳞茎底盘处生出种子根，可达 7~8 条，粗 0.11~0.12 cm，长 20~40 cm，同时心芽内部缓慢萌动，生长茎叶，但不露地面。对于杂草过多的地块，在晴天抓紧中耕，晒白表土，以利保墒保温通气增肥，促进百合地下部分根系良好生长；第二次在百合苗高 10 cm 左右时进行，春季气温回升后，百合很快出苗，看准晴天及时松土除草。松土只宜浅不宜深，将表土锄松让阳光照入，可提高地温，促进百合苗早出，但不能深锄，避免对芽造成伤害。土壤肥力差或基肥不足，宜补氮、磷、钾复合肥，一般情况可先补肥后松土，在表土晒白后，再进行清沟，把沟底的积泥重新覆盖在畦面上；第三次中耕除草在 4 月下旬进行，在杂草刚出土时尽早清除。百合生长封行后，一般不进行中耕除草，利用杂草进行遮阴，降低地表温度，为百合生长发育创造适宜的温度，防止高温造成百合早衰。

（二）合理灌溉

合理灌溉是百合田间管理的重要措施之一。水分过多过少都不利于百合的田间生长，水分过少会造成百合发育不良，影响品质，水分过多会造成百合鳞茎腐烂，加重病害。赵秀梅等（2006）通过控制土壤水分含量对盆栽兰州百合鳞茎造成水分胁迫。结果表明，兰州百合发芽出苗期适合的土壤含水量在17%～24%，23.40%为最佳。过高和过低都不利于鳞茎发芽出土。兰州百合鳞茎也有一定的耐涝能力。贾文杰等（2012）以'罗宾娜'百合为实验材料，在监测环境因子的基础上，用包裹式径流仪探头对其生长期进行测定研究，明确百合生长期内的茎流和耗水量变化规律。结果表明，①百合158 d生长期中，总茎流量为7289.30 g，平均日茎流量为46.13 g，其中抽茎期、现蕾期、花期、果期和果后期的总茎流量分别为1862.00 g、3197.80 g、710.50 g、1438 g和116.70 g，日均茎流量分别为62.97 g、72.68 g、54.65 g、30.60 g和467 g，不同生长时期百合日茎流速率有明显变化；②光辐射和大气温度是影响百合生长周期茎流量的主要环境因子，且光辐射、空气温度与茎流速率呈正相关，而与空气相对湿度呈负相关；③阴雨天茎流量和日茎流速率明显小于晴天。该研究为百合水分代谢模型的建立及现代化精准节水百合种植模式的研究奠定了理论基础，对于选择合适的百合节水栽培模式具有重要意义。司海静等（2013）介绍，滴灌模式下的'索邦''西伯利亚'植株发病率低于漫灌模式，这是由于漫灌造成室内空气湿度增大，为切花百合病害的发生创造了有利的环境条件，而滴灌在很大程度上抑制了病害的发生，且节省了农药和劳动力投入，若利用滴灌再加以施药预防，可以显著降低切花百合病害的发生。二者茎生根长度、茎生根条数、种球重量、花蕾长均高于漫灌模式，差异达到极显著水平。仙鹤等（2015）通过实时监测土壤含水率，运用补灌水公式获得不同灌溉方式下的灌水量，结合水量平衡方程计算百合的需水量，得出百合各生育期内科学量化的灌溉指标和适宜需水规律，确定最佳灌溉方式。结果是各处理生育期需水规律均呈现"低—高—低"的变化趋势，需水强度随生育期推移逐渐增大，食用百合全生育期内的需水量由高到低依次为：沟灌、喷灌、滴灌。采用喷灌植株下部土壤地温高，土壤温度变化较小，百合出苗快，喷灌模式优于滴灌和沟灌。

（三）科学施肥

百合是耐肥植物，生育期长、需肥量大。在生产中如果完全靠基肥，往往往会造成后期缺肥，生长发育不良，引起早衰，产量低。因此，在百合生长过程中，还必须进行追肥，追肥宜早不宜迟，过迟易造成脱肥，长势差。因百合品种不同，各地区栽培条件有异，所以在追肥上也有不同的措施。例如在北方追肥每年只需 1 次即可，而南方因雨水较多，一般视苗情进行 3 ~ 4 次追肥。解占军等（2010）曾采用田间试验方法，研究了不同肥料对百合生长性状的影响。结果表明，含硫肥料能够促进百合的生长发育，提高品质，具有一定的抗病能力；含氯化肥不适合百合生长发育；含硫肥料分次施用与一次施肥效果基本一致。邵小斌等（2018）研究栽培基质和肥料对百合生长的影响。以自繁的 OT 系列百合'木门'为试验材料，研究基质、肥料二因素对百合株高、茎秆直径、叶绿素含量、茎秆强度的影响。结果是国产泥炭土与 N、P、K 三元复合肥（N：P：K = 10：30：20）组合促进百合长高，达 68.64 cm；叶绿素含量 SPAD 值最高，达 78.20；国产泥炭土与尿素组合有利于提高百合的茎秆直径，达 10.34 cm；泥炭土与含微量元素的全价水溶肥组合显著增加了百合的茎秆强度，达 43.92。研究结论是国产泥炭土与含微量元素的全价水溶肥组合综合效果较好，有利于提高百合主要性状。李彩珍等（2019）介绍，食用性百合的施肥过程主要包含以下 4 个环节：第 1 次施肥在百合苗尚未破土之前，主要采用有机肥施加，以促进百合发根壮根。地下鳞茎作为食用的主要部分，必须为百合根茎生长提供充分的营养供应，才能够提升百合的产量。有机肥是补充百合根茎生长所需营养和有机物的必然肥料选择，能够提升百合的成活率。有机肥可以选择人类或动物粪尿，施加量为 1 000 kg/亩，能够创造出百合的最好生长条件。第 2 次施肥在百合幼苗生长至 10 ~ 20 cm 时，主要采用有机肥和无机肥配合的方式进行，保证百合壮茎过程中有充分的营养供应，才能够促进百合地下鳞茎生长发育，提升百合的鳞茎产量。施肥量大约为人畜粪水 500 kg/亩，加上 10 ~ 15 kg/亩的复合肥，以及发酵腐熟饼肥 200 kg/亩。第 2 次追肥也被称为壮苗肥，其主要作用就是促进百合幼苗强壮，提升百合的成活率和质量。第 3 次施肥是施壮叶肥，促进百合的叶片发育，在百合植株开花、打顶后进行。主要选择肥料为尿素配合钾肥，以促进百合植株的叶片壮大，进而提升其光合作用的能力，使百合的地下鳞茎能够进一步增重增大。尿素以及钾肥的施加量分别控制在 15 kg/亩以及 10 kg/亩。期间还要对百合进行磷酸二氢钾的喷洒，含量控制在 0.2%，以提升百合的品质和经济价值。第 4 次施肥在百合采挖前进行。主要以有机肥为主，为百合补充营养供应的同时，为百合栽培土地添加营养，为翌年的百合种植奠定基础，保证土地的营养含量。

主要采用人畜粪水进行松土施肥，施肥量控制在 300~500 kg/亩，也可以适当施加一定的磷肥，提升土地营养含量，磷肥的施加量不宜过高，要控制在 10~15 kg/亩。李琦等（2020）探究了食用百合根际土壤中酶活性的变化、土壤养分的含量及其对百合鳞茎产量的影响，为食用百合在生产过程中克服连作障碍和有机肥替代化肥施肥管理等方面提供参考依据。采用钾肥和有机肥配施处理的不同组合，通过田间试验，测定各不同处理对食用百合 0~20 cm 土层土壤酶、土壤养分、植株养分及产量的影响。首先，在钾肥与有机肥的配施处理下，食用百合根际土壤中蔗糖酶、碱性磷酸酶和脲酶的酶活性均在高量钾肥与高量有机肥施用条件下为最高，并且钾肥对酶活性的提高作用强度高于有机肥的作用。特别是在百合植株生长后期，配施的肥效更明显，而且土壤酶活性对有机肥的响应也更活跃。同时，土壤硝态氮、速效钾的含量对钾肥与有机肥配施梯度的响应表现为增长差异持续递减的态势，有效磷的含量与前两者不同之处表现为，随着钾肥施入量的增高而降低。此外，钾肥与有机肥配施处理中以双高施肥量下对鳞茎产量的提高最显著，土壤酶、硝态氮、速效钾与鳞茎产量间呈显著或极显著性正相关，有效磷则与之弱相关。钾肥与有机肥处理能够提高个体发育水平，改善土壤环境，为下一年百合的继续生长储备好丰富的物质，调节好良好的土壤养分状况。王涵等（2021）为探究氮（N）、钾（K）元素对百合生长发育的影响，筛选 N、K 元素施用的最佳配比量，以'卷丹'为试材，采用 Hoagland 营养液浇灌方式进行盆栽试验，测定株高、茎粗、叶片数、叶绿素、鳞茎周径，分析 N、K 配施对卷丹生长影响的差异。结果表明，卷丹对 N、K 因素的响应达显著水平（$P<0.05$），能促进卷丹地下鳞茎发育及叶片生长，增加株高、叶片数，提高叶绿素含量。其中，施 N 量与株高、叶片数呈显著正相关，施 K 量与鳞茎周径的相关性也达到显著水平。鳞茎作为主要药食器官，施 N 量为 609.8 mg/L，施 K 量为 1 046.68 mg/L 时鳞茎周径达最大值，为 13.90 cm。何娟等（2021）以兰州百合为试材，研究了播种量和施钾量对兰州百合播种当年生长发育的影响。结果表明，不同处理间兰州百合苗期、现蕾期的株高无显著差异，摘花期的株高存在显著差异；从植株株高的总增加量看，百合植株的生长受播种量与施钾量的影响较大。播种量和施钾量为适中水平（播种量 156 000 粒/hm²、施钾量 150 kg/hm²）时对兰州百合植株的生长有促进作用，播种量和施钾量为高水平（播种量 204 000 粒/hm²、施钾量 225 kg/hm²）时对兰州百合植株的生长有一定的抑制。不同处理间地上部鲜重、地上部干重、鳞茎鲜重和鳞茎干重存在一定差异。同一播种量下不

同施钾量对兰州百合也有较大影响，在适中播种量（156 000 粒/hm²）与高施钾量水平（225 kg/hm²）条件下，兰州百合植株整体的物质积累量最大，地上部鲜重、地上部干重、鳞茎鲜重、鳞茎干重分别为（4.76±0.38）g、（2.29±0.33）g、（23.63±2.85）g、（6.49±0.63）g；随着播种量和施钾量的继续增加，兰州百合植株整体的物质积累量有所降低。饶中秀等（2021）以卷丹百合为试验对象，通过田间微区试验对比分析单施化肥（CK）、化肥+菌肥（T1）、化肥+低量菇渣（T2）、化肥+高量菇渣（T3）、化肥+低量菇渣+菌肥（T4）、化肥+高量菇渣+菌肥（T5）6 个处理对百合鳞茎的增产提质效果。结果表明，施用菌肥或菇渣以及二者配施均可显著提升百合鳞茎的产量、蛋白质含量，以 T4 处理的产量最高，比 CK 增产20.48%，以 T3 处理的蛋白质含量最高，比 CK 增加 63.37%；菇渣与菌肥配施对百合鳞茎中维生素 C、氮、磷、钾含量无显著影响，但可提高单位面积百合鳞茎的磷、钾累积量，其中 T4 处理的磷、钾累积量分别比 CK 增加38.00%和28.67%。因此，菇渣可用于百合种植，其与菌肥配施对百合的增产提质效果显著。

（四）清沟排水

百合含有大量的淀粉，对土壤水分含量比较敏感。如果出现田间渍水，则会造成百合生长不良，根茎进行无氧呼吸，导致百合中的淀粉转化为醇类，从而引起百合腐烂。在百合整个生长期，都要做好清沟排水，特别是梅雨季节和百合进入休眠期后，更要注意排水，要求做到雨停畦干、沟无明水。冬季雨水较多，容易造成大田积水，土壤黏湿导致百合鳞茎得病腐烂，所以要结合施肥培土进行清沟。到 2—3 月出苗前，通过中耕除草，少量补肥，再加深田间沟系，做到排水畅通，雨后田间不积水。5 月上中旬，百合已从营养生长转向生殖生长，此时期幼鳞茎鳞嫩多汁，在温度高、湿度大、土壤透气性差的情况下，容易引起病害。所以在雨天和雨后做好清沟排水，以免发生渍害和涝害，引起鳞茎腐烂，病虫害加重。

（五）打顶、摘花蕾与除珠芽

打顶、摘花蕾和除珠芽都是提高百合产量的重要措施。

打顶可以控制百合生殖生长，减少养分的消耗，促使百合叶片制造的养分向地下部位输送，从而达到提高百合产量的目的。打顶不能过早或过迟，过早百合鳞茎提前膨大，由于百合叶片数少，制造养分少，叶片衰老后，没有新叶制造养分，百合产量不高；过迟百合已进入生殖生长，消耗了大量的养分，也影响百合产量。因此，在百合生长到 80～90 片叶时进行打顶，打顶时只需将百合生长点摘除。打顶宜选择晴天中午进行，以利伤口愈合，防止病菌侵入，在苗高生长过旺时多打，苗小苗弱时适当推迟或少量摘心，以达到生长平衡。

摘除花蕾是一种促进百合地上部生长向地下部生长转变的重要方式。百合若是以收获地下鳞茎为栽培目的，则不宜任其开花结实，否则将会消耗大量养分，影响鳞茎发育，从而影响产量和品质。及时摘除花蕾，可减少不必要的养分消耗，使营养转入地下鳞茎中，促使鳞茎发育。摘除花蕾宜在花序形成、组织尚未老化时进行。如果过迟，不但养分消耗较多，而且较难折断，需要连续进行多次才能除净。

珠芽适期早收有增产趋势。有关研究表明，6 月 10 日左右收获珠芽，百合产量最高。一般情况下 6 月上中旬是收获珠芽的适期，再迟收获不但影响百合产量，珠芽成熟后也会自动脱落。如不准备用珠芽繁殖种球，珠芽可提前采摘，以减少养分的消耗，提高百合产量。珠芽成熟后，选择晴天用小木棍轻敲茎秆使珠芽脱落，敲击时避免伤害茎秆和叶片。

（六）病虫害防治

近年来，由于百合种植面积的不断扩大及气候变化、肥水和管理措施不当等因素的影响，百合病虫害发生越来越严重，百合品质下降，产量降低，甚至生产失败。随着人们生活水平的不断提高，对农产品的安全性和品质越来越重视。为了生产出高品质绿色无污染的百合产品，百合病虫害的防治必须贯彻"预防为主，综合防治"的植保工作方针，突出生态控制，用农业、生物、物理和化学相结合的综合防治技术防治病虫害。

1. 农业防治

农业防治即在农田生态系统中，利用和改进耕作栽培技术，调节病原物害虫和寄主及环境间的关系，创造有利于作物生长、不利于病虫害发生的环境条件，控制病虫害发生发展的方法。其特点是无须为防治有害生物而增加额外成本；无杀伤自然天敌、造成有害生物产生抗药性及污染环境等不良副作用；可随作物生产的不断进行而经常保持对有害生物的抑制，其效果是累积的。因此，农业防治一般不增加开支，安全有效，简单易行。在百合生产上主要的农业防治技术有：精选无病种球，避免连作，3 年内忌种植百合科和茄科作物。重施有机肥，减少农药、化肥使用量，加强田间管理。采摘百合后及时晾晒土壤，杀灭虫卵及病菌，减少病虫害发生。

2. 物理防治

利用光、温、器具等进行虫害防治的措施，称为物理防治。在百合生产中，常见的物理防治方法主要有：利用害虫成虫的趋光性、趋化性，在成虫发生期在田间设糖醋诱虫液、性诱杀剂等诱杀成虫，以减少产卵量；利用蚜虫等昆虫的趋黄性，在田间竖立黄板进行诱杀，也可使用诱虫灯进行诱杀。

3. 生物防治

百合在其生长过程中经常会遭受病虫害的侵扰，影响其健康和观赏价值。传统的化学防治方法虽然见效快，但长期使用可能会造成环境污染、人畜中毒以及病虫害抗药性增强等问题。因此，生物防治作为一种环保、可持续的病虫害管理方法，在百合的病虫害防治中显得尤为重要。生物防治主要利用生物之间的相互关系，以一种或一类生物来抑制另一种或另一类生物。在百合的病虫害防治中，主要生物防治措施有：以虫治虫，利用天敌昆虫来控制害虫。例如引入瓢虫、草蛉等来捕食侵害百合的蚜虫、红蜘蛛等害虫。还可以通过释放寄生性昆虫，如赤眼蜂来寄生害虫的卵，从而控制害虫繁殖。以菌治虫，使用微生物菌剂来抑制害虫。例如利用苏云金杆菌等细菌来防治某些害虫，这些细菌能够产生对害虫有毒的蛋白质，影响其生长和繁殖。以病毒治虫，利用病毒来感染并杀死害虫。例如通过引入特定的病毒来感染蚜虫等害虫，使其死亡或繁殖能力下降。使用生物源农药，如微生物农药、农用抗生素和生化农药等。微生物农药包括细菌、真菌、病毒和原生动物等制剂，它们能够在不污染环境的情况下，有效地防治病虫害。保护利用自然天敌，在百合种植区域，保护和利用自然存在的天敌昆虫和微生物，通过维护生态平衡来控制害虫的发生。对于一些效果显著的益虫或微生物，可以通过人工大量繁殖后释放到田间，以增强其控制病虫害的效果。

4. 化学防治

必要时，按照相关行业规范及绿色种植标准，科学选用药剂精准防治。

（七）收获

1. 适时收获

菜用百合可青收，夏至到小暑前，百合下部 1/3 的叶片变黄，鳞茎肥大接近最大值，鳞片含糖量达到最高值，可在 6 月下旬至 7 月上旬采收 "青棵百合"，供作蔬菜用。药用及加工用百合宜黄收，大暑前后，百合 2/3 的叶片变黄，体内养分转运到下部鳞茎，百合球淀粉含量达到最大值时，收获加工，此时干片率及出粉率达最高值。留种用百合宜枯黄收，立秋前后，百合叶片已完全枯黄，并进入休眠期，重量比最大值时下降 10% 左右，即可采收。百合一定要 "抢晴干收"，晴天采挖方便，黏泥不多，损伤较小，不致染病，利于贮藏。

2. 贮藏

用来贮藏的百合球一定要"充分成熟，含水量低，无病无虫，没有伤痕"。张敏敏等（2023）介绍，百合贮藏方法主要包括传统贮藏、物理技术贮藏、化学技术贮藏和复合技术贮藏。

（1）传统贮藏　生产上一般以窖藏和沙藏为主。窖藏是将百合贮藏在具有简易通风系统的窖内的一种贮藏方法，具有贮量大、保温保湿效果好等优点，但是该方法只能帮助百合越冬，随着气温的升高，百合褐变和腐烂现象会加剧。沙藏又被称为低温层积处理，是利用自然冷源和在沙藏条件下百合暂时进入被迫休眠状态进行贮藏保鲜的方法，由于沙藏对设施要求低、材料少、费用低，因此更适合小规模的保鲜或冬储。目前，随着栽培面积的逐渐扩大，人们对百合品质要求的提升，传统贮藏方法已逐渐不能满足产业化需求。

（2）物理技术贮藏　物理技术贮藏主要是调节百合储藏室温湿度、气体及光线环境等来延长百合贮藏时间和保持百合鳞茎品质。

王祥宁等（2010）通过专用冷库的环境布局试验表明，通过 CO_2 检测，控制库内气体交换，可使库内 CO_2 浓度维持 0.1% 以内，各方位的温度差保持在 ≤±0.5 ℃，种球贮藏可达 240 d，为百合种球贮藏创造了较为适宜的环境，实现了种球长期贮藏和调节花期的目的。

方少忠等（2011）对'Siberia'百合种球在 30~45 ℃ 水中进行热处理 120 min，研究种球的冷藏效果及冷藏过程中的生理变化，并与未经热处理的种球对照，结果表明，40 ℃ 热处理能有效抑制冷藏过程中前期的呼吸强度；同时对 POD、CAT 活性产生了影响；降低了冷藏前期淀粉酶活性，延缓淀粉的降解速率，有效清除 MDA 累积，降低细胞膜透性，种球的冷藏品质得到改善；40 ℃ 热处理 120 min 可作为种球冷藏前的预处理技术加以应用。

气调贮藏是在果蔬储藏的封闭体系内，通过调整和控制储藏环境的气体成分和比例以及环境的温度和湿度，抑制果蔬本身引起劣变的生理生化过程或作用于果蔬的微生物活动过程，以此达到延长果蔬的储藏寿命和货架期的技术。钟楚杰等（2015）发明了一种鲜百合鳞片的真空气调保鲜工艺，其方法是将清洗消毒并沥干的鲜百合鳞片装入聚丙烯复合碗杯，碗杯中充入质量成分为 0.05%~0.2% O_2、96%~98% N_2、2%~3% CO_2 的混合保鲜气体，充入压强控制在 0.04 kgf/cm^2 左右，然后用聚丙烯膜封装入 0~4 ℃ 保鲜库贮藏。张鹏等（2021）以'兰州百合'为试材，探究不同包装方式对百合采后衰老进程及酶促防御体系的影响。设置无气调元件的气调箱为 CK 处理，真空包装处理及带有气调元件的气调箱为微环境气调包装（mMAP）处理，检测了百合的感官品质、生理、衰老及防御酶的指标。结果表明，贮藏前期真空包装的百合还原糖含量高、硬度大，较 CK 的可溶性蛋白含量高，而随着贮藏时间延长，感官评分迅速下降，乙烯生成速率增加，膜质氧化程度加剧，酶促防御能力降低，品质逐渐劣变，mMAP 处理的百合在贮藏期间的感官评分最高，可溶性蛋白处于较高水平，贮藏后期还原糖得到累积，较真空包装的呼吸强度与乙烯生成速率低，抑制 MDA 增加及 POD 活性增强，同时提高 SOD、APX 与 CAT 活性，相比真空包装促进了机体防御能力。综合可得，mMAP 感官表现与生理品质最佳，可在一定程度上延缓百合衰老进程，提高百合的酶促防御体系。

紫外（ultraviolet，UV）照射可以有效地保持果蔬贮藏品质并延长其保质期，UV-A（320~400 nm）和 UV-B（280~320 nm）比 UV-C（200~280 nm）的危害小，其中 UV-C 可以有效减少新鲜果蔬上的致病微生物，同时也可以抑制果蔬营养成分的流失。张鹏等（2021）将兰州百合用 UV-C 处理不同时间，结果发现在贮藏前经 UV-C 照射 10 min 可以更好地保持百合色泽，抑制多酚氧化酶、过氧化物酶和苯丙氨酸解氨酶活性和丙二醛含量的积累，从而延缓兰州百合的衰老进程。

卫武均等（1994）用不同剂量 γ 射线对兰州百合进行辐照处理，分别在 8.7 Gy、26.1 Gy、43.5 Gy、61.0 Gy、87.0 Gy、217.5 Gy 剂量处理下分装样品，然后入农家土窖贮藏，试验结束后，8.7 Gy、26.1 Gy、43.5 Gy、61.0 Gy、87.0 Gy 处理的贮藏组鳞茎硬实，且鳞瓣完好、鲜白肥厚，口感与当年产鲜百合差别不大，贮藏期达 300 d，尤以 26.1 Gy、43.5 Gy 试验组贮藏效果突出；61.0 Gy、87.0 Gy 次之；而 217.5 Gy 组因辐照损伤，腐烂加剧，不利于长期贮藏。吴雷等（1996）通过对宜兴百合不同时期不同剂量 γ 射线辐照处理的试验，初步明确百合辐照保鲜的适宜辐照剂量范围为 10~50 Gy，最佳处理时期为百合休眠期（9 月至翌年 2 月），可延长新鲜百合货架期 60~120 d。已进入萌动期的百合鳞茎，辐照 50 Gy 以上才有抑制发芽的作用，但易霉烂，故不建议采用。

臭氧是一种对细菌、真菌、病毒和真菌孢子有很强抑制作用的天然氧化剂，可作为直接接触使用于新鲜农产品的消毒剂。刘燕等（2008）采用不同浓度的臭氧水处理百合，然后用 PE 袋进行封口包装，并在 30 ℃下测定了不同贮藏期百合的感观、失重率、色差、总糖和维生素 C 含量。结果表明，臭氧处理组明显优于对照组，其中 4.4 μg/L 处理组综合效果最好；各种臭氧浓度的处理组之间保鲜效果相差不大，均能有效地降低百合的失重率及营养价值损失，延长贮藏期。张鹏等（2021）用不同浓度臭氧水对百合进行处理，发现臭氧水浓度对百合保鲜效果差异明显，贮藏过程中百合的褐变度随着臭氧水质量浓度（0~1.5 mg/L）的增加逐渐减小，但是当臭氧水质量浓度增大至 2 mg/L 时，百合褐变度增大。因此，在臭氧处理过程中，臭氧水浓度的选择尤为重要。

（3）化学技术贮藏　化学贮藏主要是通过使用化学试剂对百合鳞茎进行处理，以延长百合贮藏时间和保持百合鳞茎品质。

巩慧玲（2011）为了探索食用百合鳞茎采后耐久保鲜方法，以兰州百合鳞茎为试材，研究了 ClO_2 处理对百合鳞茎在（-3±1）℃贮藏温度下的防腐保鲜效果。结果表明，不同浓度 ClO_2 熏蒸处理 1 h 均能降低百合贮藏期间的腐烂指数，其中 6 mg/L 浓度 ClO_2 处理时腐烂指数最低，该处理也降低了百合贮藏期间的呼吸强度，抑制了贮藏期间可滴定酸和丙二醛含量的升高、维生素 C 含量的降低和贮藏后期可溶性糖含量的降低，保证了百合鳞茎贮藏期间的风味品质。ClO_2 浓度较低或过高时，保鲜效果均有所降低。研究结果认为适宜浓度的 ClO_2 可作为防腐保鲜剂在百合鳞茎的实际贮运中应用。

吴超等（2016）为了研究外源水杨酸对食用百合采后生理及贮藏品质的影响，以食用百合种球为材料，田间采后贮藏于 0 ℃/-1 ℃（昼/夜）冷库，用 0.1 mmol/L、0.5 mmol/L、1.0 mmol/L 溶液水杨酸分别处理 30 min。在贮藏期间，每 30 d 取样，对可溶性蛋白含量、可溶性糖含量、超氧化物歧化酶（SOD）活性、过氧化氢酶（CAT）活性、过氧化物酶（POD）活性和多酚氧化酶（PPO）活性等指标进行测定。结果表明，0.5 mmol/L 水杨酸预处理可以显著抑制食用百合鳞茎中 SOD、POD、CAT、PPO 的活性代谢速度，同时通过抑制可溶性糖、可溶性蛋白等渗透调节物质的分解速度来提高食用百合种球鳞茎的低温适应性。外源 SA 可以有效抑制食用百合种球的采后生理变化，保持种球鳞茎的低温长期贮藏品质。

巩慧玲（2016）为了探讨纳他霉素壳聚糖复合涂膜对食用百合鳞茎片的保鲜效果，以不同质量分数（0.025%、0.05%和0.1%）的纳他霉素复合质量分数 1%的壳聚糖溶液对兰州百合鳞茎片进行涂膜处理，然后置于 4 ℃条件下贮藏，并定期对其腐烂指数、失重率、褐变度、PPO、POD 活性、维生素 C、可溶性糖和蛋白质含量等品质相关指标进行测定。结果表明，纳他霉素壳聚糖复合涂膜处理能显著降低兰州百合鳞茎片贮藏期间的腐烂指数和失重率，并抑制丙二醛含量和褐变度的升高，减缓维生素 C、可溶性糖和可溶性蛋白质含量的降低，从而保证了百合鳞茎片贮藏期间的品质，其中0.1%纳他霉素和1%壳聚糖复合涂膜处理的保鲜效果最好，贮藏 15 d 后，与对照相比，腐烂指数、失重率和褐变度分别降低了 48.50%、56.92%和17.52%，而维生素 C、可溶性糖和蛋白质含量分别提高了 63.92%、28.54%和25.84%。

马学毅等（2016）在（22±3）℃条件下进行试验，研制了一种百合保鲜剂，其组分特征为 0.1%～0.4%防腐保鲜剂、0.05%～0.1%抗氧化剂、0.1%~0.5%涂膜保水剂、0.1%~0.9%护色剂，这种复配保鲜剂实现了常温化、大众化和免真空条件下进行贮藏保鲜。

王宝春等（2020）研究了 1-甲基环丙烯（1-MCP）保鲜液浓度对瓶插鲜切香水百合保鲜效果的影响。结果表明，1-MCP 复合保鲜液对增大切花百合的花径、延长瓶插寿命和增加切花鲜质量、改善水分平衡值均有一定的作用，显著延长鲜切花的寿命。其中浓度为 50 μL/L 的 1-MCP 处理对切花百合延长瓶插寿命和保持花径增大的促进效果最为显著，优于其他浓度。顾小军（2019）为探究不同浓度 0.14% 1-甲基环丙烯（1-MCP）微囊悬浮剂对百合切花的保鲜作用及安全性，以'梯伯'百合品种为研究对象，分别用 0.41 mg/L、0.83 mg/L、1.65 mg/L、2.48 mg/L 的 0.14% 1-MCP 微囊悬浮剂处理百合切花，以硫代硫酸银、可利鲜、清水作为对照，调查药剂对百合切花的保鲜效果。试验结果表明，0.14% 1-MCP 微囊悬浮剂对百合切花有抑制开放的作用，延缓开放 2～4 d，对百合切花的保鲜作用明显，推荐1.65 mg/L 0.14% 1-MCP 微囊悬浮剂用于百合切花保鲜。

魏丽娟等（2023）采用不同浓度的溶菌酶和 ClO_2 对兰州百合鳞茎片进行保鲜，研究单一保鲜剂对兰州百合鳞茎片的保鲜效果。依据前期学者的研究结果和保鲜剂使用说明，对两种保鲜剂分别取 3 种不同浓度，研究不同浓度的保鲜剂在 15 d 贮藏期内对兰州百合鳞茎片的维生素 C 含量、可溶性蛋白含量、总酚含量、超氧化物歧化酶（SOD）及过氧化氢酶（CAT）活性等指标的影响，筛选出保鲜效果较佳的保鲜剂及其使用浓度。结果显示：两种保鲜剂处理的兰州百合鳞茎片的维生素 C 含量、可溶性蛋白含量、总酚含量、SOD 及 CAT 活性均高于蒸馏水对照组；溶菌酶处理组中 0.05%浓度处理的效果较 0.01%和 0.10%好；ClO_2 处理效果优于溶菌酶处理，且 ClO_2 处理效果与使用浓度成正比，60 mg/L 的浓度保鲜效果最好。

（4）复合技术贮藏　百合贮藏保鲜方法的选择直接影响着百合的贮藏效果，在贮藏保鲜过程中往往是将多种保鲜方法科学合理的组合，以发挥更佳的保鲜效果。张鹏等（2021）在兰州百合贮藏保鲜中，将臭氧清洗、紫外照射、气调和低温冷藏相结合能够有效抑制褐变相关酶（多酚氧化酶、过氧化物酶和苯丙氨酸解氨酶）活性，延缓丙二醛含量的积累，从而减轻细胞膜的受损伤程度。Liu Q 等（2022）通过将臭氧、紫外照射、气调和低温冷藏这 4 种方法结合用于兰州百合的保鲜，虽然一定程度上取得了较好的保鲜效果，但是要将其应用于生产实践中则存在工序繁杂、难以批次处理和劳动力成本增加等问题。

第二节　高海拔地区栽培和设施栽培及覆盖栽培

一、高海拔地区百合栽培

百合的生态适应性强，在不同纬度和海拔地区皆可种植。在高海拔地区种植也不乏其例。

池丽丽等（2005）通过引种数个东方百合、麝香百合品种，在不同海拔高度的山地条件下进行栽培和繁殖，并比较和分析不同品种的农艺、商品性状和繁殖效果。结果表明，本省气候条件下海拔 800 m 左右的山地最适合东方百合的切花生产和繁殖，而麝香百合的栽培和繁殖范围最好选择在海拔 400~800 m 的山地进行。许秀环等（2013）研究表明，海拔 1 000 m 左右的亚高山年极端温度少、昼夜温差大、夏季冷凉，适合百合鳞茎生长，尤其是对剪切花后的种球复壮培育非常有利。对连续两年开花的 3 个百合品种各生长、开花指标的比较可见，百合植株高、茎粗、花径大小等指标在第 2 次开花时均未降低，且部分指标有所增长，没有出现明显退化，生产百合二茬花是完全可行的，由此可大幅度降低百合种球成本。龚伟（2015）为探索百合在三峡库区不同海拔高度的种植适宜性，测量不同海拔高度种植百合的产量以及皂苷和多糖的含量。结果表明海拔 1 000~1 200 m 的百合产量最高，800 m 以上区域百合的皂苷和多糖含量最高。综合分析认为，三峡库区百合适宜在海拔 800~1 200 m 种植。龚伟等（2022）研究百合中薯蓣皂苷含量随海拔的变化趋势，为百合药材适宜栽培区域的划分提供科学的依据。采集七曜山区域不同海拔高度种植的卷丹百合，采用回流法提取百合中的薯蒉皂苷，并用 HPLC-ELSD 法测定薯蓣皂苷含量。在海拔 800 m 以下时，卷丹百合中薯蓣皂苷含量随海拔高度升高而升高，在海拔 800~1 250 m 范围内，薯蓣皂苷含量较高，海拔高度上升到 1 300 m 后薯蓣皂苷含量有下降趋势。在七曜山区域，海拔 800~1 250 m 薯蓣皂苷含量较高，是卷丹百合栽培的适宜海拔高度。郭贤仕（2002）通过对甘肃省高寒阴湿区有代表性的康乐县八松乡土壤、气候等环境因子的分析，阐述了兰州百合在甘肃省高寒阴湿区的适应性，并根据在高寒阴湿区百合种植试验和示范结果，结合区域特点，总结出了高寒阴湿区兰州百合栽培技术如下。

（一）种前准备

1. 选地

高海拔地区栽培百合应选择气候凉爽、光照充足、土壤肥沃、地势较高、排水良好的地块，并保证有充足的水源供应，有利于百合的生长和获得较高的产量。同时，应适当进行土壤改良和灌溉管理，以保证百合生长所需的环境条件。

2. 种球选择与处理

高海拔地区种植百合要求种球具有良好的适应性同时母籽质量是关键。为了保证产品的商品性和经济效益，通常选用独头或两头的母籽，禁用千籽头母籽。选择的母籽须根要繁茂，鳞茎盘未受损伤。用于商品百合生产的母籽一般在 12~30 g，20~30 g 的母籽为一级母籽，12~20 g 的母籽为二级母籽。在种植前要对母籽严格按大小分级，按分级在不同地块种植，不同大小的母籽不要混种。一级母籽需 1~2 年收获，二级母籽需 2~3 年收获。小于 12 g 的母籽用于繁育一、二级母籽。母籽挖出后不宜立即定植，先在室内摊开，盖上草晾种 3~5 d，适当使百合表层水分蒸发，以利发根和出苗，同时可防止感染病害。很多百合种植者在栽种前都要对母籽进行药剂处理，以防止感染病虫害。在高寒阴湿区等百合新产区，病虫害发生较轻，尽可能不要使用农药，以保证百合产品无污染。在母籽选择时，选择健壮、无病害的母籽是预防病害的最佳方法。

王锦霞等（2002）在黑龙江省哈尔滨地区和帽儿山老爷岭地区对百合种球进行了栽培复壮研究，结果表明，在哈尔滨地区栽培种球增重 2~4 倍，在帽儿山老爷岭地区种球增重 3~4.5 倍。百合在帽儿山地区生长其鳞茎淀粉、蛋白质含量高于哈尔滨地区，而糖和脂肪的含量低于哈尔滨地区。哈尔滨地区最热月平均气温为 25.2 ℃，而帽儿山老爷岭地区最热月平均气温为 23.4 ℃，比较两地区的环境条件，两地区都适合百合种球的复壮，但帽儿山地区更有利于百合种球的复壮。王丽花等（2012）对2种不同海拔条件下种植的东方百合西伯利亚种球进行（-1±0.5）℃低温处理，比较其在解除休眠过程中的形态和生理指标变化。结果表明，2种海拔百合种球在低温冷藏过程中，芽生长点均不断伸长，产自云南香格和产自浙江嘉兴的百合种球分别于冷藏69 d、86 d解除休眠。贮藏期间淀粉含量均呈下降—上升—下降的变化趋势；可溶性糖和还原糖含量的变化则刚好相反，即均呈上升—下降—上升的变化趋势；而细胞膜透性均呈下降—上升的变化趋势。随着冷藏时间的延长，经冷藏处理的百合种球种植后其出苗时间、心叶展开时间、现蕾时间、开花时间和吐粉时间都相应缩短，株高变矮，但对百合叶片数量和花蕾数量影响不大。姚霞珍等（2013）对从兰州引进的兰州百合、'布鲁拉诺''里昂''普莱托'4个百合品种在西藏进行了引种栽培试验，同时与本地品种卷丹做了对比。结果表明，种鳞萌芽期，卷丹最早，兰州百合、布鲁拉诺和普莱托稍晚，里昂最晚；种鳞萌芽率，卷丹 = '里昂'（100%）＞兰州百合（93%）＞'布鲁拉诺'（86.7%）＞'普莱托'（80%）；百合的高生长进程表明，从出土至始花期是百合的高生长期，一般为49~50 d，高生长高峰期为5月下旬至6月中旬；百合的现蕾期依次是，'普莱托''里昂'兰州百合'布鲁拉诺'卷丹。杨彩玲等（2021）以10个百合种质为试材，采用田间小区试验，通过系统观测、分析百合物候期及其茎、叶、花、鳞茎等器官生长特征，结合百合产量和经济效益分析，研究了10个百合种质在固原冷凉地区的适应性，以期为以上百合种质在固原冷凉地区的进一步开发利用提供参考依据。结果表明，YNSB4及10个百合种质均能在该地区出苗、开花、生长；其中，YNSB2、YNSB5花径较长，HNJD及YNSB3花朵较多，这些种质花色多样，株高适中，可用YNXY、于观赏；HNJD和YNSB3鳞茎片厚实，鲜质量较大，产量较高，具有较高的经济价值。和继泉等（2022）以迪庆州种植的兰州百合、维西百合、多芽百合为原材料，测定营养成分、矿物元素及重金属等指标，评价高寒区百合鳞茎营养价值及安全性，探索其利用价值。结果表明，兰州百合、维西百合、多芽百合鳞茎氨基酸总量有显著差异，分别为97.01 mg/g、123.00 mg/g、110.02 mg/g；维西百合的氨基酸比值系数分 SRC 最高，为74.67，多芽百合的最低，为59.05；多芽百合的可溶性糖和还原糖含量最高，分别达到17.05%和1.25%；维西百合粗蛋白含量最高，为13.85%；兰州百合粗多糖含量最高，达到18.16%。3种百合鳞茎含有较丰富矿物元素，其中钾元素最丰富，其含量在 663.5~1 320 mg/100 g。铅、镉、铬、总砷、总汞五种重金属含量均处在较低的含量水平，符合国家食品限量标准要求。研究选取的 3 种百合均适合迪庆州高寒区种植栽培，可根据其成分及功能进行开发利用。

（二）播种

1. 播种时间

秋季或初春播种均可。春季土壤解冻较迟，解冻后经常遇春雨，有可能影响百合适时播种。秋季为较好的种植时期，土壤封冻前的 9 月中旬至 10 月中下旬种植最好，秋季种植还可促进地下部分在冬前生长新根，有利于翌春早出苗。

刘高峰等（2020）为明确卷丹百合珠芽在青海冷凉气候条件下秋播和春播的生长特性，以四川黔江卷丹百合珠芽为材料，通过春播与秋播 2 个播种时期种植卷丹百合珠芽，研究不同播期条件下卷丹百合各项生长性状。结果表明，不同播期对卷丹百合的形态指标（株高、珠芽位置、珠芽数量、叶数）有明显影响，秋播条件下，珠芽成熟初期株高平均为 49.31 cm，叶数为 57.67 枚，珠芽数量平均为 17.23 粒，到全株珠芽形成期株高平均达 63.97 cm，叶数达 64.8 枚，珠芽数量平均达 22.46 粒，珠芽产量平均达 844.64 g/m²。春播条件下，珠芽成熟初期株高平均为 34.7 cm，叶数为 48.47 枚，珠芽数量平均为 11.57 粒；整株珠芽形成时株高平均达 49.2 cm，叶数为 54.63 枚，珠芽数量平均为 13.76 粒。珠芽产量平均达 529.59 g/m²。秋播处理能够促进卷丹百合植株苗的生长发育、提高珠芽质量，秋播条件下卷丹百合珠芽总糖、还原糖含量均高于春播条件。由此可知，在冷凉气候条件下卷丹百合珠芽春播和秋播间各项指标有明显差异，同时，秋播方式能够很好地适应青海地区气候条件。

2. 种植密度、深度

种植密度要根据母籽大小确定。一级母籽种植密度为 12 万~15 万株/hm²，即行距 40 cm、株距 17~20 cm，用种量 2 400~4 500 kg/hm²，栽种深度为 14~16 cm。二级母籽种植密度为 18 万~19 万/hm²，即行距 35 cm、株距 15~16 cm，用种量 2 200~3 800 kg/hm²，栽种深度为 12~14 cm。

3. 播种方法

百合种植方法有平作、垄作等方式。在排水良好、土壤深厚的小坡度地块播种，可采用平作。在平川地、旱薄地播种，宜采用垄作方式，高寒阴湿区降水相对较多，平川地积水在雨后不易立即被排出，垄作方式有利于排除积水。旱薄地采用垄作方式可增加土壤深度，有利于百合生长。

平作可用犁拉沟隔行播种法。拉沟宽度与根据母籽大小确定的行距一致，在播种沟中用小铁铲挖穴定植母籽，穴深和间距与根据母籽大小确定的栽种深度和株距一致。母籽芽端朝上，压土固定。播种行覆土要细致，不要推翻母籽。

垄作可分为宽垄种植和单行垄种。垄作采取先栽母籽后起垄的方式，母籽定植需拉线人工锄头挖沟进行。垄宽 60 cm，每垄种 3 行，行距 25 cm，边行离垄边 5 cm，株距 20 cm，母籽在垄上按"丁"字形定植，边行覆土 8 cm，中行覆土 3 cm。垄沟宽底部 20 cm、上部 40 cm。用铁锹从一侧铲土覆盖于百合种植行形成垄，覆土厚度约 8 cm。单行垄种是在平作的基础上，每行进行起垄，定植深度 8~10 cm，种植时起垄高度 4~6 cm，以后每年结合除草，进行培土增加垄高。单行垄作的定植密度与平作相同，行距、株距可以相同，也可适当增加行距，减少株距。

（三）田间管理

1. 中耕除草

第 1 年春季中耕除草深约 10 cm，以后除草要浅或拔去杂草即可，不要损伤鳞茎和根部，除草时要保留新生的小鳞茎。易板结的耕地，在雨后要进行中耕松土，以保持土壤疏松。

2. 施肥

栽种的第 1 年 5 月，结合中耕施优质农家肥 3.0~6.0 t/hm²，高寒阴湿区在秋季种植时，一般不易把农家肥拉到耕地，春季结合中耕施用的农家肥要适当增加。百合种植最好不要施用化肥，化肥增产效果明显，但影响百合品质。地力较差的地块也可施硝铵 225~300 kg/hm²。每年至少追肥 1 次，以追施农家肥 1.0~1.5 t/hm² 为最好，施肥后要结合中耕除草立即用土覆盖肥料。

杨彩玲等（2022）以兰州百合为试材，采用田间裂区试验（二因素三水平），分析了不同有机肥配施处理下钾肥对百合栽培土壤养分、酶活性、百合养分吸收、生长发育、产量及钾肥利用情况的影响。结果表明，与 CK 相比，所有钾肥和有机肥配施处理均提高了土壤中速效钾、有效磷、水解性氮、土壤有机质、百合根、茎、叶、花苞及鳞茎中营养元素（氮、磷、钾）的含量。除个别处理外，大部分配施处理均能提高土壤蔗糖酶、碱性磷酸酶及过氧化氢酶活性，同时降低土壤脲酶活性；所有配施处理下，百合株高、茎粗、冠幅、单株鳞茎鲜重和产量均显著高于 CK，钾肥农学利用率总体上随着钾肥施入量的增加而变小。有机肥配施处理下，施用钾肥能促进百合生长，提高百合产量。在钾肥施入量为 150 kg/hm²（K₂）、有机肥为 9 000 kg/hm²（M₂）时，百合单株鳞茎鲜重、产量及钾肥农学利用率均达到最大，建议固原冷凉地区百合栽培的钾肥与有机肥配施以 K_2M_2 为宜。

3. 打顶

高寒阴湿区一般在 6 月中下旬为百合去顶，通常在植株生长至一定高度、具备一定营养面积以后进行。苗较弱小的植株，可推迟去顶时间。

4. 水分管理

高寒阴湿区有时阴雨天较多，要特别注意及时排除田间积水，较长时间的积水可导致百合地下部分根、鳞茎因缺乏空气而腐烂。平川地一定要有良好的排水沟，雨后经常查看田间排水情况。高寒阴湿区自然降水一般可满足百合生长对水分的需要，不须灌溉。但遇较干旱的时候，也应适当补灌。灌溉方式不可采用大水漫灌，要小水灌溉。有条件的最好使用喷灌，以保持土壤湿润为宜。

5. 其他

王金等（2013）介绍，百合的生物学特征，对光照、温度及其他环境条件的要求以及这些因素对百合开花的影响，提出在高海拔地区百合花期的主要调控技术。高海拔地区因其冷凉的环境，在进行花期控制（如进行光照、温度、激素处理）时成本低，易操作。通过对百合花期调控，提高经济效益，降低市场风险，满足市场需求。

（四）病虫鼠害防治

选择健壮、不带病虫害、抗病虫害力强的母籽是有效防治手段，选择地下害虫较少的地块也是预防虫害的有效方法，适当的前茬也可减少病虫害的发生，这些非药物措施的综合防治效果好，同时能保证产品质量。

1. 病害防治

百合主要的病害有百合灰霉病、百合疫病、百合病毒病等。百合灰霉病初发期，可用 50%多菌灵可湿性粉剂 300 倍液喷洒，药液用量为 600～750 kg/hm²，7～10 d 喷 1 次，连续喷 2～3 次。百合疫病可用 75%百菌清可湿性粉剂 600 倍液，药液用量为 600 kg/hm²，7～10 d 喷 1 次，连喷 2～3 次。

2. 虫害防治

地下害虫主要是蛴螬，蛴螬防治可在种植前用 40%甲基异硫磷乳油 3 000 ml/hm² 拌细砂土 750 kg 撒在地表，百合生长期为害时可用 25%辛硫磷乳油、20%甲基异硫磷乳油 1 000 倍液灌根。秋耕时，人工拣拾蛴螬，以减少越冬基数。在八松乡的各主要土壤类型中，栗钙土类的耕地蛴螬较多，黑土类耕地蛴螬相对较少，应尽量选择黑土类耕地种植百合。

3. 鼠害防治

鼢鼠是对百合生长有危害的主要鼠类。在冻土层解冻之前，在鼢鼠经常进入田间的内侧田埂挖 50~70 cm 的深沟，并在沟内撒施用 80% 敌敌畏乳油 3 000 ml 按 1:100 的比例与细沙混匀的毒沙，可阻止鼢鼠在春天重新进入田间为害。在百合生长期防治鼢鼠，可用弓箭射杀或在鼠洞口放置毒饵诱杀。

（五）收获

一般在 10 月底至 11 月上旬或早春 3 月中下旬收获，甘肃省高寒阴湿区土壤解冻较迟，以秋季收获为好。收获时将商品百合鳞茎肉质须根剪短至 1 cm 左右，分级分装。商品百合分级标准一般为：直径 ≥9 cm、1~2 头、整齐度大于 98% 为特级；直径 8.0~9.0 cm、1~2 头，或者直径 ≥9 cm、3~4 头，整齐度大于 95% 为一级；直径 7.0~7.9 cm、1~4 头，整齐度大于 95% 为二级；直径 6.0~6.9 cm、1~2 头，整齐度大于 95% 为三级。收获的健壮小百合可作为母籽，分级留种。

二、设施栽培

百合作为观赏和食用价值兼备的植物，其设施栽培在近年来得到了广泛的推广和应用。设施栽培能够人为地创造或改善适宜的生长环境，以满足百合生长的需要，特别是在气候条件不适宜的地区，更显其优势。

王强（2007）介绍，一个好的生长环境能保证百合的正常生长。荷兰百合栽培中一般都有适宜的温室，并且具有能够保持温室处于适宜的气候条件（光照、温度、通风、空气环流）的各种设施。而国内百合栽培中由于各地气候条件和栽培水平的不同，大棚也具有多样性，如大棚或连栋大棚，许多地方在气候合适的时候也可以直接露天种植。各地应根据气候条件和经济条件灵活选择，但如果在夏季需要降温或遮阴，冬季需要降温或加光时，则应慎重，此时至少需配备基本的加温或降温设施和适宜的灌溉设施。魏焕章等（2017）介绍，百合除露地栽培外，观赏百合应用温室大棚栽培的也很普遍。百合大棚栽培时，一是要选好品种，用优质的种球；二是要选好地、建好棚；三是要按照不同品种的要求对生长环境进行严格控制，创造百合生长发育的良好环境；四是在栽培技术上按照无公害要求，精心进行肥水调控，使之生产出株型较好、质量较高的百合产品。如果上述环节达不到规范化要求，不仅会影响百合的株型，而且还会影响植株生长，甚至无法正常开花。杨马进等（2020）为探讨成都平原气候条件下岷江百合人工栽培不同模式下植株生长差异，以岷江百合 6 年生实生植株为试验材料，观测其在日光温室大棚地面苗床（PD）、日光温室大棚营养钵（PB）、室外田间（LD）、室外营养钵（LB）4 种栽培模式条件下物候及 11 个生长指标的差异，借助相关性分析及主成分分析，研究各生长指标间的相互关系，并对不同栽培模式进行综合评价。结果表明，PD 和 PB 模式果熟期前的物候时间均早于 LD 和 LB 模式，果熟期及枯萎期则相反，其中 PB 模式萌芽、果荚成熟时间最早，PD 模式开花时间最早、LD 模式植株枯萎时间最早；不同栽培模式下岷江百合实生植株地径、株高、单株花数量等 11 个生长指标均达到极显著差异（$P<0.01$），其中以单株花数量变幅最大，达 427.00%，花径变幅最小，为 9.67%；4 种栽培模式 11 个生长指标互呈正相关性，且多个指标相关性达极显著水平（$P<0.01$）；结合相关性分析结果，对筛选出的 8 个指标进行主成分分析，综合得分排名为 PD>LD>LB>PB，PD 模式最利于岷江百合植株生长。

魏焕章等（2017）总结了百合设施栽培方法如下。

（一）种前准备

1. 选地

百合忌连作，怕积水，应选择土壤深厚、肥沃、疏松且排水良好的微酸性的壤土或砂壤土。适宜的 pH 值为 5.5~6.5。

2. 施肥

深翻土壤 30 cm，亩施充分腐熟农家肥 3 000~4 000 kg 或商品有机肥 500~1 000 kg，配施不含氟的无机磷肥和钾肥作基肥。

3. 土壤消毒

百合容易感染病菌，因此土壤必须进行消毒灭菌。大棚栽培的土壤消毒方法如下。

（1）高温闷棚法　利用太阳能烤棚是一种很好的土壤消毒方法。夏季高温季节，设施栽培换茬之际，将温室大棚密闭，在土壤表面撒上碎稻草（每亩用量 700~1 000 kg）和生石灰（每亩用量 500 kg），深翻土壤 30 cm，使稻草、石灰和土壤均匀混合，然后起大垄灌大水。并保持水层，盖严棚膜，密闭大棚 15~20 d。石灰遇水放热，促使稻草腐烂也放热，再加上夏季天气炎热和大棚保温。白天棚内地温可达 55~60 ℃，25 cm 深土层全天温度都在 50 ℃左右，半月左右即可起到消毒土壤和除盐的作用。单独利用灌水闷棚或者生石灰闷棚也可以，但效果比这种方法差一些。

（2）土壤施生物菌有机肥法　每亩喷生物菌 500~1 000 g（注意喷洒之后 1 周内不能喷洒杀菌剂）或土壤施用生物菌发酵的有机肥。通过以上方法施入土壤中的大量有益菌类，可抑制和杀灭土壤中的各种有害微生物，预防土传病害发生。

（3）药土消毒法　每平方米用 50%多菌灵可湿性粉剂 2 g，或 50%甲基托布津可湿性粉剂 8 g，对水 2~3 kg，掺细土 5~6 kg，播种时做下垫土和上盖土，可有效防治多种真菌性病害。

（4）喷淋或浇灌法　将 96%恶霉灵 3 000 倍药液用喷雾器喷淋于土壤表层，或直接灌溉到土壤中，使药液渗入土壤深层，杀死土中病菌，防治苗期病害，效果显著。

（5）蒸汽热消毒　用蒸汽锅炉加热，通过导管把蒸汽热能送到土壤中，使土壤温度升高，杀死病原菌，以达到防治土传病害的目的。这种消毒方法设备要求比较复杂，成本较高，只适合在苗床上小面积施用。此外，对于小面积的地块或苗床，也可将配制好的培养土放在清洁的混凝土地面上、木板上或铁皮上，薄薄平摊，暴晒 10~15 d，既可杀死大量病原菌和地下害虫，也有很好的消毒效果。

4. 起垄

按照标准大棚的建设与施工要求搭好大棚，然后起垄，垄面一般做成 25 cm、宽 80~100 cm，垄面间沟宽保持 30 cm，垄长依棚长而定。

5. 种球处理

选择好的百合种球应立即把球根种到湿润的土壤里。没有冰冻的球根和解冻的球根应在当天或晚一天种植。冰冻的球根应缓慢地解冻（不要放在太阳下），把料袋打开放在 10~15 ℃下进行。在高温里解冻会引起品质下降。一旦球根解冻后就不能再冰冻。否则会产生冻害。若不能种植完，没有冰冻和已解冻的球根，则可以放在 0~2 ℃下贮存，最多两周，或在 2~5 ℃下最多贮存一周，同时塑料袋要打开。高温贮藏和贮藏较长的期间会引起发芽。若球根包装不好，就会脱水变干，这些会使主茎变短和花蕾减少。

（二）播种

1. 播种时间

百合适宜栽种的时间，因品种与地区的差别不同而异，一般应安排在 9—11 月完成播栽。播栽完成后要覆土 6~8 cm，且要避免踩踏。栽植时间要依据栽种目的和生育周期 2 项指标来定。如作为观赏用，大棚栽培时间一般为 5 月下旬至 6 月上旬，这样刚好可以满足国庆节花卉供应。如作为药用或食用，播种时间一般为 9—10 月。

2. 播种密度

百合播种密度要根据不同种群，不同类型和不同播种方法而定，如用鳞茎（种球）为播种材料，还得考虑球茎大小，不可过密过稀。以种球为播种材料时，一定要对种球进行处理，选用栽植种球一定要用已过休眠期的。休眠期依品种不同而有差异，一般叶黄起球后在 0~4 ℃ 的环境中，70~120 d 即可打破休眠。种植前将种球从种球箱中拿出，轻拿轻放，防止将芽碰断；同时检查种球质量，剔除坏球、烂球和病球，如芽折断或腐烂、鳞片或基盘腐烂等不合格的种球。

3. 播种方式

大棚百合的种植方式有盆栽、直接栽于畦面、塑料袋栽培等多种方式。例如湖南省安化县农业农村局等应用直径 15 cm、高 30 cm 的塑料袋为容器栽培百合，取得了很好的效果，具体经验：一是先配好栽培基质（锯木灰 3/4，细河沙 1/4，菜籽饼肥 10 kg/m³，钙镁磷肥 1.5 kg/m³~2.5 kg/m³，硫酸钾复合肥 1.0 kg/m³，尿素 0.5 kg/m³）。各种养料配比好后，先搅拌均匀然后浇透水再用薄膜覆盖，待充分发酵后备用；二是栽培后精细管理。种球从杀菌剂中捞出后即可种植，应将种球芽垂直向上。一般东方百合周径 14~16 cm，种植密度为 15 cm×20 cm；16~18 cm 的种球，种植密度加大 5 cm，一般亩植 1.6 万球左右，种植深度 8~12 cm。为避免根系损伤，种时不要压得太紧。种植完一畦苗床后应立即浇透水并装好滴灌系统和遮用网，做好插牌，并注明品种、规格、种植日期等。

（三）田间管理

栽种后要适当遮阴，防止地温过高、干燥，要对大棚环境进行调控，科学管理。

1. 温度管理

百合喜欢冷凉湿润气候，温度对培养良好的根系非常重要。栽种时土壤温度不能高于 15 ℃，出苗后，在开始的 1/3 个生长周期内或至少在茎根长出之前，温度应控制在 12~13 ℃，茎根长出之后，则应维持正常的生长温度。不同品系的百合，其生长的适宜温度亦有区别。一般而言，白天 24 ℃，夜间 10~15 ℃ 最为适宜，5 ℃ 以下或 28 ℃ 以上则会生长不良。适宜的温度有利于百合茎生根、茎的生长，温度过低会延长生长周期，而温度高于 15 ℃ 会导致生根不好而使产品质量下降。

高温干旱会导致百合茎干变短和花苞量减少；高温高湿会导致百合茎干

细软不坚硬、叶片变薄；低温会使植株生长延缓、生长期变长；温度和湿度的急剧变化会产生僵花苞，增加裂苞、焦叶的比率。所以百合的全过程都要求保持适宜的温度和湿度，且变化缓和。通风可以降低高温高湿状态下的温度和湿度，使植株生长健壮，减少病虫害。

在冬季或寒冷地区通常采用加热系统来控制温室或大棚的温度，加温的方法很多，可以是燃油（煤）热风机加温、热水管道加温和蒸汽管道加温等，加热系统的功率大约需每小时每立方米 220 W，各地应根据具体情况加以选择。

利用热水管道加温，热分布较均匀、运行安全性好，但管道加热往往升温比较慢。采用燃油热风机加温较方便，但必须保证系统的热分布能够均匀。此外还要有一个合适的出口使燃烧的气体能自由排出。如果燃烧的气体在温室内积聚，乙烯和一氧化氮气体都会引起百合落芽或生长不良。

不同品系百合适宜生长的温度不尽相同，东方百合生根温度 12~13 ℃，植株生长适宜温度 16~18 ℃，不能低于 15 ℃ 或高于 25 ℃，如低于 15 ℃，可能导致消蕾和叶片黄化；亚洲百合生根温度 12~13 ℃，植株生长适宜温度 8~25 ℃，要防止空气过于潮湿；麝香百合生根温度 12~13 ℃，植株生长适宜温度 14~22 ℃，如低于 14 ℃，可能导致花瓣失色和裂苞。

张红英等（2003）通过对春节催花百合生长发育过程的研究，探求百合生长发育过程中环境因子，主要是温度对百合植株生长发育的影响，以期为百合盆栽催花生产提供参考。试验结果表明，百合反季节栽培的主要管理要点是温度控制。在营养生长阶段，亚洲百合杂种系中生长最适温度是 16~22 ℃，而东方百合杂种系的元帅生长最适温度是 18~24 ℃，植株的生长发育与温度有密切关系。

2. 通风和相对湿度管理

百合生长适宜的相对湿度是 80%~85%。相对湿度应避免太大波动，变化宜缓慢进行，否则会引起胁迫作用，使敏感的栽培品种焦叶。温度和相对湿度都可以通过通风、换气、遮阴、浇水、加热等措施来加以调控，而且两者往往会同时变化。在温和、少光、无风、潮湿的气候条件下，相对湿度通常很高，必须加强通风以降低相对湿度。冬季通风最好在室外相对湿度较高的早晨进行。冬季通风要注意：天窗设置。天气寒冷时天窗每天打开10 min，天气转暖后电脑设置为室内温度达到 26 ℃ 时自动打开，22 ℃ 时自动关闭；交流风机。在室外温度较低时，每隔半小时打开一次。天气转暖后每隔 10 min 打开一次；卷帘 4 月上旬打开，降低室内温度，通风透气；大风扇、湿帘 4 月上旬开始运行，起到降温、增加湿度的作用。

3. 光照管理

亚洲百合对光照不足非常敏感，但在各品种之间有很大的差异。麝香百合较亚洲百合敏感性较小，东方百合最不敏感。光直接影响百合的生长、发育和开花。光照不足时植株会由于缺少足够的有机物而生长不良、茎秆细软、叶片薄、茎叶弯曲向光、花苞细弱色淡，严重时还会引起落蕾落苞和瓶插寿命的缩短。光照调节可以通过夏季遮阴和冬季加光等方式来进行。华东地区种植百合，通常情况下不需要加光；北方地区冬季栽培时，光照不足可考虑用每 10 m 装一盏配有专用反光面的 400W 太阳灯来加光。而且最好选择对光线不很敏感的品种，种球之间要种得稀一些。夏天温度过高、光照过强时要遮阴，以避免高温强光给植株生长造成的危害。遮阴直接影响温室内的温度、湿度和光照条件。在光照强度大的月份，温室内的温度可能迅速上升。在这种情况下，适当遮阴是有必要的。尤其在种球刚下地的前三周，需要遮去较多的光照。但要注意防止遮阴过度，因为遮阴过度将导致光照不足。遮阴可以采用遮阳网，国外也采用在薄膜上刷白灰的方法，但国内不常用。国内夏季生产盆栽百合，一般都采用遮阴网遮光，因品种的不同，遮光程度也不一样，一般东方百合要遮光 70%，亚洲百合，铁炮百合遮光 50%，并且要做到隔几天转动一下花盆，防止茎秆弯曲生长。在一般情况下，发芽至苗期，多在 18 时关闭遮阳网，翌日 10 时打开；在百合生长阶段，则多在下午 20 时关闭遮阳网，翌日 8 时打开。

4. 二氧化碳气体管理

百合对二氧化碳需求量很高。据试验，东方百合、亚洲百合正常生长，需二氧化碳浓度在 800~1 000 mg/kg，铁炮百合则需 1 000~1 200 mg/kg，因此温室大棚内应有补充二氧化碳的措施。具体方法：一是在晴天上午的 8—10 时，在不通风的棚内，施用二氧化碳气丸，以增加棚内二氧化碳的含量；二是每隔 15~20 m 悬挂一个塑料桶（到地面的高度为 1 m），桶内装好 20% 的碳酸氢钠（即家庭常用的小苏打）溶液，然后逐渐将配好的 10% 的稀硫酸溶液分 3~4 次倒入各塑料桶内，碳酸氢钠同硫酸发生反应便可产生二氧化碳气体。60 m 长、7 m 宽的日光温室需 1.7 kg 纯碳酸氢钠和 1 kg 浓硫酸（浓度为 98%）。

5. 追肥

百合喜肥，但忌碱性和含氟、氯肥料，这些肥料易引起烧叶。施肥的原则是"薄肥勤施"，土壤施肥与叶面施肥相结合。选用肥料一般应以尿素、硫酸铵、硝酸铵等酸性化肥为主。进行滴灌时，先要配好原液（原液＝水＋肥料），根据测定，每吨水应加入的肥料配比为：钼酸钠 40 g、硼酸 80 g、硫酸锌 350 g、硫酸铜 17 g、硫酸铵 125 kg 和硝酸钾 175 kg。滴灌时，每 0.5 L 原液应再加入 1 m³ 水进行稀释。百合栽种的头 3 周内，其生长主要吸收种球的营养及水分，一般情况下可以不追肥。如迟发未出苗，可结合中耕，追施三元复合肥 10～15 kg，促发根。当茎长出地表时，开始生出新根后，要重施壮苗肥。壮苗肥施用方法：盆栽百合，一般可每隔 5～7 d 追施一次 1% 尿素和 0.5% 硫酸镁的水溶液；现蕾后用 1% 硝酸铵和 1% 硝酸钾的水溶液追肥，或 0.3% 硝酸钾和 0.1% 磷酸二氢钾水溶液叶面喷施 1～2 次，要控制磷肥的施用浓度，防止施磷过高引起烧叶。当百合叶片出现缺铁症状而发黄时，土施 1 次 0.5% 硫酸亚铁溶液。非盆栽百合，当小苗长到 15 cm 时开始施第 1 次肥，一般可亩施三元复合肥 6～8 kg，加发酵腐熟饼肥 100～150 kg，或尿素 5 kg、硫酸亚铁 5 kg、硝酸钾 10 kg、磷酸二铵 15 kg，比例是 1：1：2：3；花蕾出现时第 2 次追肥，亩用尿素 3 kg、硫酸亚铁 6 kg、磷酸二氢钾 3 kg、磷酸二铵 6 kg，比例是 1：2：1：2，每 7～10 d 向叶片喷施螯合铁，浓度 0.2%～0.5%。如叶面整体发黄，喷施 0.2% 的尿素，同时加铜锌等微肥。开花打顶后可亩施钾肥 8～10 kg，同时在叶面喷施 0.2% 的磷酸二氢钾液，促鳞片肥大；采收前 30～40 d，停止追肥。

6. 中耕除草

百合下种后正值秋季杂草丛生之时，应及时除草，以避免与种球争肥水，同时中耕松土有利于保持土壤水分，对地下鳞茎的生长发育和膨大都具有重要作用。

7. 覆盖薄膜

覆盖薄膜对提高地温、增加积温，促进越冬期间百合种球根系的生长及提早出苗具有明显的作用。在生产上以 12 月中下旬至翌年 1 月中下旬，选择天气晴朗、不封冻，即土壤不过干、不过湿时盖膜为好。盖地膜可以采用整个畦面平盖，同时大棚要覆盖加厚无滴薄膜保温。

8. 遮阳降温

夏季酷暑高温，容易造成种鳞茎干灼伤，夏季室外温度高达 30 ℃ 以上，会严重影响百合的生长发育。遮阳是防止高温的措施之一，遇到高温时，一是打开架设在大棚上的遮阳网；二是采用喷灌系统，每隔 60 min 左右喷水 5～10 min；三是直接向地面及其周围或土壤浇水降温。

9. 植株调整

为防止植株倒伏，在畦的四周要立支柱，在畦面上拉支撑网，在百合长至 20 cm 高时开始张网，辅助百合植株均匀进入网内。随着茎的生长，不断向上提高支撑网。百合生长中后期，为抑制地上营养部分生长，使养分集中向鳞茎转移，可打顶（摘心）、摘除花蕾和抹除珠芽。5 月中下旬，一般苗高 40 cm 时选择晴天中午进行打顶（摘心），苗小、弱苗可推迟打顶或少量摘心，以达到平衡生长。5—6 月孕蕾期间，除留作种子外，其余花蕾、珠芽要及时摘除，以免消耗养分，影响鳞茎生长。

王强（2007）进行的百合栽培研究表明，除了要有优质的种球外，还要求在百合生长的整个过程中，按照不同品种对生长环境的要求进行严格控制，才能生产出株型较好、质量较高的百合产品。如果条件控制不好，不但会影响百合的株型，严重时还会影响植株生长，甚至无法正常开花。根据百合种植的要求简要介绍了百合大棚栽培过程中的环境控制。温度：为获取高质量的产品，培养良好的根系非常重要。在开始的 1/3 个生长周期内或至少在茎根长出之前，适宜温度为 12～13 ℃，这有利于百合茎生根的生长。温度过低会延长生长周期，而温度高于 15 ℃ 会导致生根不好而使产品质量下降。此后温度逐渐提高，对不同品系的百合，其生长的适宜温度亦有所差别。高温干旱会导致百合茎干变短和花苞量减少；高温高湿会导致百合茎干细软不坚硬、叶片变薄；低温会使植株生长延缓、生长期变长；温度和湿度的急剧变化会产生僵花苞，增加裂苞、焦叶的比率，所以百合的全过程都要求保持适宜的温度和湿度，且变化缓和。通风可以降低高温高湿状态下的温度和湿度，使植株生长健壮，减少病虫害。在冬季或寒冷地区通常采用加热系统来控制温室或大棚的温度。加温的方法很多，可以是燃油（煤）热风机加温，热水管道加温、蒸汽管道加温等，加热系统的功率大约需每小时每立方米 220 W，各地应根据具体情况加以选择。利用热水管道加温，热分布较均匀、运行安全性好，但管道加热往往升温比较慢。采用燃油热风炉加温较方便，但必须保证系统的热分布能够均匀。此外还要有一个合适的出口使燃烧的气体能自由排出。如果燃烧的气体在温室内积聚，乙烯和一氧化氮气体都会引起百合落芽或生长不良。也可以在地床下安装管道或软管（最高温度 40 ℃）等加热系统。通风和相对湿度：百合生长适宜的相对湿度是80%～85%。相对湿度应避免太大的波动，变化应缓慢进行，否则会引起胁迫作用，使敏感的栽培品种叶焦。温度和相对湿度都可以使用通风、换气、遮阴、浇水、加热等措施来加以调控，而且两者往往会同时变化。在温和、少光、无风、潮湿的气候条件下，相对湿度通常很高，必须加强通风以降低相对湿度。冬季通风最好在室外相对湿度较高的早晨进行。必须充分注意夏季通风的重要性。试验表明，在少雨的地区，夏季露地种植百合，其茎秆、花苞的质量都要比通风不良、遮阴过度的大棚内种植得要好。但要注意的是：下雨时最好能临时盖膜挡雨，以免雨水伤害百合的茎秆、叶片、花苞。如果夏天温度很高，也可以配备湿帘通风系统来改善大棚内的环境，但此项投资较大。在温室的靠北面的墙上安装上专门的厚度为 10~15 cm 的纸制湿帘，在对应的温室墙面上安装大功率排风扇，使用时必须将整个温室封闭起来，开启湿帘水泵使整个湿帘充满水分，再打开排风扇排出温室内的空气，吸入外间的空气，外间的热空气通过湿帘时因水分的蒸发而使进入温室的空气温度较低，从而达到降低温室内温度的目的。要注意采用湿帘通风降温的温室长度应严格控制在 40 m 左右；空气湿度低的地区采用湿帘通风降温的效果比空气湿度高的地区使用效果好。也可以采用微雾系统来降温，但由于湿度太大，降温效果较差。因此，在湿度大气温高的地区，比较可行的降温降湿方法只能是加强通风配以适当的遮阴，这样可以降低叶片表面的温度和湿度，使植株生长健壮。要保证大棚周围通风顺畅，应尽可能提高裙部的高度，以加强通风。百合生长期间喜湿润，因此种植后的百合水分管理要见干见湿。太干影响苗期生长，太湿种球容易腐烂。灌水方法采用滴灌浇水为好。在水的具体管理上，要求在温度较高的季节，定植前应浇一次冷水，以降低土壤温度。定植后，再浇一次水，使土壤和种球充分接触，为茎生根的发育创造良好的条件。以后的浇水则应以保持土壤湿润为标准，特别是在花芽分化期、现蕾期和花后低温处理阶段不可缺水。土壤理想湿度以手握土团能捏紧成团、落地松散为好。浇水时间一般在晴天早晨。排水：百合既耐旱、又怕涝，过多的水分或忽干忽湿容易引起鳞茎得病腐烂。故在百合生长期间特别是 4—6 月南方梅雨季节时要加深大棚田间沟系，及时开窗通风，降低大棚内空气湿度，做到排水畅通，大雨后苗床畦面不积水。光照：亚洲百合对光照不足非常敏感，但在各品种之间有很大的差异。麝香百合较亚洲百合敏感性较小，东方百合最不敏感。光直接影响百合的生长、发育和开花。光照不足时植株会由于缺少足够的有机物而生长不良、茎秆细软叶片薄、茎叶弯曲向光、花苞细弱色淡，严重时还会引起落蕾落苞和瓶插寿命的缩短。当光照过强时也会抑制植物的光合作用。光照还提高了介质温度，会加快植物的生长和茎的伸长。光照调节可以通过夏季遮阴和冬季加光等方式来进行。在华东地区种植百合，通常情况下不需要加光；北方地区冬季栽培时，光照不足可考虑用每 10 m² 装一盏配有专用反光面的 400 W 太阳灯来加光。而且最好选择对光线不很敏感的品种，种球间要种得稀一些。夏天温度过高、光照过强时要遮阴，以避免高温强光给植株生长造成的危害。遮阴直接影响温室内的温度、湿度和光照条件。在光照强度大的月份，温室内的温度可能迅速上升。在这种情况下，适当遮阴是有必要的。尤其在种球刚下地的前三周，需要遮去较多的光照。但要注意防止遮阴过度，因为遮阴过度将导致光照不足。遮阴可以采用遮阴网，国外也采用在薄膜上刷白灰的方法，但国内不常用。空气中 CO_2 含量一般为 300 mg/L 左右，如果能提高大棚中二氧化碳浓度到 1 000 mg/L 左右，则能显著促进百合的生长，植株变得更壮、更绿，落芽的概率更小。

韩东洋等（2020）介绍，百合性喜温、喜湿，较耐旱，不耐高温、不耐涝，适宜的栽培设施可以满足百合喜温暖湿润气候环境的生长习性。百合的种植生产需要在设施齐全的日光温室或连栋温室中进行，南北向构建，选用保温被加塑料膜保温。温室需要设置通风口，安装内外遮阳网（夏季百合种植需要加盖遮阳网，降低室内温度，防止叶片灼烧）、加温设施（冬季温度过低使用）、风机、湿帘（由于百合不耐高温，因此需要夏季利用风机-湿帘进行降温，如果需要花期调控，还应配置补光设备）。如需进一步规范化种植管理，可安装电脑控制自动感应的灌溉和施肥设施。此外冷库是百合生产中不可或缺的设施之一。百合生产温室大棚在使用前最好进行消毒，可喷洒 600 倍多菌灵、高锰酸钾溶液或用 45% 百菌清熏蒸 24 h，然后在使用前通风换气 2~3 d。设施食用百合种植时，棚内湿度一般控制在 50%~70%，并保持相对稳定的湿度。湿度过高要及时通风降湿，否则容易产生病虫害。湿度过低不利于百合生长，可以浇灌或喷雾增湿。食用百合适宜生长的温度为 20~25 ℃，夜温 15 ℃ 以上，温度过高会发生败蕾，温度过低百合生长缓慢。食用百合光照度适宜的范围为 10 000~18 000 lx，夏季中午光照过强时，需要在 10:30—15:30 适度遮阳；冬季光照度过低时，需要进行人工补光。

三、覆盖栽培

覆盖栽培可以通过保温、保湿、抑制杂草、改善土壤结构等提高百合产量和品质。覆膜是覆盖栽培主要方式之一，邸维利（2017）研究了在干旱区兰州百合全膜高垄栽培技术如下。

(一) 种前准备

1. 选地

选择土层深厚、地势较高，排水良好、土质疏松、肥沃的地块种植。选用前茬为小麦、豆类等作物的田块。忌连作、重茬，应实行轮作，以减轻病虫害，保证优质高产。

2. 整地

秋季前茬作物收获后及时深耕，耕深达到 25～30 cm，耕后及时耙耱，做到地面平整、无根茬，为播种创造良好的土壤条件。

3. 施肥

科学合理施肥，有机肥为主，配施化肥；有机肥施充分腐熟的优质农家肥 1 500～2 000 kg/667 m^2，化肥重施磷肥、配施氮、钾肥，施尿素 15～20 kg/667 m^2，普通过磷酸钙 40～50 kg/667 m^2，钾肥 10～15 kg/667 m^2，结合秋季整地时作基肥一次性施入。

曹毅等 (2005) 探讨了不同施肥与覆盖对百合桃蚜种群变动的影响。结果表明，在大棚内氮量一定的条件下，高钾处理在百合现蕾期和成熟期蚜量较低，说明钾元素在百合养分积累和分配上起着较大的作用，从而影响桃蚜在寄主上的取食；遮阳网双层覆盖的桃蚜数量高于单层覆盖；露天栽培的百合上下部叶片和花蕾桃蚜数量明显高于茎部和中部叶片。

杨雨华 (2011) 研究了钾素和覆膜对兰州百合收获指数、生殖配置和个体大小不整齐性的影响，并探讨了其影响机制。钾肥处理与 K_0（钾肥施用量为 0）相比，露地栽培下，鳞茎产量高 44.42%，生物产量提高 20.60%，收获指数提高 14.30%，生殖配置 5.55%；覆膜栽培下，鳞茎产量、生物产量、收获指数和生殖配置分别提高了 57.21%、13.89%、23.30% 和 7.35%。无论覆膜还是露地栽培，兰州百合个体大小不整齐性随着钾肥用量的增加而降低。与露地对照相比，覆膜栽培提高百合鳞茎产量 15.59%，生物产量提高 13.09%。但是，覆膜种群的收获指数和生殖配置相对于露地栽培，分别降低 4.19% 和 3.20%。说明兰州百合种群个体大小不整齐性与钾素施用密切相关，钾肥处理下植株生长旺盛，收获指数较高。覆膜导致了兰州百合种群的生长冗余，这是覆膜栽培下百合种群内个体竞争加剧，使得个体大小不整齐性增加的结果。因此，相对于露地种植，覆膜并非总是高效种植措施。

4. 起垄

在田间按带距 80 cm，人为或人力机械做成垄宽 50 cm、高 20 cm 的种植面和沟宽 30 cm 的集雨沟。

5. 覆膜

百合覆膜是为了保护百合鳞茎，提高其生长质量和产量。一般在早春 3 月中下旬土壤消冻 25 cm 时至播种前起垄覆膜，可以减少土壤水分蒸发，保持土壤湿度，降低土壤温度，防止杂草生长，减轻病虫害为害。起垄后立即用厚度 0.008~0.01 mm，宽 100 cm 的黑色地膜全地面覆盖。膜与膜间不留空隙，采用相邻垄沟内的表土压住地膜，覆膜时地膜与垄面、垄沟贴紧，防风揭膜，并在垄面撒 0.5 cm 左右的土固定地膜。及时在垄沟内每 20~30 cm 打渗水孔。

6. 种球选择与处理

选种时宜选用色泽鲜艳、抱合紧密、根系健壮、无病虫的种球，以大小中等、净重 25~100 g 为宜。采用稀土旱地宝 100 倍液浸种 20~30 min，捞出晾干待播种。

（二）播种

1. 播种时间

一般 4 月中旬左右为适宜播期。当春季土壤解冻，平均气温稳定高于 10 ℃播种。

2. 播种方法

采用人力穴播播种，穴距 20~23 cm，播深 15 cm 左右，然后在垄面上以"品"字形播种，保苗 7 000~8 000 株/667 m²。

（三）田间管理

1. 及时放苗

百合出苗后，要及时观察，如发现个别因错位压在地膜穴孔下不能及时出苗的，在晴天下午用铁丝钩等工具掏苗放苗。

2. 追肥

百合幼苗期一般不追肥，在秋季结合降雨追施三元复合肥（根据基肥量酌情追施）。二年生百合进入快速生长期，为避免脱肥影响产量，以磷、钾肥为主，要追施 20~25 kg/667 m² 三元复合肥（≥45%），追肥应结合中耕除草用追肥枪穴施于垄面中间最佳。第三年根据百合的长势情况追肥。在百合生长期间，可喷施磷酸二氢钾等叶面肥，追施微肥等对百合的增产有一定的效果。

3. 去顶摘蕾

关键在现蕾期"打顶摘蕾"，抽苔现蕾，要及时摘除，以减少养分的消耗，促进地下鳞茎的生长，增加产量。

4. 中耕除草

根据田间杂草生长情况，及早通过浅锄方式清除杂草，防治伤及种球。结合追肥时进行一次田间除草，以免与百合挣肥、挣水、挣光，杂草要及时清除园地，以免产生子草。

（四）病虫害防治

按照"预防为主，综合防治"的植保方针，坚持以"农业防治、物理防治、生物防治为主，化学防治为辅"的无害化治理原则。

1. 病害防治

立枯病选用50%多菌灵1 000倍液2~3次；及时拔除病株烧毁；加强田间排水，增施磷、钾肥。

2. 蚜虫防治

蚜虫选用2 000倍10%吡虫啉可湿性粉喷杀。

第四章　环境胁迫及其应对

第一节　生物胁迫及其应对

一、百合病害

（一）百合病害种类

一般包括病毒性病害、细菌性病害、真菌性病害和线虫病害。

叶世森等（2005）调查发现，百合可能产生的病害共计 47 种。有真菌性病害、病毒性病害、细菌性病害、线虫病害、生理性病害和螨害等。目前，以真菌性病害和病毒性病害方面的研究比较多。

1. 病毒性病害

病毒病是世界性病害，是对百合为害性大、发病率高的一种病害。叶世森等（2005）介绍，自从 Stewart 描述百合的坏死条纹以来，各国相继报道了百合病毒病 14 种，类菌原体病害 1 种，其中发生较为普遍、为害严重的病毒 4 种，即百合无症病毒、黄瓜花叶病毒、郁金香碎锦病毒和百合丛簇病毒。国内陈秋萍（2000）、唐祥宁（1997）分别报道了在福建、江西发生的百合花叶病和百合丛簇病，周晓燕（2002）以云南省大理地区为例介绍，百合病毒病在大理地区为害相当严重。病株表现花叶、浅绿、深绿相间的斑驳。病重植株明显矮化，鳞片较短，有的出现褐色坏死斑。病毒种类主要有百合潜隐病毒、黄瓜花叶病毒和郁金香碎花病毒。据调查，病毒病的发生与种子的来源有很大的关系，一部分本地留种没有脱毒，另一部分从荷兰引进的种球价钱很高，但仍然病毒病很严重，种植的百合病毒病一般在 30% 以上。沈淑琳（1996）报道了百合病毒病原还有烟草环斑病毒、南芥菜花叶病毒、蚕豆萎蔫病毒、百合丝状病毒、百合 X 病毒、水仙花病毒、烟草脆裂病毒、百合环斑病毒。

　　此外，一种与柑橘碎叶病毒近缘的病毒和一种弹状病毒也可侵染百合。这些病毒除少数只侵染百合并不表现明显症状外，多数为害百合后造成叶片黄化、碎锦，植株矮化、畸形，茎秆出现坏死斑等多种复杂的症状。沈春修等（2010）对百合病毒的分子生物学检测技术作了综合评述，主要有 RT-PCR 检测技术、核酸杂交技术、基因芯片技术等。目前，常用的分子生物学技术以 RT-PCR 为主，而基因芯片检测技术是近几年发展起来高效的检测手段并在植物病毒检测上有广泛的应用前景。

　　这些病毒会对百合的生长造成严重的影响，不仅伤害百合的叶片、花，对其鳞茎以及贮藏器官也会构成伤害，百合感染病毒后会表现出多种症状，形成的茎、叶、花会出现严重的斑驳、畸形，严重者矮化、退化甚至植株死亡，从整体上影响百合的植株生长、破坏花色，降低花、鳞茎产量与品质，造成严重的经济损失（徐榕雪等，2007；Lee，1996）。

　　（1）花叶病毒病　　又叫百合潜隐花叶病，是寄主范围最广泛的植物病毒，它可以感染超过 1 000 种植物。CMV 病毒一般为潜隐性侵染，常与 LSV 病毒一起对百合植株进行复合感染。感染植株一般表现为叶片褪绿或叶脉黄化，花出现褐色斑点，叶片皱缩甚至畸形，植株矮小。主要分布于中国台湾、德国、英国、爱尔兰、瑞典、俄罗斯、日本、韩国、印度等多个国家和地区。汪海洋（2002）报道了安徽百合病毒为黄瓜花叶病毒。黄瓜花叶病毒严重影响植株的正常生长，目前对于黄瓜花叶病毒的研究较多，它是对植物的经济重要性最具影响的植物病毒之一。

　　症状　　植株花叶、斑驳、叶、花和茎扭曲，病叶最后脱水变褐。发病重时矮化、鳞片短，不能开花；发病轻时虽能开花，花畸形，花瓣开裂，具纵条或长片形块，商品价值降低。徐榕雪等（2007）报道了叶片发病时出现深浅不匀的绿斑或枯斑为典型症状。感病较轻时，叶片呈现花叶、斑驳、扭曲，至后期脱水变褐；虽然可以开花，但花瓣开裂、畸形，呈纵条纹状。感重病植株不仅有以上症状，还会出现植物矮化、鳞片短，甚至不能开花等症状。陈秋萍（2000）报道了在福建发生的百合花叶病。

　　病原　　百合潜隐病毒、黄瓜花叶病毒，百合潜隐病毒在百合属植物中为害广泛，有的百合感染此病毒后无症状，有的则出现退绿斑驳症状。黄瓜花叶病毒引起退绿斑驳症状。侵染百合的为黄瓜花叶病毒（CMV）百合株系。外层、内层鳞片中粒体浓度多于中层，发病早期病株内含体少或无，一般在病叶的表皮和叶肉细胞中有液胞状圆形至椭圆形内含体，线粒体肿大。

　　传播途径　　通过汁液交互接种传染和蚜虫传播。病汁液接种草本植物只有 50% 的感染率，棉蚜、桃蚜和甜瓜蚜等非持久性传播，百合种子不传病。

（2）百合无症病毒　Brierley 等 1944 年首次报道，百合无症病毒（LSV）是一个长度为 640 nm、直径为 17~18nm 的丝状粒子结构。单独感染了 LSV 病毒的百合植株并无明显的患病症状，寄主一般表现为隐症状，但连续栽种患病球根会导致百合种球退化，从而造成感染植株只有较短的生长周期；产生的花粉粒较小，在严重情况下花蕾畸形或不开花；鳞茎逐年变小，球茎的产量明显降低。如与其他病毒共同感染时，叶片出现坏死斑、畸形、叶脉突出等症状。在中国江南、江北均有发现，尤其以厦门的感染情况最严重。

症状　单独侵染百合时，一般无明显症状，但在一定条件下，有的品种也能显症。如人工接种东方百合实生苗，置 15 ℃以下 2~3 个月，会出现叶片扭曲和白色条纹等症。LSV 自然条件下常与其他病毒复合侵染，如与黄瓜花叶病毒复合侵染引起坏死斑病（N 乳油 rotic f l 乳油 k），与郁金香碎锦病复合侵染，在品种 sp 乳油 iosum 的叶片上出现条纹斑驳，在 mid-century hy-boids 的鳞球上出现褐斑。主要分布在瑞典、英、德、丹麦、荷兰、比利时、意大利、美、加拿大、日本等均有报道，可能全世界种植百合的地区都有发生。

病原　粒体弯丝状，（550~650）nm×（17~18）nm，病株根、叶均有粒体，以叶为多，分散或聚集于细胞质中，属香石竹潜隐病毒组。

传播途径　汁液传播，桃蚜和百合西圆蚜可非持久性传毒，也可通过机械传播或叶片嫁接传播。

（3）郁金香碎锦病毒　又称百合褐色环斑病毒。

症状　百合上一般不表现出症状或产生褪绿斑，与黄瓜花叶病毒复合侵染时产生花叶及坏死斑。

病原　病毒粒体僵硬至弯丝状，700 nm×（12~13）nm。伴随着 750 nm~（775×15）nm，有强弱两个株系，简称 STBV，MTBV。

传播途径　经汁液、蚜虫传病，以桃蚜传病效率最高，棉蚜和 Sitobion avenae 均可传病，非持久性，在鳞球茎贮藏期间，桃蚜从芽或鳞片上获毒传到邻近的鳞球上，也可传到田间植株上。百合的种子不传病。

（4）百合丛簇病毒　张智惠（1989）报道，白合丛簇病毒在电镜下观察病毒粒体有两种形态，一种为长条状，长 620~680 nm；另一是杆状，长短不一。

症状　病株节间缩短，叶片浅绿色或淡黄色，产生斑驳或条斑，幼叶向下反卷，扭曲，全株矮化丛簇状。花梗硬而向下，花少而小，常不能完全展开，零星发生。主要分布在北欧、西欧、东欧、美国。

传播途径　棉蚜持久性传毒，也可在鳞球贮藏期间传，土壤不传。

（5）烟草环斑病毒　WELLINK J 等 2000 年报道，烟草环斑病毒是豇豆花叶病毒科线虫传多面体病毒属的代表种。病原是豇豆花叶病毒科线虫传多面体病毒属成员，病毒粒子为等径二十面体，直径约 28nm。

（6）南芥菜花叶病毒　1978 年荷兰 Asjes 报道，主要症状在 Tiger lily 叶上表现严重坏死花叶。南芥菜花叶病毒（ArMV）在自然环境下，该病毒主要通过汁液摩擦接种以及种苗、块茎等无性繁殖材料进行传播，也可以通过介体线虫传播，并且传播范围广，现已报道的可侵染植物约有 174 属 215 种。感染植株一般表现为百合花和叶褪绿及黄化，叶片皱缩甚至坏死，植株矮小。主要分布于加拿大、美国、日本、欧洲地区、南非、澳大利亚和新西兰等国家和地区，是中国重要的进境植物检疫性有害生物之一。

（7）蚕豆萎蔫病　1955 年澳大利亚和韩国等报道，主要症状是单独侵染百合表现轻症，与黄瓜花叶病毒复合侵染产生黄花叶，坏死斑，矮化，畸形，花碎锦。

（8）百合丝状病毒　白松等（1996）报道，病原体粒体丝状，长720nm。主要靠桃蚜传毒，系统侵染克里夫兰烟、郁金香，局部侵染几种藜。

（9）百合 X 病毒　黎昊雁等（2006）认为，病原粒体丝状，属马铃薯 X 病毒组，可能由介体持久或半持久传播。

（10）水仙花叶病毒　1946 年 Slogteren Van 和 De Bruyn Ouboter 首次报道，1988 年意大利 Bellardi 等报道，单独侵染百合无症，与 LSV 复合侵染表现黄条纹，叶畸形，矮化，有时早熟而死。侵染水仙引起严重的花叶症状，还能通过摩擦接种侵染十种双子叶植物，引起叶片枯斑，系统花叶等症状。主要寄主在水仙、菜豆、苘藜等。病原粒体丝状，长 450~500 nm，稳定性 55~60 ℃。传播途径为汁液传播。主要分布在荷兰、英国等水仙栽培地。

（11）烟草脆裂病毒　1975 年荷兰和意大利报道。自然侵染百合品种 Preludium，叶褪绿，卷曲，产生小坏死斑。病原粒体长短两种杆状，长 50~115 nm、185~190 nm，寄主范围广约 400 种。主要靠汁液和线虫传播。

（12）百合环斑病毒　1950 年英、美报道，为害症状为侵染品种表现黄花叶纹，表现顶枯、畸形、矮化、不开花或产生环斑，后坏死，侵染的症状后期消失。侵染心叶烟表现黄绿花叶，侵染普通烟产生环斑线纹，与 CMV

无交叉保护反应。病原粒体不知，稳定性 60~65 ℃。主要靠桃蚜非持久性传毒。

（13）百合斑驳病毒 Brierley 等（1944）报道百合斑驳病毒属于马铃薯 Y 病毒属，是一种仅侵染百合科百合属和郁金香属植物的病毒。杨颖等（2019）报道，百合斑驳病毒是一个宽 11~15 nm、长 680~900 nm 的弯曲、无包膜、棒状结构，为害百合种球质量的主要病毒，属于马铃薯 Y 病毒属的 *Potyvirus* 成员。感染病毒的百合植株会有叶片斑驳的现象，深绿色和浅绿色互相镶嵌出现于叶片上，有时还会出现红褐色坏死斑，感染植株的叶片会萎黄、卷曲和变窄，导致花变形甚至不开放。这些症状可能非常轻微或在植物早期生长阶段无法被发现。百合栽培中很常见，主要分布在西欧。Brierley 等（1944）和童勋章（2010）报道，主要症状是叶片产生斑驳状条纹甚至坏死斑，后期严重发展为叶片、花卷曲畸形，花色斑驳，植株矮小，花与球茎的产量降低，严重影响百合的观赏价值和经济价值。主要寄主在麝香百合上，百合传播途径可由蚜虫或摩擦接种传播感染百合植株，引起百合斑驳病。

2. 细菌性病害

唐祥宁等（1997）、陈秋萍（2000）、钟景辉等（2000）和李铁军等（2002）相继报道，由细菌引起的百合病害有 3 种，细菌性软腐病引起鳞茎水渍状腐烂，有恶臭，病菌在土壤及鳞茎上越冬，地势低洼的黏性土壤发病严重。立枯病可为害鳞茎、茎秆和叶片，鳞茎变褐软腐，茎秆呈黑褐色干枯，叶片由下向上渐次变黄枯萎，春雨、梅雨季节田间积水或偏施氮肥、施用生粪均有利发病，细菌性枯萎病为害鳞茎和茎秆，鳞片水渍状，下凹腐烂，茎秆枯萎或青枯，6—7 月高温高湿病害盛发。钟景辉等（2000）介绍，百合细菌性病害包括细菌性软腐病、立枯病、细菌性枯萎病。常见的百合细菌性病害症状有组织坏死与腐烂、组织畸形、植株萎蔫三种类型。分泌脓状物（菌脓）是细菌病的重要病症。

（1）细菌性软腐病 主要为害鳞茎。

症状 病菌从鳞茎盘基部侵入，初呈灰褐色不规则水渍状，逐渐蔓延，造成湿腐，使整个鳞茎形成脓状腐烂，有恶臭味。干燥时，鳞茎干缩仅剩空壳，与十字花科、百合科等作物轮作极易发病，是百合生长后期及贮藏期重要病害之一。地势低洼的黏性土壤发病严重，贮藏期覆盖砂土过湿有利发病。

病原 病原为胡萝卜欧文氏菌胡萝卜软腐致病变种。病菌短杆状，大小为（0.5~1）μm×（2~3）μm，有2~8根周生鞭毛，琼脂培养基上呈灰白色圆形或不定形菌落，边缘清晰，稍带荧光。

发生规律　该病为种传和土传病害，病原细菌可在鳞茎和土壤内越夏越冬，次年温湿度适合时即可侵染鳞茎、茎及叶，造成发病。地势低洼的黏性土壤发病严重。

（2）立枯病

症状　该病仅在百合部分地区的田块发生，唐祥宁等（1997）报道，立枯病可为害鳞茎、茎秆和叶片。鳞茎受害，开始根尖出现淡褐色，湿腐状，逐渐向鳞茎盘延伸，鳞片变成淡褐至深褐色软腐，后病组织全部腐蚀仅剩纤维，易剥离。茎秆发病多从基部开始，呈黑褐色干枯，叶片由下向上渐次变黄枯萎。叶片受害后，初为不规则形，淡黄色斑点，后转黑褐色，边缘黑色干枯状。发生普遍且严重，是百合生长中后期引起死株的主要病害之一，田间病株率一般为20%~30%，严重的达70%以上。多雨天气，田间积水或偏施氮肥、施用生粪发病概率增加。

病原　为百合欧氏杆菌。病菌杆状，两端钝圆，大小为（0.8~1）μm×（0.6~0.7）μm。有6~8根周生鞭毛，琼脂培养基上呈灰白圆形菌落，能使明胶液化、石蕊牛乳变蓝且凝固。

（3）细菌性枯萎病　潘其云等（2004）报道了枯萎病病原菌主要从百合基生根或鳞茎盘基部的伤口入侵，造成肉质根和基盘褐化腐烂，鳞片开始出现褐色凹陷病斑，后期鳞片散开而剥落。仅在百合部分地区的田块发生，细菌性枯萎病为害鳞茎和茎秆。鳞茎受害，鳞片水渍状，黄褐色，圆形或不规则形，病斑分泌透明胶状物，下凹而腐烂。病情发展很快，几天内鳞茎腐烂、茎秆枯萎或青枯。贮藏期发病，引起鳞茎变黄腐烂。高温潮湿季节病害发生严重。

病原　为唐菖蒲假单孢杆菌唐菖蒲变种。菌体短杆状，大小为（0.5~1）μm×（1.5~4）μm，极鞭1至多根；琼脂培养基上菌落乳白色，圆形，半透明，光滑，湿润状，边缘整齐，不具荧光。

3. 真菌性病害

叶世森（2005）报道，百合上可发生的病害达47种，有真菌性病害、病毒性病害、细菌性病害、线虫病害、生理性病害、螨害等，而其中主要以真菌性病害发生最为普遍和严重。钟景辉等（2000）和张于光等（2003）报道的百合真菌性病害共有22种，而百合真菌性病害又以百合灰霉病、百合炭疽病、百合枯萎病、百合疫病最为常见。尚巧霞等

（2005）从北京地区发生的百合典型鳞茎腐烂组织中分离到 3 种病原真菌。经过对病原菌形态特征和培养性状的观察以及致病性测定等方面的研究结果表明 *Penicillium cyclopium* 和 *Rhizopus stolonifer* 是引起百合贮藏期鳞茎发生腐烂的主要致病真菌。

百合病害中真菌性病害占重要比重，其症状各异，有植株枯萎，有花叶枯死腐烂等，但基本上均产生病斑。病斑较大，中后期在病斑上形成轮纹、白毛、霉层、粉状物、黑点等明显病症。百合的花、叶、茎与鳞茎等均可受到侵染。

（1）炭疽病

症状　主要为害百合叶片、花、茎和鳞茎。叶片病斑椭圆形或不规则形，淡黄色，周围黄褐色病斑，中间稍凹陷。发病严重时，病叶干枯脱落。天气潮湿时或下雨后，叶片病斑上会长出很多的黑色小点，这是病菌的分生孢子盘；花瓣被害产生淡红色近圆形病斑；茎部受害病斑长条形，病斑长条形，中央浅褐或灰白色，边缘深褐色，后期病部产生大量小黑点。韩金声（1990）和湛超贤（2003）报道了鳞茎受害，外侧的鳞片产生为淡红色、不规则病斑，病健交界明显，逐渐变为红褐色并硬化。唐祥宁等（1998）报道有病的鳞茎有时看来是正常的，但未开放的芽会出现败育现象，变为黑褐色而枯萎，或在开放的幼芽组织上出现大量的不规则形褐斑。

病原　病原为百合炭疽病菌。唐祥宁等（1998）报道，其菌丝生长最适温度为 25 ℃，产孢温度范围 25~35 ℃，pH 值 6.2~8.2 时产孢量较多，pH 值 5.3~7.0 时孢子萌发率最高，田间病菌的存活期在 15 个月以上。程维舜等（2020）介绍，百合科炭疽病原菌菌落背面呈黑色放射条纹状，刚毛丰富且直，顶端尖削。分生孢子盘圆形或扁圆形；分生孢子梗基部浅褐色，向上渐淡，筒状，不分枝；产孢细胞无色至淡褐色，瓶梗形，顶端圆；分生孢子镰刀形，较小弯曲，顶端尖削，基部钝，中央有 1 个油球，可形成白色的分生孢子团，但量少，无菌核。百合炭疽病原菌菌落正背两面都有同心轮纹，初淡黄色，后淡褐色至黑褐色，菌丝灰白色，绒毛状，刚毛黑褐色，丰富且直，顶端渐细。分生孢子盘圆形或近圆形，褐色，单生；分生孢子无色，单孢，新月形，中央有 1~2 个油球；附着孢近圆形，淡褐色，边缘平滑。这 2 种百合炭疽病原菌的分生孢子形态虽有明显不同，但在形态学上又有重叠。近年来，随着分子生物学技术的快速发展，人们对炭疽菌的分类鉴定研究从细胞领域达到了分子领域。

发生规律　该病是由半知菌亚门刺盘孢属真菌引起。以菌丝体在种球内或随病残体在土壤中越冬，成为次年的主要初侵染来源。第 2 年在环境条件适宜时，病部产生分生孢子，通过风雨传播，引起初侵染。百合田间 5 月初发病后，病组织上可以形成分生孢子，造成再次侵染，若阴雨天气长，则加重病害的发生。

（2）灰霉病　百合灰霉病又称叶枯病，是百合中最常见的病，为害严重。造成叶片枯萎，花蕾腐烂，植株提早枯死，进而影响鳞茎产量。张宏伟（2009）报道在云南夏季，雨量丰富，气温较高，极易导致灰霉病的发生和传播。如果灰霉病防治措施得当，可以延长百合植株的生长时间，增加百合种球的生长量。如果防治不当，极有可能造成百合植株过早枯萎，缩短百合植株的生长时间，造成毁灭性打击。

主要症状　朱丽梅等（2011）和谌超贤（2003）报道，主要为害叶片，也侵染茎、花和鳞茎，是一种地上部病害，严重影响切花及种球的产量和质量。周晓燕（2002）报道，叶部发病时，形成黄色或黄褐色斑点，圆形至卵圆形，病斑周围呈水渍状，在天气潮湿时，病部产生灰色的霉层；干燥时，病斑干且变薄，半透明状，浅褐色。病斑逐渐扩大，造成叶片枯死。常为害幼嫩茎叶的顶端部，使生长点变软、腐败。花蕾染病，初生褐色小斑点，扩展后腐烂成黏连状，有时可见黑色菌核。该病在低温高湿的条件下容易发生，并且传播速度较快。

病原　唐祥宁等（1998）、朱丽梅等（2009）、白滨等（2013）和仇硕等（2018）分别报道了江西、江苏南京、甘肃兰州和广西永福地区，百合灰霉病的致病菌为椭圆葡萄孢菌。唐祥宁等（1998）介绍了椭圆葡萄孢子萌发的最适温度为 15~20 ℃、相对湿度 90%~100% 时发病，潜育期为 20~24 h，2 d 后进入盛发期。

发生特点　据瞿友均（2010）田间调查，灰霉病具有以下发生特点，一是发生早、流行快，2008 年湖南省醴陵市百合灰霉病在 4 月 18 日始见，流行高峰为 5 月中、下旬；二是不同品种发病情况差别很大，龙牙百合的发病株率要远高于药用百合，2009 年 5 月 14 日调查，龙牙百合的发病株率 79.3%，药用百合的病株率仅 4.6%；三是不同栽培阶段发病情况不同，2009 年 6 月 16 日调查，大田的发病株率达 82.6%，而 2 年龄苗的发病株率仅为 27.4%，而且后者的病斑小、扩散慢；四是地块间发病情况差异明显等特点。

发生规律　该病是由半知菌亚门葡萄孢属真菌引起。初侵染源主要是随病残体在土壤中越夏越冬的菌核。翌年春季，菌丝体和菌核产生分生孢子，借风、雨水等传播到叶片等部位发生初次侵染，造成植株发病，潮湿时病部产生的灰色霉层即分生孢子梗和分生孢子，可进行再侵染。在气温 15～25 ℃，相对湿度大于 90％时病情扩展快，故连阴雨后该病易重发。

（3）疫病　又称百合脚腐病。

症状　病菌可以侵害茎、叶、花和鳞片。茎部染病，先出现水渍状褐色病斑，逐渐上下扩展，而后变褐、坏死、缢缩，染病处以上部位完全枯萎；鳞、茎感病后褐变、坏死；花感病后枯萎、凋谢，其上长出白色霉状物；叶片感病之初出现水浸状病症，后扩展成不规则形淡褐色的大斑。在天气潮湿时，病部产生稀疏的白色霉层，即病菌的孢子囊梗和孢子囊。

病原　彭建波等（2013）根据病原菌的形态特征鉴定湖南龙山地区卷丹百合疫病的病原菌为寄生疫霉，目前对该菌的鉴定尚缺乏分子生物学的深入研究。该菌对药用百合的致病性值得关注。

发生规律　该病是由鞭毛菌亚门疫霉属真菌引起。病菌以厚垣孢子或卵孢子随病残体在土壤中越冬。次年条件适宜时，厚垣孢子或卵孢子萌发引起百合发病，病部又产生大量的孢子囊，孢子囊萌发后产生游动孢子或以孢子囊直接萌发进行再侵染。天气潮湿多雨，排水不良，病害发生重。

（4）曲霉病　主要为害鳞茎。

症状　鳞茎产生不规则形，灰褐色，边缘黑褐色病斑，潮湿时有灰白色霉层，上有小黑点。严重时鳞茎外围每个鳞片都有病斑。

病原　唐祥宁等（1997）报道，曲霉病病原为黑曲霉 *Aspergilus niger* Van *Tiegh.*，分生孢子头球形，黑色；分生孢子梗壁光滑，无色，顶部淡褐色，基部有足细胞从菌丝体伸出；泡囊近球形，直径 6～80 μm，表面着生一层梗基；分生孢子未成熟时无色球形、表面，光滑；成熟时暗褐色，表面粗糙，密生小刺，直径 4～5 μm。

发生规律　贮藏期潮湿、在通风不良情况下，引起鳞茎腐烂，伴有臭酒精味，为百合贮藏期病害之一。受伤鳞茎易发病。

（5）枯萎病　又称茎腐病、基腐病，可为害全株各器官。杨秀梅等（2010）在云南的试验研究中，采用鳞片接种法对收集、保存的 40 个百合种质资源进行镰刀菌枯萎病的抗性鉴定结果表明，高抗品种（种）有 12 个，中抗品种（种）17 个；中感品种（种）7 个，高感品种（种）4 个。试验研究结论是，鳞片接种法可作为百合枯萎病抗性鉴定的基本方法。李润根等（2017）曾采用组织分离法和传统的形态学鉴定法获得食用百合枯萎病的致病菌，再分别利用鳞片接种法和离体叶片接菌法鉴定不同食用百合种质资源对枯萎病的抗性能力，筛选出抗性强的食用百合种类和品种，结果表明尖孢镰刀菌为食用百合枯萎病的主要致病菌。

症状　主要为害百合鳞茎，发病后鳞茎盘基部和肉质根腐烂，鳞片上会出现褐色略凹陷的斑点，为害严重的百合整个种球因鳞片从盘基剥落而散开。并逐渐向上侵害，引起叶片褪绿、黄化或变紫，植株明显矮化，甚至枯萎而死，丁丁等（2009）报道湿度较大时，发病的部位呈现粉红色或粉白色的霉层。杨秀梅等（2012）认为在百合种球的贮藏和运输过程中，百合镰刀菌可能持续侵染百合鳞茎，导致鳞茎大量的腐烂。

病原　李诚等（1996）利用5年的时间采集并分离了百合枯萎病标样486个，主要获得了3种镰刀菌：尖孢镰刀菌、串珠镰刀菌、茄病镰刀菌3种。田丽丽（2008）和梁巧兰等（2004）认为尖孢镰刀、茄病镰刀菌是引起观赏百合枯萎病的主要病原菌。尖孢镰刀菌是百合枯萎病病害中最主要的，也是为害最大，发病最普遍的病害之一。潘其云等（2004）对采自大田的百合自然病株进行常规分离培养，并经接种试验，获得2个具有致病性的镰孢霉菌株，按照 Booth（1971）的分类系统，参照李诚和王拱展等记载，将其鉴定为尖镰孢霉和茄腐皮镰孢霉。而毛军需等（2007）研究认为除此之外还有多种镰刀菌属真菌都能使百合感染枯萎病。

发生规律　该病为种传和土传病害。潘其云等（2004）、叶世森等（2005）和赵彦杰等（2005）相继报道，以菌丝体在种球内或以菌丝体、厚垣孢子及菌核随病残体在土壤中越冬，成为次年的主要初侵染来源。一般12℃左右时开始发病，20~22℃是发病的适宜温度，阴雨天气较长则发病严重。朱茂山等（2007）报道该病的发生与连作、线虫、土壤酸碱性、栽培技术及气候因素等均有一定的关系。

（6）褐斑病　症状　主要为害叶片，病斑圆形或近圆形，灰褐色，边缘红褐色，上生黑色颗粒（分生孢子盘）。零星发生。

病原　为盘多毛孢。分生孢子盘盘状，深褐色，初埋生，后露出；分生孢子梗短而细，不分枝；分生孢子纺锤形，20~25 μm×6~8 μm，多细胞，中间细胞褐色，两端无色，分隔处稍缢缩，顶端有2~3根鞭状无色刺毛，基部有短梗。

（7）叶斑病

症状　为害叶片。初为褐色小斑，后扩大为圆形或近圆形，边缘深褐色、直径2~5 mm的病斑。后期病斑散生小黑点（分生孢子器），病斑可开裂脱落，形成穿孔状。发生较普遍，但危害不大。

病原　为百合叶点霉，分生孢子器叶面生，扁球形或球形，黑褐色，直径80~120 μm；分生孢子单胞，无色，卵圆形，（3~6） μm×（2~4） μm。

（8） 鳞茎斑点病　鳞茎斑点病的病原菌为 ［Fusarium solani （Mart.） Sacc］ 和 （Fusarium oxysporum Schlecht），Fusarium solani 为主要致病菌。

（9） 叶尖干枯病 （Phoma lilii）

症状　周海燕 （2002） 报道，此病发生较普遍，主要为害叶尖。叶尖染病后变褐坏死或干枯，逐渐向叶基扩展。唐祥宁等 （1997） 报道，叶片中部染病后，形成椭圆形或纺锤形病斑，边缘红褐色，中央灰白色，其上散生许多小黑点，此病发生普遍但不严重。

病原　病原为百合茎点霉。分生孢子器初埋生于叶组织内，后突破外露，球形，直径150~200 μm，黑褐色散生；分生孢子菱形或长椭圆形，单胞，无色，大小为 （15~25） μm× （5~8） μm。

发生规律　该病由半知菌亚门真菌引起的。该病以菌丝体随病残体在土壤中越冬，翌年借风雨传播，从伤口或皮孔侵入。汪海洋 （2003） 报道，霍山县百合田间4月中下旬开始发病，病组织上可以形成分生孢子，造成再侵染。管理不善、生长衰弱的植株易发病。

（10） 青霉病　主要为害鳞茎，是贮藏期间常见的病害。

症状　感病的鳞茎外层鳞片产生褐色凹陷病斑，上生青绿色霉层，内部鳞片腐烂，最后整个鳞茎呈干腐状。幼芽和嫩叶亦可受害，产生水渍状、浅褐色病斑，病健交界处明显，病部生青绿色霉层。病鳞茎长成的植株矮缩，不开花，提早枯死。贮藏场所潮湿，受伤的鳞茎极易感病。

病原　主要为圆弧青霉和簇状青霉。前者菌落蓝绿色，无轮纹或轮纹不明显，分生孢子近球形，光滑或略粗糙，直径3~4 μm。后者菌落黄绿色，排列紧密，分生孢子球形，光滑，直径2.5~4 μm。

传播途径　李晓晨 （2006） 报道，青霉病主要是通过鳞茎上的伤口侵入并在整个贮藏期间传，温度在5~10 ℃，多湿、透风不良的条件下发病重，但0 ℃以下的低温时，侵染慢，直至-2 ℃的低温时，青霉仍有微弱的侵染能力。种植后，青霉对茎秆无侵染能力，也不从土壤中侵染其他鳞茎。

（11） 软腐 （黑根霉） 病

症状　主要为害鳞茎。鳞茎贮藏或运输期间的常见病害。鳞茎表面开始出现水渍状斑点，后变成暗褐色，逐渐变软，最后呈浆糊状，有酸臭味，病部表面产生灰白色霉层。鳞茎挖掘时避免损伤，贮藏及运输时尽量保持低湿、干燥。

病原　匍枝根霉。孢囊梗直立不分枝，2~5 枝丛生于假根上方；孢子囊球形或椭圆形，褐色至黑色，直径 60~350 μm；囊轴球形或卵形，膜厚平滑，孢子近球形或多角形，表面有线纹，褐色，大小为（5~13）μm×（7~8）μm。

传播途径　病菌仅能从伤口侵入鳞片，菌丝体由鳞片伸展到基盘，再由基盘侵害其他鳞片，在温暖潮湿的条件下，2 d 之内鳞片即被破坏。

（12）白绢病　主要为害鳞茎。

症状　唐祥宁等（1997）报道，白绢病受害鳞茎呈污白色腐烂，有明显的菌丝束。温暖潮湿天气，菌丝向上扩展，茎秆受害发生枯梢现象，植株提早凋萎死亡，后期在鳞茎、茎基部及四周土壤内形成大量油菜籽状菌核。与花生、豆类、甘薯等轮作的旱地发病严重；水田不发病，但施用未腐熟的带菌农家肥则会发病。

病原　病原为罗氏白绢小菌核菌。菌丝白色，疏松或集结成线形紧贴于基物上；菌核球形或椭圆形，白至黄褐色，直径 0.5~2.5 mm，平滑有光泽似油菜籽状。

发生规律　该病为土传病害，以微菌核在土壤中越冬，成为次年的主要初侵染源。温湿度适宜时由微菌核萌发出的菌丝侵染百合地下球茎和茎基部，病部长出的菌丝沿土壤缝隙匍匐蔓延至邻近植株或病健株间直接接触进行再侵染。发病的最适温度为 30 ℃左右。

（13）斑枯病　主要为害叶片。

症状　叶上病斑近圆形，浅褐色，外缘深褐色，直径约 5 mm，病部散生小黑点（分生孢子器）。发生较普遍，一般下部叶片先发病。土壤黏重，排水不良时易于发病。

病原　为百合壳针孢，分生孢子器近球形，黑色，直径约 150 μm；分生孢子细长筒形，弯曲，有 2~3 个隔膜，大小为（30~40）μm×（3~5）μm。

（14）白斑病

症状　主要为害叶片，初为淡黄色小点，后扩大形成圆形、近圆形病斑，具有不明显轮纹，灰白至灰褐色，直径 1~4 mm。零星发生。病原为尾孢菌。

病原　分生孢子梗疏松束生，淡褐色，基部粗，顶端细，稍弯曲，（20~30）μm×（2~3）μm；分生孢子细棍棒形，无色，直或稍弯曲，大小为（40~70）μm×（2~3）μm。

（15）黑斑病　主要为害叶片。

症状　叶尖受害，逐渐向叶基扩展，病斑水渍状，褐色，有淡黄色晕纹；潮湿情况下，病部生有褐色霉层（分生孢子梗和分生孢子），重病株叶片提早脱落。连续阴雨天，病害较重。

病原　为链格孢。分生孢子梗6~10根丛生，不分枝，曲膝状弯曲，2~5个隔膜，褐色；分生孢子倒棍棒状，褐色，大小为（22~50）μm×（10~15）μm，3~6个横隔，少数有纵隔，分隔处稍缢缩，有喙状突起。

（16）锈病　主要为害叶片。

症状　叶背和茎秆上产生粉状、橘黄色、圆形小疮斑（锈子腔），后期产生深褐色冬孢子堆，少量发生。

病原　为百合单胞锈菌。锈孢子近球形，黄色，有棱角，直径20~30μm；冬孢子椭圆形，单胞褐色，无柄，大小为（25~40）μm×（15~30）μm。

（17）鳞茎干腐病　主要为害鳞茎和肉质根。

症状　被害部分开始出现黄褐色病斑，逐渐扩大，并向鳞茎内部鳞片发展，最后鳞茎组织坏死，呈蜂窝状，空洞内有许多铁锈状、松软的颗粒状物。受害鳞茎不能发芽。室内贮藏的鳞茎在覆盖砂土含水量较低、鳞茎失水干瘪的情况下易发病。

病原　唐祥宁等（1997）报道，鳞茎干腐病病原为柱孢菌。在 PDA 培养基上，子座深褐色，气生菌丝初为白色，渐转为褐色；厚垣孢子多，间生或串生，褐色，直径6~20 μm。分生孢子梗单生或分枝；分生孢子散生或聚生，圆柱形或椭圆形，具乳头状突起，无色，单胞或1~3个隔膜。

4. 线虫病害

症状　主要侵染百合根与鳞茎组织，病斑深褐色，病部水渍状，腐烂。植株生长矮小粗短，叶色较浅，开花不整齐。地上部植株发病初期局部叶片过早黄化，被害植株严重矮化。受线虫侵害的鳞茎可产生"瞎"芽，此芽不能形成花蕾，后期土壤中的某些真菌可二次侵染，致使鳞茎腐烂，根系全毁。线虫病害在排除管理和环境因素外，表现为田间的一段或一片植株营养不良，生长衰弱，植株矮小，发育缓慢，叶片色泽淡浅、萎垂，根部有瘤状组织，病部组织膨松，形成麻线团状等。其中根腐线虫病主要危害肉质根，病根产生伤痕，初期伤痕无色水渍状；后期伤痕淡黄至深褐色，破裂，皮层组织自维管束柱剥落，病根萎缩而死亡。早期感病的植株严重矮化，感病迟的植株叶片过早黄化。在根系病部和外层鳞片侵蚀处镜检有大量线虫。局部发生，砂土和沙壤土有利于发病。

病原　百合线虫病原大致分为芽、叶线虫及根腐线虫，主要有草霉滑刃线虫、短体线虫属的各种线虫，如根腐线虫、百合滑刃线虫。

线虫从卵到成虫需 10～14 d，以卵、幼虫、成虫等在种球和土壤中存活，主要生活在百合鳞茎上，在侵染点附近形成褐色枯斑，并由鳞茎侵入刚出土的新叶，相邻株间可因水溅、叶片相互接触而传播。其中，红线虫通常多发于 3—4 月，在鳞茎贮藏期间或染腐败病后专门食腐败的鳞茎片，且容易自然传染，会造成整个鳞茎的腐烂。

（二）防治措施

对于百合病害的防治应该贯彻"预防为主，综合防治"的方针，从系统出发，充分发挥人工栽培中人的主导作用，科学经营，严格检疫，加强栽培管理，广泛使用物理防治方法，合理使用化学农药等措施综合防治。

1. 病毒性病害的防治

在百合的实际栽培生产中，大多为无性繁殖，在长期的无性繁殖过程中，百合体内会逐渐积累大量病毒，致使百合更易发生病毒病，而且一旦感染病毒后将长期受害，很难消除。病毒累积将更严重地破坏植株正常生理机能。病毒可以通过蚜虫等昆虫介体进行传播，更加快病毒的传播和扩大危害范围。

汪海洋等（2002）、白松等（1996）报道百合病毒病的防治主要采用防治传毒介体蚜虫，切断传播介体，控制病毒病的传播和培育百合脱毒苗。Asjes 等（1994）介绍生产上用矿物油、植物油、杀虫剂和外激素喷洒，可控制百合病毒病蔓延。ASJES C J（2000）报道可采用矿物油和拟除虫菊酯杀虫剂混合物进行喷洒控制百合蚜虫传播的百合潜隐病毒和百合斑驳病毒。对百合脱毒研究最早的是 Philli，他利用百合茎尖培养脱毒成功以后，先后又有许多国内外学者利用茎尖脱毒成功，赵祥云等（1993）将带有烟草斑病毒（TRSV）的百合珠芽生长点进行脱毒，培育出百合脱毒苗，席梦利等（2001）以宜兴百合为试材，对 3 种脱毒方法（茎尖培养、热处理结合茎尖培养、花药培养）进行研究，结果表明热处理结合茎尖培养脱毒效果最好，脱毒率达 100%。

（1）选用健株的鳞茎繁殖　李铁军等（2002）报道，选用健株的鳞茎繁殖，有条件的应设立无病留种地，发现病株及时拔除，有病株的鳞茎不得用于繁殖。

（2）切断病毒的感染途径 对土壤、农具消毒及隔离，驱除或杀灭昆虫介体等是最基本的防治方法。但这种方法大量消耗人力、物力、时间和设施，尤其是使用杀虫剂会危害环境，存在很大的局限性。

（3）利用组织脱毒法获得无毒种植材料 利用组织脱毒形成原种后移植于大田。该方法已成功应用于香蕉、马铃薯等多种作物的生产中。百合也有成熟的组织脱毒方法已应用于生产，但对其生产条件要求很高，周期长、成本高。

（4）加强对蚜虫的防治 王梅等（2008）报道，选喷10%吡虫啉可湿性粉剂1 500倍液。李铁军等（2002）报道，选喷抗蚜威可湿性粉剂2 000倍液，控制传毒蚜虫，减少该病传播蔓延。

（5）药剂防治 李铁军等（2002）报道，发病初期喷洒20%毒克星可湿性粉剂500~600倍液或0.5%抗毒剂1号水剂300~350倍液、5%菌毒清可湿性粉剂500倍液、20%病毒宁水溶粉剂500倍液，隔7~10 d 1次，连防3次。

2. 细菌性病害的防治

郝晓娟等（2005）认为，由于长期使用化学农药带来的生态环境问题，利用微生物及其代谢产物为主的生物防治手段已成为世界范围内植物病害防治的发展方向。目前，田丽丽等（2008）报道国内对百合致病菌的防治主要集中在化学药剂，郭芳等（2010）和张丽丽（2013）报道主要集中在诱抗剂和抗病百合品种的筛选上，生物防治研究较少，仅韩玲等（2010）研究发现枯草芽孢杆菌对百合枯萎病有抑菌和防病作用，而关于百合根际微生物和海洋微生物拮抗百合镰刀菌的生物防治尚未见报道。李铁军等（2002）和李晓晨（2006）报道，软腐病选择排水良好的地块种植百合；生长季节避免造成伤口，挖掘鳞茎时要小心不要造成碰伤，以减少侵染；必要时喷洒30%绿得保悬浮剂400倍液或47%加瑞可湿性粉剂800倍液。

3. 真菌性病害的防治

（1）农业防治 品种、种球、播种时期、土地、轮作、施肥、排水等都与病害的发生有着密切的联系。为实现百合增产增收，必须阻止百合各种病害的流行。钟景辉等（2000）结合百合的栽培特点，提出了百合病害的持续治理策略，包括培育使用抗病或不带有害生物的品种，对圃地严格消毒，避免与百合有害生物寄主同栽，改善百合的生长环境，加强经营管理水平，根除病原物介体及合理地使用化学药剂等。

选用优质无病良种：选用无病无螨和无机械伤的鳞茎作种，减少菌、螨源。由于多种病原均可经种球进行传播，因此选用无病良种是百合高产稳产的基本保证。应该选择田间生长健壮、无明显病症的植株的优质鳞茎作为种球。有条件的地方，还可采用种子繁殖或组织培养等方法得到脱毒苗，防止病毒病的传播。种球脱毒既可以通过种子繁殖，也可作茎尖处理，取 0.1~0.2 cm 茎尖进行组织培养获得脱毒苗，隔离种植，并防治蚜虫，以防止自然感染。在百合育种技术的不断发展中除常规育种外，出现了分子育种、多倍体育种、原生质融合等新的育种手段，使百合新品种选育取得了一定的突破，并在不育材料选育，克服杂交不亲和，转基因育种等方面建立了较为完整的体系，为加快百合抗病育种工作提供了保障。不同的百合种或品种对枯萎病的抗性差异显著，种植抗病品种是有效控制病害最根本的措施。刘妍等（2009）通过田间接种测定表明，总皂苷含量可以作为寄主抗性程度的评价指标，非常适合大批量材料的抗性鉴定。Straathof 等（1993）调查发现，东方百合抗性最差，麝香百合次之，亚洲百合最强，但目前为止还未发现对镰刀菌完全免疫的种或栽培品种。杨秀梅等（2010）利用鳞片接种法鉴定 40个百合品种及野生种的枯萎病抗性，结果表明亚洲百合对镰刀菌的抗性最好，铁炮百合次之，东方百合的抗性最差。另外，必须种植经检疫无病原菌的繁殖材料，才能有效减轻种球传病的风险。

加强栽培管理：改善通风、光照条件，增施磷钾肥，使植株生长健壮，增强抗病力。及时拔除病株，完全清除地面病残留，集中烧毁。拔除病株后，用 50% 石灰乳消毒处理。地块选择，选择土壤肥沃、排灌方便的地块，并施足充分腐熟的有机肥。百合是喜肥植物，应施足基肥，唐祥宁等（1998）强调要用充分腐熟的粪肥等有机肥，也需注意氮、磷、钾的合理配比，避免偏施与过迟过量施用氮肥，重施基肥和腐熟有机肥料，提高植株抗病力。百合萎蔫病加强田间管理，保持土壤湿润，雨后及时排除积水，保持田间不渍水和减小植株间的相对湿度，防止生理干旱发生，现蕾期及时摘除花蕾，增强抗病力。实行轮作倒茬，由于百合的一些病害为土传病害，进行合理轮作，可以降低菌源基数，减轻或推迟病害的发生。百合病害中，除百合灰霉病菌可以菌核在土壤中越冬外，其他病害如百合疫病等也在土壤中越冬，一般 3 年换茬 1 次，可以减少初次侵染源。连作障碍是枯萎病发生的最重要因素之一，因此轮作倒茬能够有效降低土壤中菌量。对百合枯萎病的研究发现，在相同的栽培条件下，连作两年的田块病情指数为 12.2，连作 3年的田块病情指数为 30.8，而实行轮作的田块病情指数仅为 0.8。清洁田园，冬季清除田间落花落叶和带病残株，并及时集中烧毁田间枯枝落叶和病虫残，减少越冬菌源数量。

（2）生物防治

在大力倡导环境保护和食品安全的今天，生物防治所发挥的作用越来越明显。真菌、细菌、植物提取物、放线菌、真菌与细菌混合以及水杨酸、抗生素等均可在生物防治上发挥作用。

百合土传病害较多，可以选用抑菌、杀菌作用明显的微生物制剂来防治这些土传病害。据 Kohi 等（1999）和 Eimer（1998）报道，国外选用链霉菌、芽孢杆菌防治由镰刀菌引起的枯萎病，用 *Ulocadium atrum*、*Gliocladium roseum* 防治灰霉病，效果均较好。由于这些拮抗微生物可以在土壤中长期存活，防治效果可以持续多年，并从根围土中筛选出来很多有用的生防微生物。常用的生防菌一般包括生防细菌、生防真菌、生防放线菌。郭金鹏等（2009）成功应用于防治植物病害的主要生防细菌种类有芽孢杆菌、假单胞杆菌。生防真菌种研究应用较多的有木霉菌属真菌、丛枝菌根真菌、非致病尖孢镰刀菌等。金卫根（2002）认为其特点是容易生产，且能在病虫群体中多次感染而引起流行，扩大了防治效果。在植物枯萎病研究中，应用放线菌种类最多的是链霉菌，主要用于观赏植物和温室蔬菜上的镰刀菌引起的枯萎病。韩玲（2010）研究了两种拮抗菌和大蒜对百合枯萎病抑菌和防病作用，结果表明，枯草芽孢杆菌对百合枯萎病的防治效果很好，链霉菌效果不明显，大蒜鳞茎粗提物对百合枯萎病病菌菌丝的生长有十分显著的抑制作用。这一研究，为百合枯萎病的生物防治提供了很重要的参考。

（3）化学防治

尽管化学防治有污染环境、诱发非目标有害生物等多方面的弊端，但化学防治可经济、迅速而有效地降低接种体数量，尤其对百合（特别是切花观赏百合）这一高经济作物有其特殊的地位。例如王淑英等（1990）用25%多菌灵可湿性粉剂 1 000 倍液叶面喷雾 3 次对百合叶枯病防治效果达90%以上；李诚等（1994）用 40%多菌灵 400 倍液、65%广灭菌 500 倍液灌根对百合枯萎病防治效果达 80%以上。叶世森等（2007）试验发现，联合运用圃地消毒和种球消毒，可以有效地预防百合真菌性病害初次侵染发生。采用25%的蓝点可湿性粉剂 1 200 倍液、1 500 倍液，80%的云生可湿性粉剂 600 倍液，10%世高 WG1 000 倍液防治百合真菌性病害能取得较好的防治效果。廖华俊（2013）介绍，炭疽病和疫病是安徽漫水河百合的主要病害。田间防控试验表明，25% 咪鲜胺乳油 1 500 倍液防控炭疽病效果最好，平均防效为 93.33%。72.2%霜霉威盐酸盐水剂 1 500 倍液防控疫病效果最好，平均防效为 90.21%，二者百合产量、产值和优等品率与对照及其他处理均存在极显著差异，可以在百合生产上大面积推广使用。刘浪（2016）发现，海岛素+常规杀菌剂对百合抗病增产效果明显。对百合灰霉病防效达 85.40%，对百合基腐病防效达 73.49%，较单一使用杀菌剂增产 15.48%。灰霉病、基腐病是食用百合上的常发性主要病害，田间试验表明：海岛素+常规杀菌剂对百合抗病增产效果明显。对百合灰霉病防效达 85.40%，对百合基腐病防效达 73.49%，较单一使用杀菌剂增产 15.48%。蔺珂等（2022）通过抑菌作用、活性、离体防效和室内盆栽防效明确，86.2%氧化亚铜对灰葡萄胞、交链格胞、裂褶菌的抑菌作用均最好。叶世森（2007）介绍，在百合真菌性病害的化学防治中，要综合地运用圃地消毒、种球消毒、药剂防治等防治方法，联合运用圃地消毒和种球消毒，杀灭百合真菌性病害的初侵染病菌，预防百合真菌性初次病害的发生，当田间出现了百合真菌性病害时，及时地在病害初期使用化学农药，能有效地控制病害的蔓延和流行。

目前百合根腐病、炭疽病及疫病的防治仍以化学防治为主。截至 2021 年 9 月 9 日，中国农药信息网登载了我国批准在百合上登记的杀菌剂仅有 4 种，均为复配化学农药，包括精甲·恶霉灵、异菌·氟啶胺、唑醚·戊唑醇、霜脲·氰霜唑，登记农药种类偏少。2019 年湖南省中药材产业协会发布的团体标准《卷丹百合种植技术规范》规定卷丹百合病害防治以高效低毒无残留的农药为主，建议防治腐烂病可施用多菌灵、福美双、恶霉灵、烯唑醇等；防治疫病可施用代森锰锌、霜脲·锰锌、百菌清、甲霜灵·锰锌、霜霉威等。

药剂浸种或对种球进行喷雾：由于百合种球从采收后到播种要经过 2 个多月的贮藏，期间可能有多种贮藏期病害发生。据报道，青霉、曲霉、毛霉、根霉、链格孢、立枯丝核菌、簇球腔菌和镰刀菌等多种病原真菌可以侵染贮藏期的百合。采用多菌灵、百菌清等广谱性杀菌剂对种球进行浸种或喷雾种球表面，对减少种球的腐烂及降低病原物的越夏基数均有良好的效果。在试验中发现用应得浸泡鳞茎有助于出苗整齐，出苗率比对照高 20%以上。但要注意浸泡后需将种球晾干。浸种消毒灭螨，播种前用 20%扫螨净可湿性粉剂 4 000 倍液加 70%甲基硫菌灵可湿性粉剂 1 000 倍液浸鳞茎 3~5 min，消灭虫、螨。

播种时穴施毒土：谌超贤（2003）报道，可用克百威和多菌灵等杀菌剂混合，再拌以细微颗粒的沙土，穴施在种球旁，以防止土壤中的线虫和病原物对种球的为害，这样可提高出苗率和减轻苗期的病虫害。

及时防治蚜虫等传播媒介：百合虫害发生的种类少，为害也较轻，但由于蚜虫等可传播病毒，因此及时防治可减轻病毒病的发生，可选用10%吡虫啉可湿性粉剂防治蚜虫。此外，土壤中的线虫可造成鳞茎受伤，增加病原物侵染的机会，因此及时防治线虫也可收到良好的效果。

药剂防治：据谌超贤（2003）报道，在3月中下旬，苗出齐后或在发病初期，选用适当药剂进行喷雾或淋兜，均有很好的效果。对百合叶枯病（灰霉病）防治效果较好的药剂有50%速克灵可湿性粉剂、50%扑海因可湿性粉剂等，防效可达85%以上；对百合脚腐病（疫病）效果较好的药剂有40%乙磷铝可湿性粉剂、58%甲霜灵锰锌可湿性粉剂等；对其他真菌病害效果较好的药剂有50%多菌灵可湿性粉剂、65%代森锌可湿性粉剂、36%甲基硫菌灵悬浮剂、30%绿得保悬浮剂等；对细菌病害效果较好的药剂有30%绿得保悬浮剂、47%加瑞农可湿性粉剂等；对病毒病效果较好的有20%毒克星可湿性粉剂、5%菌毒清可湿性粉剂等。王芳等（2003）介绍用9种杀菌剂对广东百合真菌性病害的防治效果的筛选，百菌清、瑞毒霉的田间防治效果最佳，分别达73.1%和70.6%。百合在贮藏期间会发生炭疽病、镰刀菌枯萎病、青霉腐烂病、黑根霉软腐等病害，但0.1%特克多液、0.1%多菌灵液、0.1%次氯酸钙和2%仲丁胺浸渍处理百合，能有效抑制百合贮藏中的病害，减少贮藏中的腐烂。石鸿文等（2001）报道，大田药剂防治重在防，贵在早。播种时每亩用10%锌拌磷粉粒剂加50%敌克松可湿性粉剂2 kg或50%甲基硫菌灵可湿性粉剂0.5 kg制成毒土，施于播种沟内，然后播种盖土。4月上中旬用20%扫螨净3 000倍液或40%水胺硫磷乳油1 500倍液加5%菌毒清水剂300倍液加50%敌克松700倍液淋兜。淋兜需在晴天或阴天土壤不积水时进行，淋施需锄松表土层，否则效果差，且影响百合正常生长。淋兜2~3次，每次间隔15~20 d。从百合出苗开始喷药保护，15 d左右施药1次，连续6~7次。

（三）几种百合主要病害的具体防治方法

灰霉病的防治 一是适时深耕整地，百合地下茎生长部位较深，故需较深厚的土层。在立秋后，应抓住晴好天气深翻土壤25 cm以上，晒干过白，再粉碎耙平。土壤宜翻耕粉碎2次，再开厢起垄，厢面略呈龟背状。同时疏通沟渠，做到沟沟相连，雨停水干，防止田间积水。二是做好土壤消毒，土壤的消毒处理是减轻病害的重要环节。结合翻耕整地，每公顷施75~120 kg石灰进行土壤消毒杀菌。作畦成厢后，厢面再用40%五氯硝基苯粉剂500倍液或 90%噁霉灵可湿性粉剂 1 000 倍液喷施或浇泼，消毒杀菌。三是进行种球的无菌处理，选择色泽新鲜和须根发育良好的球茎栽培。鳞片有斑点、霉点和虫伤，底盘干腐、无须根的球茎不宜留种。播种前，应对种球进行消毒处理，可用 50%多菌灵可湿性粉剂 800 倍液或 75%百菌清可湿性粉剂 1 000 倍液浸 15 min，晾干，再分厢种植。四是施足有机肥，注重健身栽培，百合的生育期较长，需肥量较大，但中、后期追肥容易诱发病虫害。因此，施足有机肥是减轻病虫为害夺取百合高产的重要措施，有机肥以腐熟的畜粪、草木灰为主。每 667 m² 可施有机肥 1 500 ~ 2 500 kg，加施磷、钾肥 30 kg，有条件的地方可施 50 kg 左右的枯饼肥，均匀撒施后整地成厢再种植。百合生长期要加强田间管理，注重健身栽培。五是加强病害测报调查，及时开展药剂防治，做好病害发生情况的系统观测，准确掌握病害流行初期，即病害迅速发展，但病株率还 < 15% 的时期及时用药。孙鸿强（2017）报道，百合种植中应避免多年连作，使用小麦等作物进行倒茬，减轻连作障碍，从而降低百合灰霉病的发生率和严重程度，达到增加百合产量和品质的目的。六是药剂防治，国内外用于防治灰霉病的杀菌剂可以分为八大类，即苯并咪唑类、二甲基酰亚胺类、苯胺基嘧啶类、N-苯基氨基甲酸酯类、酰胺类、吡咯类、甲氧基丙烯酸酯类和吡啶胺类。在播种时进行药剂消毒处理或大田病叶率达 5% ~ 10%时安排药剂防治。播种时，每亩用 50%敌百松可湿性粉剂 2 kg 或 50%甲基托布津可湿性粉剂 0.5 kg 拌细土（或灰肥）3 ~ 4 kg，施于播种沟内，然后播种、盖土。百合齐苗后，于 4 月上中旬进行表面松土，每亩用 10%菌毒清水剂 300 倍加 50%敌百松可湿性粉剂 700 倍液淋蔸，控制越冬菌丝或菌核的萌发，兼治百合立枯病。唐祥宁等（1998）和颜茂林等（2002）报道，用 10%的菌毒清前期淋蔸，50%代森锰锌后期喷雾，25%多菌灵可湿性粉剂均可有效控制灰霉病的扩展和蔓延。因为百合生产中要摘花、打顶，叶片数量有限，保护功能叶是丰产的关键，故使用化学农药宜提早，同时注意药剂的混用和轮换，防止病菌抗药性的产生。近年来人们大量筛选和利用了抗灰霉病的有益生物及其代谢产物。生物防治已成为灰霉病的一条重要而有效的途径，具有良好的应用前景。李桂霞等（2007）报道，用于防治灰霉病的生防制剂一方面是直接利用拮抗微生物，另一方面是用微生物产生的生物活性物质，如次生代谢产物和抗生素，或植物源杀菌剂。生物防治具有对人类、生态和环境安全等优点，因此，生物防治成为大势所趋，尤以木霉及其代谢产物成为抗灰霉病的研究热点。

　　疫病的防治　王梅等（2008）报道，种前对土壤进行消毒；保证土壤排水良好，不能让土壤长期处于潮湿状态；夏季土壤温度要尽可能低；尽量避免连作，发现病株及时清除并销毁。李铁军等（2002）报道，疫病防治一是采用高厢深沟或起垄栽培，要求畦面要平，以利雨后及时排除积水，发现病株及早挖除，集中烧毁或深埋。二是采用配方施肥技术，适当增施钾肥，提高抗病力。李晓晨（2006）报道，疫病防治选健康鳞茎；设防雨设施注意排水；避免百合重茬；降低夏季栽培温度和湿度。三是药剂防治，发病初期喷洒70%百德福可湿性粉剂500倍液或78%科博可湿性粉剂500倍液。每10 d左右喷1次，交替使用，共2~3次。李铁军等（2002）报道，发病初期喷洒40%三乙磷酸铝可湿性粉剂250倍液、58%甲霜灵·锰锌可湿性粉剂500倍液、64%杀毒矾可湿性粉剂500倍液、72%杜邦克露可湿性粉剂800倍液等。李晓晨（2006）报道，疫病发病后的治疗措施，25%甲霜灵500~700倍液喷雾，10~14 d 1次，或60%百菌通400~600倍液、或80%三乙磷酸铝500~600倍液喷雾。

鳞茎青霉病的防治　王梅等（2008）报道，挖掘和运输鳞茎时尽量减少损伤；贮藏期间要注意通风，降低库内湿度；感病鳞茎种植前用2%高锰酸钾溶液浸泡1 h，晾干后再种植。李晓晨（2006）报道，青霉病预防措施为挖掘、运送过程中尽量避免伤鳞茎，采切后置于25~30 ℃高温下，促进伤口愈合；鳞茎入库前用50%扑海因可湿性粉剂500倍浸泡10 min捞出晾干后贮藏，鳞茎混合物尽量应用较干燥的锯末；鳞茎入库后要保留通风道并尽快降低温度至贮藏最低温度0~6 ℃，经常检查贮藏库尽快种植被侵染的鳞茎。治疗措施为掰掉受害鳞片，重新用2%高锰酸钾溶液或1%~2%硫酸铵水溶液或0.3%~0.4%硫酸铜液浸泡1 h，晾干后再贮藏。

枯萎病的防治　李铁军等（2002）报道，提倡施用腐熟的有机肥，以抑制土壤中有害微生物，合理轮作，及时拔除病株，贮藏窖保持通风，避免高湿和过热。朱茂山等（2007）报道，百合枯萎病农业防治，一是实行轮作倒茬是最有效的防控技术措施，有条件的种植田可以采取与非百合科类作物或花卉实行3年以上的轮作倒茬，这样可以大量减少土壤中的病原菌种群数量，较好地改变土壤的微生物区系，能够有效地预防枯萎病的发生为害；二是改善土壤酸碱性，使得土壤为偏酸性土壤，可用土壤调制剂进行改良。研究表明弱酸性土壤有利于百合的生长，而对土壤中的镰刀菌生存不利，同时适宜少施氮肥，增施磷肥、钾肥，提高植株的抗病力。三是化学防治，是控制病害传播最直接的手段。百合枯萎病的化学防治措施主要包括土地消毒、种球消毒、灌根等。叶世森和林芳（2007）对百合种球消毒、圃地消毒、药剂防治方面开展百合真菌性病害化学防治试验。结果表明，联合运用圃地消毒和种球消毒预防百合真菌性病害最有效，且圃地消毒比种球消毒防治效果更佳。朱茂山等（2010）通过室内对 13 种杀菌剂对百合枯萎病菌丝生长和孢子萌发的抑制作用毒力测定试验，初步筛选出了多菌灵、福美双、霉灵、己唑醇等 4 种杀菌剂对枯萎病菌菌丝生长和孢子萌发具有强烈抑制作用。安智慧等（2010）采用含毒介质法测定了 18 种杀菌剂对百合枯萎病病原菌的生物活性，筛选出 4 种防治百合枯萎病有效的杀菌剂。陈云芳等（2008）指出喷灌 36%甲基硫菌灵悬浮剂 500 倍液、50%甲基硫菌灵·硫黄悬浮剂 800 倍液、50%苯菌灵可湿性粉剂 1 000 倍液、15%增效多菌灵可溶性浓剂 300 倍液、50%杀菌王（氯溴异氰脲酸）水溶粉剂 1 000 倍液防效明显。种植前把鳞茎侵入 40%五氯硝基苯 200 倍液加 50%福美 200 倍混合液中浸 15 min、或浸入 50%苯菌灵可湿性粉剂 2 000 倍液中 30 ℃水温浸泡 30 min，也可把鳞茎先用 39 ℃温水处理 2 h，再浸入 50%苯菌灵 2 000 倍液中浸 30 min。喷灌 36%甲基硫菌灵悬浮剂 500 倍液或 50%甲基硫菌灵·硫磺悬浮剂 800 倍、50%苯菌灵可湿性粉剂 1 000 倍液、12.5%增效多菌灵可溶性浓剂 300 倍液、50%杀菌王（氯溴异氰脲酸）水溶粉剂 1 000 倍液。虽然化学防治效果显著，但长期使用会造成诸多问题，病原菌对化学药物免疫能力增加，会造成环境污染、生态破坏、食品安全等一系列问题，不利于农业的可持续发展。栽培过程中，应当结合百合生产实际情况，因地制宜采用物理防治、生物防治、化学防治等多种防治方法来控制枯萎病的流行。近年来，人们已经筛选出很多可以抑制枯萎病病菌生长的有益微生物，刘峰（2009）报道利用有益微生物及其代谢产物防治枯萎病是一条很有效的途径。

　　炭疽病的防治　在发病初期喷洒 50%施保功可湿性粉剂 1 000 倍液或 50%甲基硫菌灵 800 倍液，隔 7~10 d 用药 1 次，交替使用，喷 2~3 次。

　　叶尖病的防治　发病初期喷洒 30%绿得保（碱式硫酸铜）悬浮剂 400 倍液或 47%加瑞农可湿性粉剂 800 倍液，隔 10 d 左右喷 1 次，连续 2~3 次。

　　花叶病毒病的防治　生长期及时喷 10%吡虫啉可湿性粉剂 1 500 倍液，控制传毒蚜虫，减少该病传播蔓延。发病初期喷 20%病毒 A 可湿性粉剂 500 倍液或 1.5%植病灵乳油 600 倍液。隔 10 d 喷 1 次，连用 2~3 次。

　　线虫病的防治　一是农业防治：从无病植株中选留鳞茎作种；如有条件，可同非寄主植物实行 2 年以上轮作；发现病株及时铲除销毁。二是药剂防治：用杀线虫剂进行土壤熏蒸处理。可用 98%垄鑫 GR，1 m^2 用 10~

20 g 撒施或沟施，混入 20 cm 深土壤中，施药后即覆土，并覆盖薄膜，保湿熏蒸 10 d 左右。揭膜松土放气 1 周后种植；鳞茎种植前几天将百合鳞茎用福尔马林与 43.5 ℃ 热水，按 1∶200 配成药液浸泡鳞茎 1 h，或用克线磷 800 倍液浸泡 10 min；用阿维菌素 5 000 倍液连续灌根 3 次，每次间隔 5 d。在播种之前翻耕土壤后充分晒白，并使用呋喃丹 5 kg 撒于地面犁肥，使用 1∶5 硫黄石灰混合粉 25 kg 撒于播种沟内，既能杀病菌，也可以有效杀虫。

表 4-1　百合常见病害汇总

种类	病原物	发生时期	主要为害部位
花叶病	Cucumber mosaic virus-lily strain	成株期	全株性
丛簇病	Lily rossete virus	成株期	全株性
细菌性软腐病	Erwinia carotovora var. caratovora	成株期，贮藏期	鳞茎
立枯病	Erwinia lilii	成株期，贮藏期	叶，茎，鳞茎
枯萎病	Pseudomon as gladioli pv. gladioli	成株期，贮藏期	鳞茎
炭疽病	Colletotrichum liliacearum	成株期，贮藏期	花，叶，茎，鳞茎
灰霉病（叶枯病）	Botrytis liliorum，B. cinerea	成株期	花，叶，茎，鳞茎，芽
疫病	Phytophthora parasitica	成株期	花，叶，茎，芽
曲霉病	Aspergillus niger	成株期，贮藏期	叶，鳞茎
枯萎病	Fusarium solani，F. moniliforme，Fusarium oxysporum	成株期	叶，茎，鳞茎
褐斑病	Pestalotiopsis sp.	成株期	叶
叶斑病	Phyllosticta lilicola	成株期	叶，茎
鳞茎斑点病	Fusarium solani f. sp. lilii F. oxysporum	成株期，贮藏期	鳞茎
叶尖干枯病	Phoma lilii	成株期	叶
青霉病	Penicillium cyclopium	贮藏期	鳞茎，叶，芽
软腐病（黑根霉）	Rhizopus stolonifer	贮藏期	鳞茎
白绢病	Sclerotium rolfsii	成株期	鳞茎
斑枯病	Septoria lilii Ell. et Dear	成株期	叶
白斑病	Cercospora sp	成株期	叶
黑斑病	Alternaria alternata（Friss）Keissler	成株期	叶
锈病	Uromyces lilii（Link.）Fuck	成株期	叶
鳞茎干腐病	Cylindrocarpon sp	成株期	鳞茎、根
萎焉病	高温干旱	成株期	全株性
芽枯病	土温低或根受伤，植株顶端缺水	成株期	芽

（续表）

种类	病原物	发生时期	主要为害部位
膨叶病	霜害、霜冻	成株期	叶、全株性
褪绿病	生理性缺铁	成株期	叶
叶焦病	锰盐或铝盐过多	成株期	叶
根螨害	*Rhizoglyphus* sp.	成株期，贮藏期	鳞茎，根系，茎
线虫病	*Pratylenchus penetrans* *P. pratensis* *Longidorus* sp. *Aphelenchoides* sp.	成株期，贮藏期	鳞茎，根系

备注：表格初引《福建省百合病害调查初报》（陈秋萍，2000），后经李秀娟整理、完善后形成。

二、百合虫害

（一）百合虫害种类

结合全国各地实际，多年来不乏研究报道，报道中为害的百合的害虫按为害部位分为地下害虫和地上害虫两大类，其中蒋佩兰等（2000）1995—1999 年先后在江西省万载、泰和、丰城、万安、新建、南昌等县（市）进行百合害虫种类调查，共采到标本 5 000 余号。经鉴定，为害百合的害虫共计 2 个纲（昆虫纲、蛛形纲），13 个目 33 个科、51 种。

刘峰（2002）结合江苏省淮阴当地情况，介绍了为害百合的地下害虫主要为非洲蝼蛄、蛴螬。在百合的鳞茎、基生根处为害，使其植株萎蔫枯死，同时造成伤口有利于病菌的侵入，诱发病害。任淑年（2003）结合江苏省淮阴当地实际，介绍了保护地为害百合的地下害虫主要为非洲蝼蛄、蛴螬等。王阳等（2006）介绍了迟眼蕈蚊。原本是北方韭菜根部的一种重要害虫，发现为害百合鳞茎，发生早的使百合鳞茎在土壤中腐烂，晚发生的植株在生长过程中死亡，往往是成片发生，造成的损失极为严重。常常被误诊为根蚀线虫或根螨。张亮等（2008）介绍了陕西省为害百合的害虫主要是蛴螬、棉蚜。棉蚜主要发生于百合显蕾期，发病指数‘波利安娜’为 25.49%，‘普瑞头’为 24.18%，‘雪皇后’为 17.54%，‘白狐’为 11.36%，其他时期棉蚜较少。蛴螬主要发生于鳞茎充实期，发病指数‘波利安娜’为 17.32%，‘普瑞头’为 18.43%，‘雪皇后’为 16.39%，‘白狐’为 14.97%，各品种间均有发生这两种虫害，差异不显著。其他时期这两种虫害较轻。周俐宏等（2011）介绍，为害鳞茎及根部的害虫主要包括线虫类、芽叶线虫和草莓芽叶线虫、根螨（赤足根螨、罗宾根螨和长毛根螨）以及迟眼蕈蚊和蛴螬等。颜津宁（2016）调查，辽宁省百合根部害虫有根螨、根蛆等。毕春辉等（2020）介绍，兰州百合的虫害有地下害虫小云斑鳃金龟子、金针虫、蝼蛄和小地老虎等。田雪慧（2020）介绍，兰州百合地下害虫主要有蛴螬、蝼蛄、小地老虎等。

1. 蛴螬

蛴螬是地下害虫中种类最多、分布最广、世界上公认的重要地下害虫，可为害多种植物，是近几年为害最重、给农业生产造成巨大损失的一大类群。全世界已知 35 000 多种，中国约有 1 500 种。蛴螬的种群动态受植被、土壤理化性质和气候条件的影响较大，这些因素直接影响蛴螬的虫口密度和活动习性。蛴螬是金龟子的幼虫，别名白土蚕、核桃虫、壮地虫、地漏子等；鞘翅目、金龟甲总科幼虫的统称，成虫通称为金龟甲或金龟子。其优势种有暗黑鳃金龟甲、东北大黑鳃金龟甲、华北大黑鳃金龟甲、铜绿丽金龟甲。昆虫纲、鞘翅目、金龟总科。

形态特征　蛴螬体肥大，体形弯曲呈"C"形，多为白色，少数为黄白色。头部褐色，上颚显著，腹部肿胀。体壁较柔软多皱，体表疏生细毛。头大而圆，多为黄褐色，生有左右对称的刚毛，刚毛数量的多少常为分种的特征。如华北黑鳃金龟的幼虫为 3 对，黄褐丽金龟幼虫为 5 对。蛴螬具胸足 3 对，一般后足较长。腹部 10 节，第 10 节称为臀节，臀节上生有刺毛，其数目的多少和排列方式也是分种的重要特征。

成虫椭圆或圆筒形，体色有黑、棕、黄、绿、蓝、赤色等，多具光泽，触角鳃叶状，足 3 对；幼虫长 30~40 mm，肥胖，常弯曲成马蹄形，头部大而坚硬、红褐或黄褐色，体表多皱纹和细毛，胸足 3 对，尾部灰白色、光滑。

生活习性　蛴螬终年生活在土壤中，幼虫和成虫在土中越冬。成虫即金龟子，白天藏在土中，20—21 时进行取食等活动。蛴螬有假死和负趋光性，并对未腐熟的粪肥有趋性。成虫交配后 10~15 d 产卵，产在松软湿润的土壤内，以水浇地最多。初孵幼虫先取食土中腐殖质，以后取食植物地下部分，在当年立秋时进入 3 龄盛期，此时食量最大，严重为害多种农作物和蔬菜幼苗。秋末冬初下移越冬，并在翌年 4 月上中旬形成春季为害高峰。夏季高温时则下移筑土室化蛹，羽化的成虫大多在原地越冬。幼虫蛴螬始终在地下活动，与土壤温湿度关系密切，当 10 cm 土温达 5 ℃时开始上升土表，13~18 ℃时活动最盛，23 ℃以上则往深土中移动，至秋季土温下降到其活动适宜范围时，再移向土壤上层。越冬幼虫在春季 10 cm 土温达 10 ℃ 左右时上升活动；秋季土温下降至 10 ℃ 以下时，幼虫向土壤深处转移，5 ℃ 以下时全部越冬。春、秋季在表土层活动，因此，蛴螬的为害主要是春秋两季最重。地下害虫多喜湿性环境，土壤潮湿活动加强，尤其是连续阴雨天气。

　　卵和幼虫生长发育适宜的土壤湿度是 8%~20%，以 15%~18% 为最适宜。水旱地均能发生，但以水浇地、过水地、低洼地和雨水充足的旱地及丘陵岗地发生较重。地头荒坡、果园荒埂、地边草地等非耕地虫口密度明显高于耕地，油料作物茬口密度大；背风向阳地的虫量高于迎风背阴地，坡岗地虫量高于平地。华北大黑鳃金龟甲多发生在水浇地、低湿地等保水力较强的黏重土壤中。一般情况下，背风向阳地的虫量高于迎风背阴地，坡岗地虫量高于平地，淤泥土地多于壤土和沙土地。

　　生活史　生命周期包括卵、幼虫、蛹和成虫 4 个虫态。蛴螬生活史复杂，有的种类 2 年完成一代，成虫、幼虫交替越冬。可直接咬断百合幼苗的根、茎，造成枯死苗，也为害百合鳞茎。完成 1 代需 1~2 年到 3~6 年，除成虫有部分时间出土外，其他均在地下生活，以幼虫或成虫越冬。成虫有夜出型和日出型之分，夜出型有趋光性，夜晚取食为害；日出型白昼活动。成虫交配后 10~15 d 产卵，产在松软湿润的土壤内，以水浇地最多，每头雌虫可产卵 100 粒左右。蛴螬共 3 龄。1 龄、2 龄期较短，第 3 龄期最长。蛴螬年生代数因种、因地而异，是一类生活史较长的昆虫，一般一年 1 代或 2~3年 1 代，长者 5~6 年 1 代。如大黑鳃金龟两年 1 代，暗黑鳃金龟、铜绿丽金龟 1 年 1 代，小斑鳃金龟在青海 4 年 1 代，大栗鳃金龟在四川甘孜地区则需 5~6 年 1 代。

　　迁飞规律　成虫白天潜伏，黄昏出土活动为害，成虫食性杂、食量大，具假死性与趋光性。发生地为害、越冬，无长距离迁飞习性。

　　为害症状　蛴螬的食性很杂，按其食性可分为植食性、粪食性、腐食性3 类。其中，植食性蛴螬食性广泛，为害多种农作物、经济作物和花卉苗木，如麦类、玉米、薯类、豆类、花生、百合等，是世界性的地下害虫。据调查统计植物地下部分受害中 86% 是由蛴螬为害造成的。幼虫主要在地下为害，咬断幼苗根茎，切口整齐，造成幼苗枯死，造成缺苗断垄；或蛀食块根、鳞茎、块茎，造成孔洞，使作物生长衰弱，影响产量和品质。不仅造成减产，咬食造成的伤口有利于病菌的侵入，诱发其他病害。成虫金龟子主要取食植物地上部的叶片，有的还为害花和果实。

2. 蝼蛄

蝼蛄俗名拉拉蛄、地拉蛄、土狗崽、地狗子、水狗、都猴。蝼蛄属直翅目，蝼蛄科，其优势种有华北蝼蛄、东方蝼蛄。全世界 40 多种，中国已知 6 种，以华北蝼蛄和东方蝼蛄分布最广、为害最重。属昆虫纲、直翅目、蝼蛄科。

形态特征　华北蝼蛄雌成虫体长 45~66 mm，雄成虫体长 39~45 mm。体黄褐色，前胸背板中央有一心脏形暗红色斑。前翅短小，仅达腹部的 1/2。前足腿节下缘呈"S"形弯曲，后足胫节背侧内缘有棘 1~2 个或消失。卵椭圆形，初产时乳白色，后变黄褐色，孵化前呈暗灰色。若虫共 13 龄，形似成虫，体较小，初孵时体乳白色，体长 2.6~4 mm，2 龄以后变为黄褐色，5 龄、6 龄后基本与成虫同色，末龄若虫体长 36~40 mm。

东方蝼蛄成虫体长 31~35 mm，浅茶褐色，腹部色较浅，全身密布细毛。头圆锥形。前胸背板卵圆形，中间具一明显的暗红色长心脏形凹陷斑。前翅超过腹部末端。前足腿节下缘平直，后足胫节背侧内缘有刺 3~4 个，有别于华北蝼蛄。卵椭圆形，初产时乳白色，后变黄褐色，孵化前暗紫色。若虫共 8~9 龄，初孵若虫乳白色，体长 4 mm，末龄若虫体长约 25 mm，体形与成虫相近。

生活习性　华北、东方两种蝼蛄生活习性大致相同，均昼伏夜出，21—23 时为活动取食高峰。华北蝼蛄土壤湿度 22%~27% 时最适宜其活动，喜在轻盐碱地的缺苗断垄、无植被覆盖的高燥向阳、地埂畦堰附近或路边、渠边和松软油渍状土壤中产卵，雌虫产卵期长达 1 个月，每雌平均产卵 300 余粒，卵产在土中 15~20 cm 处卵室内，平原地区的沿河、沿海及湖边等低湿地区最易发生，沙壤土和腐殖质多的地块发生也重。东方蝼蛄则在沿河两岸、地埂、沟渠附近处产卵，成虫先在 5~20 cm 处做卵室，平均单雌产卵 150 余粒。两种蝼蛄孵化后的若虫皆喜群居，成虫、若虫均具较强的趋光性、趋化性、趋粪性和趋湿性，并嗜好香甜物品，对马粪等未腐熟的有机质也有趋性；均喜在潮湿土壤中生活，如沿河两岸、渠道周围、菜园。

生活史　生命周期包括卵、若虫和成虫 3 个虫态。华北蝼蛄在华北地区约 3 年完成 1 代，以成虫或若虫在 60~120 cm 土层中越冬，翌春 4 月上中旬开始活动，咬食百合苗。6 月上中旬开始交尾产卵，直至 8 月初，卵期 20 d 左右。7 月初卵开始孵化，秋后生长到 8~9 龄时潜入土中越冬。翌春若虫又在地面活动为害百合，秋后若虫长到 12~13 龄再潜入土中越冬。到第 3 年春季又开始活动，8 月上中旬若虫老熟，蜕皮后变为成虫、秋后即以成虫越冬。东方蝼蛄在华北和东北 2 年完成 1 代，以成虫或若虫在土中 60~100 cm 处越冬，翌春 4 月上旬越冬成虫开始活动并交尾产卵，直至 8 月上旬产卵结束。卵期 15 d 左右。以若虫越冬。翌春越冬若虫开始活动为害，5—6 月羽化为成虫。华北蝼蛄约 3 年完成 1 代，东方蝼蛄约 2 年完成 1 代。

为害症状　华北蝼蛄主要分布在北方地区，东方蝼蛄全国都有分布。蝼蛄食性复杂，除为害百合外，还为害其他谷物、蔬菜及树苗。蝼蛄都在地下生活，吃新播的种子，咬食作物根部，对作物幼苗伤害极大，是重要的地下害虫。潜行土中，形成隧道，使作物幼苗与土壤分离，因失水而枯死。蝼蛄活动受温度影响较大，当旬平均温度和 20 cm 土温达 16~20 ℃时，是蝼蛄猖獗为害时期，因此，春、秋两季是蝼蛄为害高峰期。当夏季气温达 23 ℃以上时，则潜入土中，一旦温度降低，又会上升至耕作层活动，秋末则潜入深土层内越冬。土壤类型和湿度影响其分布和密度，盐碱地虫口密度大，壤土地次之，黏土地较少，水浇地的虫口密度大于旱地。另外，距离村庄近的虫口密度显著多于离村庄远的。

3. 地老虎

地老虎俗称土蚕、地蚕、切根虫。属昆虫纲、鳞翅目、夜蛾科。地老虎的种类很多，有小地老虎、大地老虎、黄地老虎、白边地老虎等。其中，以小地老虎分布最广，全国都有发生，为害严重；其次为黄地老虎，在北方地区发生，尤以西北地区常严重为害；白边地老虎是黑龙江、内蒙古、新疆等地的主要种类。经常发生为害的是小地老虎和黄地老虎。

形态特征　地老虎的一生分为卵、幼虫、蛹和成虫（蛾子）4 个阶段。

小地老虎成虫体长 16~23 mm，翅展 42~54 mm。前翅黑褐色，有肾状纹、环状纹和棒状纹各一，肾状纹外有尖端向外的黑色楔状纹与亚缘线内侧 2 个尖端向内的黑色楔状纹相对。卵半球形，直径 0.6 mm，初产时乳白色，孵化前呈棕褐色。老熟幼虫体长 37~50 mm，黄褐色至黑褐色。体表密布黑色颗粒状小突起，背面有淡色纵带。腹部末节背板上有 2 条深褐色纵带。蛹体长 18~24 mm，红褐色至黑褐色，腹末端具 1 对臀棘；蛹背面的点刻比侧面的大，第四节上也有点刻。

黄地老虎成虫体长 14~19 mm，翅展 32~43 mm。全体黄褐色。前翅亚基线及内、中、外横纹不很明显；肾形纹、环形纹和楔形纹均甚明显，各围黑褐色边。后翅白色，前缘略带黄褐色。卵半圆形，底平，直径约 0.5 mm，初产乳白色，以后渐现淡红色波纹，孵化前变为黑色。幼虫与小地老虎相似，其区别为：老熟幼虫体长 33~43 mm，体黄褐色，体表颗粒不明显，有光泽，多皱纹，腹部背面各节有 4 个毛片，前方 2 个与后方 2 个大小相似，臀板中央有黄色纵纹，两侧各有 1 个黄褐色大斑，腹足趾钩 12~21 个。蛹体长 16~19 mm，红褐色，腹部末节有臀刺 1 对，腹部背面第 5~7 节刻点小而多，背面与侧面点刻相同，第 4 节上很少有点刻。

大地老虎成虫为暗褐色，体长 16~23 mm，肾形斑外有 1 个尖端向外的楔形黑斑，亚缘线内侧有 2 个尖端向内的楔形斑，3 个斑尖端相对，触角雌虫丝状，雄虫羽毛状；幼虫体长 37~50 mm，黑褐色或黄褐色，臀两条深褐镶纵带，基部及刚毛间排列有小黑点。成虫体长 20~23 mm，翅展 52~62 mm；前翅黑褐色，肾状纹外有一不规则的黑斑。卵半球形，直径 1.8 mm，初产时浅黄色，孵化前呈灰褐色。老熟幼虫体长 41~61 mm，黄褐色；体表多皱纹。蛹体长 23~29 mm，腹部第 4~7 节前缘气门之前密布刻点。分布也较普遍，并常与小地老虎混合发生，以长江流域地区为害较重。

生活习性　成虫的趋光性和趋化性因虫种而不同。小地老虎、黄地老虎、白边地老虎对黑光灯均有趋性。对糖酒醋液的趋性以小地老虎最强，黄地老虎则喜在大葱花蕊上取食作为补充营养。卵多产在土表、植物幼嫩茎叶上和枯草根际处，散产或堆产。3 龄前的幼虫多在土表或植株上活动，昼夜取食叶片、心叶、嫩头、幼芽等部位，食量较小。3 龄后分散入土，白天潜伏土中，夜间活动为害，常将作物幼苗齐地面处咬断，造成缺苗断垄。有自残现象。1~2 龄幼虫昼夜群集于幼苗顶心嫩叶处取食为害，3 龄后分散。幼虫行动敏捷、有假死习性、受到惊扰即卷缩成团，食物不足或寻找越冬场所时，有迁移现象。幼虫老熟后在深约 5 cm 土室中化蛹，成虫有远距离南北迁飞习性，对黑光灯极为敏感，特别喜欢酸、甜、酒味和泡桐叶。

地老虎的越冬习性较复杂。黄地老虎和警纹地老虎均以老熟幼虫在土下筑土室越冬，白边地老虎则以胚胎发育晚期而滞育的卵越冬，大地老虎以 3~6 龄幼虫在表土或草丛中越夏和越冬，小地老虎越冬受温度因子限制，1 月份 0 ℃（北纬 33°附近）等温线以北不能越冬，以南地区可有少量幼虫和蛹在当地越冬，成虫可从虫源地区交错向北迁飞为害。

越冬基数和越冬代成虫发生量与一代幼虫发生轻重有直接关系。一般上年秋雨较多，洪涝面积较大，在耕作比较粗放和杂草较多环境，适宜越冬代幼虫发生，形成较大越冬基数。初冬和早春的温度变化缓慢，冬季气温偏高，5 月气温稳定，雨水正常，有利幼虫越冬和春季发育以及第一代卵的发育和幼虫成活，因而发生较重，如初冬幼中越冬前或早春越冬幼虫恢复活动后，有较强的寒流突然降温或降雪，或冬季气温偏低，造成越冬幼虫死亡率较高；越冬代成虫盛发期遇较强的低温或降雪能影响成虫的发生，并使蜜源植物的花受冻，成虫缺乏补充营养而减少产卵，卵孵盛期地表过于干旱、高温或有中等以上的降雨出现，则对一代幼虫发生不利，即使越冬基数较大也不致发生严重。耕作比较粗放和杂草较多环境适于发生。

生活史　生命周期包括卵、幼虫、蛹和成虫（蛾子）4个阶段。幼虫6龄。地老虎由北向南1年可发生2~7个世代。小地老虎以幼虫和蛹在土中越冬；黄地老虎以老熟幼虫在麦地、菜地及杂草地的土中越冬。两种地老虎虽然1年发生多代，但均以第一代数量最多，为害也最重。3—4月间气温回升，越冬幼虫开始活动，陆续在土表3d左右深处化蛹，蛹直立于土室中，头部向上，蛹期20~30d。4—5月为各地化蛾盛期。幼虫共6龄。陕西（关中、陕南）第一代幼虫出现于5月中旬至6月上旬，第二代幼虫出现于7月中旬至8月中旬，越冬代幼虫出现于8月下旬至翌年4月下旬。卵期6d。1~6龄幼虫历期分别为4d、4d、3.5d、4.5d、5d、9d，幼虫期共30d。卵期平均温度18.5℃，幼虫期平均温度19.5℃。小地老虎和黄地老虎由北向南1年可发生2~7个世代。小地老虎在南方可终年繁殖，由南向北年发生代数递减，例如广西南宁7代，江西南昌5代，北京4代，黑龙江2代。黄地老虎在黑龙江、辽宁、内蒙古和新疆北部一年发生2代，甘肃河西地区2~3代，新疆南部3代，陕西3代。两种地老虎虽然1个发生多代，但均以第一代数量最多，为害也最重，其他世代发生数量很少，没有明显为害。大地老虎3月下旬至4月上旬为蛾盛发期，1年发生3~4代。

迁飞规律　成虫有远距离迁飞习性。

为害症状　地老虎为多食性害虫，为害各种农作物、牧草及草坪草。主要以幼虫为害幼苗，幼虫将幼苗近地面的茎部咬断，使整株死亡，造成缺苗断垄，甚至毁种。1、2龄幼虫群集杂草、幼苗顶心嫩叶处日夜取食病害。3龄后开始分散，白天潜伏杂草、幼苗根部周围土干、湿层之间，夜间出动咬断苗茎，尤以黎明前露水多时更烈，把咬断的幼苗拖入穴内啃食，当苗木木质化后，则食嫩叶，也可咬断茎干端部。3龄前取食量约占幼虫期食量的3%，4龄后食量大增，常给苗木造成严重缺苗断垅现象。小地老虎性情凶暴，行动敏捷，当食料缺乏或环境不适，导致幼虫夜间迁移为害。老熟幼虫受惊，便卷曲作假死状。老熟时，在土层深5cm处做上室化蛹，蛹期限约15d。各种地老虎为害时期不同，多以第一代幼虫为害春播作物的幼苗最严重。

4. 金针虫

金针虫俗称节节虫、铁丝虫、姜虫等。全世界有 8 000 多种，中国记载有 600~700 种。常见危害作物的主要是沟金针虫、细胸金针虫、褐纹金针虫、宽背金针虫 4 种，其中，前 3 种主要为害玉米幼苗根茎部，以沟金针虫分布最广。金针虫是鞘翅目、叩头甲幼虫的通称。金针虫属鞘翅目、叩甲科，其优势种有沟金针虫、细胸金针虫、褐纹金针虫和宽背金针虫。

形态特征　成虫叩头虫一般颜色较暗，体形细长或扁平，具有梳状或锯齿状触角。胸部下侧有一个爪，受压时可伸入胸腔。当叩头虫仰卧，若突然敲击爪，叩头虫即会弹起，向后跳跃。幼虫圆筒形，体表坚硬，蜡黄色或褐色，末端有两对附肢，体长 13~20 mm。根据种类不同，幼虫期 1~3 年，蛹在土中的土室内，蛹期大约 3 周。

分布最广的沟金针虫，成虫栗褐色，体扁平，全体被金灰色细毛，头部扁平，头顶呈三角形凹陷，密布刻点。雌虫触角短粗 11 节，锯齿形，约为前胸长度的 2 倍。雄虫触角较细长，12 节，长及鞘翅末端。雌虫鞘翅长约为前胸长度的 4 倍，后翅退化。足浅褐色，雄虫足较细长。卵近椭圆形，长 0.7 mm，宽 0.6 mm，乳白色。幼虫初孵时乳白色，头部及尾节淡黄色，老熟幼虫体长 20~30 mm，体形扁平，全体金黄色，被黄色细毛，头部扁平，口部及前头部暗褐色，上唇前线呈三齿状突起。由胸背至第 10 腹节背面正中有 1 明显的细纵沟。尾节黄褐色，其背面稍呈凹陷，且密布粗刻点，尾端分叉。蛹长纺锤形，乳白色。

生活习性　在地下主要为害百合幼苗根茎部。沟金针虫在 8—9 月间化蛹，蛹期 20 d 左右，9 月羽化为成虫，即在土中越冬，翌年 3—4 月出土活动。金针虫的活动，与土壤温度、湿度、寄主植物的生育时期等有密切关系。其上升表土为害的时间，与春玉米的播种至幼苗期相吻合。其中沟金针虫土壤湿度为 15%~18%，最适宜其活动为害；细胸金针虫 13%~19% 是其最适产卵土壤湿度。沟金针虫以旱作区域有机质较为缺乏而土质较为疏松的沙壤土地发生较重；细胸金针虫多发生在水浇地、水涝地、淤地和保水较好的黏土地。

褐纹金针虫越冬幼虫于 4 月上中旬，旬 10 cm 平均土温达 9.1~12.1 ℃，在表土层活动和为害，4 月下旬至 5 月下旬为为害盛期，6—8 月大部分大龄幼虫下迁到 20 cm 以下土层，9 月上中旬土温为 16~18 ℃ 时，幼虫上移到表土层为害秋播麦苗，10 月下旬平均土温下降至 8 ℃ 左右，幼虫下移准备越冬。

沟金针虫成虫在北京地区春季 10 cm 土温达 9.2~10.9 ℃时开始出土活动，10.1~15 ℃为活动盛期；在 3 月初 10 cm 土温达 7 ℃左右时，越冬代成虫开始出土活动，3 月上、中旬 10 cm 土温稳定在 7 ℃以上时为活动盛期，3 月下旬土温上升到 9.8~11.6 ℃时，活动降低，春季降温，气温低于 6 ℃或大风（5 m/s）天气，则成虫不出土；细胸金针虫翌年 3 月上中旬 10 cm 土温 7.6~11.6 ℃、气温 5.3 ℃时越冬成虫开始出土活动，4 月中下旬土温 15.6 ℃、气温 13 ℃左右为活动盛期。

生活史　生命周期包括卵、幼虫、蛹和成虫 4 个虫态。金针虫长期生活于土中，生活史很长，因种类不同而不同，常需 3~5 年才能完成一代，以幼虫或成虫在地下越冬，越冬深度为 20~85 cm。沟老熟幼虫从 8 月上旬至 9 月上旬先后化蛹，化蛹深度以 13~20 cm 土中最多，蛹期 16~20 d。成虫于 9 月上中旬羽化。越冬成虫在 2 月下旬出土活动，3 月中旬至 4 月中旬为盛期。

成虫昼伏夜出，白天躲藏在土表、杂草或土块下，傍晚爬出土面活动和交配。雌虫行动迟缓，不能飞翔，有假死性，无趋光性；雄虫出土迅速、活跃，飞翔力较强，只做短距离飞翔，黎明前成虫潜回土中，雄虫有趋光性。成虫交配后，将卵散产在土下 3~7 cm 深处，卵于 5 月上旬开始孵化，卵历期 33~59 d。成虫于 4 月下旬开始死亡。初孵幼虫体长约 2 mm，在食料充足的条件下，当年体长可达 15 mm 以上；到第 3 年 8 月下旬，老熟幼虫多于 16~20 cm 深的土层内做土室化蛹，蛹历期 12~20 d，平均 16 d。9 月中旬羽化，当年在原蛹室内越冬。金针虫约需 3 年完成 1 代，第一年、第二年以幼虫越冬，第三年以成虫越冬。

为害症状　金针虫在地下蛀食百合地下根部、茎基，可咬断没出土和刚出土的幼苗，也可钻入百合苗根茎部取食为害，被害处不完全咬断，断口不整齐。还能钻蛀为害，蛀成孔洞，被害株则干枯而死亡。金针虫活动受土壤温度的影响较大，一般在 10 cm 深平均土温为 6.7 ℃时开始活动，9.2 ℃时，开始为害，土温为 15.1~16.6 ℃时为害最烈。随着土温的升高降低金针虫在土中上下活动，土温平均 1.5 ℃时，沟金针虫潜于 27~33 cm 深的土层越冬。受土壤水分、食料等环境条件的影响，田间幼虫发育很不整齐，每年成虫羽化率不相同，世代重叠严重。成虫还可取食幼苗叶片，致使百合苗枯死，造成缺苗断垄现象，严重时可使全田毁苗。

5. 迟眼蕈蚊

幼虫俗称韭蛆，是葱韭蒜类蔬菜重要的地下害虫，尤喜食韭菜。属于双翅目、眼蕈蚊科、迟眼蕈蚊属。

　　形态特征　成虫为小型蕈蚊子，通体呈黑褐色，头部小，复眼大，体长在 2~5 mm。幼虫体细长，5.5~7.0 mm，头漆黑有光泽，虫体乳白色、半透明，无足。卵呈椭圆形，长约 0.3 mm，表面光滑，初产时白色，后逐渐变成褐米黄色，孵化前出现小黑点。蛹为离蛹（亦称裸蛹），体长约 3 mm，长椭圆形，初期黄白色，后变黄褐色，羽化前变灰黑色。

　　生活习性　幼虫在百合地下鳞茎周围和鳞茎基生根或鳞片内越冬，保护地的温室内没有越冬的现象。露地越冬的幼虫翌年早春随着土壤温度的上升，向地表面活动，大多数是在 1~2 cm 表土中化蛹，极少数幼虫在基生根、鳞片中化蛹。其成虫喜欢在百合植株间阴湿弱光条件下活动，一天当中以 8—11 时最为活跃，交尾亦集中在这一时段；16 时以后到夜间栖息于百合田裂缝中不活动。

　　迁飞规律　成虫较善于飞翔，扩散距离可达百余米，交尾后 1~2 d，卵成堆产于百合植株周围的土缝内或土块下面。每头雌虫可产卵 100~300 粒，孵化出来后幼虫多分散为害寄主，而后集中。据研究，3~4 cm 土层内的含水量 15%~20% 是蕈蚊孵化和成虫活动最佳生态环境。一般黏重土壤比沙壤土发生较轻。

　　生活史　生命周期包括卵、幼虫、蛹和成虫四个虫态。以幼虫在百合地下鳞茎周围和鳞茎基生根或鳞片内越冬。成虫羽化盛期是 4 月中下旬，6 月上中旬，7 月中下旬及 10 月中旬。幼虫为害盛期是 5 月上旬、7 月中下旬及 10 月中下旬。在我国，东至辽宁沈阳露地 1 年发生 3~4 代，西至甘肃，北至内蒙古，南至台湾的 18 个省（市、自治区）均有迟眼蕈蚊分布，世代重叠严重，以中东部地区受害最为严重。其幼虫在地下群集咬食寄主根茎或鳞茎致地下部分腐烂，地上植株萎蔫，干枯而死。该虫普遍发生较重，被害率一般在 20%~30%，适宜发生又不防治的地块损失高达 60% 以上。

　　为害症状　蕈蚊幼虫多聚集在地下鳞茎基生根内为害，初孵化的幼虫为害百合基生叶片基部，逐次往地下移动至基生根，而后蛀入基生根内，待为害到鳞茎盘、鳞片、主茎内部及基生根，此时全株枯死。发生早的使百合鳞茎在土壤中腐烂，晚发生的植株在生长过程中死亡，往往是成片发生，造成的损失极为严重，常常被误诊为根蚀线虫或根螨。保护地温室发生情况随室内温度和土壤温度及湿度的高低而变化。

　　6. 刺足根螨

　　又称球根粉螨、葱螨。属蜱螨目、粉螨科。刺足根螨是一种为害百合鳞茎的螨类害虫。罗萝等（2004）认为，刺足根螨的寄主已知14科28种，如洋葱、百合、甜菜、葡萄、石蒜、风信子、郁金香、水仙以及中药的象贝、半夏等，还有一些禾谷类等。

形态特征　卵长0.2 mm，椭圆形，乳白色半透明。若螨胴体乳白色，半透明，椭圆形，体型与成螨相似，体长0.15～0.19 mm；成螨乳白色、洋梨形，体长0.78～0.92 mm，足4对，棕黄色。其中：雌成螨体长0.58～0.87 mm，卵圆形，白色发亮，鳌肢和附肢浅褐色，前足体板近长方形，后缘不平直，基节上毛粗大，马刀形，格氏器官末端分叉，足短粗，跗节Ⅰ、Ⅱ有一根背毛呈圆锥形刺状；雄成螨体长0.57～0.8 mm，体色和特征相似于雌螨，阳基呈圆筒形，跗节爪大而粗，基部有一根圆椎形刺。

生活习性　刺足根螨喜欢高湿的土壤环境，高温干旱对其生长繁殖不利。该螨活动性极强，受到惊吓立刻逃离。百合根螨一般4—6月繁殖较快，发生数量多，全年为害烈期是5—6月。该螨开始聚于鳞茎周围活动，刺吸鳞片，当鳞片腐烂便集中于腐烂处取食。鳞茎受害后组织坏死、腐烂，造成地上部植株矮小、瘦弱，花朵不开或畸形开放，花朵小，无鲜艳的颜色，严重影响百合切花品质。据调查受害率一般在25%～40%，为害严重的可达60%以上。

生活史　生命周期分为卵、若螨和成螨3个阶段。主要以成螨在室内贮藏的鳞茎鳞片内越冬，也有在土壤和腐烂的鳞茎残瓣中越冬。该螨既有寄生性也有腐生性，除直接为害寄主外，还能携带病菌，引发腐烂病；有较强的生存和繁殖能力，螨量大小与鳞茎腐烂程度关系密切。刺足根螨一年发生9～18代。以成螨在土壤中越冬，腐烂的鳞茎残瓣中最多，也有在贮藏的茎鳞瓣内越冬。两性生殖。在相同的高湿条件下，温度18.3～24 ℃时，完成1代需17～27 d；20～26.7 ℃时，只需9～13 d。雌螨交配后1～3 d开始产卵，每雌平均产卵200粒左右，卵期3～5 d，1龄和3龄若螨期遇到不适条件时，出现体形变小的活动化个体。若螨和成螨开始多在块根周围注力为害，当鳞茎腐烂便集中于腐烂处取食。螨量大小与鳞茎腐烂程度关系密切。该螨既有寄生性也与腐生性，也有很强的携带腐烂病菌和镰孢菌的能力；喜欢高湿的土壤环境，高温干旱对其生存繁殖不利。

为害症状　刺足根螨以成螨、若螨刺吸百合球根鳞片的汁液，导致组织坏死，鳞片表面变褐腐烂；受害肉质鳞片干缩，破裂成似木栓化的碎片。受害植株矮小、瘦弱，花畸形且小。受害严重的百合植株叶片发黄，整株枯死，鳞茎变褐腐烂发臭而不能食用。百合根螨发生普遍，为害严重。一般百合地块，有螨株率为28.9%~65.9%，严重的达90%以上。根螨为害造成伤口，常引起病害的发生给百合生产带来更大为害。刺足根螨有1对发达的螯肢，借以嚼食寄主植物的组织，尤其是喜食块茎、鳞茎、块根类植物的地下部分及其贮藏物，造成直接损失。此外，还能间接传播腐烂病的病原菌，给田间作物和贮藏物带来间接损失。百合受害后，初期主要表现为植株生长缓慢，基部叶片发黄、落叶；后期表现为植株矮小，花蕾小而少，常伴有落蕾现象，茎秆软，最严重的植株不能正常开花。剥开种球观察，初期该螨群聚于球根鳞片基部为害，只取食鳞片。如气温较高，该螨繁殖速度加快，在百合的一个生长季内，螨量突增，在中、后期害螨进入茎秆基部取食为害，最多一株百合球根部螨量达百头，造成茎秆细胞组织坏死、变褐、腐烂，茎基部变软，后期只留茎纤维，植株倒伏。

　　发生原因　栽培基质中球根粉螨的存在，是导致其大面积发生的根本原因。据调查发现，在连续种植球根花卉1年以上，未消毒的基质中，害螨发生为害较为严重。此外，种球带螨现象也值得注意，因为这是该螨远距离传播的主要途径。随着温度升高，害螨的生育期缩短，繁殖速度加快，螨量大增，为害加剧。因此，与大多数有害生物的为害一样，表现为夏季发生重，而冬季发生轻。据报道，球根粉螨在室内温度25 ℃和相对湿度100%的条件下饲养，完成1代的平均时间为10~14 d；每雌螨平均产卵195.8粒，产卵期持续21~42 d，雌螨寿命可达42.9 d。可见在温度合适的条件下，螨量增长速度惊人。土壤中的养分高，对球根粉螨的发生比较有利；土壤pH对其发生影响不明显。调查发现，品种间的抗性以及同一品种不同规格之间的差异相当明显。同样的基质，同样的环境，同样的管理，不同品种在螨害发生后的成花率存在明显差异。如连栋大棚中，螨害发生率为100%，但高抗性品种（如S1与S3）成花率最终为80%及60%，而感病性品种（如S2）成花率为0。

　　周俐宏等（2011）介绍，为害叶茎的害虫有蚜虫类（棉蚜、桃蚜和百合西圆尾蚜）、蓟马（台湾花蓟马、南黄蓟马和唐菖蒲蓟马）等。

　　7. 蚜虫

　　又名腻虫、蜜虫、蚁虫。属昆虫纲、同翅目，蚜科。

　　形态特征　有翅胎生雌蚜体长1.5~2.5 mm，头胸部黑色，腹部灰绿色，腹管前各节有暗色侧斑。触角6节，触角、喙、足、腹瓢、腹管及尾片黑色。无翅孤雌蚜体长卵形，活虫深绿色，被薄白粉，附肢黑色，复眼红褐色。头、胸黑色发亮，腹部黄红色至深绿色。触角6节比身体短，其他与无翅型相似。卵椭圆形。

无翅孤雌蚜体长卵形，长 1.8~2.2 mm，活虫深绿色，常有一层腊粉，附肢黑色，复眼红褐色。腹部第七节毛片黑色，第八节具背中横带，体表有网纹。触角、喙、足、腹管、尾片黑色。触角 6 节，长短于体长 1/3。喙粗短，不达中足基节，端节为基宽 1.7 倍。腹管长圆筒形，端部收缩，腹管具覆瓦状纹。尾片圆锥状，具毛 4~5 根。

有翅孤雌蚜长卵形，体长 1.6~1.8 mm，头、胸黑色发亮，腹部黄红色至深绿色，腹管前各节有暗色侧斑。触角 6 节比身体短，长度为体长的 1/3，触角、喙、足、腹节间、腹管及尾片黑色。腹部 2~4 节各具 1 对大型缘斑，第 6~7 节上有背中横带，第 8 节中带贯穿全节。其他特征与无翅型相似。

生活习性　适应温度广、寄主范围广、繁殖代数多，一年约 20 代左右，以成、若蚜刺吸百合植株的汁液，苗期均集中在心叶内为害。为害的同时分泌"蜜露"，在叶面形成一层黑色霉状物，影响作物的光合作用，导致减产。

生活史　生命周期包括卵、若虫和成虫 3 个虫态。在长江流域每年发生20 多代，一般以无翅胎生雌蚜在小麦苗及禾本科杂草的心叶里越冬。有翅蚜近距离迁飞为害。

为害症状　常群集在嫩叶花蕾上吸取汁液，使植株萎缩，生长不良，开花结实均受影响。苗期以成蚜、若蚜群集在心叶中为害，吸食汁液，妨碍生长，还能传播多种病毒病。成、若蚜主要为害上层叶和花蕾，下部叶受害轻，刺吸植物组织汁流，导致叶片变黄、发红或枯死，常使叶面生霉变黑色，影响光合作用，影响生长发育，并传播病毒病造成品质降低和减产。

发生规律　百合整个生育期都会发生蚜虫，是为害百合的重要虫害之一。蚜虫不仅造成煤烟病影响植株生长和外观品质，还是传播病毒病的主要媒介昆虫，而病毒是百合种球流通和国际贸易过程中最重要的检疫对象，因此，对种球生产者而言蚜虫是最具有威胁的影响因子之一。其中棉蚜为害百合植株健康和观赏性，作为传播媒介更是百合病毒病主要诱因。

8. 蓟马

属昆虫纲、缨翅目、蓟马科、蓟马属。

形态特征　体微小，体长 0.5~2 mm，很少超过 7 mm；黑色、褐色或黄色；头略呈后口式，口器锉吸式，能锉破植物表皮，吸吮汁液；触角 6~9节，线状，略呈念珠状，一些节上有感觉器；翅狭长，边缘有长而整齐的缘毛，脉纹最多有两条纵脉；足的末端有泡状的中垫，爪退化；雌性腹部末端圆锥形，腹面有锯齿状产卵器，或呈圆柱形，无产卵器。

生活习性　蓟马一年四季均有发生，春、夏、秋3季主要发生在露地，冬季主要在温室大棚中，为害茄子、黄瓜、芸豆、辣椒、西瓜等作物。发生高峰期在秋季或入冬的11—12月，3—5月则是第二个高峰期。雌成虫主要进行孤雌生殖，偶有两性生殖，极难见到雄虫。卵散产于叶肉组织内，每只雌虫产卵量22~35粒。雌成虫寿命8~10 d。卵期在5—6月为6~7 d。若虫在叶背取食到高龄末期停止取食，落入表土化蛹。

蓟马喜欢温暖、干旱的天气，其适温为23~28 ℃，适宜空气湿度为40%~70%；湿度过大不能存活，当湿度达到100%，温度达31 ℃时，若虫全部死亡。在雨季，如遇连阴多雨，葱的叶腋间积水，能导致若虫死亡。大雨后或浇水后致使土壤板结，使若虫不能入土化蛹和蛹不能孵化成虫。

生活史　生命周期包括卵、若虫和成虫3个虫态。

年发生代数　据报道，在江苏1年发生9~11代，安徽年发生11代，浙江年发生10~12代，福建中部年发生约15代，广东中南部年发生15代以上。成虫和若虫都怕光和干旱，喜湿润环境。其生长发育和繁殖的适宜温度在10~28 ℃，最适温度为15~25 ℃。冬季气候温暖，有利于蓟马的越冬和提早繁殖。江淮地区一般于4月中旬起虫口数量呈直线上升，5—6月达最高虫口密度；在6月初至7月上旬，凡阴雨日多，气温维持在22~23 ℃的天数多，蓟马就会大发生；7月中旬高温少雨，虫数剧降；秋季又稍有回升，数量较少。成虫白天多隐藏在纵卷的叶尖或心叶内，有的潜伏于叶鞘内，早晨、黄昏或阴天多在叶上活动，爬行迅速，受震动后常展翅飞去，有一定迁飞能力，能随气流扩散。

为害症状　成虫、若虫以锉吸式口器锉吸汁液、锉伤幼嫩组织，为害百合叶片、花、果实等，并能传播病毒，6月为害较重。被害叶片中脉两侧出现许多细密而长形灰白色或灰褐色条斑，叶片变薄，叶表皮呈灰褐色，尖端枯黄，花器提早凋谢，严重时叶片生长畸形、皱缩、下垂、扭曲不正，甚至枯萎死亡。受害百合生长势弱，易与侧多食跗线螨为害相混淆。

9.蝙蝠蛾

又名疣纹蝙蝠蛾、柳蝙蝠蛾、东方蝙蝠蛾。

形态特征　成虫体长35~44 mm，体褐色，头部小，口器退化；触角细而短，呈丝状；翅展66~85rmm，前翅黄褐色，前缘有7个褐色斑，较明显，中央有1个深色稍带绿色的三角形斑纹，翅外侧有2条较宽的褐色斜带纹；后翅灰褐色，边缘稍黄；腹部长筒形，略短于前翅；足发达，密被褐色绒毛。卵长径约 0.7 mm，球形，乳白色至黑色。老熟幼虫体长约 50 mm，头部红褐色，胴部污白色，圆筒形，体表有黄褐色瘤突和毛片，大且明显，有腹足。蛹圆筒形，头顶有角状瘤。

生活史　生命周期包括卵、幼虫、蛹和成虫 4 个阶段。

年发生代数　蝙蝠蛾一年发生 1 代。一般山脚、山谷、肥沃土壤、背风处、管理粗放地发生较重。

为害症状　蝙蝠蛾以幼虫在百合茎内钻蛀为害。该虫蛀入时，先吐丝结网将虫体隐蔽，然后边蛀食边将咬下的粉屑送出，粘在丝网上，最后连缀成包，将洞口掩住。造成茎叶枯黄，影响植株的生长。

（二）防治措施

百合是药食赏同源的植物，加强田间栽培管理是获得百合丰产优质花美的基础，掌握病虫草害的发生规律，及时有效防治是百合丰产优质花美的保证。百合虫害的防治要依然遵循"预防为主，综合防治"方针，利用现代经济学、生态学和环境科学的观点实行全面管理。首先，要根据本地的耕作制度和作物布局，查明百合害虫、天敌的主要种类的发生期，以明确目标害虫及兼治害虫的种类及天敌的保护对象。其次，要掌握主要害虫和天敌的生物学、发生规律以及与环境因素的关系等历史资料和近期调查数据，并参照天气预报，分析判断百合种植地主要害虫的发生期、发生量以及为害趋势和产量损失情况，并及时进行预报。然后，要制定出切实可行、经济有效的综合治理方案，供生产上参照执行。将农业防治、生物防治、理化诱控和化学防治等防治基本方法协调起来，根据百合不同虫害而灵活运用各种防治手段，以达到精准用药、绿色安全的目标。

1. 选择抗虫品种

我国百合蚜虫防治主要依靠杀虫剂，在蚜虫发生期每 5~7 d 就要喷 1 次杀虫剂，劳动力和农药投入都很大，不仅增加成本，而且存在健康和环境风险。蚜虫还容易产生抗药性，使防治工作陷入被动。选育和利用抗蚜品种是国内外公认的最积极、最有效、最经济的防治措施。植物抗蚜性的鉴定和筛选是植物抗蚜研究的基础，也是抗性研究工作的重点。

周俐宏等（2011）2008—2010 年连续 3 年，利用人工蚜虫接种和蚜量比值法鉴定 60 份百合资源（11 份野生种、49 份品种），荧光 SSR 标记分析遗传多样性。60 份百合资源根据蚜量比值法可分为 5 级，12 份资源为高感材料，6 份资源为感虫材料，4 份资源为中抗材料，7 份资源为抗虫材料，

31 份资源为高抗材料。细叶百合、有斑百合、条叶百合、岷江百合、朝鲜百合、大花卷丹为对蚜虫有一定抗性的野生种。据文献记载，细叶百合、朝鲜百合、大花卷丹百合、条叶百合均为亚洲百合杂种系亲本材料，直接证明抗蚜百合类型中亚洲百合占主导地位。而岷江百合作为喇叭型百合杂种系主要亲本材料，也增加部分 OT 类型百合抗蚜性。2018 年又以 31 份百合品种（野生）为试材，采用人工蚜虫接种及蚜量比值法，研究了不同百合品种（野生）对蚜虫虫口数量的影响，以期获得抗蚜虫的百合种质。结果表明，不同百合品种（野生）对蚜虫的抗性表现出明显差异，蚜虫接种 15 d 时各品种（野生）虫口数量差异甚大，虫头不等。31 份百合品种（野）根据蚜量比值法可分为 5 级，7 个品种（野生）为高感品种（野生）；4 个品种为感虫品种；2 个品种（野生）为中抗品种（野生）；5 个品种（野生）为抗虫品种（野生）；13 个品种（野生）为高抗品种（野生）。他们认为利用百合资源遗传多样性和亲缘关系，可为从百合种质资源中高效发掘有利基因/QTL 提供参考，达到育成有效抵御各种生物、非生物胁迫等新品种的目的。对观赏百合抗蚜育种来说，亲本选配标准不仅要考虑亲缘关系远近，还综合考虑亲本抗蚜能力及观赏性。抗蚜观赏百合育种亲本选配的依据是选用综合性状优的抗蚜百合和生态型相近或相同，但无亲缘关系广泛应用的商业品种杂交，可获得良好效果。例如，可选择综合性状较优的抗蚜百合 'Prato' 'White Heaven' 'Fangio' 等与观赏价值较高的 'Navona' 'Corcovado' 'Cocossa' 杂交培育抗蚜切花百合；可选择综合性状较优的盆花抗蚜百合 '水溶粉剂 ter Eight' 与观赏价值较高的 'Pink Palace' 杂交培育抗蚜盆花百合。此外，作为中国传统食用百合的兰州百合和卷丹均为高感蚜百合种，急需改造。结合百合资源间遗传关系，可用高抗细叶百合改造兰州百合，抗蚜条叶百合和朝鲜百合改造卷丹百合。

2. 农艺防治

农艺防治就是根据害虫的生物学特征、发生为害特点与农业因素的关系，在保证作物高产、优质的前提下，合理运用各项农业措施对农业生态系统进行调控，以达到控制病虫为害的目的。农业防治是百合虫害综合防治的基础，主要体现在选用品种和栽培措施上，具体措施如下。

（1）合理轮作倒茬、间套作、改进耕作制度 合理轮作倒茬可以恶化单食性害虫的食物链，使用因无法觅食而种群减少，不同作物间套种可以利用作物产生的化感物质抑制病虫害的发生或诱集灭敌，降低害虫发生。同时可以营造最佳的生态环境，利用生物群落内部控制虫害的发生。合理调整和改进耕作制度，对农田生态系统会有很大影响。往往会对一些害虫起到较大的控制作用。例如为害百合的地下害虫，采用小麦-百合、油菜-百合倒茬改换成水旱轮作 2～3 年，就能很好地控制其为害。百合和豆科植物间作，可明显增加天敌种类和数量，减轻虫害。刘晓芬等（1999）介绍，曾根据在江西的百合 3 种不同种植方式（百合与大豆间作，百合与花生间作，百合清种）调查，害虫天敌共计 18 种，百合间大豆有其中的 12 种，百合间花生有 15 种，百合清种有 10 种。从天敌数量合计看，百合间大豆有 101 头，百合间花生有 142 头，百合清种只有 64 头。由此可见，百合间花生种植方式优于百合间大豆，百合间大豆又优于百合清种。

（2）土壤改良，清洁田园　精耕细作，适时抢墒播种，覆膜促进早出苗、出壮苗。秋耕深翻，降低越冬虫源；结合中耕除草，及时清除田间、埂边杂草，减少害虫越冬、越夏场所。及时处理越冬秸秆是较好的农业防治措施。搞好土壤改良、深耕、细耙、精细整地等措施，可改变土壤的理化性状，也会改变某些有害生物的栖息和生存条件。通过深翻土壤能破坏蛴螬、金针虫、地老虎等害虫洞穴，也可将栖居于土壤内的有害生物翻到地表，使其因环境改变而致死，或有利于天敌的捕杀，增加其死亡率，降低虫口基数，从而控制或减轻为害。合理施肥、灌溉，促进百合健壮生长，改善小气候环境，以利于天敌的生存和繁殖。

（3）科学栽培，合理密植，加强管理　科学栽培主要包括选用无病虫健康种子，调节播量、播期等。通过适当调节播种期，避开害虫为害关键期，减轻为害。合理密植、科学配方施肥是调节土壤水分、提高土壤肥力、促进作物正常生长发育的重要农业措施，既能增强作物的抗虫能力，并能提高因害虫为害的补偿能力。

（4）生态控制　通过人工调节环境、食物链加环增效等方法，协调农田内百合与有害生物之间、有益生物与有害生物之间、环境与生物之间的相互关系，达到保益灭害、提高效益、保护环境的目的。例如种树种草、绿化荒山荒坡增加植被覆盖度，减少宜害虫栖息、繁殖的生境。结合农业开发和农田建设，将分散的小块耕地连续成大面积农田或退耕还林还草、最大限度地减少田埂、地边、地角等适宜害虫产卵场所、在准确预报的基础上，结合当地产业的发展，因地、因时制宜，轮作倒茬时种植易发害虫非喜食的作物。

3. 理化诱控

理化诱控是指利用各种物理因子、化学因子和机械设备对有害生物生长、发育、繁殖等的干扰，以防治植物虫害的方法。这一类防治方法具有简便易行、成本低和不污染环境等优点。物理因子包括光、电、声、温度、放射能、激光、红外线辐射等；机械作用包括人力扑打、使用简单的器具器械装置，直至应用现代化的机械设备等。这类防治方法可用于有害生物大量发生之前，或作为有害生物已经大量发生为害时的急救措施。具体方法主要如下。

（1）诱杀成虫，捕杀幼虫　利用对蝼蛄、金龟子等害虫的趋光性，地老虎对糖醋液的趋性，以及蚜虫、蓟马对色板的趋性，可分别采用黑光灯、高压汞灯、黄蓝色板、性诱剂、糖醋液等进行诱杀，效果很好。并可根据不同害虫的生活习性，如小地老虎有在根际周围活动、为害的习性，利用清晨或傍晚在被害株附近捕杀幼虫，防止转株为害。用黄板粘杀蚜虫、蕈蚊等小型害虫，黄板大小一般为 0.25 m×0.2 m 或 0.4 m×0.25 m 规格，黄板悬挂高度可随植株生长高度及时调整，悬挂密度 20~30 块/亩。

（2）人工器械防治　利用某些害虫的栖息场所或特殊习性，可用人工或简单的器具捕杀害虫。如耕地时随犁拾捡杀灭蛴螬、金针虫等地下害虫，能有效减轻为害；根据红蜘蛛具有易弹落的习性，在浇水时，用竹竿将害虫弹落到地，使其落入泥水中，这样可以有效地杀灭害虫；机械灭茬，于冬季或早春虫蛹羽化之前处理秸秆、根茬，杀灭越冬幼虫，减少虫源；结合田间管理铲除杂草，拔除病株并去除受害虫为害的枝、叶、果实等；定植前在保护地棚室通风口或门窗外挂 50 目的的防虫网阻隔害虫的迁入；在田内间隔铺设银灰条膜，或在棚室通风处悬挂银灰条膜，可驱避害虫，有效降低虫口密度。

（3）应用温度热效应、原子能、超声波、紫外线和红外线等防治　如频振式杀虫灯诱杀，利用害虫较强的趋光、趋波、趋性信息的特性，将光的波长、波段、波的频率设定在特定范围内，近距离用光、远距离用波，引诱成虫扑灯，灯外配以频振式高压电网触杀或击昏，使害虫落入灯下的接虫袋内，然后用人工防治、生物防治、化学药剂处理等方法消灭害虫。可防治地老虎、金龟子等主要害虫的成虫，以减少成虫产卵，降低田间虫口数量。开灯和关灯时间因地而宜。一般以主治对象成虫始盛期开始，如蛴螬从羽化始期开始开灯防治。

高温杀虫灭菌是利用病虫适应生存温度范围的特性，变化温度杀死或减少虫害，如温汤浸种、太阳辐射等可杀死土壤病原微生物和害虫，通过阳光温室大棚闷棚，在密闭条件下形成高温灭杀害虫。

4. 生物防治

生物防治是利用某些生物或生物的代谢产物来控制虫害发生和为害的方法。生物防治主要是利用天敌，大致可以分为以虫治虫、以鸟治虫和以菌治虫三大类。它是降低害虫等害虫种群密度的一种方法，充分利用了生物物种间的相互关系，以一种或一类生物抑制另一种或另一类生物。百合田害虫生物防治可用的天敌和生物制剂较多，包括一些病原微生物、微孢子虫、捕食性天敌和寄生性天敌以及植物源杀虫剂、生物抑制剂等。

（1）利用害虫天敌　百合害虫的天敌种类很多，主要分为寄生性天敌和捕食性天敌两种。寄生性天敌主要有寄生蜂和寄生蝇，如赤眼蜂，将卵产于害虫卵体内，从而抑制害虫繁殖，捕食性天敌主要包括各种捕食性昆虫、动物，如螳螂、蜘蛛、鸟类、青蛙等。刘晓芬等（1998）曾于1995—1997年，先后在江西省万载、泰和、万安、南昌、丰城等县、市进行百合害虫天敌种类调查。从采到的千余号标本，鉴定出百合害虫天敌计2个纲、8个目、23个科、41种。可用人工大量繁殖的寄生蜂类和瓢虫类等天敌有效控制百合害虫，常用的"以虫治虫"的天敌种类为赤眼蜂和中红侧沟茧蜂。

（2）利用害虫病原微生物　害虫病原微生物包括真菌、细菌、病毒等，利用人工方法对病原微生物进行培养，然后制成菌粉、菌液等微生物农药制剂，田间喷施后可侵染害虫致其死亡。如色素杆菌，能够有效防治地老虎、蚜虫等重要害虫。

（3）利用微孢子虫　微孢子虫是一类极其古老的专性细胞内寄生的单细胞原生动物，几乎感染所有动物（包括人类）。随着防治技术的进步和研究水平的提高，微孢子虫将会作为一种具有广阔前景的生物防治资源发挥其应有的作用，实现对害虫的可持续控制。

（4）利用杀虫活性植物　主要是利用植物的不选择性、抗生性和耐害性的抗虫三机制，来防治害虫，令害虫不能栖息、不产卵或不取食，或虽能使害虫栖息、产卵或取食，但害虫食用后不能正常发育，甚至死亡。此外，某些害虫嗜食的有毒植物可用于诱杀害虫。现今已培育出的转基因抗虫作物主要有转苏云金杆菌（Bt）内毒素蛋白基因抗虫作物、转蛋白酶抑制基因抗虫作物等。

（5）利用特异性昆虫控制剂　昆虫性引诱剂是昆虫分泌的一种外激素，利用昆虫的性外激素，引诱同种雄性昆虫达到诱杀或迷向的作用，影响害虫的正常交尾，从而减少其种群数量，达到防治的效果。采用激素提取物，或未经交配的活雄虫置于田间诱捕害虫，使用性诱剂有效控制玉米螟等害虫。

昆虫生长调节剂可抑制昆虫的几丁质合成，干扰昆虫正常发育，达到防治害虫的目的。可人工合成抑太保、盖虫散等生长调节剂，对防治螨、蚜虫及某些鳞翅目害虫有较好的效果。总之，可以利用不同的信息素干扰害虫的取食和生殖行为，达到控制虫害的作用。

（6）利用生物农药　利用生物活体、代谢和提取物作为防治农作物病虫害和调节植物生长，且对人畜安全的农用生物制品。可选用天然除虫菊素、苏云金杆菌（Bt）、白僵菌、阿维菌素、烟碱、苦参碱等防治叶螨、夜蛾类等病虫。

5. 化学防治

化学防治是使用化学农药杀灭或抑制虫害的发生流行，是当前防治作物虫害最常用的办法。使用中既要充分发挥农药有利作用，又要尽量减少不利方面把副作用降低到最小，就要做到精准用药。通过精准用药（包括适期、适量、对症用药），采用新型施药器械，提高药液雾化效果，以减少农药用量，提高防治效果，其中选用正确合适的农药品种是非常重要的关键控制点。必须是国家正式注册的农药，不得使用国家有关规定禁止使用的农药；尽可能地选用那些专门作用于目标害虫和病原体、对有益生物影响最小，对环境没有破坏作用的农药；在植物保护预测预报技术的支撑下，在最佳防治适期用药，提高防治效果；在重复使用某种农药时，必须考虑避免目标害虫和病原体产生抗药性。

在防治百合地害虫的药剂选择上，要尽量考虑农药的适时合理使用、一药多治和保护天敌的原则。

（1）土壤处理　采用50%辛硫磷乳油，按$3 \sim 3.75 \ kg/hm^2$，加水10倍，喷于$25 \sim 30 \ kg$细土上拌匀成毒土，顺垄条施，随即浅锄或以同样用量的毒土撒于种沟或地面，随即耕翻或混入厩肥中施用，或结合灌水施入，对地下害虫蛴螬具有很好的防效，并兼治金针虫。

（2）种子处理　因地制宜使用药剂浸种和药剂拌种，既防治多种地下害虫，又能兼治苗期蚜虫、蓟马等害虫，如用辛硫磷乳油拌种等。

（3）生长期防治　在百合生长期间于行间撒施毒饵或全田喷施药剂，如在蚜虫等害虫发生盛期，用吡虫啉可湿性粉剂等药剂进行喷雾防治。

（三）针对主要害虫的具体防治技术

百合在国内栽培范围广，各地造成为害的害虫种类和发生特点不同，防治应根据当地害虫的特性和为害特点，灵活运用不同的防治措施。

1. 百合主要地下害虫的防治

（1）蛴螬的防治 蛴螬种类多，在同一地区同一地块，常有几种蛴螬混合发生，世代重叠，发生和为害时期很不一致。因此，只有在普遍掌握虫情的基础上，根据蛴螬和成虫各类、密度、作物播种方式等，因地因时采取相应的综合防治措施，才能收到良好的防治效果。

做好预测预报工作，调查和掌握成虫发生盛期，采取措施，及时防治。农业防治，实行水、旱轮作；在百合生长期间适时灌水；不施未腐熟的有机肥料；精耕细作，及时镇压土壤，清除田间杂草；大面积春、秋耕，并耕犁拾虫等。发生严重的地区，秋冬翻地可把越冬幼虫翻到地表使其风干、冻死或被天敌捕食，机械杀伤，防效明显；同时，应防止使用未腐熟的料，以防止招引成虫来产卵。冬翻土地，只翻不耕，减少蛴螬越冬基数；合理轮作；科学合理施肥，不施未经腐熟的有机肥；利用地头、沟渠附近的零散空地种植蓖麻，蓖麻中含有蓖麻素可毒杀取食金龟子。物理和机械防治，有条件的地区可设置黑光灯或频振式杀虫灯诱杀金龟子成虫，将金龟子成虫从出土后到产卵前消灭，减少田间的虫卵和发生数量。秋耕时可人工捕捉蛴螬，以减少越冬虫口基数。生物防治，可利用茶色食虫虻、金龟子黑土蜂、白僵菌等。化学防治，一是药剂处理土壤，用50%辛硫磷乳油每亩200~250 g，加水10倍喷于25~30 kg细土上拌制成毒土，顺垄条施，随即浅锄。或将该毒土撒于种沟或地面，随即耕翻或混入厩肥中施用；用5%辛硫磷颗粒剂或5%地亚农颗粒剂，用量37.5~45 kg/hm² 处理土壤；二是药剂处理堆肥，施腐熟肥料，施肥前用80%敌敌畏乳剂500~800倍液喷在粪肥上，用塑料薄膜封盖，闷杀幼虫。药剂处理种子，用50%辛硫磷与水和种子按1:30:（400~500）的比例拌种；用25%辛硫磷胶囊剂等药剂或用种子重量2%的35%克百威种衣剂包衣，未进行包衣的种子应使用药剂拌种，还可兼治其他地下害虫；三是毒饵诱杀，亩用辛硫磷胶囊剂150~200 g拌谷子等饵料5 kg，50%辛硫磷乳油50~100 g拌饵料3~4 kg，撒于种沟中，亦可收到良好防治效果；四是药剂浇灌，为害期用50%马拉硫磷800~1 000倍液或25%辛硫磷1 000倍液灌土。

（2）金针虫的防治 物理防治，针对地下害虫的防治可采用伏耕、秋耕时人工除虫。毒土诱杀，在播种和5月进行中耕时于栽种行当中或行间撒施毒土，主要采用50%的辛硫磷乳油6 000~7 500 g/hm² 混合适量细土搅拌后形成毒土，再均匀撒施到犁沟。毒饵诱杀，苗期可用40%的辛硫磷500倍液与适量炒熟的麦麸或豆饼混合制成毒饵，于傍晚顺垄撒入百合基部，利用地下害虫昼伏夜出的习性，即可将其杀死。

（3）地老虎的防治　采取农业防治和药剂防治相结合的综合防治措施。

农业防治，除草灭虫。杂草是地老虎产卵的场所，也是幼虫向作物转移为害的桥梁，春耕前进行精耕细作，或在初龄幼虫期铲除杂草，消灭部分虫、卵。杂草是成虫产卵的主要场所，也是幼虫转移到百合苗上的重要途径。在百合出苗前彻底铲除杂草，并及时移除作饲料或沤肥，勿乱放乱扔。铲除杂草将有效地压低虫口基数。物理防治，诱杀成虫是防治地老虎的上策，可大大减少第一代幼虫的数量。方法是在成虫发生期利用黑光灯和糖醋液诱杀，糖醋液（6 份糖、3 份醋、1 份酒、10 份清水）混合而成，每晚将该液置于苗圃地内；用泡桐叶或莴苣叶诱捕幼虫，每日清晨到田间捕捉；对高龄幼虫可在清晨到田间检查，一旦发现有断苗，拨开附近的土块，进行捕杀。化学防治，药剂防治仍是目前消灭地老虎的重要措施。对不同龄期的幼虫，采用不同的施药方法。播种时可用药剂拌种，出苗后定点调查，平均每平方米有虫 0.5 个时用药，幼虫 3 龄前喷雾或撒毒土进行防治，3 龄后田间出现断苗，用毒饵或毒草诱杀。一是药剂拌种，用 50%辛硫磷乳油 0.5 kg加水 30~50 L，拌种子 350~500 kg；二是毒饵或毒草，在播种前或幼苗出土前，于傍晚在苗床周围或苗圃内，放置用 25%灭幼脲Ⅲ号 300 倍药液配制的幼嫩多汁鲜草毒饵每 10 m 放一堆（每堆药 0.5 kg）。虫龄较大时采用毒饵或毒草诱杀，毒饵用 90%晶体敌百虫 0.5 kg，或 50%辛硫磷乳油 500 ml，加水 2.5~5 L，喷在 50 kg 碾碎炒香的棉籽饼、豆饼、油渣或麦麸上制成毒饵，于傍晚在田间每隔一定距离撒一小堆，或在百合根际附近围施，用量 75 kg/hm²；毒草用 90%晶体敌百虫 0.5 kg、25%灭幼脲Ⅲ号 300 倍液，拌细嫩多汁鲜草 75~100 kg，用量 225~300 kg/hm²，于傍晚撒施。对 4 龄以上的幼虫用毒饵诱杀效果较好；三是喷药防治，用 90%敌百虫晶体 1 000~2 000 倍液，或 50%辛硫磷乳油 1 000~1 500 倍液、或 2.5%溴氰菊酯乳油，或 40%氯氰菊酯乳油 20~30 ml，兑水 40~50 kg，在幼虫 1~2 龄时田间喷雾 2~3 次，间隔 7~10 d。喷药适期必须掌握在幼虫集中为害的 3 龄前；四是毒土或毒沙，2.5%溴氰菊酯乳油 90~100 ml，喷拌细土或细沙 50 kg 配成毒土或毒沙，300~375 kg/hm² 顺垄撒施于幼苗根际附近。

（4）刺足根螨的防治

刺足根螨于田间或储藏期间为害百合种球，在鳞片和土壤中腐烂残片中越冬。种球受害后形成大小不一的褐色斑块，严重时鳞片表面只剩表皮，鳞片逐渐腐烂。为害轻则使百合植株长势衰弱，重则使植株不能正常开花，失去商品价值。

　　选择抗虫品种和健康种子，通过系统观察发现，不同品种对该螨的抗性差异明显，所以选用抗虫品种是最佳途径。但市场对于不同百合品种的需求，决定了种植者必须考虑种植市场热销的品种，所以种植者应当做好种球种植前的检测工作，选择无螨种球，剔除带螨种球。精选种茎选择色白、无根螨为害的种茎进行栽种。加强农业防治，实行轮作，尽量避免重茬。进行轮作水旱轮作，如百合—水稻轮作。栽培时选用无病虫的田块，不连茬种植，可减少虫源；高温季节深耕暴晒，可消灭大量根螨；栽种前对土壤严格消毒，并选用无虫的鳞茎，以防止根螨和腐烂病的发生蔓延。采后的残体要集中堆放，集中处理，最大限度地消灭害螨。在贮藏百合时室内保证通风干燥；及时清除田边杂草。物理防治，用 40 ℃ 热水处理百合鳞茎 1~2 h（根据鳞茎大小时间有差异）。张洁等（2014）将带螨百合种球在 38~42 ℃ 水中热处理 1~5 h，观察其对根螨的防治效果及对后期生长发育的影响。结果表明，热水处理百合种球控制根螨效果显著。40 ℃ 是百合种球热处理除螨高温致死的临界点，40 ℃ 处理 ≥2 h，根螨致死率为 100%；随温度升高处理时间缩短，但种球褐变率提高，热伤害加剧；39~41 ℃ 处理 >2 h，种球的发芽率和株高显著降低。因此，40 ℃ 处理 2 h 为百合种球除螨最佳处理积温。生物防治，百合栽种前 10 d 左右，在百合种茎中释放 2~3 龄中华草蛉幼虫，有一定的防治效果。化学防治，一是土壤消毒，土壤蒸气消毒是迅速有效杀灭土壤害虫及土壤病菌的土壤处理方法，一般采用温度 80~90 ℃，消毒时间 30~60 min。土壤药剂消毒，98% 溴甲烷压缩气体制剂按 25 g/m² 的用量使用。将土壤整平，先用完好的薄膜将其覆盖，四周压实，将规定用量的溴甲烷放入薄膜内，用脚踩实，使溴甲烷释放于薄膜内。3 d 以后揭开薄膜，用水淋溶 2~3 次。半个月后种植种球。药剂拌土，20% 氰戊菊酯乳油与 40% 辛硫磷乳油（1：9）混合，200~250 ml/666.7 m² 拌湿润的细土，翻耕后撒入田内，再整地种植；二是药剂浸种，种植前，在鳞茎上喷施 2% 烟·参碱乳油 800~1 000 倍液，或 73% 炔螨特乳油（克螨特）2 000 倍液，或 15% 哒螨灵乳油（扫螨净）乳油 3 000~4 000 倍液等药剂，晾干后栽种或贮藏，能杀死大量根螨及其他害虫；或将种球浸入上述任何一种药剂稀释液中 10~15 min，或将百合种茎放在 28% 双效灭虫净乳油 300 倍液中浸泡 1 小时后，捞起阴干后栽种，均可收到很好的效果；三是生长期田间防治，对已发生了根螨的百合田间，用 1.8% 阿维菌素乳油 2 000 倍液，或 50% 辛硫磷乳油 800~1 000 倍液灌根；四是贮藏期防治，发现根螨时用 15% 哒螨灵

1 000 倍液浸泡 3 min。

（5）迟眼蕈蚊的防治　农业防治，露地种植的可进行冬、春灌水，保持土壤表层含水量为 24%以上，不利于迟眼蕈蚊幼虫滋生。露地种植的可进行冬春灌水，保持土壤表层含水量处于 24%以上，不利于蕈蚊幼虫的滋生；保护地温室栽培百合也可以采用这一方法控制其幼虫的发生。物理防治，田间设置紫外光杀虫灯诱杀成虫，每 667~1 330 m² 设 1 盏，可消灭大部分成虫。药剂防治，土壤消毒，每 667 m² 地以 7~15 kg 的花卉使用型的线克进行土壤消毒，既防病、治虫又除草，一般兑水 200~300 kg，于旋耕机前面设置施药箱，喷药后，随着旋耕于 25~30 cm 的土层中，其后立即覆膜，15 d 后去膜，再旋耕透气 1~2 d 后播种。当土壤含水量低时，施药前灌水或施药后进行喷灌。喷洒药剂防治成虫，可顺垄喷施 50%辛硫磷乳油 1 000~1 500 倍液、或 2.5%溴氰菊酯乳油 2 500~3 000 倍液，或 21%灭杀毙乳油 5 000~6 000 倍液，喷洒时间最好为 9—11 时。熏杀成虫，可用 50%敌敌畏乳油，每 667 m² 施 0.2 kg，加入 15 kg 细沙，充分拌匀后 11 时之前顺垄撒施，密闭 2 h 后透风。药剂灌根防治幼虫，可用 50%敌百虫可湿性粉剂 800 倍液，或 2.5%溴氰菊酯乳油 3 000 倍液。

2. 百合主要地上害虫的防治

（1）蚜虫类　蚜虫在百合整个生长过程中都会产生为害，主要为害百合茎秆、叶片和花蕾。通常，蚜虫以成虫、若虫群集在叶子背面和嫩芽上吸取汁液，造成被害叶片卷曲、变形，严重时植株萎缩，生长不良，花蕾畸形，同时还传播百合花叶病（LMV）、百合无症病（LSV）、百合环斑病（LRSV）和百合丛簇病（LRV）等病毒病。

农业防治，消灭越冬虫源，清除杂草，进行彻底清田；剪除严重受害的叶片、茎秆，并集中焚毁。物理防治，设置与百合高度持平的黄色粘板诱杀成虫。生物防治，保护利用天敌，主要天敌有捕食性瓢虫、草蛉、食蚜蝇、蚜茧蜂、食虫蜻和蜘蛛等。化学防治，越冬卵孵化后及为害期，及时喷洒 50%辟蚜雾超微可湿性粉剂 2 000 倍液、或 50%蚜松乳油 1 000~1 500 倍液，或 10%吡虫啉 1 000~2 000 倍液、或 50%安得利 1 000~1 500 倍液，每隔 7~10 d 喷施 1 次，需连续喷施 2~3 次。目前，防治蚜虫多采用化学防治，但长期采用化学药剂，致使蚜虫逐渐产生群体抗药性，防治效果降低，迫使加大用药量和喷洒频率，增加生态环境风险。培育抗蚜虫品种是有效解决蚜虫胁迫重要途径之一，获得抗蚜种质是实现抗虫育种目标前提和基础。

（2）蓟马类　农业防治，深翻地灭茬、晒土，促使病残体分解，清除田间附近杂草及茄科植物，减少虫源；加强排水，降低田间湿度，减轻为害；施用酵素菌沤制或充分腐熟的农家肥，采用"测土配方"技术，科学施肥，加强管理，培育壮苗；和非禾本科植物轮作。药剂防治，10%浸种灵乳油 600 倍液浸种球 3 h 后，闷种 2 h，晾干播种；田间发病用 10%吡虫啉可湿性粉剂 2 500 倍液，或 21%灭杀毙乳油 1 500 倍液，喷雾防治。

三、杂草防除

（一）百合田常见杂草种类

毛军需等（2007）通过连续 2 年田间调查发现，豫西百合主产区田间杂草种类多、为害早、发生时间分散、群体大。其中为害较为严重的杂草共有 20 科 40 种，禾本科的马唐、狗尾草，菊科的小蓟、小白酒草，藜科的小藜、藜，石竹科的牛繁缕、繁缕，茜草科的三角猪殃殃及十字花科的荠菜等优势种。

1. 狗尾草 *Setaria viridis*（L.）Beauv.

别名毛毛狗。被子植物门、单子叶植物纲、禾本目、黍亚科、禾本科、狗尾草属。

形态特征 一年生。根为须状，高大植株具支持根。秆直立或基部膝曲。叶鞘松弛，无毛或疏具柔毛或疣毛；叶舌极短；叶片扁平，长三角状狭披针形或线状披针形。圆锥花序紧密呈圆柱状或基部稍疏离；小穗 2～5 个簇生于主轴上或更多的小穗着生在短小枝上，椭圆形，先端钝；第二颖几与小穗等长，椭圆形；第一外稃与小穗等长，先端钝，其内稃短小狭窄；第二外稃椭圆形，顶端钝，具细点状皱纹，边缘内卷，狭窄；鳞被楔形，顶端微凹；花柱基分离；叶上下表皮脉间均为微波纹或无波纹的、壁较薄的长细胞。颖果灰白色。花果期 5—10 月。

生活习性 产中国各地；生于海拔 4 000 m 以下的荒野、道旁，为旱地作物常见的一种杂草。原产欧亚大陆的温带和暖温带地区，现广布于全世界的温带和亚热带地区。狗尾草喜长于温暖湿润气候区，以疏松肥沃、富含腐殖质的砂质壤土及黏壤土为宜。狗尾草为一年生晚春性杂草。以种子繁殖，一般 4 月中旬至 5 月种子发芽出苗，发芽适温为 15～30 ℃，5 月上中旬大发生高峰期，8—10 月为结实期。种子可借风、流水与粪肥传播，经越冬休眠后萌发。

2. 稗子 *Echinochloa crusgalli*（L.）Beauv.

别名稗草。被子植物门、单子叶植物纲、禾本目、禾本科、禾亚科、稗属。

　　形态特征　稗子是一年生草本。稗子和稻子外形极为相似。秆直立，基部倾斜或膝曲，光滑无毛。叶鞘松弛，下部者长于节间，上部者短于节间；无叶舌；叶片无毛。圆锥花序主轴具角棱，粗糙；小穗密集于穗轴的一侧，具极短柄或近无柄；第一颖三角形，基部包卷小穗，长为小穗的 1/3~1/2，具 5 脉，被短硬毛或硬刺疣毛，第二颖先端具小尖头，具 5 脉，脉上具刺状硬毛，脉间被短硬毛；第一外稃草质，上部具 7 脉，先端延伸成 1 粗壮芒，内稃与外稃等长。形状似稻但叶片毛涩，颜色较浅。稗子与稻子共同吸收稻田里养分，因此稗子属于恶性杂草。花果期 7—10 月。稗子在较干旱的土地上，茎亦可分散贴地生长。

　　生活习性　稗子长在稻田里、沼泽、沟渠旁、低洼荒地。生于湿地或水中，是沟渠和水田及其四周较常见的杂草。平均气温 12 ℃以上即能萌发。最适发芽温度为 25~35 ℃，10 ℃以下、45 ℃以上不能发芽，土壤湿润，无水层时发芽率最高。土深 8 cm 以上的稗籽不发芽，可进行二次休眠。在旱作土层中出苗深度为 0~9 cm，0~3 cm 出苗率较高。东北、华北稗草于 4 月下旬开始出苗，生长到 8 月中旬，一般在 7 月上旬开始抽穗开花，生育期76~130 d。在上海地区 5 月上中旬出现一个发生高峰，9 月还可出现一个发生高峰。

　　3. 马唐 *Digitaria sanguinalis*（L.）Scop.

　　被子植物门、单子叶植物纲、禾本目、禾本科、黍亚科、马唐属。

　　形态特征　一年生。秆直立或下部倾斜，膝曲上升，高 10~80 cm，直径 2~3 mm，无毛或节生柔毛。叶鞘短于节间，无毛或散生疣基柔毛；叶舌长 1~3 mm；叶片线状披针形，长 5~15 cm，宽 4~12 mm，基部圆形，边缘较厚，微粗糙，具柔毛或无毛。总状花序长 5~18 cm，4~12 枚成指状着生于长 1~2 cm 的主轴上；穗轴直伸或开展，两侧具宽翼，边缘粗糙；小穗椭圆状披针形，长 3~3.5 mm；第一颖小，短三角形，无脉；第二颖具 3 脉，披针形，长为小穗的 1/2 左右，脉间及边缘大多具柔毛；第一外稃等长于小穗，具 7 脉，中脉平滑，两侧的脉间距离较宽，无毛，边脉上具小刺状粗糙，脉间及边缘生柔毛；第二外稃近革质，灰绿色，顶端渐尖，等长于第一外稃；花药长约 1 mm。染色体 2n = 28（Church），36（Avdulov，1931；chop. et Yurts，1977）。花果期 6—9 月。

　　生活习性　生于路旁、田野。在野生条件下，马唐一般于 5—6 月出苗，7—9 月抽穗、开花，8—10 月结实并成熟。人工种植生育期约 150 d。马唐的分蘖力较强。一株生长良好的植株可以分生出 8~18 个茎枝，个别可达 32 枝之多。故在放牧或刈割的情况下，其再生力是相当强的。据湖南省畜牧兽医研究所的资料，在生长期内能刈割 3~4 次，刈割青草应留茬 10 cm 以上，留茬太低，降低其再生力。马唐是一种生态幅相当宽的广布中生植物。从温带到热带的气候条件均能适应。它喜湿、好肥、嗜光照，对土壤要求不严格，在弱酸、弱碱性的土壤上均能良好地生长。它的种子传播快，繁殖力强，植株生长快，分枝多。因此，它的竞争力强，广泛生长在田边、路旁、沟边、河滩、山坡等各类草本群落中，甚至能侵入竞争力很强的狗牙根、结缕草等群落中。在疏松、湿润而肥沃的撂荒或弃垦的裸地上，往往成为植被演替的先锋种之一。甚至能形成以马唐为优势的先锋群落。在亚热带地区，马唐常与小白酒草、狗尾草等互为优势或亚优势种，形成撂荒地的先锋群落。这类草地产草量较高，草质好，是农区、半农半牧区及林区的主要放牧地和割草地，具有较高的利用价值。

4. 野苋菜 *Herbaseu Radix Amaranthi*

别名苋菜、光苋菜。被子植物门、双子叶植物纲、中央种子目、苋科、苋属、反枝苋种。

形态特征　野苋为一年生草本植物，约 50 cm 高，叶子为互生，茎直立，一年到头都会开花，绿色的小花为雌雄同株，穗状花序，顶生或腋生，所结的果实为胞果，为薄膜包住的黑色果实。

生活习性　繁穗苋（*A paniculatus* L.）、*A mangostranus* L. 等为中国和印度早就驯化为栽培种外，其余多处于野生状态，生长在丘陵、平原地区的路边、河堤、沟岸、田间、地埂等处。其中反枝苋分布在东北、华北、西北、山东、河南、浙江等地；皱果苋在中国南北各地都有分布；凹头苋除内蒙古、宁夏、青海、西藏外，其他省（区）均有分布；刺苋在华东、华中、华南、西南及陕西、河北南部有分布。茎直立或伏卧。叶互生，全缘，有柄。花单性或杂性，雌雄同株或异株，排成无梗的花簇，生于叶腋，或组成腋生或顶生的穗状花序；雄蕊通常与花被同数，花丝离生，花药 2 室；子房具 1 枚直生胚珠，花柱极短。胞果卵球形，种子扁球形，黑色或褐色，平滑有光泽。刺苋叶腋有针刺 2 枚，苞片常变成锐刺；反枝苋植株密被细柔毛，花穗较粗；皱果苋和凹头苋植株均无毛，花被片和雄蕊均为 3 枚，前者茎直立，稍分枝，果皮皱缩，花簇不腋生，后者茎伏卧上升，基部分枝，果皮平滑，花簇腋生。耐旱、耐热，喜肥，喜阳，生命力强，不耐寒，不耐涝。在高温短日照条件下易开花结籽。

5. 牛筋草 *Eleusine indica*（L.）*Gaertn.*

别名千千踏、忝仔草、粟仔越、野鸡爪。被子植物门、单子叶植物纲、禾本目、禾本科、穆属。

形态特征　一年生草本。根系极发达。秆丛生，基部倾斜，高 10~90 cm。叶鞘两侧压扁而具脊，松弛，无毛或疏生疣毛；叶舌长约 1 mm；叶片平展，线形，长 10~15 cm，宽 3~5 mm，无毛或上面被疣基柔毛。穗状花序 2~7 个指状着生于秆顶，很少单生，长 3~10 cm，宽 3~5 mm；小穗长 4~7 mm，宽 2~3 mm，含 3~6 小花；颖披针形，具脊，脊粗糙；第一颖长 1.5~2 mm；第二颖长 2~3 mm；第一外稃长 3~4 mm，卵形，膜质，具脊，脊上有狭翼，内稃短于外稃，具 2 脊，脊上具狭翼。囊果卵形，长约 1.5 mm，基部下凹，具明显的波状皱纹。鳞被 2，折叠，具 5 脉。染色体 2n=18（Авдулов，1931；Moffett，Hurcomoe，1949）。花果期 6—10 月。

生活习性　分布于中国南北各省区及全世界温带和热带地区。多生于荒芜之地及道路旁。全世界温带和热带地区也有分布。牛筋草根系发达，吸收土壤水分和养分的能力很强，对土壤要求不高；它的生长时需要的光照比较强，适宜温带和热带地区。大多数杂草种子为抵抗不良环境条件均存在一定的休眠，当种子由休眠状态转变为萌动状态时，需要有适宜的外界环境条件，如温度、光照、水分、氧气、土壤类型及土层深度。当进入生长季节时，种子也开始萌发生长，在环境条件不适宜萌发时，种子休眠，在土壤中多年，仍有生活力。

牛筋草杂草可通过有性和无性方法繁殖和增加。有性繁殖通过种子繁殖，无性繁殖通过根、茎、叶或根茎、匍匐茎、块茎、球茎和鳞茎等器官繁殖。杂草可以通过营养繁殖器官散布传播，但主要是通过种子到处散布传播。杂草种子主要是借助自然力如风吹、流水及动物取食排泄传播，或附着在机械、动物皮毛或人的衣服、鞋子上，通过机械、动物或人的移动而到处散布传播。

6. 野燕麦 *Avena fatua* L.

别名乌麦、铃铛麦。被子植物门、单子叶植物纲、禾本目、禾本科、燕麦属。

形态特征　一年生。须根较坚韧。秆直立，光滑无毛，高 60~120 cm，具 2~4 节。叶鞘松弛，光滑或基部者被微毛；叶舌透明膜质，长 1~5 mm；叶片扁平，长 10~30 cm，宽 4~12 mm，微粗糙，或上面和边缘疏生柔毛。圆锥花序开展，金字塔形，长 10~25 cm，分枝具棱角，粗糙；小穗长 18~

25 mm，含 2~3 小花，其柄弯曲下垂，顶端膨胀；小穗轴密生淡棕色或白色硬毛，其节脆硬易断落，第一节间长约 3 mm；颖草质，几相等，通常具 9脉；外稃质地坚硬，第一外稃长 15~20 mm，背面中部以下具淡棕色或白色硬毛，芒自稃体中部稍下处伸出，长 2~4 cm，膝曲，芒柱棕色，扭转。颖果被淡棕色柔毛，腹面具纵沟，长 6~8 mm。花果期 4—9 月。

生活习性　广布于中国南北各省。也分布于欧、亚、非三洲的温寒带地区，并且北美也有输入。据研究，每株野燕麦氮肥吸收量同小麦，水分吸量为小麦的 2.5 倍，繁殖系数为小麦的 3~6 倍，分蘖数相当于小麦的 2.3~4.3 倍，单株叶片数、叶面积、根数均相当于小麦的 2 倍。

7. 金狗尾草 *Setariaglauca Beauv.*（L.）

被子植物门、单子叶植物纲、禾本目、禾本科、狗尾草属。

形态特征　幼苗第 1 叶线状长椭圆形，先端锐尖。第 2~5 叶为线状披针形，先端尖，黄绿色，基部具长毛，叶鞘无毛。成株秆直立或基部倾斜，高 20~90 cm。叶片线形，长 5~40 cm，顶端长渐尖，基部钝圆，通常两面无毛或仅于腹面基部疏被长柔毛。叶鞘无毛，下部者压扁具脊，上部者圆柱状。花和籽实圆锥花序紧缩，圆柱状，主轴被微柔毛。刚毛稍粗糙，金黄色或稍带褐色。小穗椭圆形，长约 3 mm，顶端尖，通常在一簇中仅一个发育。颖果宽卵形，暗灰色或灰绿色。脐明显，近圆形，褐黄色。腹面扁平。胚椭圆形，色与颖果同。

生活习性　生于路旁、荒地、山坡上。

8. 灰菜 *Chenopodium album* L.

别名灰条菜、灰灰菜。被子植物门、双子叶植物纲、石竹目、藜科、藜属。

形态特征　一年生草本，高 30~150 cm。茎直立，粗壮，具条棱及绿色或紫红色色条，多分枝；枝条斜升或开展。叶片菱状卵形至宽披针形，长 3~6 cm，宽 2.5~5 cm，先端急尖或微钝，基部楔形至宽楔形，上面通常无粉，有时嫩叶的上面有紫红色粉，下面多少有粉，边缘具不整齐锯齿；叶柄与叶片近等长，或为叶片长度的 1/2。花两性，花簇于枝上部排列成或大或小的穗状圆锥状或圆锥状花序；花被裂片 5，宽卵形至椭圆形，背面具纵隆脊，有粉，先端或微凹，边缘膜质；雄蕊 5，花药伸出花被，柱头 2。果皮与种子贴生。种子横生，双凸镜状，直径 1.2~1.5 mm，边缘钝，黑色，有光泽，表面具浅沟纹；胚环形。花果期 5—10 月。

生活习性　灰菜是一种生命力强旺的植物，生长于田间、地头、坡上、沟涧，乃至城市中的荒僻幽落，处处可以见到它们密集丛生摇曳的身影。

9. 猪毛草 *Cyperaceae*

被子植物门、单子叶植物纲、莎草目、莎草科、蔗草属。

形态特征 丛生，无根状茎。秆细弱，高10~40 cm，平滑，基部具2~3个鞘，鞘管状，近于膜质，长3~9 cm，上端开口处为斜截形，口部边缘干膜质，顶端钝圆或具短尖。叶缺如。苞片1枚，为秆的延长，直立，顶端急尖，长4.5~13 cm，基部稍扩大；小穗单生或2~3个成簇，假侧生，长圆状卵形，顶端急尖，长7~17 mm，宽3~6 mm，淡绿色或淡棕绿色，具10多朵至多数花；鳞片长圆状卵形，顶端渐尖，近于革质，长4~5.5 mm，背面较宽部分为绿色，具一条中脉延伸出顶端呈短尖，两侧淡棕色、淡棕绿色或近于白色半透明，具深棕色短条纹；下位刚毛4条，长于小坚果，上部生有倒刺；雄蕊3，花药长圆形，药隔稍突出；花柱中等长，柱头2。小坚果宽椭圆形，平凸状，长约2 mm，黑褐色，有不明显的皱纹，稍具光泽。花果期9—11月。

生活习性 产于我国福建、江西、台湾、广东、广西、贵州、云南；多生长在稻田中，或溪边、河旁近水处，在云南生长在海拔1 000 m左右的地区。有时常和谷精草属 *Eriocaulon* 植物长在一起。分布于朝鲜、日本及印度。

10. 龙葵 *Solanum nigrum* L.

被子植物门、双子叶植物纲、茄目、茄科、茄属。

形态特征 龙葵是一年生直立草本植物，高0.25~1 m，茎无棱或棱不明显，绿色或紫色，近无毛或被微柔毛。叶卵形，长2.5~10 cm，宽1.5~5.5 cm，先端短尖，基部楔形至阔楔形而下延至叶柄，全缘或每边具不规则的波状粗齿，光滑或两面均被稀疏短柔毛，叶脉每边5~6条，叶柄长1~2 cm。蝎尾状花序腋外生，由3~6（10）花组成，总花梗长1~2.5 cm，花梗长约5 mm，近无毛或具短柔毛；萼小，浅杯状，直径1.5~2 mm，齿卵圆形，先端圆，基部两齿间连接处成角度；花冠白色，筒部隐于萼内，长不及1 mm，冠檐长约2.5 mm，5深裂，裂片卵圆形，长约2 mm；花丝短，花药黄色，长约1.2 mm，约为花丝长度的4倍，顶孔向内；子房卵形，直径约0.5 mm，花柱长约1.5 mm，中部以下被白色绒毛，柱头小，头状。浆果球形，直径约8 mm，熟时黑色。种子多数，近卵形，直径1.5~2 mm，两侧压扁。

生活习性 中国几乎全国均有分布。喜生于田边，荒地及村庄附近。广

泛分布于欧、亚、美洲的温带至热带地区。生长适宜温度为 22~30 ℃，开花结实期适温为 15~20 ℃，此温度下结实率高。对土壤要求不严，在有机质丰富，保水保肥力强的壤土上生长良好，缺乏有机质，通气不良的黏质土上，根系发育不良，植株长势弱，商品性差，适宜的土壤 pH 值 5.5~6.5。夏秋季高温高湿露地生长困难，冬春季露地种植，植株长势慢，嫩梢易纤维老化，商品性差。

11. 鸭趾草 *Commelina communis* L.

别名兰花草、竹叶草。被子植物门、单子叶植物纲、鸭跖草科、鸭跖草属。

形态特征　鸭跖草仅上部直立或斜伸，茎圆柱形，长 30~50 cm，茎下部匍匐生根。叶互生，无柄，披针形至卵状披针形，第一片叶长 1.5~2 cm，有弧形脉，叶较肥厚，表面有光泽，叶基部下延成鞘，具紫红色条纹，鞘口有缘毛。小花每 3~4 朵一簇，由绿色心形折叠苞片包被，着生在小枝顶端或叶腋处。花被 6 片，外轮 3 片，较小，膜质，内轮 3 片，中前方一片白色，后方两片蓝色，鲜艳。蒴果椭圆形，2 室，有种子 4 粒。种子土褐色至深褐色，表面凹凸不平。靠种子繁殖。单子叶植物。

生活习性　分布在云南、甘肃以东的南、北各省区。黑龙江 5 月上中旬出苗，6 月始花，7 月中旬种子成熟，发芽适温 15~20 ℃，土层内出苗深度 0~3 cm，埋在土壤深层的种子 5 年后仍能发芽。

12. 繁缕 *Stellaria media*（L.）Cyr.

别名鹅肠菜、鹅耳伸筋、鸡儿肠。被子植物门、双子叶植物纲、中央种子目、石竹科、繁缕属。

形态特征　一年生或二年生草本，高 10~30 cm。茎俯仰或上升，基部多少分枝，常带淡紫红色，被 1（-2）列毛。叶片宽卵形或卵形，长 1.5~2.5 cm，宽 1.1~1.5 cm，顶端渐尖或急尖，基部渐狭或近心形，全缘；基生叶具长柄，上部叶常无柄或具短柄。疏聚伞花序顶生；花梗细弱，具 1 列短毛，花后伸长，下垂，长 7~14 mm；萼片 5，卵状披针形，长约 4 mm，顶端稍钝或近圆形，边缘宽膜质，外面被短腺毛；花瓣白色，长椭圆形，比萼片短，深 2 裂达基部，裂片近线形；雄蕊 3~5，短于花瓣；花柱 3，线形。蒴果卵形，稍长于宿存萼，顶端 6 裂，具多数种子；种子卵圆形至近圆形，稍扁，红褐色，直径 1~1.2 mm，表面具半球形瘤状凸起，脊较显著。2n=40-42（44）。花期 6—7 月，果期 7—8 月。

生活习性　在中国国内云南各地广泛分布，中国其他省区也有分布，国外日本、朝鲜、俄罗斯皆可见。为常见田间杂草，繁缕喜温和湿润的环境，云南一般在雨季生长旺盛，冬季也能见到。适宜的生长温度为 13~23 ℃。能适应较轻的霜冻。

13. 铁苋菜 *Acalypha australis* L.

被子植物门、双子叶植物纲、大戟目、大戟科、铁苋菜属。

形态特征　一年生草本，高 0.2~0.5 m，小枝细长，被贴毛柔毛，毛逐渐稀疏。叶膜质，长卵形、近菱状卵形或阔披针形，长 3~9 cm，宽 1~5 cm，顶端短渐尖，基部楔形，稀圆钝，边缘具圆锯，上面无毛，下面沿中脉具柔毛；基出脉 3 条，侧脉 3 对；叶柄长 2~6 cm，具短柔毛；托叶披针形，长 1.5~2 mm，具短柔毛。雌雄花同序，花序腋生，稀顶生，长 1.5~5 cm，花序梗长 0.5~3 cm，花序轴具短毛，雌花苞片 1~2（-4）枚，卵状心形，花后增大，长 1.4~2.5 cm，宽 1~2 cm，边缘具三角形齿，外面沿掌状脉具疏柔毛，苞腋具雌花 1~3 朵；花梗无；雄花生于花序上部，排列呈穗状或头状，雄花苞片卵形，长约 0.5 mm，苞腋具雄花 5~7 朵，簇生；花梗长 0.5 毫米；雄花：花蕾时近球形，无毛，花萼裂片 4 枚，卵形，长约 0.5 mm；雄蕊 7~8 枚；雌花：萼片 3 枚，长卵形，长 0.5~1 mm，具疏毛；子房具疏毛，花柱 3 枚，长约 2 mm，撕裂 5~7 条。蒴果直径 4 mm，具 3 个分果爿，果皮具疏生毛和毛基变厚的小瘤体；种子近卵状，长 1.5~2 mm，种皮平滑，假种阜细长；花果期 4—12 月。

生活习性中国除西部高原或干燥地区外，大部分省区均产。俄罗斯远东地区、朝鲜、日本、菲律宾、越南、老挝也有分布。生于海拔 20~1 200（1 900）m 平原或山坡较湿润耕地和空旷草地，有时石灰岩山疏林下。

14. 籽粒苋 *Amaranthus hypochondriacus* L.

别名千穗谷。被子植物门、双子叶植物纲、中央种子目、苋科、苋属。

形态特征　为苋科苋属一年生草本植物。平均株高 2.9 m，最高 3.5 m；茎粗壮，直径 3~5 cm，分枝性强。单株有效分枝 30 个以上；叶宽大而繁茂，叶长 15~30 cm。最宽处 14 cm。绿色或紫红色；种子细小，圆形、淡黄色，棕黄色或紫黑色，千粒重 0.54 g；生育期 110~140 d。

生活习性　籽粒苋分枝再生能力强，适于多次刈割，刈割后由腋芽发出新生枝条，迅速生长并再次开花结果。喜温作物，生长期 4 个多月，但在温带、寒温带气候条件下也能良好生长。对土壤要求不严，最适宜于半干旱、半湿润地区，但在酸性土壤、重盐碱土壤、贫瘠的风沙土壤及通气不良的黏质土壤上也可生长。抗旱性强，据测定，其需水量相当于小麦的 41.8%~

46.8%，相当于玉米的 51.4%~61.7%。在耐盐碱性实验中，种子在 NaCl 溶液 0.3%~0.5%的浓度下能正常发芽，在土壤含盐量 0.1%~0.23%的盐荒地、pH 值 8.5~9.3 的草甸碱化土壤上均生长良好。

15. 马齿苋 Portulaca oleracea L.

别名马苋、五行草、长命菜。被子植物门、双子叶植物纲、中央种子目、马齿苋科、马齿苋属。

形态特征　一年生草本，全株无毛。茎平卧或斜倚，伏地铺散，多分枝，圆柱形，长 10~15 cm 淡绿色或带暗红色。茎紫红色，叶互生，有时近对生，叶片扁平，肥厚，倒卵形，似马齿状，长 1~3 cm，宽 0.6~1.5 cm，顶端圆钝或平截，有时微凹，基部楔形，全缘，上面暗绿色，下面淡绿色或带暗红色，中脉微隆起；叶柄粗短。花无梗，直径 4~5 mm，常 3~5 朵簇生枝端，午时盛开；苞片 2~6，叶状，膜质，近轮生；萼 2，对生，绿色，盔形，左右压扁，长约 4 mm，顶端急尖，背部具龙骨状凸起，基部合生；花瓣 5，稀 4，黄色，倒卵形，长 3~5 mm，顶端微凹，基部合生；雄蕊通常 8，或更多，长约 12 mm，花药黄色；子房无毛，花柱比雄蕊稍长，柱头 4~6 裂，线形。蒴果卵球形，长约 5 mm，盖裂；种子细小，多数偏斜球形，黑褐色，有光泽，直径不及 1 mm，具小疣状凸起。花期 5—8 月，果期 6—9 月。

生活习性　中国南北各地均产。生于菜园、农田、路旁，为田间常见杂草。广布全世界温带和热带地区。马齿苋性喜高湿，耐旱、耐涝，具向阳性，适宜在各种田地和坡地栽培，以中性和弱酸性土壤较好。其发芽温度为 18 ℃，最适宜生长温度为 20~30 ℃。

(二) 防除措施

1. 主要措施

（1）植物检疫　即对国际和国内各地区间所调运的作物种子和苗木等进行检查和处理，防止新的外来杂草远距离传播。这是一种预防性措施，对近距离的交互携带传播无效，须辅以作物种子净选去杂、农具和沟渠清理以及施用腐熟粪肥等措施，以减少田间杂草发生的基数。

（2）人工除草　包括手工拔草和使用简单农具除草。耗力多、工效低，不能大面积及时防除。现都是在采用其他措施除草后，作为去除局部残存杂草的辅助手段。

（3）机械除草　使用畜力或机械动力牵引的除草机具。一般于作物播种前、播后苗前或苗期进行机械中耕耖耙与覆土，以控制农田杂草的发生与为害，工效高、劳动强度低。缺点是难以清除苗间杂草，不适于间套作或密植条件，频繁使用还可引起耕层土壤板结。

（4）物理除草　利用水、光、热等物理因子除草。如用火燎法进行垦荒除草，用水淹法防除旱生杂草，用深色塑料薄膜覆盖土表遮光，以提高温度除草等。

（5）化学除草　即用除草剂除去杂草而不伤害作物。化学除草的这一选择性，是根据除草剂对作物和杂草之间植株高矮和根系深浅不同所形成的"位差"、种子萌发先后和生育期不同所形成的"时差"，以及植株组织结构和生长形态上的差异、不同种类植物之间抗药性的差异等特性而实现的。此外，环境条件、药量和剂型、施药方法和施药时期等也都对选择性有所影响。20 世纪 70 年代出现的安全剂，用以拌种或与除草剂混合使用，可保护作物免受药害，扩大了除草剂的选择性和使用面。由种子萌发的一年生杂草，一般采用持效期长的土壤处理剂，在杂草大量萌发之前施药于土表，将杂草杀死于萌芽期。防除根状茎萌发的多年生杂草，则采用输导作用强的选择性除草剂，在杂草营养生长后期进行叶面喷施，使药剂向下传导至根茎系统，从而更好地发挥药效。化学除草具有高效、及时、省工、经济等特点，适应现代农业生产作业，还有利于促进免耕法和少耕法的应用、水稻直播栽培的实现以及密植程度与复种指数的合理提高等。但大量使用化学物质对生态环境可导致长远的不利影响。这就要求除草剂的品种和剂型向低剂量、低残留的方向发展，同时力求与其他措施有机地配合，进行综合防除，以减少施药次数与用药量。

（6）生物除草　利用昆虫、禽畜、病原微生物和竞争力强的置换植物及其代谢产物防除杂草。如在稻田中养鱼、鸭防除杂草，20 世纪 60 年代中国利用真菌作为生物除草剂防除大豆菟丝子，澳大利亚利用昆虫斑螟控制仙人掌的蔓延等。生物除草不产生环境污染、成效稳定持久，但对环境条件要求严格，研究难度较大，见效慢。

（7）生态除草　采用农业或其他措施，在较大面积范围内创造一个有利于作物生长而不利于杂草孳生的生态环境。如实行水旱轮作制度，对许多不耐水淹或不耐干旱的杂草都有良好的控制作用。在经常耕作的农田中，多年生杂草不易繁衍；在免耕农田或耕作较少的茶、桑、果、橡胶园中，多年生杂草蔓延较快，一年生杂草则减少。合理密植与间作、套种，可充分利用光能和空间结构，促进作物群体生长优势，从而控制杂草发生数量与为害程度。

（8）综合防除　农田生态受自然和耕作的双重影响，杂草的类群和发生动态各异，单一的除草措施往往不易获得较好的防除效果；同时，各种防除杂草的方法也各有优缺点。综合防除就是因地制宜地综合运用各种措施的互补与协调作用，达到高效而稳定的防除目的。如以化学防除措施控制作物前期的杂草，结合栽培管理促成作物生长优势，可抑制作物生育中、后期发生的杂草；在茶、桑、果园及橡胶园中，用输导型除草剂防除多年生杂草，结合种植绿肥覆盖地表可抑制杂草继续发生等。20 世纪 70 年代起，一些国家以生态学为基础，对病、虫、杂草等有害生物进行综合治理，研究探索在一定耕作制条件下，各类杂草的发生情况和造成经济损失的阈值，并将各种除草措施因地因时有机结合，创造合理的农业生态体系，有可能使杂草的发生量和为害程度控制在最低的限值内，保证作物持续高产。

2. 农艺防除关键技术

百合农艺除草技术主要包括合理轮作、合理耕作、合理播种、培育壮苗和选用优良种苗 5 个方面。

（1）合理轮作　百合根系分泌物和百合地上部分水浸液对植物种子的萌发、幼苗苗长和根长生长均有不同程度的抑制作用，百合在连作种植条件下，百合根系分泌物中的化感物质逐年积累引起自毒效应，影响百合正常生理功能；其次连作导致作物活性氧积累和膜脂过氧化损伤，植株光合色素含量降低，光合作用强度下降，干物质积累减少，可溶性糖含量升高，生长受抑制，产量和品质下降；再次随栽培年限的延长，土壤有机质减少，土壤含盐量加大，并逐渐向表层聚集，造成表土层板结、理化性状恶化，使硝化细菌、氨化细菌等有益微生物受到抑制，有害微生物大量发生，土壤微生物活性降低，养分吸收能力下降，以上均能表现出叶片失绿，导致百合黄化。百合与芹菜、甘蓝、豇豆等经济作物轮作中，百合-黄瓜轮作经济效益最高，百合-水稻轮作也已经取得较好经济效益，且与水稻轮作可极显著地减少蛴螬的数量和发生程度。

（2）合理耕作　沈迎春等（2019）介绍花用百合田间杂草防治技术，在百合定植（栽）后于行间开展"盖草灭草"及出苗后人工壅土除草。"盖草灭草"具体方法是在百合栽后 1~2 d 每亩用稻草 200~250 kg，均匀覆盖于行间，既达到保温保湿、提高土壤墒情的目的，又能起到控草压草效果。

（3）合理播种　在实际生产中，百合和杂草的相对出苗时间很大程度上影响了后续生长的竞争力，出苗早的一方可以提前抢占肥料、水分、光照和生长空间等资源，从而拥有较强的田间竞争力，出苗晚的另一方则容易在竞争中处于劣势。适时播种，提高百合播种质量，并保证在杂草之前发芽出苗，杂草的生长空间将被快速、整齐、均匀生长的百合苗全面挤占，从而达到有效遏制杂草生长的效果。在一定的条件下，适期晚播也是一种有利于作物竞争的措施，在播种前进行耙地除草，把杂草在田间的持续期推迟。

（4）培育壮苗　通过加强百合田间肥水管理等多种措施，促进幼苗生长，培育百合壮苗，从而有效抑制杂草的生长，增强百合对杂草的竞争力，减轻为害。

（5）选用优良种苗　现在百合生产大都以"自留自繁"为主。为确保选留优良种苗，宜在大田生产期间，提前选择生长健壮、没有病虫危害的地块留种。龙牙百合种球宜选取色白无斑点无霉烂、平头个大、鳞片多且抱合紧密、底根肥壮、无病虫害、无损伤、单头重 500 g 以上的品种；卷丹百合宜选取色白、顶平而圆、鳞片抱合紧密、无病虫害、无损伤、大小适中、头数较少且单头重 30~50 g 的品种。对地块内品种不纯、病虫为害严重的单个植株应事先做好标记，防止落叶或枯萎后混采，同时避免机械采挖时损伤种球导致种质受损或感染病毒。

3. 化学防除关键技术

（1）播后芽前杂草防除　石磊等（2018）在调查研究百合田杂草发生特点的基础上，开展了百合苗前土壤封闭处理和苗后茎叶处理等化除技术研究，比较多种除草剂的防效和安全性，结果表明百合田杂草草相复杂，百合田土壤封闭处理适用的除草剂品种有精异丙甲草胺、乙草胺和二甲戊灵，其中乙草胺不能超量使用。苗后茎叶处理防除双子叶杂草适用的除草剂品种有草甘膦和二甲·灭草松，其中草甘膦一次用药即可达到防除禾本科和阔叶杂草的目的，为确保安全性，制剂用量应控制在 41%草甘膦异丙胺盐水剂200 mL/亩以下。四改平（2010）介绍，曾在河北省邢台于 2007 年在卷丹百合田间进行除草试验，结果表明使用48%氟乐灵乳油、33%二甲戊乐灵乳油各 2 500 mL/hm² 和48%仲丁灵乳油 3 750 mL/hm² 作为土壤处理剂在卷丹百合栽后苗前使用，可以有效地防除百合田间的禾本科和阔叶杂草。李继光（2001）介绍百合播种后萌芽前，还可亩用 33%除草通乳油 100~150 ml加水 50~75 kg 均匀喷雾地面，持效期可达 50 d；亩用 48%地乐安乳油 200ml 加水 50~75 kg 均匀喷雾地面，持效期可达 30 d 左右；此外，每亩百合还可选用50%除草剂 1 号可湿性粉剂 120~150 g，或 60%杀草胺乳油 300~400 ml，或 15%异丙隆可湿性粉剂 200~250 g，或 50%除草剂 1 号可湿性粉剂 100 g 加 50%扑草净可湿性粉剂 50 g，或 30 g 毒草胺乳油 300 ml 加 25%

除草醚乳油 120~150 g 混合后（上述药剂任选一种即可）加水 50~75 kg 在百合播种后出苗前对地面土壤均匀喷雾。

（2）苗期杂草防除 宋力等（2005）通过对百合及百合田杂草生长习性的研究探讨，选用化学除草剂对防除百合田杂草的效果及安全性进行了多点实验，结果表明 24%乙氧氟草醚和 33%除草通防效好，安全性高。毛军需等（2007）筛选出了 25 啶嘧磺隆水分散粒剂为百合田优良除草剂。

李继光（2001）介绍百合幼苗期长，为防止新生杂草出土，还可每亩可用 33%除草通乳油 100~150 ml，或 48%氟乐灵乳油 100~150 ml（氟乐灵怕光，为防止光解，喷药后要浅锄 1 cm 左右，使之与土混合以更好地发挥除草的作用），或 48%地乐胺乳油 200 ml，或 50%利谷隆可湿性粉剂 100 g，或 50%扑草净可湿性粉剂 150 g，或 25%灭草灵可湿性粉剂 750 g（上述药剂任选一种即可）加水 50~75 kg 在百合苗期、鳞茎期对地表土壤均匀喷雾 2~3 次，即可有效防除各类杂草。若百合出苗期未使用除草药剂，百合出苗后遭受草害时，每亩可用 50%利谷隆可湿性粉剂 75~100 g，或 20%拿扑净 70~100 g（上述药剂任选一种即可）加水 50~75 kg 对杂草作定向茎叶喷雾。

第二节　非生物胁迫及其应对

百合性喜温暖、湿润、阳光充足，忌干旱、过湿、过热。赵祥云等（1994）调查得出，百合对生长环境条件要求较高，需要有四季分明比较调和的季节周期，用"风雨调和"形容其对生长环境的要求一点也不为过。对光照要求适中并随着生长环境的不同而不同，土质对百合生长发育影响比较大，有机质丰富，土壤保湿性能强，土壤的盐碱度对鳞茎乃至整个植株的生长至关重要。车飞等（2008）通过测定植株根际土壤，明确多数野生百合性喜阴凉，调查的宝兴百合及大花卷丹百合全部生于灌木中，卷丹百合、宜昌百合和野百合有 75%以上的植株分布于灌木中，少量植株生于草甸或林缘地区；各野生百合种性喜湿润，卷丹百合、宜昌百合和山丹百合有 2/3 以上的植株在邻近水源的地方分布，宝兴百合仅在甘肃东南部的迭部县卡坝乡有零星分布；野生百合喜富含有机质的土壤，各野生百合种都适宜在富含有机质的土壤中生长。但在自然条件下，百合种植常常会面临水分、温度和盐碱等多种不良环境的胁迫。当百合遭遇环境条件胁迫或管理不当时极易造成生理性病害，常见的病状有变色、坏死、凋谢与畸形等。唐祥宁等（1997）、陈秋萍（2000）、钟景辉等（2000）相继报道，百合生理性病害常见 5 种，萎蔫病（高温干旱）、芽枯病（土温低或根受伤）、膨叶病（霜害、霜冻）、褪绿病（缺铁）、叶焦病（锰盐或铝盐过多）。

一、水分胁迫

百合属植物对栽培管理和环境条件要求甚严，其地下鳞茎在渍涝条件下容易腐烂，造成植株死亡；而水分过少，会导致其生长发育不良。因此，水分是影响野百合正常生长发育的关键因素之一。水分管理对野百合小球培育阶段尤为重要。在百合生长过程中，水分胁迫主要反应在干旱方面。

（一）水分胁迫对百合生长发育的影响

百合在干旱缺水和水涝条件下植株都会表现出叶片萎蔫、失绿、卷曲、黄化等现象。干旱是内蒙古地区存在的主要自然灾害，据统计，内蒙古地区轻度干旱发生频率为 89.6%，中度干旱发生频率为 68.8%，重度干旱发生频率为 31.3%。

1. 百合对干旱胁迫的生理响应

干旱时由于运动细胞先失水，体积缩小而使叶片卷曲，严重时出现生理性萎蔫病，也叫夏枯病，病株先从叶缘开始干枯，向内逐渐扩展，最后整株叶片干枯死亡，干枯叶片上见不到任何病症，茎秆仍为绿色，柔软但不倒。春季多雨，植株生长旺盛，组织幼嫩，遇到夏季高温干旱，植株蒸腾量迅速增加，百合植株抗旱力差，致使叶片失水而干枯。在春季雨量大、夏季干旱少雨的年份或地区，夏季高温期易发生该病，主要是由于春季雨水多，植株生长迅速，组织幼嫩，遇到夏季高温干旱时蒸腾量大，而百合抗旱力差，致使叶片失水干枯。因此，百合对于干旱的反应首先表现为叶片卷曲萎蔫，继而生长发育迟缓，营养体生长量不足，生殖体发育不良，最终表现为大幅减产，甚至绝产。

魏传斌等（2010）通过测定发现，轻度胁迫下，丙二醛含量有所上升，脯氨酸含量变化较小，SOD（超氧化物歧化酶）总活性增加较快。中度胁迫下，丙二醛含量的总体变化趋势为先升后降；脯氨酸含量总体升高，在接近重度胁迫时达到胁迫期间的最高水平。重度胁迫下，丙二醛含量缓慢上升，脯氨酸含量快速下降。致死性胁迫下，丙二醛含量先升后降，脯氨酸含量变化较小。中度、重度及致死性胁迫下，SOD 总活性基本维持在较高水平。在整个胁迫过程中，叶绿素含量的变化与胁迫强度呈负相关关系。要准确地反映植物的抗旱特性需要采用多项指标综合评价。百合喜温暖湿润和阳光充足环境，而忌干旱或过湿、酷暑。随着全球气候变暖，水资源短缺，对耐旱品种的选育越来越重要。由于生理指标能充分表现作物的抗旱性，所以测定抗旱生理指标成为筛选耐旱品种的重要手段。通过人工创造不同强度的干旱条件持续对龙牙百合进行胁迫，同时对几种与植物抗逆性有关的生理指标进行测定，研究了它们在干旱胁迫条件下的变化规律。植物对干旱胁迫的生理响应是多方面的，抗旱机理也十分复杂，是受许多形态解剖结构和生理生化特性控制的复合遗传性状，它们相互制约，相互联系。单一的耐旱性鉴定指标不足以充分反映植物对干旱的综合适应能力，只有采用多项指标的综合评价，才能较准确地反映植物的抗旱特性，例如以 Pro 含量、MDA 含量、SOD 总活性、叶绿素含量等作为龙牙百合对干旱胁迫响应研究的生理指标。虽然 Pro 作为抗旱鉴定的一项生理指标，是一个比较敏感的参数；MDA 也是代表植物体在逆境下受损的一个敏感且重要的指标。但单一以 Pro 含量或 MDA 含量作为耐旱评价的依据，存在着很大的局限性。以龙牙百合对干旱胁迫的生理响应为基础，研究不同强度的干旱胁迫对龙牙百合的影响和干旱胁迫的进程时，综合 Pro 含量、MDA 含量的响应过程是较好的鉴定指标。SOD 总活性对分析与判断干旱胁迫强度由轻度向中度转化的进程具有辅助作用。而叶绿素含量的响应特性虽然也与干旱胁迫的强度有直接的相关关系，但在龙牙百合的干旱胁迫进程分析和耐旱性评价中，直观性较差。中度胁迫强度上限越高，中度胁迫强度范围越大，伤害性（重度）胁迫强度上限越高，均说明植物的耐旱性强。反之，说明耐旱性差。试验中得到的龙牙百合的中度胁迫强度上限是 4.26%；中度胁迫强度范围 14.27% ~ 4.26%。此结论主要用于作物耐旱性评价方法的确立。对龙牙百合鳞茎的几种生理指标的响应进行了比较性的测定，结果发现，龙牙百合鳞茎的几种生理指标在干旱胁迫下的响应特性与叶片存在着显著差异。

2. 干旱胁迫对百合根叶生理功能及花粉育性的影响

贾文杰等（2017）研究明确干旱胁迫对百合根、叶生理功能及花粉育性的影响，与对照相比，干旱处理组百合植株的叶绿素含量随着干旱时间延长而逐渐降低，处理 4 d 后百合开始明显受到干旱胁迫；胁迫 4 ~ 8 d 内，光合作用受到的胁迫主要是气孔因素所致；胁迫 8 ~ 12 d 期间，叶片荧光叶绿素指标开始急剧变化，光合作用受到的胁迫已开始从气孔因素转变为非气孔因素；胁迫 12 d 后，叶片丙二醛含量增加，膜质开始受到氧化、胁迫；16 d 时叶片抗氧化酶系统活性达到峰值，随后开始降低，丙二醛累积随之增加，膜脂过氧化作用加剧；胁迫 24 d 时，叶片光合指标略有所恢复。解除干旱胁迫复水 4 d 后，百合叶片光合生理指标均有所恢复，但未恢复到胁迫前水平。与正常对照相比，经历干旱胁迫的百合根系随着干旱胁迫时间的延长先缩短变粗、数量减少，然后逐渐褐化并趋近萎缩，且根系干鲜重显著降低，但花粉育性在胁迫期、复水期及开花期没有显著变化。研究发现，持续 24 d 的干旱胁迫会对东方百合叶片的光合功能和抗氧化酶系统以及根系产生破坏性的伤害，但对花粉的育性没有影响。胡小京等（2019）发现，土壤相对含水量过高或过低都不利于野百合生长。水分胁迫后叶片相对含水量有所降低，而水分饱和亏缺、丙二醛含量有所提高；随着胁迫程度的加大，叶片气孔密度、叶绿素含量、可溶性蛋白含量、过氧化物酶活性、超氧化物歧化酶活性等指标呈先高后低的变化趋势；游离脯氨酸、可溶性糖含量、细胞膜透性等指标呈先低后高变化的趋势。采用隶属函数法计算得出，轻度干旱胁迫即 50%～55% 的土壤相对含水量最适于野百合幼苗的正常生长。

3. 干旱胁迫对百合植株生理功能及切花品质的影响

齐凤坤等（2023）研究明确了随着干旱时间的延长，叶片相对含水量逐渐减小，复水 4 d 后叶片的相对含水量显著回升，但仍显著低于对照；随着干旱胁迫持续，叶绿素含量逐渐下降，干旱胁迫前 8 d，叶绿素含量降幅较小，干旱胁迫 12 d 后叶绿素含量出现大幅下降，降幅的变化说明干旱胁迫造成叶绿素降解，且干旱复水 4 d 后不能恢复；3 种抗氧化酶活性随着干旱胁迫时间持续先上升后下降，复水后活性又显著上升；干旱胁迫下叶片丙二醛（MDA）和脯氨酸含量均呈上升趋势，但 MDA 和脯氨酸含量变化时间略有不同，复水处理 4 d 后，含量均比干旱胁迫 24 d 显著下降，但仍明显高于同期对照水平；干旱胁迫下茎生根鲜重和干重随胁迫时间延长而逐渐下降，复水 4 d 后，与干旱胁迫 24 d 时相比均上升，且达显著水平；株高和茎粗随干旱胁迫时间延长而递减，但茎粗与对照相比差异不显著，干旱胁迫处理叶长和叶宽比对照略小，但各个处理之间未表现出明显规律，叶长和叶宽与对照相比差异不显著。黄尧瑶等（2020）发现随着干旱胁迫增强，百合花瓣相对含水量和可溶性蛋白含量下降，而代表膜质过氧化程度的丙二醛（MDA）含量持续上升。干旱胁迫下花瓣的超氧化物歧化酶（SOD）、过氧化氢酶（CAT）、过氧化物酶（POD）、谷胱甘肽还原酶（GR）、抗坏血酸过氧化物酶（APX）活性在处理的前期、中期持续上升，后期下降，说明前中期有较高的活性氧（ROS）清除能力，之后抗氧化能力下降；抗氧化酶基因 Cu-ZnSOD、MnSOD、CAT、APX 和 GR 的表达先升后降，而 Fe-SOD

的表达一直下降，POD 则一直保持升高的趋势。根据隶属函数平均值大小百合品种抗旱性由强到弱为：'索蚌' > '诺宾' > '西伯利亚'。3 种百合中西伯利亚受干旱胁迫损伤最明显，持水能力最差。陈明涛等（2010）认为可溶性蛋白具有明显增强细胞持水能力、增加束缚水含量和原生质弹性等功能是细胞内重要的渗透调节物质和营养物质，对细胞的生命物质及生物膜起到保护作用。干旱处理百合花瓣可溶性蛋白含量随着时间的延长显著下降，与花瓣相对含水量成正相关关系，这可能是蛋白的合成需要水参与，而抵抗干旱胁迫加速了蛋白的分解。MDA 是膜脂过氧化作用的产物之一，是检测膜损伤程度的公认指标。MDA 不断积累引起酶和细胞膜的破坏。3 种百合花瓣的 MDA 含量随着干旱胁迫的时间延长而增加，与相对含水量和可溶性蛋白含量呈负相关关系，且干旱胁迫下'西伯利亚'衰老最快，MDA含量最高，细胞膜受损程度最大。

4. 干旱胁迫对食用百合叶片生理指标的影响

蔺予曼等（2020）研究表明，干旱胁迫对食用百合叶片有 5 种影响，一是对相对含水量的影响，在干旱胁迫下植物叶片相对含水量反映了该植物的保水能力和植物的生理状态。随着干旱胁迫时间延长，叶片相对含水量整体呈缓慢下降趋势。兰州百合叶片细长，有助于减少叶片水分散失。二是对叶绿素含量的影响，当受到干旱胁迫时，叶绿素的分解加速，最初被叶绿素所掩盖的类胡萝卜素占优势，因此叶片呈黄色。随着干旱胁迫时间延长，叶片叶绿素含量呈现下降趋势。三是对脯氨酸含量的影响，干旱胁迫通常会导致蛋白质分解，而脯氨酸首先被大量地游离出来，植物体内的脯氨酸含量增加在一定程度上反映了抗旱性。抗旱性越强的品种所积累的脯氨酸越多，增长速度越快。四是对丙二醛（MDA）含量的影响，膜脂过氧化的最终产物丙二醛（MDA）是干旱造成植物损害的重要因素之一，其含量变化可以作为植物抗旱性的重要指标。五是对 SOD 酶活性的影响，超氧化物歧化酶（SOD）可以清除活性氧或其他过氧化物自由基对细胞膜系统的损害，其活性的变化能反映植物抗逆性的强弱。兰州百合 SOD 酶活性呈现逐渐上升趋势，并在胁迫 25 d 时达到最大值，说明胁迫 25 d 时仍在兰州百合可调节的范围内。

5. 干旱胁迫对形态发育的影响

在干旱胁迫条件下，作物要发生一系列形态上的变化来适应逆境胁迫，如株高、叶面积、茎粗、根系、叶片形态等。作物可以通过大量地吸收水分来避免干旱胁迫（如发育成深根系来吸取地下水）或将水分丧失减小到最低程度（例如，气孔关闭、叶片变小）。另外，干旱环境中作物的叶面积、木质部横切面的比率小于潮湿环境下的作物，这也说明了作物在对干旱环境适应过程中，调节自身的结构从而有利于保持水分。

6. 干旱胁迫对光合作用的影响

光合作用对水分胁迫十分敏感，随水分胁迫强度的加剧，光合速率降低。水分胁迫引起光合作用下降，从而影响与光合作用相联系的其他生理和生化过程，是水分胁迫下作物产量降低的主要原因。

7. 干旱胁迫对其他生理和代谢活动的影响

在适度干旱条件下，作物植株体内可溶性糖、脯氨酸和甜菜碱等物质积累量增加，细胞渗透势下降，使自身保持从外界继续吸水，维持膨压，保证各种代谢过程的进行。不同作物在干旱条件下积累的调节物质不同，辣椒、豌豆在干旱胁迫条件下可溶性糖和脯氨酸均明显增加，大麦植株体内游离脯氨酸的积累量与品种的抗旱性呈正相关。研究认为，多数禾谷类、豆类和棉花等作物在干旱条件下会积累大量的脯氨酸，有的还积累甜菜碱。此外，作物在干旱条件下，体内的有机酸和氨基酸等溶质以及 Ca^{2+}、Mg^{2+}、K^+、Cl^-、NO_3^- 等主要离子积累也会增加。李德全等（1992）认为，K^+ 和可溶性糖是主要的调节物质，不同作物积累不同的溶质，以提高自身的调节能力，适应干旱环境。在严重干旱胁迫条件下，作物这种调节能力也会丧失，进而影响正常的生理生化过程。

干旱逆境会使作物细胞的结构和功能遭到破坏，而膜系统常常是最先受害的部位。干旱胁迫会诱导酶系统保护细胞膜免遭氧化伤害。超氧化物歧化酶（SOD）是一种在植物体中普遍存在的极为重要的金属酶，直接控制植物体超氧阴离子自由基（O_2^-）和过氧化氢（H_2O_2）的浓度。CAT（过氧化氢酶）与 SOD 协同作用，专一清除植株体内的 H_2O_2，最大限度地减少羟自由基（·OH）的形成。过氧化物酶（POD）在逆境胁迫下，既可清除 HO_2 表现为保护效应，还参与活性氧的形成表现为伤害效应。各种保护酶协调一致，使作物体内自由基维持在一个较低的水平，从而避免活性氧（ROS）伤害。在作物不同生育期，各种酶发挥的作用不同。前人的研究结果也因所选作物种类、品种特性和干旱胁迫强度而异，尚未得出较为一致的结论。但在干旱胁迫下，作物过氧化产物丙二醛（MDA）和叶片质膜透性（RC）均呈上升趋势。

8. 复水后补偿效应

一般认为，水分胁迫的补偿效应是指作物受到阈值内的水分胁迫后，在具有恢复因子和过程条件下，在构件和生理水平上所产生的有利于作物生长发育和产量形成的能力。水分胁迫的补偿效应包括两个方面：一是水分胁迫条件下的补偿供水效应，表现为胁迫后复水出现的生长加快，光合、蒸腾速率提高等；二是作物旱后补偿效应，即胁迫期间的变化，如根系活力的增加和形态的改善等。

（二）应对措施

干旱是影响百合生长发育、产量结构和花大花美最主要的灾害。随着生理学、生物化学、分子生物学等学科的不断发展和综合交叉，对作物干旱生理的认识将会不断深入，从而指导农业生产中的合理灌溉、提高百合的抗旱能力和水分利用效率。在干旱年份采用综合抗旱措施非常关键，百合受水分胁迫时应采取的措施如下。

1. 选用抗（耐）旱品种

魏传斌等（2010）发现宜兴百合的叶片对干旱胁迫的响应性比鳞茎好，脯氨酸、丙二醛含量对干旱胁迫的响应性比还原性糖含量好，宜兴百合的叶片可较好的用于耐旱性评价，丙二醛和脯氨酸含量是较好的鉴定指标。蔺子曼等（2020）研究发现抗旱性好的食用百合为 N82 和 N140；抗旱性较好的品种为 N143 和 N6；抗旱性较差的品种为 N3、兰州百合、N9；抗旱性差的百合品种为 N142、N4 和 N14。聂功平等（2021）根据预实验确定耐涝性评价时间为淹水胁迫处理 13 d；聚类分析将 32 份百合根据抗性强弱划分为耐涝型、中间型和敏感型，积分评价法从 32 份供试百合中鉴定出极端耐涝型品种为 'Nashville' 'Brindisi'，极端敏感型品种为 'Levi' 'Fata Morgana'；亚洲百合品种间耐涝性差异较大，亚洲百合与麝香百合杂交系普遍具有较强的耐涝性。

2. 蹲苗

指在苗期减少水分供应，使之经受适度缺水的锻炼。经过锻炼的植株如再次遇到干旱，植株体保水能力增强，耐旱能力显著提高。

3. 合理施肥

增施 P、K 肥，可提高植株耐旱性。N 肥过多或不足都不利于耐旱。N 肥多则茎叶徒长，植物蒸腾量大，失水多；N 肥少则根系发育差，植物瘦弱，耐旱能力弱。

4. 增加田间灌溉

如果干旱继续延续，有条件的农户，可充分利用所有能利用的水源和灌溉设施，尽快组织人员进行田间灌溉，减少百合产量下降。

5. 覆盖栽培

采取地膜覆盖和秸秆覆盖减少水分蒸发，提高水分利用率。据陈素英等（2005）研究，秸秆覆盖能增强土壤蓄水保墒能力，改善土壤供水状况，此外，可通过减少蒸发、增加降水渗透和蒸腾，利用贮存的土壤水等方式影响夏季作物的水分关系。

6. 节水灌溉

朱朋波等（2008）认为，百合株形端正，花色纯正，形状优美，是一种很有发展前途的切花花卉。切花百合的生产主要依赖日光温室设施栽培，而百合的生长过程是一个多相结构的复杂体系，受到众多影响因素的共同作用，其中水分是诸要素中最活跃的因素之一。水分不仅满足百合对水分的需求，而且影响土壤养分、温度、湿度及诸因子的协调，是百合栽培中调控的核心。但目前切花百合栽培在生产上一直沿袭着传统的漫灌、沟灌、畦灌方法，灌水管理主要凭经验，灌水次数、灌水量和灌水时间均存在很大盲目性和随意性，缺乏科学的量化指标和合理的配套措施，不仅造成水资源严重浪费，而且加重病虫害蔓延，造成切花产量低、品质差。设施栽培独特的高温高湿环境，往往造成土壤蒸发量增大，在土壤盐碱地区会促进土壤次生盐渍化，使土壤严重板结，物理性状进一步恶化，粗放的灌水方式进一步加剧了土壤次生盐渍化状况。

水分的供给需要由作物发育阶段、栽培介质的质地与组成、日光量、温度、湿度等因素确定，关系到植物根部的活动和植株生长发育状况。应根据百合需水规律，针对不同地区的土壤条件、气候条件、灌溉要求等具体特点合理安排百合灌溉技术，达到适时、适量节水灌溉目的，并根据各地区的地形、土质、气候及棚向等具体情况开发出价格低廉、经济耐用、操作简便的新型节水产品，得以在百合大面积生产上应用与推广。

作物需水量是指在水分条件和肥力条件适宜、作物生长健壮的条件下作物对水分的需求量，包括植物蒸腾量、棵间蒸发量及植株体内含水量的总和。余艳玲等（2004）研究认为，大棚内百合全生育期喷灌的灌水量少于地面灌溉，全生育期喷灌的平均日需水强度为 3.74 mm/d，地面灌溉的平均日需水强度为 4.23 mm/d。百合的需水规律表现为前期小、中期大、后期小的特点，需水高峰出现在生殖期，喷灌最大需水强度为 5.5 mm/d，地面灌溉最大需水强度为 5.8 mm/d。这种变化规律反映了百合在定植期需水强度较小，在适宜灌溉条件下其需水强度主要随百合植株的增大和蒸腾能力的增强而加大。营养生长期百合植株迅速长大，需水强度也随之增大。生殖生长阶段，百合植株以生殖生长为主，植株自土壤中吸取大量水分和营养物质，故此时需水量也最大。开花期，百合植株内部生理活动逐渐减缓，需水强度开始下降，日需水量也随之降低。关于灌溉方式对水分利用效率的影响的研究报道较多，但多见于粮食作物与蔬菜作物，在切花尤其是百合上的研究报道较少。余艳玲等（2004）的研究表明，百合定植期喷灌比地面灌溉节水 11.1%，整个生育期内，喷灌比地面灌溉节水 19.3%，喷灌比地面灌溉具有明显的节水效果，同时具有明显的增产效果，增产 15.4% 以上。随着世界范围内的水资源紧缺，在传统的灌溉原理与方法基础上，国内外学术界提出了许多新的概念或方法，如限水灌溉、非充分灌溉、控制性交替灌溉等。这些概念的提出对探讨提高水分利用效率的研究与应用起到了积极的作用。周琼等（2007）研究表明，分根区交替灌溉处理的亚洲型百合鲜切花寿命比常规均匀灌溉处理延长 1~1.5 d，切花当天和瓶插期间的百合叶片、花被片中淀粉和可溶性糖含量，分根区交替灌溉处理高于常规均匀灌溉和部分根干燥处理；分根区交替灌溉可减缓瓶插期间鲜切花叶片中可溶性糖、淀粉含量的下降；分根区交替灌溉和适量施用钾肥有利于切花百合体内糖的积累，减缓切花鲜重的下降，并在一定程度上减缓丙二醛的积累，因而能延缓切花的衰老和提高切花的品质。

节水灌溉主要应用于百合设施栽培，目前百合设施栽培的供水方法分为喷雾法、喷灌法、滴灌法、底部灌溉及地下灌溉法。

（1）喷灌　喷灌是利用水泵和管道系统，在一定的压力下把水喷到空中，形成细小的水滴，均匀降落在田间，供给作物水分的一种灌溉方式。喷灌有较显著的省水增产效益，是一种比较先进的灌水技术。同时，喷水还能起到增加相对湿度和降低温度的作用。但湿度过大，会加重病虫害发生，在冬季不利于提高设施内温度。

（2）滴灌　滴灌是利用安装在管道上的滴头或滴灌带，将水均匀缓慢地滴入作物根区土壤中的一种灌溉技术。花农为获得较高的利润，将百合切花时间集中在元旦和春节前后，而从百合种球定植到切花采收这段时间，气温不断下降，大多数农户基本采取大水漫灌的方式来进行浇水，这样的后果是温度下降快，湿度大，土壤易板结，易染病害，严重影响了切花品质。目前关于百合生产灌溉方式的研究较少，且多涉及理论及技术方面，对生产指导性不强，同时，我国是世界上 13 个缺水国之一，农业用水占总用水量的 70% 以上，而灌溉用水又占农业用水的 90%。以周径为 10~12 cm 的百合种球为材料，品种为索邦（sorbone）、西伯利亚（siberia）。在日光温室定植百合种球，采用高床定植方式，床面宽1 m，每床定植3行，每行50粒。70%遮阳网覆盖遮阴50%以上种球出苗后，铺设滴灌管道浇水，对照采用大水漫灌方式浇水，二者浇水次数和时间相同，试验漫灌与滴灌方式对百合的影响。在切花前进行调查发病植株数、发病率、茎生根长度、茎生根条数、种球重量、花蕾长度。滴灌模式下的西伯利亚发病率为2%、索邦发病率为3%，低于漫灌模式5%和6%，百合发病率均降低3%。西伯利亚茎生根长度、条数、种球重量、花蕾长分别为10.5 cm、62条、39.73 g、11.4 cm，高于漫灌模式7.5 cm、45条、32.16 g、9.7 cm，索邦茎生根长度、条数、种球重量、花蕾长分别11.3 cm、58条、45.24 g、12.5 cm，高于漫灌模式下的8.1 cm、41条、40.12 g、10 cm。两种模式下各项指标差异均达到极显著水平。滴灌模式下的索邦、西伯利亚植株发病率低于漫灌模式，这是由于漫灌造成室内空气湿度增大，为切花百合病害的发生创造了有利的环境条件，而滴灌在很大程度上抑制了病害的发生，且节省了农药和劳动力投入，若利用滴灌再加以施药预防，可以显著降低切花百合病害的发生。二者茎生根长度、茎生根条数、种球重量、花蕾长均高于漫灌模式，差异达到极显著水平。滴灌模式下的索邦植株生长要好于西伯利亚。漫灌易造成土壤干湿剧烈变化，影响种球生长发育。滴灌方式更适合百合供水需求，有利于改善土壤结构，促进茎生根生长，提高切花品质。

相对于喷灌，滴灌更适合于设施栽培。百合花装滴灌有四大好处：一是节水、节肥、省工；二是控制温度和湿度；三是保持土壤结构；四是改善品质、增产增效。

（3）微喷灌　微喷灌是利用微喷头将水形成小滴喷洒到植株上并湿润土壤的一种灌水方法，是针对喷灌和滴灌的缺点进行的一种改良方法。微喷头的孔径比滴头的孔径大很多，防堵塞性能好，对水质过滤要求低，相对也降低了成本。

陈晓莉（2017）认为，兰州百合对种植环境要求严苛，喜半阴、怕炎热，好的百合一般生长在海拔2 100±300 m的山坡区域，气候冷凉，降水量为400~500 mm，昼夜温差大，光照和湿度适中，在肥沃深厚、疏松透气、排水性好、呈弱碱性的土壤中种植。2016年兰州夏季、秋季数次发布黄色、橙色高温预警信号，7—8月平均最高气温较往年偏高4.1 ℃，为近50多年最高，而百合生长忌酷暑，兰州百合产量、品质均有大幅度降低，同比产量下降21.79%，平均产量降至9 165 kg/hm²。兰州百合在当地种植大多在山旱地，虽然喜干怕涝，但过度干旱少雨会使百合发展受困于低产、低效益的境地。因此，兰州百合高产、优产需要科学灌溉来适度补充水分，传统灌溉效率低、浪费水、成本高，无法按照百合实际水分需求供给，要想科学合理地灌溉，就必须采取精细化供水措施—微喷补水灌溉，此灌溉方法具有节水、省工、减本、易控、面广等优点，适合兰州百合种植生产的发展要求，是改变百合种植户"靠天吃饭"现状，提高生产效益的科学途径。灌溉时期主要灌溉时期为鳞茎失重期、鳞茎补偿期、鳞茎迅速膨大期，时间以 5 月中下旬至 7 月下旬为主，每次灌水 75~150 m^3/hm^2，每年补灌 2~3 次，其他生长期确因干旱需要灌溉时可适度微喷补水灌溉，也可依条件适度增加补灌次数和补灌量，需要追肥时可结合补灌同时进行，但加入肥料总量不宜超过 1.5 kg/m^3。安装根据百合种植地降水量和水源条件，结合地形特征、种植规模等情况，科学分布微喷带密度，一般情况下每隔 2~2.5 m 铺设 1 条微喷带，若地块平整无坡度则根据百合畦向铺设微喷带，若地块有坡度则水平铺设，每条微喷带前安装子阀门，每条微喷带水压标准应以保证微喷孔口喷出水柱的高度达 1~1.2 m，不宜超过 1.5 m。微喷带喷孔向上，避免水中砂石等杂质将喷孔堵塞，尾部打结或扎紧，单根管带喷灌长度不宜超过 60 m（否则首尾压差大，灌水不均），为防止出水不畅，铺设时管带要自然伸平，不能弯曲和扭转。

（4）渗灌　渗灌是以滴渗方式湿润作物根系层的灌溉方法。渗灌是继喷灌、滴灌之后的一种新型有效的灌溉技术。渗灌是通过微压水和埋在地下根层附近的橡塑渗水管向土壤渗水，再借助土壤毛细管的作用，将水扩散到作物根区周围的一种供水方法，因此，土壤表面几乎没有蒸发、径流，也没有深层渗漏等现象。渗灌可达到最大的节水增产效率，可以克服地表灌溉过程中的水蒸发、流失及肥料浪费等问题。与滴灌相比，渗灌可节水 20% 以上，还具有疏松土壤、提高土壤肥力与地表温度、减少杂草与病害发生、促进作物生长等功能，尤其在切花百合生产中对减少病害、提高切花品质作用较大。实际设施栽培中各种灌溉设备大多是交错使用的，现代化程度高的温室中微喷灌与滴灌交替使用，在较简易的塑料大棚中，畦灌、沟灌和地膜覆盖灌溉是常用的灌溉方式。由于各地的农业和经济发展水平不同，结合当地的经济水平和技术条件，因地制宜地发展节水灌溉技术，是我国目前设施栽培农业需要解决的问题。

二、温度胁迫

温度是影响百合生长发育的重要环境因子之一。百合喜欢冷凉且湿润的气候，最适的生长温度 20~25 ℃（白天），10~15 ℃（夜间），当温度高于 28 ℃以上或低于 5 ℃时，生长会受到影响。王月芳等（1991）对兰州百合体细胞培育的光温效应研究表明，在 24 h 全光照和 26 ℃恒温生长箱条件下，每鳞片诱导再生苗数最多。李睿（2003）对庸香百合进行培养的条件是培养温度 23~26 ℃、光照强度 2 000~2 200 lx、光照时间 12~14 h/d。高敏（2002）认为香水百合培养温度 23~28 ℃、光照强度 1 000~2 000 lx、光照时间 8~12 h/d 可以保证离体培养的需要。刘选明等（1997）在培养基中添加蔗糖 3%、琼脂 0.7%、光照强度为 2 000 lx，体胚发生采取二步培养法，弱光照或先暗培养然后光照培养、温度为（25±3）℃。

当温度降低到百合生长发育所需温度的下限以下，造成不利于百合生长的环境称为低温胁迫。当环境温度高于百合生长发育的最高温度时，就会遭受热害，形成高温胁迫。如北方有些年份会在春季出现低温冷害，或在夏季出现的高温造成授粉不良和籽粒败育等现象，对百合生产都会造成严重的损害。

（一）低温胁迫

低温是作物栽培中常发的自然灾害，不仅会导致作物产量的降低，严重时造成植株死亡。在我国华北地区冬春季设施栽培中，生产者为节省成本通常不采用或较少采用加温措施，导致设施内常处于 8~15 ℃的亚低温环境。亚低温会抑制植物根系和叶片生长，造成生物量和叶面积的下降。关于百合亚低温胁迫，曹红星等（2014）研究发现亚低温造成叶片厚度变薄、栅栏组织减少、海绵组织疏松、栅海比减少、细胞间隙变大；葛蓓蕾等（2019）研究发现不同生长期的'罗宾娜'百合在低温胁迫后，通过增温补偿可以降低其伤害；低温会抑制百合鳞茎的生长。低温胁迫或根受伤，植株顶端缺水所引起百合生理性芽枯病，表现为大棚中百合的芽突然发生枯萎，新芽不能散开生长。

1. 低温胁迫对百合生长和生理指标的影响

李烨等（2008）研究了低温胁迫对新铁炮百合主要生理指标的影响，结果有 4 点，一是低温胁迫条件下新铁炮百合叶片内叶绿素含量对低温胁迫比较敏感。随着低温胁迫时间的延长，叶绿素含量下降的幅度加大。逆境条件消除之后，新铁炮百合叶片的叶绿素含量能够基本恢复到逆境条件胁迫之前的正常的叶绿素含量。二是新铁炮百合叶片中的过氧化物酶活性在低温胁迫的最初阶段，其内的过氧化物酶（POD）被激活，但若低温胁迫时间超过一定的阈值，体内保护酶活性便会受到抑制；三是低温胁迫的最初阶段，其内的超氧化物歧化酶（SOD 酶）被激活，清除有机体内产生的有害物质，保护膜系统不受伤害。后随处理时间继续延长，体内保护酶活性受到抑制，出现伤害性反应。温度恢复处理的过程，能够说明随着恢复时间的长短，SOD 酶的活力能重新恢复到原有的平衡状态。四是低温胁迫条件下活性氧的产生速率较之对照都有所降低，但整体的变化幅度并不大。五是低温胁迫条件下，新铁炮百合的净光合速率低于正常温度条件，且低温胁迫条件往往会降低新铁炮百合光饱和点和光饱和时的光合速率。王玲丽等（2014）发现，植物的抗寒机制是一个复杂的生理生化过程，其抗寒能力的强弱是由多种复杂的因素控制的结果，而非单纯的单一因素所决定。14 个百合品种（种）的抗寒能力大小依次为：'佳娜'＞'洛宾娜'＞'西伯利亚'＞'黄丝带'＞'蒙特马什'＞兰州百合＞岷江百合＞'白狐狸'＞'雪皇后'＞'王室落日'＞'王室之歌'＞'发光'＞'里昂'＞'布鲁勒'。百合品种间抗寒性差异较大，而系列内差异较小。

2. 低温对光合作用的影响

低温导致光合色素的含量和比例发生变化，chla、chlb、类胡萝卜素含量减少，chla/chlb 比值增大（由 chlb 的降解速度比 chla 快所致），chla 比例增大有利于作用中心对光能的即时转换，也是百合适应逆境的表现。光合过程中的暗反应是由酶所催化的化学反应，因而受温度影响。低温抑制了百合叶片的光合作用，低温时叶片膜脂呈凝胶相，叶绿体超微结构受到破坏，叶片的净光合速率（Pn）、叶肉细胞间隙 CO_2 浓度（Ci）明显下降。低温导致百合叶片的最大光化学效率（Fv/Fm）、潜在光化学效率（Fv/Fo）、最大量子产额（Yield）、光合电子传递速率（ETR）、光化学猝灭系数（q^2）数值减少，而初始荧光（Fo）、非光化学猝灭系数（q″）则增加，最终导致百合叶片的光合作用能力减弱。在连续低温处理后，百合幼苗叶片明显黄化、萎蔫，部分叶绿体表现结构异常，双层被膜完整性丧失，基质和基粒片层变得松散，一些片层内腔膨大，叶片结构受到严重损伤，细胞失去正常的功能。

3. 低温对百合生理活动的影响

（1）对叶片抗氧化酶系统的影响　低温处理后，抗冷性差的百合叶片 SOD、POD、CAT 活性降低，抗冷性强的品种则相反，其活性的变化趋势能反映作物抗寒能力。

（2）对叶片脯氨酸含量的影响　3 ℃和 6 ℃的低温使得百合苗期叶片中脯氨酸的含量明显增加。当百合植株处于低温胁迫状态时，其体内的游离脯氨酸具有一定的保护作用，它能维持细胞结构、细胞运输和调节渗透压等，使植株表现出抗性。

（3）对百合叶片电导率的影响　低温强度越高，百合体细胞电导率增加的幅度越大，细胞膜系统受到破坏的程度也就越高。

（4）对叶片蛋白质含量的影响　通常认为，植物体内可溶性蛋白质增加有利于提高抗冷性。百合在低温下既有蛋白质的合成，也有蛋白质的降解，当蛋白质降解大于合成时，结合蛋白质游离到细胞液中导致细胞结构破坏或蛋白质分解产物的毒害作用就可能引起百合冷害。

（5）对叶片核酸含量的影响　当百合遭受低温胁迫时，体内的核酸含量就会下降，低温导致核酸含量减少不但与其合成有关，还可能与它的分解增强有关。

4. 低温与干旱复合胁迫对百合生长和生理指标的影响

逆境环境（低温、干旱等）对百合的植株高度、茎粗、叶面积等指标具有负面影响，复合胁迫对植物的影响可能不是单一胁迫的总和，而是两种胁迫因子的协同或拮抗作用。

宗建伟等（2022）探究表明干旱处理和亚低温处理的株高增长速率与对照差异不显著，而亚低温干旱交互处理显著低于对照。单一胁迫和复合胁迫处理根冠比均显著高于对照，且低温干旱交互处理根冠比最大。两个单一胁迫相比，亚低温对生长的影响要大于干旱。亚低温和干旱胁迫单一处理时叶片的厚度显著大于对照，而亚低温和干旱胁迫复合处理时，叶片厚度、栅栏组织和海绵组织厚度均低于对照。干旱胁迫下海绵组织厚度与叶片厚度呈极显著正偏相关，亚低温胁迫下栅栏组织、海绵组织厚度与栅海比呈显著正偏相关和显著负偏相关。按照主成分综合评分，由大到小依次为干旱处理>对照>亚低温处理>亚低温干旱处理。轻度干旱胁迫下百合能通过增加根生物量分配和叶片厚度来减轻伤害，而亚低温和亚低温干旱交互处理对百合的伤害较大，显著抑制植物的生长。亚低温和干旱胁迫是华北地区常见的非生物胁迫，影响百合生长、发育，是降低百合观赏价值的主要原因。百合属植物的地下鳞茎对水分比较敏感，水分过多鳞茎容易腐烂，而水分过少，又导致其生长发育不良。因此，水分是影响百合正常生长发育的关键因素之一。关于干旱对百合的影响已有研究报道，当土壤水分不足时，植株生长减弱，株高、地上部分和地下部分产量都显著降低。干旱胁迫对植株的影响在形态上表现为减少叶片数量及单叶叶面积等，在叶片解剖结构上表现为栅栏组织厚度、海绵组织厚度和栅海比等的改变。在实际生产时，可通过观察百合长势，了解植株是否存在亚低温和干旱胁迫，并采取相应对策满足植物对温度和水分的需求，减少经济损失。

5. 百合栽培中低温胁迫发生时期和应对措施

百合栽培中低温胁迫一般发生在冬季和早春。

生产对低温胁迫的应对措施如下。

（1）选用抗（耐）低温品种 抗低温、促全苗、保全苗，关键是选择抗（耐）低温的品种。因地制宜确定品种，做好选种、种子播前处理等工作，提高种子的生命力，提高发芽势。选择偏早熟的品种，也是避免遇低温冷害减产的重要措施。

（2）栽培措施 适时早播，早播可巧夺前期积温 100~240 ℃。应掌握在 0~5 cm 地温稳定通过 7~8 ℃时播种，覆土 3~5 cm，集中在 10~15 d 播完，达到抢墒播种、缩短播期，从而向前延长苗期生育日龄，充分利用有效积温。地膜覆盖，地膜覆盖在百合上的应用，可以有效地增加地温，使生育期延长 10~15 d；地膜覆盖可以抗旱保墒保苗，提高土壤含水量，促进土壤微生物活动，加速土壤中养分分解，从而促进百合的生长发育，是抵御低温冷害，实现高产稳产的有效措施。采用百合覆膜栽培，重点是掌握铺膜和揭膜两个关键技术，确保苗全、苗壮。苗期施磷肥、早追肥，苗期施磷不仅可以保证百合苗期对磷素的需要，而且，还可以提高百合根系的活性，对于缓解百合低温冷害有一定的效果。同时，早追肥可以弥补因地温低造成的土壤微生物活动弱、土壤养分释放少、底肥及种肥不能及时满足百合对肥料的需求，从而促进百合早生快发，起到促熟和增产的作用。加强田间管理，采取深松、早躺、多躺等措施，改善土壤环境、提高百合植株根系活性，增强百合的抗低温能力。

（3）化学调控 植物生长调节剂如脱落酸、细胞分裂素、生长延缓剂 Amo-1618、芸薹素内酯和 B$_9$ 等的施用，都可增强百合的抗低温能力。如百合种子播前用福美双处理，可提高百合的抗寒性。

（二）高温胁迫

1. 高温胁迫对百合生长和生理指标的影响

（1）对百合植株的直接伤害 直接伤害是高温直接影响组成细胞质的结构，在短期（几秒到几十秒）出现症状，并可从受热部位向非受热部位传递蔓延，从而出现明显的热害症状，如水渍状斑块或组织坏死，从而影响作物细胞的结构和功能。出现这样的直接伤害症状，一方面是因为高温逆境时，生物膜功能键断裂，导致膜蛋白变性，膜脂分子液化，膜结构破坏，正常生理功能就不能进行，最终导致细胞死亡；另一方面是由于高温逆境直接引起百合植株体内的蛋白质变性和凝聚，蛋白质降解为氨基酸，代谢紊乱而致。

（2）对百合生长发育的影响　高温使百合单株干重和叶面积变小，比叶重增大，叶片伸长速率减慢，根冠比在 20~30 ℃范围内呈 "V" 形变化趋势。在营养生长与生殖生长共进阶段，高温使百合生长速率（CGR）和叶面积比（LAR）增大，但净同化率（NAR）下降。

（3）对百合生理生化的影响

蛋白质代谢及脯氨酸变化，高温会使作物体内的蛋白质发生降解，作物体内游离氨基酸含量增加，是百合适应高温的一种保护性适应。脯氨酸是植物体内的一种重要的渗透调节物质，它能加强高温条件下蛋白质的水合作用，有利于植物细胞结构和功能的维持，减轻高温胁迫造成的氨毒害。周斯建等（2005）研究表明，铁炮百合幼苗在 37 ℃/32 ℃高温处理下，Pro 含量、MDA 含量和相对电导率明显上升，且 3 种指标间具有显著相关性，可以作为耐热性鉴定指标。37 ℃/32 ℃处理下，幼苗外观形态与生理指标变化基本一致，能反映出幼苗耐热性。35 ℃/30 ℃、39 ℃/34 ℃处理下各指标间不具显著相关性。王凤兰等（2008）发现，麝香百合不同基因型间的抗热性存在明显差异。8 个基因型的抗热性由强至弱顺序：K1-1、K2-7、K1-2、F1、K2-2、Wforest、G、Wfox。邢晓蕾等（2010）为了解兰州百合的耐热性，对兰州百合组培苗进行高温胁迫（37 ℃/32 ℃、40 ℃/35 ℃、43 ℃/38 ℃）处理，测定不同温度对幼苗外观形态和叶片相对电导率、叶绿素含量、过氧化物酶（POD）、超氧化物歧化酶（SOD）活性、MDA（丙二醛）和可溶性蛋白含量等指标的影响。结果表明，兰州百合幼苗在高温处理下，叶绿素含量下降，膜透性增大，相对电导率增加，MDA 含量、SOD、POD 活性均呈现先升高后降低的趋势。兰州百合能耐受 43 ℃/38 ℃、40 ℃/35 ℃高温 72 h、96 h，37 ℃/32 ℃的温度对兰州百合基本没有伤害。

光合作用相关参数变化，高温影响叶片细胞类囊体的物理化学性质和结构组织，导致细胞膜的解体和细胞组分的降解。高温使百合苗期叶片叶绿素和类胡萝卜素含量降低，PSⅡ的效率（Fv/Fm）和量子产量（Yield）下降，光合强度降低，同时，气孔导度（GS）下降，但气孔限制值（Ls）变小，表观量子效率（AQE）和羧化效率（CE）降低，胞间 CO_2 浓度升高，高温下叶片的光合机制遭到破坏，非气孔因素是光合降低的主要原因。

激素含量变化，植物的生长发育并不是受某一种激素的调节，而是几种激素保持一定的平衡关系，相互作用的结果。

　　质膜透性与酶保护系统变化，高温使作物质膜饱和程度下降，质膜透性增大，电解质外渗量增大，电导率升高，膜脂过氧化产物—丙二醛（MDA）的含量增大。蒋瑶等（2019）为了解贵州野生湖北百合的耐热性，对其设置不同高温（28 ℃、31 ℃、34 ℃、37 ℃、41 ℃、43 ℃）和不同时间（12 h、24 h、48 h、72 h）处理，测定各处理对叶片的膜透性、抗氧化物系统保护酶、可溶性物质等生理指标。结果表明，随着温度升高和时间的延长，MDA 含量上升、相对电导率增加，膜透性增强；可溶性糖含量、Pio 含量呈现升高趋势；CAT 活性呈现先升高后下降趋势。同一温度下，随着时间的延长，各处理 POD 活性呈现先升高后下降趋势，但 43 ℃处理呈持续升高；31 ℃、34 ℃和 37 ℃处理不同时间 SOD 活性呈现下降–升高–下降趋势变化，28 ℃、40 ℃和 43 ℃处理呈现先降低后升高趋势；可溶性蛋白质含量呈升高–降低–升高的变化趋势。通过主成分分析，MDA 含量、POD 活性、Pro（脯氨酸）含量和可溶性糖含量是野生湖北百合高温胁迫的主导指标；其次，SOD 活性、可溶性蛋白含量也是次要的指标。杨利平等（2012）发现，28 ℃时，百合的 SOD、POD 酶活性最高，初始荧光参数（Fo）和最大荧光产量参数（Fm）极显著上升并达到峰值；31 ℃时，可溶性蛋白质量分数显著上升，根系活力极显著上升并达到峰值；37 ℃至40 ℃，SOD 酶活性、Fo、Fm 又有缓慢上升的趋势。高温逆境下百合亲本和杂交种对测定指标反应不完全一致，杂交种耐热性介于亲本之间或高于亲本。

　　2. 百合栽培中高温胁迫发生时期和应对措施

　　较长时间的持续高温一般集中发生在 7 月中旬至 8 月上旬。

　　应对措施如下。

　　（1）选育推广耐热品种　筛选和种植高温条件下叶片较厚、持绿时间长、光合积累效率高的耐热品种，这是降低高温伤害的有效措施。

　　（2）合理密植，采用宽窄行种植　采用宽窄行种植。在低密度条件下，个体间争夺水肥的矛盾较小，个体发育较健壮，抵御高温伤害的能力较强，能够减轻高温热害。在高密度条件下，采用宽窄行种植有利于改善田间通风透光条件、培育健壮植株，使得百合耐逆性增强，从而增加对高温伤害的抵御能力。

　　（3）调节种植期，避开高温天气　百合可以春种，也可以秋种。春播百合可在 4 月上旬适当覆膜早播，使百合开花期避开高温天气，从而避免或减轻危害程度。食用百合不仅可以作为观赏植物，还能作为一种健康食材来养护，它种植的最佳时间为秋季 8—9 月，这个时间段的温度稳定在 15~28 ℃，符合食用百合喜欢凉爽环境的习性。

（4）苗期抗旱和耐热性锻炼　苗期蹲苗进行抗旱锻炼，提高百合的耐热性。蹲苗要因地制宜，遵循"蹲湿不蹲干，蹲肥不蹲瘦"的原则，在适墒时蹲苗 15 d 左右。在百合出苗 10~15 d 后进行 20 d 的抗旱和耐热性锻炼，使其获得并提高耐热性，减轻百合一生中对高温最敏感的花期对其开花的影响。

（5）加强肥水管理，提高植株耐热性　通过加强田间管理，培育健壮的耐热个体植株，改良田间小气候环境，增强个体和群体对不良环境的适应能力，可有效抵御高温危害。具体措施：科学施肥，重视微量元素的施用，以基肥为主，追肥为辅；重施有机肥，兼顾施用化肥；注意 N、P、K 平衡施肥（比例为 3∶2∶1）。中微量元素 Zn、Cu、B 等对百合生殖生长有良好促进作用，特别是 Zn、Cu 元素能增强花柱和花药的活力及抗高温、干旱能力。微量元素可作为基肥施用，也可能在百合生长期喷施，既有利于降温增湿，又能补充作物生长发育必需的水分及营养，但喷施时须增加用水量，降低浓度。另外，叶面喷施脱落酸（ABA）也可提高植株的耐热性。适时灌水可改善田间小气候，降低株间温度，增加相对湿度，可有效减轻高温对百合的直接伤害。

（6）中耕锄草　"锄头底下有水"，通过中耕除草，改变土壤通透性，减少地面水分蒸发、流失，促进根系生长。

（7）适期喷灌水　可直接降低田间温度，使植株获得充足水分，增强蒸腾作用，降低冠层温度，有效降低高温胁迫，也可部分减少高温引起的呼吸消耗。有条件的可利用喷灌将水直接喷洒在叶片上，降温幅度可达 1~3 ℃。

（8）施用植物生长调节剂　在百合上施用植物生长调节剂如芸薹素内酯，可以有效减轻高温胁迫对百合生长过程的不利影响，显著抑制高温胁迫条件下百合叶片光合性能的下降，提高光合产物由源器官向库器官的分配比例，减少花型和花色的退化，提高鳞茎产量，有效抑制高温危害。

三、盐碱胁迫

盐碱地是指土壤里面所含的盐分影响到作物正常生长的一种土壤类型。由于土壤盐化与碱化往往相伴发生，长期以来，人们将土壤可溶性盐分的增加笼统地称为"土壤盐碱化"。事实上，在内陆盐碱地中，由碱性盐，例如

Na₂CO₃、NaHCO₃ 等所造成的土壤盐碱化可能比由中性盐（如 NaCl、Na₂SO₄ 等）所造成的土壤盐化更加严重。已有研究表明，中性盐胁迫与碱性盐胁迫本质上是两种性质不同的胁迫，确切地说前者可以称为盐胁迫，后者则称为碱胁迫。而且相比较来看，碱胁迫具有更大的生态破坏力。盐分是影响植物生长和产量的一个重要环境因子，而高浓度盐分会造成植物减产或死亡。不同植物对不同盐碱的耐受水平不同。盐碱胁迫几乎影响植物所有的重要生命过程，例如萌发出苗、生长、光合作用等。

（一）盐碱胁迫对百合生理活动的影响

百合原产于北半球温带，适宜在排水良好的微酸性环境中生长，属于对盐敏感植物。土壤盐碱度是关系到百合能否正常生长的关键因素，而中国北方大部分地区水和土壤偏盐碱性。左智锐等（2006）探讨了麝香百合组培苗在盐胁迫下一些生理指标的动态变化，确定 MDA 含量及电导率均可作为百合抗盐性评价的稳定指标。刘艳妮等（2010）利用离体培养结合 EMS 诱变剂筛选出的百合耐盐突变体更适应高盐环境，诱变百合抗盐性显著提高。张延龙等（2011）以来自秦巴山区的 5 种野生百合为材料，以耐盐指数、相对生长率及相对叶绿素指数为指标，在组织培养条件下初步评价 21 份野生百合的耐盐性差异，利用 SAS 软件，采用离差平方和法对 21 份野生百合材料进行聚类分析，筛选出耐盐类群和盐敏感类群。

1. 盐碱胁迫对百合形态指标的影响

左志锐等（2005）研究表明，盐胁迫下东方系百合 Sorbonne 和亚洲系百合 Prato 的株高增加缓慢，茎粗生长受到抑制，净光合速率显著下降，蒸腾速率下降 CAT、POD 活性先升后降，可溶性蛋白含量与脯氨酸含量变化不一致。但与 Prato 相比，Sorbonne 在生长后期叶片数目变化不大，叶绿素含量下降，POD 活性上升，蒸腾速率上升，CAT 活性呈明显下降趋势，MDA 含量较对照明显升高；从整个取样时期来看，SOD 活性波动较大，Prato 在耐盐能力方面较 Sorbonne 强。Prato 品种在低盐浓度处理下，叶肉细胞内细胞器丰富，叶绿体片层排列整齐，高盐处理导致细胞器减少，叶绿体解体；而 Sorbonne 品种在低盐处理水平表现异常，细胞器降解，叶绿体空化，片层排列松散，且在两品种内线粒体较叶绿体早出现异常，可能是线粒体结构的损伤进而功能丧失，最终导致叶绿体结构和功能的破坏，叶片衰老。盐胁迫对两个不同百合品种株高、茎粗的生长和叶片数目的增加抑制程度不同。从总体上来看 Sorbonne 对盐胁迫较 Prato 敏感。叶片净光合速率、蒸腾速率随盐浓度增高而明显下降，但又有所不同，表现为在较高盐处理浓度下 Sorbonne 蒸腾速率有所升高。Sorbonne 叶绿素含量明显下降，Prato 则变化较小。本试验结果表明 Prato 内 SOD、POD 与 CAT 酶活性较对照明显升高且变化趋势一致；这表明在叶片中两者在盐胁迫下活性升高是协同效应以行使清除氧自由基的功能；Sorbonne 则有所不同表现为 CAI 与 SOD 一致，且 CAI 呈滞后效应为诱导表达，POD 在高盐浓度下活性有所升高。在盐胁迫下酶活性水平的变化反映了两种百合植物对氧自由基代谢平衡的不同调控关系。Prato 品种蛋白质含量随时间的推移和盐胁迫强度的增大均表现先上升后下降的趋势，而 Sorbonne 的蛋白质含量则相对波动较大。Prato 的脯氨酸含量随着盐胁迫增强呈明显的递增趋势，Sorbonne 脯氨酸含量总体上呈上升趋势，但波动较大。盐胁迫下品种 Sorbonne MDA 含量均高于对照 Prato。则只随生长时间不同而有所变化。由此推断盐胁迫直接影响细胞的膜脂和膜蛋白使脂膜透性增大、活性氧的积累和膜脂过氧化随之产生 MDA 所以在取样前期两百合品种 MDA 含量均呈上升趋势；同时盐胁迫使细胞失水，引起渗透势的变化。但是由于不同百合品种在逆境下生理应激表现不同，决定了其对体内活性氧代谢平衡的调控能力的强弱，从而也促使细胞进入不同的生长发育方向。

2. 盐碱胁迫对百合生理生化指标的影响

左志锐等（2006）发现，NaCl 胁迫下麝香百合根系和叶片丙二醛（MDA）含量及电导率均较对照明显升高，且根系 MDA 含量低于叶片，但脯氨酸（Pro）含量变化规律不明显；随盐胁迫时间延长，超氧化物歧化酶（SOD）、过氧化物酶（POD）、过氧化氢酶（CAT）和抗坏血酸过氧化物酶（APX）活性均呈先升后降的趋势，但根系酶活性变化幅度明显小于叶片；同时盐胁迫处理还降低了百合叶片和根系中的 ASA 含量，但根系 ASA 含量下降幅度小于叶片。与叶片相比，百合根系耐盐性更强；MDA（丙二醛）含量及电导率均可作为百合抗盐性评价的稳定指标，而 Pro（脯氨酸）含量则不宜。'东方系 Sorbonne'百合完全不耐盐，因此在我国北方地区一直没有高质量的'东方系'百合花产出。'亚洲系 Prato'和'庸香系'比'东方系'稍耐盐碱，但在我国北方水土条件下也达不到最佳生长状态。亚洲系百合 Prato 耐盐能力较东方系百合 Sorbonne 强。这两个不同百合品种耐盐能力差异可能是保护酶系统和脯氨酸等有机渗透调节物质共同作用的结果。在盐胁迫条件下耐盐品种 Prato 和不耐盐品种 Sorbonne 叶绿体的超微结构差别很大，这说明维持正常的亚微结构是植物具有耐盐机能的重要基础。盐分对线粒体超微结构的影响较叶绿体早出现异常，表明线粒体结构的异常是叶绿体结构和功能受到损伤的细胞学原因之一。质体是一类合成积累和同化产物的细胞器，其中叶绿体因能进行光合作用为最重要的质体细胞器。在无盐处理和低盐胁迫下 Prato 品种叶肉细胞内细胞器丰富、结构正常、叶绿体结构亦表现正常；在高盐协迫下，叶绿体结构开始出现异常并逐步降解。而 Sorbonne 品种在低盐浓度下，叶绿体则出现异常，叶绿体结构破坏是造成光合作用下降的重要原因，Prato 品种净光合速率高于 Sorbornne 品种。戴伟民等（2001）、柯玉琴（1999）研究表明质体是反应最灵敏的细胞器，在盐胁迫条件下，耐盐和不耐盐百合品种叶绿体的超微结构差别很大，维持正常的亚微结构是植物具有耐盐机能的重要基础。线粒体是保证细胞内新陈代谢活动正常进行的能量供给者，也是最不敏感的细胞器，但盐分对线粒体超微结构的影响通常会因植物耐盐性的不同而有所差别。在对照和低盐胁迫下，Prato 品种线粒体丰富，叶绿体结构正常，而 Sorbonne 品种则表现为线粒体形态各异，数量较少；随着盐处理浓度的提高，叶绿体片层松散、降解，线粒体结构的异常是叶绿体结构和功能受到损伤的细胞学原因。在不同盐胁迫条件下，不同百合属植物叶肉细胞内相继出现了不同程度的质壁分离现象，耐盐品种 Prato 较敏感品种 Sorbonne 较晚出现此类现象，可能是亚微结构，如液泡等有渗透调节能力的结构和组织存在数量和功能上的差异有关，致使在不同盐处理浓度下发生质壁分离现象最终叶肉细胞吸收不到营养和水分，提前衰老，功能丧失。百合栽培种起源于不同的野生种，经过人们的不断培育定向选育出不同品系的地方栽培种，这也决定了其不同的生物学特性，包括抗病虫以及抗逆性，如耐盐能力表现的不同。

（二）应对措施

1. 选用耐盐碱品种

在治理盐碱土的各项技术措施中，生物措施被普遍认为是最为有效的改良途径，即通过筛选适应盐碱环境的优良抗盐品种来开发利用盐碱地。可推广种植耐盐百合品种，也可充分利用现有百合耐盐基因培育出新的高抗盐百合品种。

李雅男等（2016）发现，耐盐碱的岷江百合和对盐碱敏感的东方百合'索邦'，百合叶片中各种物质的变化趋势基本相似，但岷江百合的各种物质含量或者活性均高于'索邦'。随着 $NaHCO_3$ 胁迫浓度的增加，两种百合叶片中的可溶性蛋白、脯氨酸含量增加，可溶性糖含量先升后降；SOD、GR 的活性和 AsA 的含量先上升后下降，APX 的活性和 GSH 的含量在低浓度胁迫时无明显变化，高浓度胁迫时显著下降；'索邦'Na 主要积累在成熟叶和新生叶中，岷江百合则主要积累在茎和成熟叶中，且能维持根、成熟叶和新生叶中较高水平的 K/Na 值；岷江百合中的草酸、乳酸和乙酸含量都一直增加或高于对照，'索邦'中的苹果酸和乙酸含量一直增加。与'索邦'相比，岷江百合在低浓度 $NaHCO_3$ 胁迫下提高 SOD 活性和 AsA 含量，高浓度 $NaHCO_3$ 胁迫下增加可溶性蛋白的含量并保持可溶性糖的稳定性，是其耐盐碱性较强的原因之一。

孙明茂等（2018）研究表明，国内外搜集的 32 份百合种质可聚为 2 类，类 I 为耐碱性的百合种质，包含 19 份种质；类 II 为敏碱性的百合种质，包含 13 份种质。19 份百合种质中期株高变异范围为 5.12~22.38 cm，平均值为 12.16 cm，标准差为 4.17，变异系数为 34.33%。单株花数的变异系数最大为 51.28%，其次为中期株高，而播花历期的变异系数最小为 4.21%。综合加权隶属函数值耐碱性评价和公因子载荷矩阵耐碱性评价方法，19 份百合种质中'大黄蜂''正直''红芯'耐碱性强，其次是'类沂 1'和'眼线''细叶百合''岷江百合''兰州百合'耐碱性较弱。二维排序分析中同时兼顾第 1 公因子和第 2 公因子的百合种质主要有'大黄蜂''正直''眼线''类沂 1''红色警报'和'底特律'。SPAD 值、叶片氮含量、中期株高、熟期株高和播花历期可作为百合种质全生育期耐碱性评价的重要指标；加权隶属函数值耐碱性评价和公因子载荷矩阵耐碱性评价方法可作为百合种质全生育期耐碱性综合评价方法。

张延龙等（2011）研究表明，不论从耐盐指数、相对生长率，还是从相对叶绿素指数来看，百合材料间的耐盐性差异都达极显著水平。宜昌百合、卷丹与野百合耐盐性较强，山丹和宝兴百合为盐敏感百合。

2. 综合栽培管理措施

盐碱地一般有低温、土瘦、结构差的特点，以水肥为中心，工程措施、农业措施、生物措施相互结合，是改良盐碱地的有效途径。

（1）改良土壤　盐渍土的改良利用是一项艰巨而复杂的生态工程，其不仅受技术发展的限制，还受到社会及经济因素的制约。水利改良是最早的改良措施，通过排灌防盐工程系统（如挖渠、明沟、暗管、打井），淋溶土壤盐分，排出盐碱水，降低地下水位，保持土壤含水量在一定范围内。中国在 20 世纪 50—60 年代，对盐碱地的改良多偏重于农业措施，如开沟躲盐、蓄雨淋盐、种稻改盐、种植绿肥、增施有机肥等；70 年代以后随着国家经济的发展，逐步形成以工程措施为主，如淡水压盐、挖沟排水洗盐、引黄放淤、筑堤种植等，取得了良好的效果。

（2）肥水措施　通过对盐度和肥力之间关系的研究，改进施肥方案，减轻盐分对作物生长的抑制作用。有机肥经微生物分解、转化形成腐殖质，能提高土壤的缓冲能力，并可与碳酸钠作用形成腐殖酸钠，降低土壤碱性；腐殖酸钠还能刺激作物生长，增强抗盐能力；腐殖质可以促进团粒结构形成，从而使孔度增加，透水性增强，有利于盐分淋洗，抑制返盐；有机质在分解过程中产生大量有机酸，一方面可以中和土壤碱性，另一方面可以加速养分分解，促进迟效养分转化，提高磷的有效性。因此，增施有机肥料是改良盐碱地，提高土壤肥力的重要措施。当土壤中水溶性钙含量高时，百合抗盐性增强，增施含钙的肥料，可提高盐环境中植物的生存能力及抗病能力；增施钾肥、磷肥也能提高作物对盐胁迫的适应能力。盐碱地施用化肥时，要避免施用碱性肥料，如氨水、碳酸氢铵、石灰氮、钙镁磷肥等，应以中性和酸性肥料为好。硫酸钾复合肥是微酸性肥料，适合在盐碱地上施用，有改良盐碱地的良好作用。

四、灾害性天气及其应对

人类在进行农业生产活动的过程中，受到自然环境的影响非常大。有利的光照、热量、水分等气象条件，可以使农业生物获得更高的产量和更好的品质。不利的气象条件往往造成减产，甚至带来灾难性后果，从而对人类的生产、生活乃至生存造成危害。据统计，各种自然灾害中，气象灾害对农业造成的危害最重。

（一）各百合产区灾害性天气常见种类

程洪发（2019）、冯秀藻等（1994、1986）认为农业气象灾害并不是气象灾害，其与气候等概念也不尽相同。农业气象灾害是结合农业生产而得出的，对于农业生产具有负面影响，诸如导致减产，甚至颗粒无收的特殊气象情况。并不是所有的特殊气象都是气象灾害，只有特殊气象现象影响了农业生产，使得农作物减产、停产等，才可以称为农业气象灾害。百合种植遍及全国，种植过程中导致显著减产或设施严重损坏的灾害性天气有冰雹、大风、雨雪、霜冻、寒潮及渍涝等。

（二）发生和为害特点

1. 冰雹

冰雹是一种地方性强、季节性明显、持续时间短暂的天气现象，害主要有3个方面：一是砸伤。冰雹从几千米的高空砸向百合，轻者造成落花伤叶，重者砸断茎叶和花朵。二是冻伤。由于雹块积压作物田造成作物冻伤。

三是地面板结。由于冰雹的重力打击，造成地面严重板结，土壤不透气造成间接为害。此外，冰雹的出现还伴有暴风，对百合的植株造成伤害，导致倒伏。

2. 大风

风害是指出现日风级≥6 级，或 10 min 风速≥11 m/s 的天气过程。风灾的种类较多，可分为热带气旋（包括台风、飓风和热带风暴）、龙卷风、沙尘暴和暴风雪等。风灾对农作物的生产和栽培均有严重的影响。百合生育期间的风害主要发生在冬季、春季至夏初。百合生长中后期遇到大风，尤其同时出现强降水天气过程时常导致百合倒伏的发生，特别是高产田块，田间密度大，百合开花后植株上重下轻更易倒伏。百合倒伏后，功能叶相互重叠，有效光合面积下降，倒伏常造成 10% ~ 30% 及以上的减产，而且倒伏时期越早，对产量的影响越大。

3. 雨雪

雨雪主要是对农作物的冻害和物理伤害。雨雪持续过长，可能导致叶片折断、叶片受冻等危害，给百合带来损失，特别是暴雨。

4. 霜冻

作物生长发育需要最适宜的温度，过高过低对作物生长均不利。农业气象学将霜冻定义为，在植物生长季内，由于土壤表面、植物表面及近地气层的温度降到 0 ℃ 以下，当植株体温降至 0 ℃ 以下时，植株体内细胞脱水结冰，导致农作物损害或者死亡。

蒋德赏等（2009）认为，霜冻易发生在冬季的 1—2 月，百合属喜凉作物，对低温有一定的耐受能力，但当气温下降到 -3 ℃ 时，导致叶片组织细胞间隙或细胞内部结冰，叶片僵化皱缩，叶色发紫，低温持续时间越长，叶组织受冻越严重。随着天气变暖，叶内冰晶吸热融化，组织内水分供应失调，叶片就会因缺水呈烫伤状，最后叶片变黄、变白，受冻部分枯萎，造成整株死亡。霜冻、霜害会造成百合生理性膨叶病，轻微霜冻导致幼苗叶片虚肿，霜冻严重时，造成生长点死亡而使植株生长停滞。

5. 寒潮

寒潮是冬季的一种灾害性天气，群众习惯把寒潮称为寒流。所谓寒潮，就是北方的冷空气大规模地向南侵袭，造成大范围急剧降温和偏北大风的天气过程。寒潮一般多发生在秋末、冬季、初春时节。长江流域及其以南地区，因丘陵山地多，冷空气南下受山脉阻滞，停留堆积，导致洞庭湖盆地和浙、闽丘陵地区出现的冻害持续时间长、温度低，并常伴有降雪、冻雨天气，部分江河湖泊封冻，使农作物、百合和柑橘类经济林木遭受严重冻害。

（三）应对措施

1. 霜冻

（1）农田林网化　农田林网化是指在农田四周种植林带对农田起到保护的作用。这是为改善农田小气候和保证农作物丰产、稳产而营造的防护林。由于呈带状，又称农田防护林带；林带相互衔接组成网状，也称农田林网。在林带影响下，其周围一定范围内形成特殊的小气候环境，能降低风速，调节温度，增加大气湿度和土壤湿度，拦截地表径流，调节地下水位。在农田林网建设中，主林带应采用较宽的林带，林带间距不宜过大，一般最好 150 m 左右，最大不超过 200 m，以提高防霜冻效果，同时还有改善农作物生长的生态环境的好处。采用林粮间作也是一种较好的形式，也可以兼得促进农作物增产的综合生态效果。

（2）加强田间管理　及时清沟排涝，并有效防止春雨危害。冰雪融化，冻土散落，极易造成田间沟渠阻塞，渍水伤根，因此要对百合田进行及时清沟排渍，以养护根系，增强其吸收养分的能力，保证百合生长发育及恢复生长所需要的养分。

（3）保温措施　霜冻后应及时清理霜渣或积雪，加固设施大棚，调控温度湿度，增强设施保温抗寒能力。利用一切条件提高近地面层温度，如布设烟堆、安装鼓风机等，打乱逆温层，对近地层有显著的增温效果，其中，熏烟一般能提高近地层温度 1~2 ℃。另外，密闭大棚采取覆盖草帘、无纺布、遮阳网或多层覆盖等保温措施，但要在中午度较高时适当揭除覆盖物见光，以促进作物的光合作用。有条件的地方还要采用加温、人工补光增温，以培育壮苗，防止徒长和冻害发生。

（4）施肥模式　在寒潮来临前早施有机肥，特别是用半腐熟的有机肥作基肥，可改善土壤结构，增强其吸热保暖的性能。也可利用半腐熟的有机肥在继续腐熟的过程中发出热量，提高土温。可用暖性肥料壅培，有明显的防冻效果，常用的有厩肥、堆肥和草木灰等，这种方法简单易行，但要掌握好本地的气候规律在霜冻来临前 3~4 d 施用。

（5）预防病虫害　百合受冻害后，组织极易受病菌侵染，应及时喷施多菌灵、甲基硫菌灵等杀菌剂进行保护。

2. 寒潮

控制 N 肥用量，增施 P、K 肥。叶片受冻，在苗期最易发生。N 肥施用过多，冬前长势过旺，叶片组织柔嫩，叶片冻害严重，尤其是在冬季少雨情况下，更容易造成干型冻害。低洼地等应注意清沟排渍，防积水、结冰加重冻害；露地栽培用稻草覆盖，减轻冰冻危害。大棚加盖草垫、双层薄膜等保温材料，提高棚内温度。

3. 渍涝

渍涝在三江平原及中国类似地区的洼地、平地、坡地和岗地常发生，治理的配套技术主要包括：以"沟、管、洞、缝"为主体的"闸站干、支、斗、农，毛槽井管洞缝"系统配套体系；以排出残积水为主要对象，以缝隙排水为新机理，以治理低洼水线为重点，地上地下工程结合；推广以"深挖沟、精埋管、密打洞、多造缝"的治理模式。通过上述治理，地表残积水 1 日排出，地下水（包括上层滞水）雨后 3 日从地表降至 40～60 cm（水田 30～50 cm），雨后 7 d 满足履带机械耕作，半个月满足轮式机械作业。

第三节　连作障碍及其应对

百合栽培成功与否不仅受基因控制，环境也是影响百合产量及品质的重要因素。百合连作障碍是指百合在同一块地连年种植的情况下会出现产量与品质逐年下降的现象，主要表现在病虫害严重，植株生长受限，生理功能衰退，根茎逐渐变小，花苞变短而小，花瓣出现斑点，品质变差。随着百合规模化生产不断扩大，百合市场供不应求、育种面积减少，而原本经济效益高的百合因连作障碍问题面临品种退化严重、抗性低、效益差等危险局面，已严重影响百合的产量和品质，还威胁着百合的供应和临床用药安全，制约了百合市场的可持续发展。

朱珏等（2023）认为，百合作为一种社会需求大、生态适应性窄的经济作物，连作已成为百合在集约化、规模化农业和园艺生产中最常见的模式，百合连作障碍主要表现为种子发芽率降低、死苗率提升，在生长期内易患立枯病、根腐病、斑枯病和白绢病等，造成了百合长势变弱、产量降低、品质变差等系列问题的产生，严重的连作障碍甚至会导致其绝收。陈军华等（2019）认为，百合属于根茎类植物，连作障碍较为普遍，加上百合可作为药材、蔬菜及切花品种，经济价值高，种植面积逐年扩大，连作障碍问题日趋严峻，导致百合产量和质量严重下降。连作对百合的产量和品质均有较大影响，以甘肃兰州为例，当地的细叶百合因连茬导致减产一半，甚至减产至 1/3，严重的几乎绝产，独头率下降 20% 以上。连作导致兰州百合叶面积减小，光合作用减弱，体内活性氧代谢紊乱，导致兰州百合生长受到严重抑制，干物质积累和鳞茎产量降低。赵银彦等（2018）认为，由于适种区耕地面积有限，随着种植面积的扩大，倒茬年限缩短，连作障碍问题十分突出，连作障碍导致的减产幅度达40%左右，已成为百合生产的瓶颈。现有研究结果表明，土壤养分偏耗严重、根际土壤自毒物质积累、土传和气传病害流行等是产生连作障碍的主要原因。种植10年以上百合的地块，土壤速效钾严重亏缺、有机质缺乏、土质黏重，速效钾含量分级由中等至偏高降为低至极低；连作9年的地块土壤盐渍化明显。百合根际能分泌邻苯二甲酸，它是一种重要的自毒物质，且易在土壤中积累，具有抑制百合根系生长、降低根系活力、增强镰刀菌的致病活力的负面效应，导致百合对水肥的吸收能力下降，镰刀菌、细极链格孢菌等真菌性病害加重；连作地块百合的黄化现象加剧；连作土壤土传和气传病害感染率达到60%以上。黄钰芳等（2018）的研究证实了上述结论，并进一步发现连作对兰州百合的苗期、鳞茎膨大期及成熟期均存在抑制作用，且随着连作年限延长作用加剧。其他百合品种如卷丹百合、龙牙百合以及切花百合连作后长势变弱、种球退化、病虫害发生严重以及鳞茎产量、品质下降，甚至绝收的现象也有不少报道。可见，连作障碍是百合生产实践中普遍存在的问题，严重制约了百合产业的健康发展。

一、百合连作障碍形成机制

百合连作障碍产生的原因十分复杂，已有大量研究证实是土壤、植物、微生物共同作用引起，主要包括化感自毒作用、土壤养分及理化性状改变、土壤微生态失衡、病虫害增多等几个方面。

（一）土壤因子

土壤因素一直是百合连作障碍成因研究的重点，研究表明土壤速效钾严重亏缺、酸性太强、有机质缺乏且质地过黏重等严重影响百合的质量问题。李瑞琴等（2015）发现百合种植土壤重金属的潜在生态危害风险为Cd>As>Hg>Pb>Cr，Cd、Pb和Hg的蓄积和潜在污染应该重点防范。土壤养分减少、土状恶化均是连作障碍产生的影响因素。土壤微生物是土壤有机复合体的重要组成部分之一，而土壤酶则参与了土壤中的多种物质循环，所以百合的生长发育必然受到土壤微生物和土壤酶活性的调节与影响。张亮等（2008）研究表明百合根际土壤微生物的种类、数量和酶活性的变化在百合不同生长发育时期、品种和生长势之间有很大差别。李润根等（2021）发现龙牙百合和铁炮百合连作后根际土壤细菌群落结构发生了显著变化，且龙牙百合不耐连作的原因可能与变形菌门、拟杆菌门菌群丰度升高和酸杆菌门、放线菌门菌群丰度下降有关。百合枯萎病、叶枯病、黄化病均是土传病害，其中对百合鳞茎部最有影响的是枯萎病，在连作下的百合防治尤其困难，对百合的产量、品质及市场价格均有不同程度的影响。

1. 土壤养分、结构及理化性状变化

土壤养分及理化性状是决定植物生长状况的根本要素，属于非生物因素。百合连作可导致土壤表层盐分聚积、板结加剧、速效钾严重亏缺、质地黏重等现象，还使土壤逐渐盐碱化，氮、磷、钾等养分失衡，部分酶活性显著下降，并伴随多种酚酸类物质逐年积累。通过对比高产田与低产田之间理化指标的差异，有机质含量、氮元素、速效钾等可能是制约兰州百合鳞茎产量的重要因素。冯游滔（2016）发现龙牙百合连作后会导致土壤持续酸化，继而破坏百合对土壤养分的吸收。可见，土壤质量下降是造成百合连作障碍的主要因素之一，包括土壤物理性状改变、养分失衡、盐碱化、酶活降低和有害物质积累等多个方面。

2. 土壤微生态失衡

土壤微生物的群落结构变化属于连作障碍的生物因素，与上述非生物因素相比，研究起步相对较晚。Shang 等（2016）利用 Illumina 高通量测序技术分析了连作 3 年的健康百合和发生枯萎病的百合根际土壤微生物群落差异，发现发病组根际土壤细菌类微生物比健康组保持较高的多样性，而真菌类微生物多样性趋势则刚好相反，但总体微生物群落功能多样性显著下降，其中发病组土壤中丰度相对较高的有镰刀菌、丝核菌、黄萎病菌、青霉菌和锈腐病菌 5 个病原菌属；而健康组中丰度相对较高的菌属只有芽孢杆菌属 1 种。陈君良等（2016）发现，龙牙百合连作后有机分泌物增多引起的 pH 值下降，导致连作地中以青霉菌属和镰刀菌属为主的致病真菌数量和种类增多，而以厚壁菌门的乳酸链球菌为主的细菌数量和种类也高于非连作地。

（二）化感自毒效应

连作条件下，上茬植物根系分泌物和植株腐解的化感自毒物质在土壤中积累，干扰下茬植物的正常生理代谢，导致其生长发育受阻。黄钰芳等（2018，2021）对兰州百合自毒作用的研究中，得出百合根与鳞茎所含自毒物成分的种类差异性较大的结论，并进一步验证了典型自毒物质对苯二甲酸二辛酯和抗氧剂 2246 对兰州百合幼苗生长的影响，显示不同的自毒物质对同种植物产生的作用效果有所差异，发现化感自毒物质间复杂多样的作用特点。马文月（2019）证实了龙牙百合根系分泌物中存在多种化感自毒物质，并且鉴定 N，N-二乙基-二甲基苯甲酰胺为从龙牙百合根系分泌物中分离鉴定出的新化感自毒物质。

化感作用（Allelopathy）是指植物通过合成并向环境释放化学物质而产生对自身和其他生物直接或间接的作用，自毒作用（Autotoxicity）是化感作用的一种特殊的作用方式，是发生在种内的生长抑制作用，属于非生物因素。目前百合的化感自毒相关研究主要包括化感物质的分析鉴定、化感作用对受体植物的化感效应以及对自身的自毒效应等。

1. 化感物质

主要有脂肪酸、酯、醛、酚类等多种类型的化合物，不同品种化感物质种类和含量均存在显著差异。

2. 化感作用

徐鹏（2011）、Cheng（2013）发现，水培切花百合'西伯利亚'根系分泌物对萝卜、番茄等 4 种受体作物的种子萌发和幼苗生长均产生了不同程度的抑制作用。兰州百合土壤浸提液对马铃薯和豌豆存在低浓度的化感促进作用和高浓度的化感抑制作用。除了根系分泌物，'西伯利亚'百合的茎叶、花、鳞茎等器官水浸液对莴苣、黄瓜和大葱等 5 种受体作物的萌芽和幼苗生长均有一致的化感效应，且具有浓度效应，鳞茎和花的抑制效应强于茎叶。百合对观赏植物也能产生化感作用，例如亚洲百合鳞茎水浸液对一串红、金鱼草、雏菊、石竹等 4 种观赏植物的种子发芽和幼苗的生长表现为高浓度抑制、低浓度促进双效性，而茎叶水浸液总体呈现出抑制作用。樊生丰（2017）发现，不同浓度的兰州百合土壤浸液对党参等药材幼苗生长也会产生抑制作用。可见，百合对蔬菜、花卉及药材等多种受体植物均能产生化感效应。

3. 自毒作用

黄炜等（2018）就化感自毒物质 2,4-二叔丁基苯酚与尖孢镰刀菌、茄病镰刀菌等致病微生物对兰州百合枯萎病的协同作用进行了研究，结果表明 2,4-二叔丁基苯酚与致病镰刀菌对兰州百合枯萎病的发生具有协同作用，外源 2,4-二叔丁基苯酚可加重由茄病镰刀菌或尖孢镰刀菌侵染所引起的兰州百合枯萎病发病程度。2,4-二叔丁基苯酚通过改变植物根际栽培介质酶活性，促进栽培介质微生物类型由"细菌型"向"真菌型"过渡，劣化植株根际微生态环境，抑制根系生长发育，破坏植株抗氧化酶系统与自由基之间的动态平衡，降低叶片光合效率，进而降低植株生长势，抑制植株的生长，最终降低植株的抗病性。自毒物质多数来源于植物次生代谢产物，而次生代谢产物的合成与累积往往受制于所处环境的变化，环境胁迫下可提高次生代谢产物的含量。黄钰芳等（2018）以试验证实，连作2年和4年土壤中化感物质种类较正茬明显增加，且主要物质对苯二甲酸二辛酯在连作4年土壤中相对含量达到41.43%，较2年土壤增加了19.77%，表明随着连作年限的增加，环境胁迫强度加大，导致百合根际环境中化感物质种类和数量增加。反之，自毒物质的累积又是引起连作障碍的主要因素之一。吴秀华等（2014）认为根系中存在的自毒物质能够破坏光合结构及光合生理特性，降低光合色素含量，从而影响巨桉生物量的积累。张如义等（2016）也认为叶内含有的化感物质能够影响幼苗抗氧化酶系统，破坏活性氧代谢平衡，导致膜脂过氧化，最终抑制幼苗的生长。黄钰芳等（2018）试验也证实了植前连作土壤中残存的自毒成分是降低百合植株光合能力，破坏植株体内抗氧化酶活性，抑制自身生长，导致障碍效应发生的因素之一。同时，在生长发育过程中，百合植株又进一步产生多种化感物质，通过挥发、雨淋等方式对同茬及下茬百合产生一定的障碍效应。陈君良等（2016）研究发现，兰州百合根系分泌物对自身幼苗具有低浓度促进、高浓度抑制的双效应，其自毒作用的产生是由于高浓度根系分泌物改变了百合幼苗叶片超氧化物歧化酶（SOD）、过氧化物酶（POD）和过氧化氢酶（CAT）活性、根系活力、叶绿素、丙二醛（MDA）和脯氨酸（Pro）含量所致。兰州百合根及鳞茎水浸液能够抑制自身幼苗生长，且存在浓度效应，并指出自毒作用是导致兰州百合连作障碍的重要原因之一。WU Z等（2015）研究证实了邻苯二甲酸（Phthalic acid，PA）是导致兰州百合自毒作用的化感物质之一。

连作对百合植株的生长生理特性、营养代谢、产量和品质均有较大影响。例如连作使百合植株的根系活力下降、株高变矮、叶面积减小、叶绿素含量降低的同时，还降低了百合体内SOD、POD、CAT的酶活性，使MDA活性氧自由基不断积累，导致植株膜脂的正常结构及过氧化功能受损伤，进而直接影响百合的生长发育、干物质积累和鳞茎产量。黄钰芳等（2018）研究认为，百合长期连作后植株长势变弱、种球退化、大田病虫害发生严重以及鳞茎产量品质下降，且这种大田连作障碍在生产实践中普遍存在。调查发现，随着连作障碍的加剧，百合主产区发生转移，例如湖南龙山百合的种植区域逐渐向周边的湖北来凤县、湖南永顺县转移。

二、百合连作障碍的生物学机理

（一）土壤微生物区系变化

土壤微生物群落多样性指数、丰富度及其均匀度指数均随着连作年限的增加而降低，连作导致土壤中有益微生物类群减少，而不利微生物类群增加，从而对植株正常的生命活动产生不利影响。百合连作 3 年后，土壤总体微生物群落功能多样性显著下降，病害严重的土壤中，镰刀菌、丝核菌、黄萎病菌、青霉菌、锈腐病菌等 5 种病原菌在土壤中丰度相对较高，而未发病的百合土壤中丰度相对较高的菌属只有芽孢杆菌属 1 种。武志江（2015）的研究结果也表明，百合连作土壤中，链格孢菌、灰葡萄孢菌和炭疽刺盘孢菌等致病菌在连作土壤中相对丰富度较高，而丛枝菌根真菌、木霉属这些植物有益菌相对丰富度降低。百合连作土壤中真菌病原菌累积增多，有益菌减少，可能是百合连作产量降低、病害加重的因素之一。冯游滔（2016）也得出了相似的研究结论。张亮等（2008）发现在重茬温室中栽培的各品种百合花芽分化期以前根际土壤微生物量和酶活性变化不明显，花芽分化期以后迅速升高。根际土壤细菌和放线菌的量比首茬大田各个品种均有下降，根际土壤真菌的量增加，但其根土比均小于首茬大田各品种根际土壤真菌的根土比。根际土壤脲酶和碱性磷酸酶活性比首茬大田各个品种均有升高，根际效应增大。根际土壤过氧化氢酶活性略有减小，根际效应变化不明显。在温室中重茬栽培的各品种百合的生长势和虫害均低于大田各品种。不同品种百合间与首茬大田对比，‘白狐’变化对比最明显，‘普瑞头’和‘雪皇后’变化对比较小。Wu 等（2015）发现，兰州百合根际分泌物邻苯二甲酸可以刺激尖孢镰刀菌生成更多地以镰刀菌酸为主的真菌毒素，促进百合枯萎病的发生。除了细菌和真菌外，病毒感染也是造成百合产量、品质降低和连作障碍的重要原因之一。百合的主要致病病毒单独，或 2 种甚至 3 种同时侵染百合，抑制百合的生长和鳞茎膨大。连作导致上述各种百合病虫害加剧，使百合减产 1/3~1/2，甚至绝收，严重制约百合产业健康持续发展。

（二）土壤酶环境变化

土壤酶是表征土壤质量水平的一个重要生物指标，土壤酶活性对生态系统的物质转化、能量流动及土壤肥力的形成起着重要作用，可作为评价土壤肥力的重要指标。孙鸿强等（2017）研究表明，百合连作使得大田土壤 pH 值和含盐量均上升，出现土壤盐碱化的趋势；同时，土壤酶环境也发生了变化。随着百合连作年限增加，大田土壤过氧化氢酶和蔗糖酶活性降低，脲酶和碱性磷酸酶活性增加。张亮等（2008）也得出了相似的研究结论，重茬百合大田土壤中过氧化氢酶活性降低，重茬百合的生长势有所降低，进而影响百合的产量。

（三）植株抗性酶活性变化

植物在进化过程中逐渐形成了消除活性氧的抗氧化酶系与非酶促系统，过氧化物酶（POD）、过氧化氢酶（CAT）、超氧化物歧化酶（SOD）是保护酶系统的主要酶，在植物遭受逆境时，可通过清除活性氧等自由基来减轻对植物细胞膜的伤害，进而提高植物细胞对逆境胁迫的抵抗力。其中，POD对植物的呼吸作用和光合作用都有一定的保护作用，可清除体内活性氧，CAT主要清除线粒体电子传递、脂肪酸氧化中产生的 H_2O_2。在生产实践中，百合在连作2年以后，植株可能会出现生长势减弱、抗逆性和抗病性下降的现象，导致百合发病率升高，主要原因是百合连作破坏了百合植物体内活性氧产生与清除之间的动态平衡，引起活性氧的积累，出现氧化胁迫，破坏生物膜的结构和功能，进而影响植物的正常生长，甚至导致植物死亡。为维持体内活性氧的动态平衡，植物的抗性酶活性会随环境发生变化，徐品三等（2014）研究表明，长期连作使百合植株中CAT和SOD含量下降，POD活性先升高后降低，MDA含量持续升高，进而破坏抗氧化酶代谢平衡，使百合植株生长受到抑制、抗性降低。孙鸿强等（2017）认为，连作显著降低了兰州百合的SOD、POD、CAT活性，提高了叶片MDA和脯氨酸含量，且随着连作茬数增加，这种变化程度加剧，引发百合体内活性氧代谢失调以及其他生理代谢紊乱，从而影响百合干物质积累和产量形成。

三、连作对百合植株的生理生态作用及响应机制

黄钰芳等（2018）发现，苗期、鳞茎膨大期及成熟期连作对百合的生长均存在抑制作用，且随着连作年限的延长作用程度增强。同一生长阶段，随连作年限的增加，百合植株中过氧化氢酶（CAT）和超氧化物歧化酶（SOD）含量逐渐下降，过氧化物酶（POD）活性先升高后降低，丙二醛（MDA）含量持续升高。叶绿素总量（Chl）、净光合速率（Pn）、气孔导度（Gs）及蒸腾速率（Tr）呈下降趋势，而胞间 CO_2 浓度（Ci）持续升高。从正茬、连作2年和连作4年土壤中分别鉴定出9种、15种、17种化感自毒物质，主要包括2,3-丁二醇、间苯二甲酸二辛酯、2,2′-亚甲基双-（4-甲基-6-叔丁基苯酚）和对苯二甲酸二辛酯。其中，对苯二甲酸二辛酯在连作2年和4年土壤中含量均达最高值，分别为33.24%和41.43%。连作通过影

响百合植株的光合作用能力，破坏抗氧化酶代谢平衡，从而抑制百合植株的生长，导致连作障碍的发生；连作条件下多种次生代谢物引起的自毒作用是导致兰州百合连作障碍产生的主要原因之一。

（一） 对百合植株生长的影响

黄钰芳等（2018）对正茬和连作百合进行对比研究发现，连作能够抑制百合植株的生长，抑制作用始于苗期而贯穿整个生育期，并且随连作年限的延长作用程度增强。百合整个生育期，连作处理中鳞茎的生长一直受到抑制，并且于成熟期发现，与正茬相比，连作条件下鳞茎个头较小，重量较轻，且表皮颜色发黄，有腐烂现象，这可能就是导致百合产量下降的主要原因。说明作物产量的高低直接受到地上部分光合产物及根系吸收养分和水分的影响，根系是矿物养分和水分的吸收器官，连作对百合根系生长的阻碍效应必将影响根系的正常功能，造成鳞茎及地上部分营养及水分胁迫，导致植株生长缓慢，最终影响百合产量。

（二） 对百合植株光合特性的影响

连作降低了百合叶片中净光合速率（Pn），从而降低了植株的光合作用能力。光合速率的下降或是由于气孔关闭导致的 CO_2 供应不足即气孔因素引起，或是叶肉细胞光合能力受害所致的叶绿素含量下降等非气孔因素限制，或者是两种因素兼而有之。而 Pn 的下降受气孔因素还是非气孔因素限制则取决于 Pn、Gs 和 Ci 的变化方向，若 Pn、Gs 和 Ci 均下降，说明 Pn 的下降受气孔因素限制，若 Pn 和 Gs 下降，Ci 上升，表明 Pn 的下降受非气孔因素限制。Chl 总量下降引起 Pn 的降低，加之叶绿体的捕光能力及能量传递速率受阻，导致光合能力下降，影响植株的正常生长，最终导致百合产量下降。

（三） 对百合植株抗氧化酶活性的影响

正常情况下，植物细胞内抗氧化酶系统能够维持活性氧的产生和清除，但在逆境环境中，活性氧的代谢平衡遭到破坏，细胞膜脂过氧化程度升高，MDA 含量随之增加。随着连作年限的增加，叶片中 CAT、SOD 活性下降越明显，引起细胞内活性氧的大量累积，从而激发了 POD 活性，使其含量增加，提高植物抗胁迫能力。随着连作时间的延长，CAT、SOD 活性先升高后降低，POD 活性持续下降，细胞膜脂过氧化水平不断提高，MDA 含量持续增加。表明连作可以影响百合植株的防御系统和次生代谢过程，使百合植株抗氧化系统紊乱，阻碍次生代谢，引起植株衰老，导致产量和品质下降。

总之，连作抑制百合植株的生长，一方面通过降低百合植株叶绿素含量，影响净光合速率，从而降低光合作用能力。另一方面通过抑制抗氧化酶活性，造成活性氧代谢失调，膜脂过氧化程度升高，破坏细胞膜完整性，从而抑制百合植株生长，阻碍鳞茎膨大，引起百合产量和品质下降。连作土壤中存在的各种化感物质是影响百合植株生理变化，导致障碍效应发生的主要原因之一。

四、百合连作障碍缓解措施

由于百合连作障碍是综合因素作用造成的，百合在生长过程中，其根系分泌多种有机化合物，使其土壤变酸，酸性土壤一方面破坏百合对土壤营养元素的吸收，使百合的正常生长受到抑制，另一方面酸性土壤利于真菌的生长繁殖，导致百合生长期间真病害发生严重、产量和品质受到严重影响。连年种植百合，会不断使土壤酸化，造成百合连作障碍，百合连作障碍的总体防治原则为"预防为主、综合防治"，目前采用较多的是品种选育、农业防治、化学防治和生物防治方法。

（一）抗连作障碍良种挖掘与选育

抗连作障碍品种是整个药用植物栽培研究中的关键环节，也是解决目前中药材栽培中连作障碍问题的最有效方法。同一药用植物的不同植株对其自身分泌的化感自毒物质的敏感程度不同，通过选育抗连作障碍品种，对缓解药用植物连作障碍，保证药材产量和质量，促进中药产业可持续发展具有重要的意义。早在20世纪90年代，Straathof等（1993）调查得出目前为止还未发现对镰刀菌完全免疫的百合野生种或栽培品种的结论，但相比较而言东方百合对镰刀菌抗性最差，麝香百合次之，亚洲百合最强。国内学者在对不同的百合栽培品种进行鉴定后也得出了一致的结果，并筛选出兰州百合、大花卷丹百合、湖北百合、岷江百合等多个对镰刀菌高抗的百合野生种和卷丹百合、宜兴百合等栽培种。刘妍等（2009）发现，百合四倍体材料普遍具有较好的镰刀菌抗性，发现了1个高抗镰刀菌的有性三倍体二倍化变异材料Cai-74，并推测该材料对镰刀菌的抗性可能与其总皂苷含量高有关。罗建让等（2015）通过对近百个麝香百合×亚洲百合远缘杂种后代的镰刀菌抗性鉴定发现，父本亚洲百合的镰刀菌高抗性可以成功遗传给杂种后代，证明通过杂种系间杂交实现百合镰刀菌抗性的渐渗育种切实可行。相对于百合枯萎病而言，百合其他病害抗性方面的研究相对较少。仅有少量研究团队初步分析了不同栽培品种对灰霉病的抗性，发现不同栽培品种对灰霉病的抗性存在显著差异，供试品种中'康斯坦萨'和'索邦'为高抗品种。

（二）农业防治

1. 轮作倒茬

轮作和间套作是减少和避免连作障碍发生的一种传统而有效的农业种植模式，是用地养地相结合的一种措施，有利于提高农业生态系统的生产力，有效调节土壤微生物环境。如何能够有效地将 2 种作物分泌的化感物质进行有益结合是轮作需要处理的关键问题，其次是减少连作下植株土传病害和自毒现象的发生，提高百合的质量与产量。

李慧斌等（2009）指出在同一块地上将百合和其他花卉或者能与之产生相互化感作用的作物实行 3~5 年的轮作倒茬，可有效预防枯萎病病害发生。还可以通过调节土壤酸碱度，达到预防枯萎病的目的，将百合与大豆、花生、红薯等作物进行轮作，减轻病害的发生。百合与夏毛豆轮作的方式可以充分地利用太阳光、热和土地资源，不仅提高了复种指数，还可缓解土壤的理化性状，具有较好的研究前景。王立仕（2018）通过试验发现水稻与百合轮作对于切花百合种植效果极明显，泡水闲置组优于干旱闲置组。杨春起（2007）、樊生丰（2017）倒茬轮作研究发现百合与豆类、瓜类和茄果类蔬菜轮作可以促进百合植株的生长，与叶菜类轮作苗期生长缓慢，马铃薯和豌豆可作为兰州百合较好的前茬作物。与旱作轮作相比，水旱轮作对切花百合的生长效果最佳，是有效克服切花百合连作障碍的重要措施。李泽森等（2015）研究发现水浸泡时间的增加能够显著控制百合疫病的发病率和蛴螬的为害率，显著增加百合的产量和品质。百合与晚稻轮作种植模式不仅能有效降低百合病虫为害，还可提高土地利用率，生产上应综合考虑采用最适宜当地物候期的播种时间以保证百合和晚稻产量。

2. 土壤处理

土壤中病原菌数量是改善土壤环境的重要因素之一，寻求高效环保的新型土壤消毒技术是目前绿色农业发展的重要研究热点。土壤灭菌的主要目的是消除土壤中存在的有害微生物对百合生长的抑制作用，同时不影响土壤的理化性质。方少忠等（2021）研究揭示棉隆和热水处理均能有效改善百合根际土壤真菌群落结构，且棉隆处理后前期抑制强，菌群变化较明显，如果在处理土壤后增施有益菌，即可获得更为理想的结果。周佳民等（2016）研究后表明石灰、多菌灵、抗重茬菌剂等药剂可以显著抑制细菌、真菌数量的增长，对百合大田土壤消毒后，均能降低百合的发病率，抑制细菌和真菌的生长，促进植株生长发育，尤其是石灰消毒土壤的防病和增产效果显著。生物炭因不仅具有孔隙发达、芳香化程度高的富炭微孔结构，而且在土壤改良和作物增产方面潜力巨大，被认为是一种绿色生产技术，达艳凤等（2020）研究表明 15 000 kg/hm^2 施用量可为挖掘生物炭对百合连作障碍缓解效应提供参考依据。

3. 合理施肥

土壤养分状况是科学施肥、养分分区管理和有效控制土壤养分流失的理论和科学依据，有机肥料具有较强的阳离子代换能力，能显著提高养分的利用率，同时还能够加速土壤团聚体的形成，改善土壤理化性质。微生物菌肥除具有一般肥料的功能之外，还具有生物防治作用；生物菌肥能增强土壤微生物群体联合作用，改善土壤环境，分解残留农药，消除土传病虫害和连作障碍，使叶绿素含量增加，促进植物生长，降低产量损失。因此在百合种植过程中应根据土壤肥力情况，适当增加土壤有机质和磷肥施用量为宜。于彦琳等（2021）研究表明，微生物菌剂与硅肥配施在一定程度上逆转了兰州百合连作状态下根际微生态环境的恶化，这种措施结合了有益微生物和硅元素的优良特性，能够提供植物生长所需要的营养元素，改良百合的根际土壤环境，提供其更加稳定和丰富的微生物生态环境。1 m^2 土壤的氮磷钾肥用量分别为 12 g、6 g、15 g 时，亚洲百合的株高、叶面积、叶片数、花苞长及花径等性状均出现最大值。张芬芬等（2012）研究发现施用草炭不能对碱性土壤起到有效的改良作用；碱性土壤下 N、Ca 肥的过量施用会影响微量元素的吸收，造成百合产量和品质的下降。在钾肥与有机肥的配施处理下，高量钾肥与高量有机肥施用条件下食用百合根际土壤中蔗糖酶、碱性磷酸酶和脲酶的酶活性均为最高，且有机肥与钾肥配施处理中以双高施肥量下对鳞茎产量的提高最明显，土壤酶、速效钾、硝态氮与鳞茎产量间呈显著或极显著性正相关，有效磷则与之呈现相反效果。

（三）化学防治

筛选的土壤调节剂、杀菌剂和碱性肥料有利于提高百合连作土壤的 PH 和营养元素，并降低百合真菌病害，提高百合产量和品质。采用化学药剂防治病虫为害，具体方法详见第四章第一节。

（四）生物防治

生物防治技术主要是通过生物或生物的次生代谢产物进行防治，因具有绿色、环保、高效的优点，越来越受到人们的重视，在百合生防方面也取得了一些研究进展。周佳民等（2020）提出使用生物农药、施用微生物制剂和施加生物质材料等 3 种克服百合连作障碍的生物防治技术，并展望了百合连作障碍生物防治技术的发展趋势。化学制剂是防治百合连作障碍的主要手段，化学防治虽然快速有效，但存在产品品质下降、污染环境、破坏土壤根际微生物环境等问题。因此，选用高效低毒低残留的生物农药防治百合连作障碍是热点和难点。生物防治具体方法详见第四章第一节。

连作障碍的绿色防控是保障百合产业长远发展的有效途径。其中优质的种鳞茎是解决连作障碍的重要途径之一，生产上除了需要选用无病、无伤口、健壮的种鳞茎外，还要注意品种的选择，以提高产量。百合育种是百合产业链的顶端产业，我国目前的百合育种工作严重滞后，已经成为制约我国百合产业的发展关键因素之一，因此百合优良品种选育迫在眉睫。因此，挖掘、培育百合抗病性强、高产、质优的优良品种是绿色防治的一个工作重点。另外，加大生物防治技术和高效、低毒、低残留、环境友好型农药的研发、应用和推广，有助于百合优良品种的保质、保量和绿色生产，实现百合生产安全、产品质量安全和生态环境安全，推进我国百合产业健康、长远发展。

第五章　百合品质及综合利用

第一节　百合品质

百合中含有淀粉多糖、蛋白质、膳食纤维、脂肪、果胶、百合苷、生物素、秋水仙碱、维生素 C、维生素 B_1 及硒、铜等矿质元素成分。蛋白质、多糖、粗纤维和黄酮含量是衡量百合品质及药用价值的重要指标。粗纤维是一种不能被人体消化的碳水化合物，不仅可以调节人体肠道健康，而且还能有效防止心血管疾病、糖尿病和结肠癌等。黄酮和多糖是百合中重要的活性物质与百合的药理作用有密切关系，具有抗氧化、抗肿瘤、调节免疫力等功效。

影响百合品质的因素既有自然因素的影响，也有人为因素的影响。

（一）自然因素

1. 光周期

李凌慧等（2015）实验论述，糖类和光周期是植物成花启动中的重要因素，二者相互作用，共同调节植物成花。新铁炮百合（*Lilium formolongi*）具有短生育期的特性，在适宜条件下，一年内可实现从播种到开花。为此，对新铁炮百合品种'雷山三号'实生苗进行不同光周期和外施蔗糖的处理，探究其对内源糖、海藻糖-6-磷酸含量及对成花诱导的影响。结果表明，在长日照条件下外施蔗糖可以提高抽薹率，并缩短抽薹时间和可见花蕾出现的时间；同时提高植株体内蔗糖和海藻糖-6-磷酸的含量。植株体内葡萄糖含量受光周期影响较大，呈现不同变化趋势，而果糖含量在四种不同处理中未表现出明显变化趋势，并且植株体内海藻糖-6-磷酸和蔗糖含量呈现显著正相关。综合而言，光周期是新铁炮百合成花启动的主要影响因素，外施蔗糖在长日照下对成花的促进作用更为明显。

2. 区域性差异

林玉红等（2019）为甘肃兰州食用百合适宜种植区域划分提供科学依据，通过采用对比分析方法，研究种植环境对百合鳞茎总糖和粗纤维含量的影响。结果表明，永靖、临洮和渭源种植区兰州食用百合鳞茎 8—10 月总糖含量和粗纤维含量的变化趋势不尽相同。总糖含量，永靖和临洮 1～3 年生均呈先升后降趋势，渭源 1 年生呈先升后降趋势，2 年生和 3 年生则呈先降后升趋势；粗纤维含量，永靖 1 年生和 3 年生呈先升后降趋势，2 年生呈先升后降再升趋势；临洮 1 年生和 2 年生呈先升后降趋势，3 年生呈上升趋势；渭源 1～3 年生均呈先升后降趋势。3 年生兰州食用百合采挖期鳞茎总糖含量均值为渭源>临洮>永靖，3 者间差异达极显著水平；粗纤维含量均值为临洮≤永靖<渭源，渭源百合鳞茎粗纤维含量与永靖、临洮间差异极显著，永靖与临洮间差异不显著。不同种植区兰州食用百合营养品质存在区域性差异。

林玉红等（2020）研究兰州食用百合不同种植区干物质累积和粗淀粉、粗蛋白含量变化规律，分析地域差异。用生长分析方法，检测百合鳞茎干物质累积和粗淀粉、粗蛋白含量变化特征。结果是不同生长年限永靖县、渭源县、临沈县种植区兰州食用百合鳞茎干物质累积增长幅度不同，3 个种植区相比较，百合鳞茎干物质累积量差异均达极显著水平（$P<2.27$）。3 年生兰州食用百合鳞茎干物质累积量大小为临沈县>渭源县>永靖县。百合鳞茎粗淀粉含量临沈县高于永靖县和渭源县，粗淀粉含量高低顺序为：临沈县>永靖县>渭源县；百合鳞茎粗蛋白含量临沈县高于永靖县和渭源县，粗蛋白含量高低顺序为临沈县>永靖县>渭源县。3 年生兰州食用百合，渭源县和临沈县种植区鳞茎干物质累积量与粗蛋白含量均呈极显著正相关。研究结论是不同种植区兰州食用百合营养物质含量不同，区域间差异显著。

林玉红等（2022）以不同种植区生长的 1～3 年生兰州百合为供试材料，采用生长分析方法对不同生长时期地下鳞茎的营养物质进行检测，记录种植区气温变化数据。结果显示，10 月 9 日永靖关山乡、渭源田家河乡、临淀玉井镇 3 个种植区 1～3 年生兰州百合鳞茎粗淀粉含量相比较，差异均达极显著水平（$P<1\%$）。粗淀粉含量从高到低均为临况玉井镇、永靖关山乡、渭源田家河乡。不同种植区的气温对 1～3 年生兰州百合生长后期鳞茎粗淀粉含量影响不同。3 年生兰州百合生长后期，渭源田家河乡百合鳞茎粗淀粉含量与平均最高气温、平均最低气温和平均温差显著正相关；临淀玉井镇百合鳞茎粗淀粉含量与平均最高气温极显著负相关，与平均温差显著负相关。

其余种植区与各气温因子相关性不显著。不同种植区的兰州百合生长后期鳞茎膨大生长速度和粗淀粉累积不同，品质差异明显。

卢堃等（2023）研究分析榆中县、临洮县、永靖县、七里河区、渭源县等兰州百合种植区内生长 3 年的兰州百合矿质元素成分的含量差异，为兰州百合产地判别提供数据参考。试验采用火焰原子吸收光谱法测定钙、镁、锌含量，氢化物原子荧光光谱法测定硒含量，酸溶钒钼黄比色法测定磷含量，酸溶-火焰光度法测定钾含量，指标数据经统计和 PCA 分析后进行评价。结果显示，榆中种植区中的兰州百合钙、镁、钾含量在 5 个种植区中最高，锌和磷含量最低；渭源种植区兰州百合磷含量在 5 个种植区中最高，钙、镁、硒、钾在 5 个种植区中最低；永靖种植区兰州百合锌含量在 5 个种植区中最高；七里河种植区中兰州百合硒含量在 5 个种植区最高；临洮种植区兰州百合 6 种矿质元素含量处于中等水平。经 PCA 分析发现 Mg、Ca、Se 为兰州百合特征性元素，通过测定可有效区分及判别兰州百合生产区域。试验结果表明甘肃省不同产地兰州百合矿质元素含量存在差异且呈现地域性特征。

3. 环境因子

卢堃等（2023）为明确气候环境与兰州百合品质之间的关系，通过试验对甘肃省榆中县、临洮县、渭源县、永靖县、兰州市七里河区 2019—2021 年度气象数据与当地兰州百合 20 种营养成分含量进行了气候环境因子主成分分析、养分含量与气候环境因子 RDA 和相关性分析，为兰州百合拓展适宜生态区提供科学参考。结果显示：榆中、临洮、渭源、永靖、七里河生态区主要气候环境因子是纬度、气温、pH 值、日照、昼夜温差、经度、无霜期、海拔、降水量。降水量对兰州百合养分含量的变化影响达极显著水平（$P<0.01$）；pH 值和无霜期对养分含量变化的影响次之。蛋白质含量与降水量呈极显著负相关（$P<0.01$）。粗脂肪含量与海拔呈极显著负相关（$P<0.01$），与年最低气温呈显著正相关（$P<0.05$）。可溶性糖含量与 pH 值、年最高气温呈极显著负相关（$P<0.01$），与平均气温、年均最高气温呈显著负相关（$P<0.05$）。总灰分含量与纬度、pH 呈显著正相关（$P<0.05$），与降水量呈显著负相关（$P<0.05$）。镁元素含量与 pH 呈显著正相关（$P<0.05$）。锌元素含量与年最低气温呈显著正相关（$P<0.05$），与经度、日照呈显著负相关（$P<0.05$）。硒元素含量与年均最高气温呈极显著正相关（$P<0.01$），与平均气温、pH 值、年最高气温、年均最低气温呈显著正相关（$P<0.05$）。磷元素含量与纬度、日照、pH 呈显著负相关（$P<0.05$）。钾元

素含量与纬度呈显著正相关（P<0.05），与降水量呈显著负相关（P<
0.05）。兰州百合生态区受气候环境因子的影响程度由高到低表现为七里河
区（QLH）>永靖县（YJ）>榆中县（YZ）>临洮县（LT）>渭源县
（WY）。临洮和渭源生态区兰州百合营养品质受气候环境因子影响较小，产
品质量表现稳定；七里河、永靖和榆中生态区兰州百合营养品质受气候环境
因子影响较大，产品质量表现不稳定。综合营养品质含量与气候环境因子之
间的关联性，建议在今后的种植规划中将兰州百合作为临洮、渭源产业结构
调整的特色优势作物进行培育，为乡村产业振兴增加新的亮点和活力。

（二）品种因素

孙红梅等（2012）曾为探讨百合鳞茎内淀粉含量与淀粉磷酸化酶
（SP）活性变化的关系，以亚洲百合和兰州百合为试材，对鳞茎发育过程中
母鳞茎、新鳞茎内淀粉含量以及 SP 活性的变化进行测定。结果表明，2 种
百合母鳞茎淀粉含量展叶期前均呈下降趋势，而后迅速升高，展叶后 40 d
达到最大值，之后 2 种百合淀粉含量均下降，亚洲百合下降趋势较为明显；
新鳞茎淀粉含量总体呈上升趋势，其中亚洲百合新鳞茎淀粉含量在枯萎期达
到最大值，而兰州百合在植株半枯期达到最大值。百合发育过程中淀粉的积
累与 SP 的含量呈正相关，发育过程中 2 种百合淀粉含量的变化趋势与 SP
变化趋势基本一致，但鳞茎内淀粉含量最大值与 SP 活性高峰并非同步出
现，说明 SP 与百合鳞茎淀粉合成有关，却非参与合成淀粉唯一的酶。

郎利新等（2022）介绍，他们曾以 20 份不同（品）种、不同产地的百
合鳞茎为材料，采用聚类分析及主成分分析方法对 47 种营养成分进行检测
分析。结果表明，不同（品）种的百合营养成分种类基本相同，含量具有
明显差异，百合样品的淀粉、果胶、蛋白质、氨基酸、钾和锌等矿质元素含
量较高，其余营养成分含量较低，具有高蛋白、富含果胶、富钾、富锌、低
钠和低脂的特点。'穿梭'的总游离氨基酸和总矿质元素含量最高，漫水河
卷丹的总脂肪酸、蛋白质和脂肪含量最高，宝兴百合的总维生素和粗纤维的
含量最高，'索邦'的淀粉及'木门'的果胶含量最高。聚类分析将三个产
地的卷丹聚为一类，总游离氨基酸、脂溶性维生素、蛋白质、单不饱和脂肪
酸含量在卷丹中较突出，具有较高的食用价值和药用价值。主成分分析结果
显示，百合样品中'穿梭'的鳞茎在多个营养指标上表现突出，适宜作为
观赏、食用兼用的百合进行开发。

张青等（2012）为探讨百合不同品种和组织中蛋白质的表达特征及其
生物学功能，以'西伯利亚''索邦''黄天霸'3 个百合品种为试验材料，

采用一维凝胶电泳—液相色谱—质谱技术，对不同品种与组织的差异表达蛋白质组分进行分析与鉴定。结果表明，SDS-PAGE 图谱显示，百合叶片中蛋白质组分最为丰富，其不同组分间的表达量差异也最大，花丝中差异最小，花瓣、花药、柱头、子房等介于两者之间；在 3 个百合品种之间，检测到 6 个蛋白质条带的表达量存在差异。质谱鉴定结果表明，这些差异条带共包含了 28 个蛋白质组分，分别参与叶绿素结合、光系统组成、光合碳固定、糖代谢、蛋白质合成与修饰（磷酸化、糖基化）等生理过程。上述差异蛋白质组分的分离与鉴定，为进一步研究百合遗传特性的分子机理、挖掘其功能基因等提供了一定的试验基础。

（三）人为因素

百合品质不仅受自然生态条件的影响，还受施肥、品种、播种期、密度、植物生长调节剂、灌溉以及其他栽培措施的影响。

1. 施肥

大量研究表明，氮、磷、钾肥的施用及其合理配比是提高肥料利用率、增加作物产量、改善作物品质的重要因素。孙红梅等（2004）研究认为植株营养吸收的关键时期为幼苗至现蕾期，鳞茎发育对钾营养的需求大于氮和磷。黄鹏（2007）研究认为氮磷钾肥均有利于百合植株生长，配合施用能促使植株生长健壮；钾肥和氮磷钾配施能较大幅度提高百合鳞茎产量。黄伟等（2009）研究表明，食用百合的田间施钾量（K_2O）以 81 kg/hm^2 经济效益最高。赵欣楠等（2009）在施用钾（K_2O）对兰州百合抗旱性生理指标的影响研究中发现在 0 ~ 150 kg/hm^2 施用钾肥范围内，随着施用量的增加，叶片丙二醛含量降低、可溶性糖含量、过氧化氢酶活性和脯氨酸含量增加有利于提高百合的抗旱性，若高于 150 kg/hm^2 则抗旱性降低。

路喆等（2011）在黄土高原陇中半干旱地区的榆中县小康营乡坡耕地条件下，研究了不同浓度 Zn、B、Mn 肥喷施对兰州百合干物质积累分配、产量和氮磷吸收的影响。结果表明，在氮磷钾肥充足的土壤中，喷施浓度为 200 mg/L 的 Zn 肥、100 mg/L 的 B 肥和 100 mg/L 的 Mn 肥均能有效促进兰州百合对氮磷的吸收转运，增加兰州百合鳞茎产量，改善鳞茎品质，提高肥料的利用效率。林玉红等（2011）在大田旱作条件下，通过田间小区试验，研究了施用磷肥（P_2O_5）150 kg/hm^2、钾肥（K_2O）225 kg/hm^2 的基础上，不同施氮水平（0 kg/hm^2，75 kg/hm^2，150 kg/hm^2，225 kg/hm^2；N0，N75，N150，N225）对兰州百合产量、养分吸收及品质的影响。结果表明，兰州百合总糖、粗淀粉和水溶性糖总体均随着施氮量的增加而下降，粗纤维和粗蛋白含量随着施氮量的增加呈先升后降再升高的变化趋势，其中施氮条件下百合粗蛋白含量均高于 N0，而水溶性糖含量均低于 N0。当施氮量为 75 kg/hm² 时，总糖和粗淀粉含量比 N0 显著提高（增幅 3.3% 和 5.1%，$P<0.05$）。当施氮量为 225 kg/hm² 时，水溶性糖含量较 N0 下降显著（降幅 6.2%，$P<0.05$）。当施氮量为 75 kg/hm² 时，粗蛋白含量比 N0 极显著提高（增幅 20.3%，$P<0.01$），而当施氮量为 225 kg/hm² 时，比 N0 提高显著（增幅 37.9%，$P<0.05$）。氮肥施用量是影响兰州百合产量和品质的主要因素之一。林玉红等（2011）在兰州市七里河区西果园大田条件下，研究了在施用磷肥 150 kg/hm² 和钾肥 225 kg/hm² 基础上，不同施氮水平（0 kg/hm²、75 kg/hm²、150 kg/hm² 和 225 kg/hm²）对旱地兰州百合干生物量、养分累积动态及氮肥利用的影响，旨在揭示兰州百合需肥规律，为其规范化栽培提供依据。结果表明，适宜施氮量可促进兰州百合植株生长，提高鳞茎养分的转化吸收效率。鳞茎氮磷钾养分吸收不同步，累积量依次为 K>N>P。施氮量只影响鳞茎干生物量和养分的阶段累积量，不改变其累积动态趋势。随施氮量的增加，鳞茎产量、氮累积量和氮肥利用率均有不同程度的提高，施氮量为 150 kg/hm² 时三者均最高，分别达（8 982.1±845.8）kg/hm²，（29.123±1.767）kg/hm² 和（4.97±2.16）%。当施氮量达 225 kg/hm² 时各指标均下降。施氮量为 75 kg/hm² 时氮肥效率最大，为（107.36±11.21）%，此后随氮肥量的增加氮肥效率极显著下降。综合考虑各因素，建议兰州百合基肥的施氮量应为 75 150 kg/hm²。林玉红（2012）在兰州市西果园二阴山区大田旱作条件下，通过田间小区试验，研究了施用氮肥 150 kg/hm² 和磷肥 150 kg/hm² 基础上，不同施钾水平（0 kg/hm²、112.5 kg/hm²、225.0 kg/hm² 和 337.5 kg/hm²）对兰州百合生长、养分吸收累积及品质的影响。结果表明，兰州百合总糖和粗淀粉含量均与施钾量呈显著正相关（$P<0.05$）。粗纤维含量与施钾量呈显著负相关（$P<0.05$），粗蛋白含量与施钾量呈极显著负相关（$P<0.01$）。钾肥是影响兰州百合产量和品质指标的主要因素之一，适宜的施钾量不仅能提高百合产量，还可以提高其品质。林玉红等（2013）大田旱作条件下，研究了氮磷钾不同施肥配比对兰州百合产量、品质和养分吸收的影响。结果表明，兰州百合为喜钾作物，适量施用钾肥可以提高其产量、总糖和粗淀粉含量。李琦等（2020）探究了食用百合根际土壤中酶活性的变化、土壤养分的含量及其对百合鳞茎产量的影响，为食用百合在生产过程中克服连作障碍和有机肥替代化肥施肥管理等方面提供参考依据。采用钾肥和有机肥配施处理的不同组合，通过田间试验，测定各不同

处理对食用百合 0～20 cm 土层土壤酶、土壤养分、植株养分及产量的影响。首先，在钾肥与有机肥的配施处理下，食用百合根际土壤中蔗糖酶、碱性磷酸酶和脲酶的酶活性均在高量钾肥与高量有机肥施用条件下为最高，并且钾肥对酶活性的提高作用强度高于有机肥的作用。特别是在百合植株生长后期，配施的肥效更明显，而且土壤酶活性对有机肥的响应也更活跃。同时，土壤硝态氮、速效钾的含量对钾肥与有机肥配施梯度的响应表现为增长差异持续递减的态势，有效磷的含量与前两者不同之处表现为，随着钾肥施入量的增高而降低。此外，钾肥与有机肥配施处理中以双高施肥量下对鳞茎产量的提高最显著，土壤酶、硝态氮、速效钾与鳞茎产量间呈显著或极显著性正相关，有效磷则与之弱相关。钾肥与有机肥处理能够提高个体发育水平，改善土壤环境，为下一年百合的继续生长储备好丰富的物质，调节好良好的土壤养分状况。何娟等（2021）以兰州百合为试材，研究了播种量和施钾量对兰州百合播种当年生长发育的影响。结果表明，不同处理间兰州百合苗期、现蕾期的株高无显著差异，摘花期的株高存在显著差异（$P<0.05$）；从植株株高的总增加量看，百合植株的生长受播种量与施钾量的影响较大。播种量和施钾量为适中水平（播种量 156 000 粒/hm^2、施钾量 150 kg/hm^2）时对兰州百合植株的生长有促进作用，播种量和施钾量为高水平（播种量 204 000 粒/hm^2、施钾量 225 kg/hm^2）时对兰州百合植株的生长有一定的抑制。不同处理间地上部鲜重、地上部干重、鳞茎鲜重和鳞茎干重存在一定差异。同一播种量下不同施钾量对兰州百合也有较大影响，在适中播种量（156 000 粒/hm^2）与高施钾量水平（225 kg/hm^2）条件下，兰州百合植株整体的物质积累量最大，地上部鲜重、地上部干重、鳞茎鲜重、鳞茎干重分别为（4.76±0.38）g、（2.29±0.33）g、（23.63±2.85）g、（6.49±0.63）g；随着播种量和施钾量的继续增加，兰州百合植株整体的物质积累量有所降低。

中微量元素肥料可以弥补常规单一施肥的不足，还可以提高农作物对养分的吸收、转化、利用以及抗逆性。中微量元素肥料是作物营养体系不可或缺的一部分，影响作物生长发育和经济效益。刘鑫钰等（2024）以兰州百合为研究对象，以铁、镁、锌肥为试验因素，采用"3414"正交试验设计方案，测定铁、镁、锌肥配施对兰州百合根系活力及产量质量。结论为：T6 影响最佳，即铁肥 5 kg/hm^2 的 600 倍液+镁肥 5 kg/hm^2 的 800 倍液+锌肥 5 kg/hm^2 的 800 倍液混合喷施，两两配施对其根系活力及产量质量促进作用由高到低依次铁镁>镁锌>铁锌，单素施肥对其根系活力及产量质量促进作用由高到低依次为锌>铁>镁。铁、镁、锌肥配施对兰州百合根系活力及产量质量具有显著影响，不施肥或过量施肥均会抑制兰州百合的根系活力，降低产量质量。

2. 灌溉

李文美等（2020）以兰州百合为试材，采用遮雨棚人工控水方式，研究了在不同灌溉条件下兰州百合的生长形态、脯氨酸、糖含量、产量及水分利用效率的变化。结果表明，随着灌溉量的增加，兰州百合的株高、叶绿素含量（SPAD 值）、叶片相对含水量、地上部、地下部、产量和水分利用率均增加。在 350 mm 灌溉量下脯氨酸含量显著上升，在灌溉量为 450 mm 条件下兰州百合鳞茎中的淀粉含量、海藻糖含量和多糖含量差异显著且含量最高，可溶性糖随着灌溉量的增加而增加。兰州百合鳞茎中葡萄糖的含量随着灌溉量的增大呈现先升高后降低的趋势。在 550 mm 灌溉量下兰州百合鳞茎中果糖含量最高（2.86 mg/g）。灌溉量在 550 mm 下兰州百合产量（鳞茎质量）显著提高。在 350~450 mm 灌溉量下兰州百合鳞茎中腺苷二磷酸葡萄糖焦磷酸化酶活性最高，450 mm 灌溉量下蔗糖合成酶活性最低，α-淀粉酶活性在 650 mm 灌溉量下最高。不同灌溉量下耗水量和水分利用效率依次为 650 mm>550 mm>450 mm>350 mm。结合兰州百合在不同灌溉量下的产量（鳞茎质量）、淀粉含量、可溶性糖含量、果糖含量等指标，可知在 550 mm 的灌溉量下兰州百合的产量和品质均显著提高，因此兰州百合的灌溉量以 550 mm 最佳。

崔光芬等（2016）以东方百合品种 'Sorbonne' 为材料，在滇中气候条件下研究蕾期不同程度干旱对百合叶片生理生化指标和复水后切花质量的影响。结果表明，随着干旱时间的延长，百合叶片的相对含水量和叶绿素含量大幅下降，气孔密度、丙二醛（MDA）和脯氨酸含量均上升。轻度干旱下，MDA 含量上升缓慢，中度干旱后期上升较快，重度干旱使质膜受到的损害加重，最终影响 MDA 的合成。脯氨酸在轻度干旱早期变化微小，至重度干旱时增幅骤然加大，说明其对水分亏缺的敏感性较 MDA 低。复水至开花期，蕾期干旱对植株花期性状的影响表现为：新梢生长量、株高、花径、花瓣长、宽和花色素含量均与对照差异显著，各性状指标与植株经历的干旱胁迫时间成反比，即蕾期干旱时间越长，切花植株越矮，花朵越小，花色越浅。7 个处理间花期叶部形态（长和宽）变化不显著。蕾期干旱使花朵开放时间延后，经历中、重度干旱的植株复水后花枝质量无法恢复到正常水平。综上，早期轻度干旱对百合切花质量影响较小，尚未造成花枝等级降低，中、重度干旱使切花质量严重下降,失去商品价值。张嘉新等(2021)以亚洲百合'热情'为试验材料,研究不同干旱胁迫程度对亚洲百合株高、根系数量、茎生根数量、叶绿素含量、相对电导率的影响。结果表明,随干旱胁迫程度加深亚洲百合株高降低,根系生长呈明显降低的趋势,茎生根生长受干旱胁迫影响明显,相对电导率增高,叶绿素含量降低。亚洲百合不同生理期抗旱性有显著差异,花期、蕾期受干旱胁迫影响最为明显。因此,在干旱半干旱地区盆栽亚洲百合生产中,可根据百合不同生长时期进行不同的水分梯度供给进行节水栽培,保障现蕾期与花期的水分供给,可提高亚洲百合商品价值与经济效益。党昕等(2023)为研究干旱胁迫对植物农艺性状及其鳞茎品质的影响,以兰州百合为研究对象,对比分析不同干旱胁迫条件下兰州百合的生长特性。在兰州百合的幼苗期、现蕾期和开花期开始胁迫实验,探究干旱胁迫对不同时期兰州百合农艺性状及其鳞茎品质的影响。结果表明干旱胁迫始于幼苗期时,兰州百合生长指标影响较大,因此在开花期轻度干旱胁迫最有利于兰州百合生长发育、提升兰州百合品质。

3. 种植密度

种植密度是作物栽培生产的关键技术之一,合适的种植密度可在有效的种植区域获得最多产出。陈卫国等(1997)研究发现,兰州百合的单株鳞茎质量随种植密度的增加而降低。

李冲等(2011)为了研究不同种植密度对东方百合'西伯利亚'生长及切花品质的影响,试验选用周径 16~18 cm 的东方百合'西伯利亚'为试材,分别设 32 株/m² (处理 A)、44 株/m² (处理 B)、52 株/m² (处理 C) 3 个种植密度处理。结果表明,不同种植密度下的东方百合"西伯利亚"生长发育进程的总体趋势基本一致,种植密度对东方百合"西伯利亚"生长发育进程的影响主要出现在植株生长发育的中后期,但处理间的差异不显著;种植密度对东方百合'西伯利亚'的生物学性状具有一定影响,其中处理 A 的叶片数、比叶重、基根均长以及茎根均长都显著高于处理 C;种植密度对东方百合'西伯利亚'的干物质积累和分配存在一定影响,除了切花产量之外,不同种植密度下的东方百合'西伯利亚'的其他切花品质指标虽然存在一定差异,但均不显著。因此,适当密植不仅对东方百合'西伯利亚'的生长和切花品质不会造成较大的影响,而且还可以有效地利用各种资源,增加单位面积的切花产量,进而提高切花生产企业的经济效益。

刘常秀等(2019)在永靖县徐顶乡徐家沟村进行了兰州百合不同种植

密度试验，田间管理试验田因株行距大，有利于田间操作，行间可以使用自动除草机，减少劳动力。便于利用开沟机进行追肥，减少工作强度，节约资金。对照田因为百合种植密度大，不能在行间进行机械操作，只能依靠人工除草和追肥，费时费工。减少百合病虫害发生，试验田因株行距大，空气通透性较好，试验区发病率明显低于对照区。增产增效，试验田折合产量显著高于对照田。结果表明，百合大株距大行距栽培模式优于农户常规种植模式，节本增效，有效提高了百合产量和品质，增加了农户收益，可在当地百合种植区推广。

马海祥等（2022）以 20~30 g 的兰州百合商用种球为材料，在大田条件下研究了种植密度对百合品种的影响。研究表明，兰州百合单株鳞茎重随种植密度的加大而减小，商品率随着种植密度的加大而降低。但在株距 17~21 cm 处理下商品产量在 18 530.9~19 020.6 株/hm²，显著高于其他密度处理。分析还可以看出，随着株距的减小，百合鳞茎商品率下降，商品产量也明显降低，随着株距的加大商率提高，但由于总产量低，商品百合产量也随之降低。兰州百合小区产量和折合产量均随种植密度的加大而增加，密度越大，产量越高；密度越小，产量越低。密度在 165 000~195 000 株/hm² 范围内产量较高。试验结果表明，兰州百合的种植密度为 165 000 株/hm²，即种植行距 22 cm、株距 17 cm 时商品产量最高，经济效益最大。尚永强等（2021）在兰州市七里河区西果园镇和魏岭乡的 3 个不同海拔梯度研究了种植密度对兰州百合产量的影响。结果表明，百合出苗率只与海拔高度有关，与种植密度无关；海拔高度与百合的生物学性状呈负相关；种植密度与百合株高和叶片数呈负相关，而随种植密度的增加，单株重和种球周径均表现为先增加后减小的趋势。由效应方程可得，兰州百合最佳种植密度海拔 2 200 m 左右的区域为 12.90 万株/hm²，海拔 2 400 m 左右的区域为 13.51 万株/hm²，海拔 2 600 m 左右的区域为 13.77 万株/hm²。吴然等（2022）为研究栽培技术对鳞茎生长的影响，在河北省石家庄市平山县合河口乡百合试验基地条件下，以兰州百合为材料，种植方向分为东西向和南北向；种植密度设置 3 个梯度；做畦方式采取平畦和高畦 2 种方式；摘蕾时期设置 3 个梯度，以不摘除花蕾作为对照。各小区随机选择 30 株，在定植 3 年后（2021 年）挖取种球，测定鳞茎直径、鳞茎高度和鳞茎鲜质量。兰州百合种植方向，南北向较东西向鳞茎相关生长指标均略高，但差异性不显著。结果表明，以 174 087 株/hm²（株行距 15 cm×30 cm）为种植密度，结合高畦并在蕾长 1 cm、3 cm 或开花当天摘蕾可达到鳞茎增质量的目的。

4. 采收

花是需要消耗大量营养物质的器官，食用百合不以花为经济器官，适时摘除花蕾，可促进地下部分生长。高彦仪等（1990）研究报道，在兰州百合现蕾期及时摘蕾，可显著提高鳞茎产量。

宁云芬等（2009）以自繁的新铁炮百合'雷山'鳞茎为材料，研究不同摘顶处理对采收鳞茎生理生化指标的影响。结果表明，以现蕾期摘顶处理对鳞茎的影响最大，不仅使鳞茎周径增大，鲜重增加明显，而且鳞茎的干物质含量、淀粉含量、蛋白质含量以及还原糖含量都极显著增加，蛋白质含量的增加有助于提高其抗热性；过氧化物酶活性则极显著降低，在贮藏过程中其代谢活性低，比较有利于鳞茎贮藏。

陈立德等（2009）通过试验研究不同摘花时期对百合鳞茎产量的影响。结果表明，百合花蕾摘除后鳞茎产量增加，花蕾长 1~2 cm 时摘除花蕾单株鳞茎产量达 296.4 g，比对照处理增加 65.6 g，增产 28.42%，花蕾长 5~6 cm、9~10 cm 时摘除花蕾单株鳞茎产量分别为 282.1 g、265.6 g，分别比对照处理增加 51.3 g、34.8 g，增产分别为 22.23%、15.08%。花蕾采摘越早，百合鳞茎增产效果越好。

张秀娟等（2010）以'索邦'和'黄天霸'的鳞茎为材料，研究在种球生产过程中，花蕾摘除时期对其鳞茎大小和营养成分的影响。结果表明，'索邦'在花蕾 1 cm 时摘除最好，种球鲜重平均达 49.16 g，围径平均达 16.93 cm，植株高度平均达 62.1 cm，可溶性总糖含量（FW）平均达到 63.47 mg/g，蔗糖含量（FW）平均达到 57.93 mg/g，淀粉平均含量（FW）为 219.54 mg/g，与对照形成极显著差异；'黄天霸'在花蕾 12 cm 时摘除效果最好，其中，1 cm 摘除花蕾收获的种球鲜重量为 55.31 g，围径平均为 17.12 cm，植株高度达 70.17 cm，可溶性总糖含量（FW）达到 75.60 mg/g，蔗糖含量（FW）达到 68.16 mg/g，淀粉含量（FW）为 257.53 mg/g。对于 2 个品种，在开花当天摘除花蕾和花开放后摘除的效果较差，均低于对照。

黄娟等（2017）为提高卷丹百合鳞茎产量和增加综合利用率，采用两因素随机区组试验设计，研究了 3 种去顶长度和 3 个打顶时期对卷丹百合农艺性状和产量的影响。结果表明，打顶对卷丹农艺性状和鳞茎产量影响显著，随打顶长度的增加，卷丹百合株高显著降低，茎粗和鳞茎产量则变化不大；打顶时期对卷丹的平均株高影响不显著，以株芽期打顶茎粗最大，鳞茎产量表现为现株芽期>株芽前期>株芽后期。考虑到打顶时期和打顶长度的互作效应，在株芽期打顶 6 cm 适合卷丹鳞茎增产。

罗安红等（2023）以卷丹百合为试验材料，研究不同摘花期和不同摘花量对百合鳞茎产量的影响。结果表明，在现蕾期摘除花蕾对产量影响效果最好，鳞茎平均周径可达 36.4 cm，平均鲜重 0.36 kg，产量达 2 313 kg/667 m²；不同摘花量上，花蕾在全部摘除时产量最高，效果最明显，鳞茎平均周径达 34.7 cm，在所有处理中最大，单个鳞茎鲜重达 0.36 kg，产量达 2 385 kg/667 m²。

5. 其他

黎欢等（2019）为明确不同热烫方式对百合粉理化特性的影响，以卷丹百合鳞茎为原料，分别采用沸水和蒸汽热烫处理不同时间（0 s，20 s，40 s，60 s，80 s），研究百合粉的主要营养成分、表观形态、粒径分布、功能特性及其热力学特性在不同热烫过程中的变化规律。结果表明，采用沸水热烫和蒸汽热烫处理不同时间，百合粉理化特性发生显著变化。随沸水热烫时间的延长，百合淀粉含量呈先上升后下降的趋势，蒸汽热烫致百合淀粉含量呈下降趋势；经两种热烫方式处理的蛋白质含量均先降后升。未热烫的百合粉颗粒光滑圆润，以卵圆形淀粉小颗粒为主。经两种热处理的淀粉小颗粒逐渐减少，百合粉中的大颗粒先膨大变粗糙，而后破碎变小。热烫处理后百合粉粒径分布主峰向右偏移。未热烫的百合粉平均粒径为 16.58 μm，经热烫处理的百合粉粒径随热烫时间的延长均呈现先升高后降低的趋势。百合粉透光率随贮藏时间的延长而呈下降趋势；未热烫和不同热烫方式处理的百合粉膨胀度和溶解度均随温度的升高呈增大趋势。沸水热烫使百合粉热力学特性消失，蒸汽热烫处理致百合粉的糊化温度升高，未热烫百合粉糊化焓为 5.40 J/g，经蒸汽热烫 40s 时降至最低 1.26J/g，蒸汽热烫 60 s 时热力学特性消失。

唐徐玮等（2020）以'西伯利亚'百合为试材，采用田间试验方法，研究了不同浓度 TiO_2 光合促进剂对其光合特性、生物量积累以及切花品质的影响，以期为 TiO_2 光合促进剂叶面喷施技术在切花百合栽培中的应用提供参考。结果表明，东方百合'西伯利亚'的净光合速率日变化趋势为单峰曲线，在 12 时达到最大值，不同浓度 TiO_2 光合促进剂处理均能增加百合叶片叶绿素含量同时促进光合作用；TiO_2 光合促进剂处理可以提高百合生物量的积累，促使光合产物向茎秆、叶片、花苞和根系等器官分配，降低了鳞茎干物质分配系数；适宜浓度的 TiO_2 光合促进剂处理明显提高了'西伯利亚'的切花品质。其中 1.0 g/L 的 TiO_2 光合促进剂处理对切花百合净光合速率峰值、总干质量、商品率、茎秆硬度、花苞数以及开花持续天数的影响最明显，较 CK 分别增加了 37.7%、35.7%、7.8%、43.3%、24.7% 和 14.7%。综上，在百合'西伯利亚'的栽培过程中喷施 1 g/L TiO_2 光合促进剂能促进其光合作用，有利于其生物量的积累和切花品质的提高。

吴家萌等（2024）为探究土壤不同浓度 Cd 对龙牙百合生长及其生理生化指标的影响。通过对照、低、中、高 Cd 浓度梯度的盆栽实验进行研究。试验结果表明，随着土壤 Cd 浓度的增加，龙牙百合植株的生长量和叶片中叶绿素含量呈上升趋势；龙牙百合各部位 Cd 含量分布为：下盘根>叶>地上茎>地下茎>上盘根>鳞茎，各浓度处理下鳞茎 Cd 含量最低，最安全。2.16 mg/kg Cd 处理下，百合下盘根的富集能力大于上盘根。土壤 Cd 显著提高了龙牙百合鳞茎-地下茎的转移系数 TF（$P<0.05$）。百合叶、地上茎、鳞茎和下盘根丙二醛含量在 4.76 mg/kg Cd 浓度处理下显著提高，而超氧化物歧化酶和过氧化氢酶大体随 Cd 浓度升高呈先上升后下降趋势。龙牙百合有较强的耐 Cd 能力。本文分析了百合对 Cd 胁迫的生理反应、积累及迁移特征，为进一步探索百合对 Cd 胁迫的抗性提供理论依据，为百合产业可持续发展提供科技支撑。黄钰芳等（2020）为研究不同连作年限下兰州百合（*Lilium davidii* var. *unicolor salisb*）光合参数日变化及其与生理生态因子的关系，筛选出影响兰州百合光合作用的主要生理生态因子。采用 Li-6400 便携式光合作用系统分别测定正茬、连作 2 年和连作 4 年兰州百合叶片光合特性及生理生态因子的日变化进程；通过相关分析、通径分析及多元逐步回归分析探讨净光合速率（Pn）和生理生态因子的关系。结果表明，7:00—17:30，光合有效辐射（PAR）和空气温度（Ta）均呈单峰曲线，先升高后降低，13:45 达到峰值；空气相对湿度（RH）呈"V"形变化，大气 CO_2 浓度（Ca）变化较小。正茬、连作 2 年和连作 4 年兰州百合 Pn 均呈双峰曲线，具有明显的光合午休现象；气孔导度（Gs）总体呈下降趋势，胞间 CO_2 浓度（Ci）呈"W"形变化，气孔限制值（Ls）变化趋势与 Ci 相反；蒸腾速率（Tr）呈倒"V"形变化，水分利用效率（WUE）呈'M'形变化趋势。随连作年限的延长，兰州百合 Pn、Gs、Tr 及 WUE 的日均值呈不断下降趋势，而 Ci 日均值逐渐上升，与正茬相比，连作 4 年兰州百合各指标变化差异均达显著水平（$P<0.05$），非气孔因素是引起连作兰州百合 Pn 下降的主要原因；相关分析、通径分析及多元逐步回归分析表明，PAR、Tr 和 WUE 是影响兰州百合 Pn 的主要生理生态因子。结论显示，随着连作年

限的延长，兰州百合光合作用能力不断下降；各生理生态因子对兰州百合不同的光合参数影响程度不尽相同，其中 PAR、Tr 和 WUE 的影响程度较大。

黄群惠等（2021）曾分别采用不同功率、时间和温度的微波辅助热水浸提法提取百合多糖，并用红外光谱对百合多糖进行初步结构表征，研究百合多糖的流变特性，测试其流动性、触变性。对比了 7 种不同微波辅助法提取出的百合多糖的体外抗氧化活性。红外光谱分析结果表明百合多糖是酸性多糖；流变性质测定结果显示不同微波条件下提取的百合多糖都具有不同程度的流动性和触变性，可应用于食品加工；体外抗氧化实验显示不同微波辅助提取的百合多糖均有抗氧化活性，在医药研究与生产中具有重要的应用价值。张天术（2015）以药用卷丹百合为供试材料，在大田栽培条件下设置不覆盖、稻草覆盖、普通地膜覆盖、黑地膜覆盖、稻草+普通地膜覆盖等 5 种覆盖方式。测定各处理条件下药用卷丹百合的株高、叶长、叶宽、功能叶片数和产量，统计分析比较 5 种覆盖方式处理的效果。结果表明，百合覆盖栽培能促进百合根系及叶片生长，增加株高，增加绿叶数，充分利用光能，增强光合效率，改善了百合赖以生存的土壤环境，覆盖栽培技术可以在龙山县百合大田生产上推广应用，尤其要重点推广稻草+普通地膜覆盖栽培技术。黎友情等（2022）为研究不同覆盖方式对卷丹百合生长发育及产量的影响，设计稻壳覆盖、草坪碎草覆盖、地膜覆盖、不覆盖 4 种覆盖方式，测定 4 个处理条件下卷丹百合的株高、茎粗及叶片数、百合的鳞茎周径及产量。结果表明，稻壳覆盖处理的各测定指标效果最明显，与对照相比，株高为 75 cm，增幅达 35%；茎粗为 12.29 mm，增幅达到 23%；单株叶片数 105 片，增幅达 37.6%；鳞茎周径为 32.72 cm，增幅达 22.9%；鳞茎单重为 0.29 kg，增幅达 93.3%；每亩产量 1 914 kg，增幅达 92%。田丽等（2023）通过在百合播种前将种球浸泡在不同种类的消毒剂中进行消毒处理，探究不同种类消毒剂对百合植株生长及产量的影响。采用单因素随机区组设计，以不做消毒处理（CK）为对照，设置 4%双效灵 1 000 倍液浸种 25 min（A）、多菌灵 800~1 000 倍液浸种 25 min（B）、70%甲基硫菌灵 800~1 000 倍液浸种 25 min（C）、45%敌磺钠 500~1 000 倍液浸种 25 min（D）四种消毒方式分别浸泡百合种球，每个处理重复 3 次，自 5 月百合植株基本出苗开始，每隔一个月观察测定百合植株株高、株幅、叶宽、鳞重、鳞直径、须根长等生长指标，共 4 次，8 月份收获百合种球后称量各处理组种球总鲜重，估算产量，通过对比分析确定适宜的百合种球消毒方式。结果 A、B、C、D 4 种消毒剂进行消毒处理，均可促进百合生长发育，提高产量。不同消毒方式主要对百合鳞茎产生影响，但不同消毒方式对百合植株的生长发育产生的影响有所区别，D可能促进百合鳞茎底盘须根长的生长，以便百合植株地下部分吸收更多养分，C可能促进株高、叶宽，为百合鳞茎生长提供空间，A可能促进鳞茎部位生长发育，对百合鳞茎产量有一定积极影响。结论显示，在选择种球消毒方式时，应该综合考虑不同消毒方式的利弊，合理组合使用消毒剂，以达到百合促产增产的目的。

第二节　百合综合利用

一、食用

百合地下鳞茎是由数十片肉质鳞片聚合而成，是百合的营养器官。《尔雅》中记有："百合小者如蒜，大者如碗，数十叶相类，状如莲花，故名百合，言百叶而合成也"。百合鳞片肉质嫩白肥厚，细腻软糯，味甘微苦。不仅是菜中的珍品，属名贵的稀有高档蔬菜，可蒸、可煮、可炸、可炒，做成菜肴羹汤，还可做主食，制成淀粉，加工成点心、饼类等面食，还可加工成百合干、百合晶、百合酱、百合饮及罐头食品。

百合食用价值极高，百合每100 g鳞茎含碳水化合物28.7%、蛋白质4%、果胶1.7%、脂肪0.1%、钾0.49%、磷0.091%，以及钙、铁、百合甙等抗癌植物碱和多种维生素。甘肃省科学院生物研究所的分析表明，百合蛋白质含量较高，是其他根茎蔬菜的2~5倍，并含有人体所需要的8种氨基酸（其中色氨酸未测），维生素是一般蔬菜的10倍，并含有较丰富的锌元素。

林盛有等（1987）介绍，收获的鳞百合通过加工，可以制成百合干、百合粉、百合罐头、百合饮料、百合甜食等一系列百合产品。百合干的加工制作工序主要有掰片、汆煮、熏白、晒干。掰片收获后的鲜百合鳞茎，首先应除去根须和杂质，然后由外向里逐层掰下鳞片，留下蕊心。并将底盘和外层枯黄老片剔去。掰下的鳞片要按外、中、内三层分别放开，再用清水淘洗干净，沥水后分级堆放，以待汆煮。杨茂华（2002）介绍，百合干片的制作加工步骤和方法：原料选择—分片清洗—高温煮烫—水冷沥干—装盘熏蒸—烘干冷却—分级包装—贮藏食用。隆旺夫（2003）介绍了百合粉的加工技术。包括备料—洗鳞片—磨浆—过滤—提粉—晒粉—贮藏。周长娥等

（2020）介绍，食用百合是一个综合效益高、拉动性强、无污染无排放、市场前景广、容易实现农工商一体化的美丽产业，市场需求逐年扩大。据相关资料显示，目前全国食药用百合种植面积约 20 万亩，其中西北地区（兰州百合）约 10 万亩，华中地区（湖南、河南）约 9 万亩，华东地区（江苏、江西、山东）约 0.8 万亩，东北地区（吉林、黑龙江）约 0.2 万亩。食药用百合主要有兰州百合、龙牙百合、宜兴百合和卷丹百合四个品种，尤以兰州百合知名度最高，产业基础最好，已经形成了规模化生产、包装、加工并出口日本、东南亚等国家，效益十分显著。鲜百合销售占总产量的 70%，其余为无硫脱水百合干，少部分为深加工产品，如百合粉、百合面、百合酒、百合醋、百合糕等，主销国内并出口东南亚地区。田雪慧等（2020）介绍，食用百合为百合科百合属多年生球根草本植物，是以食用其鳞茎为主要目的的一类百合。中国百合有 48 个种 18 个变种，其中龙牙百合、宜兴百合、兰州百合为食用百合 3 大主栽品种。

宋阳等（2023）介绍，百合食用有品种之别，百合品种有渥丹、川百合、卷丹、细叶百合等 4 种，卷丹百合为目前药用百合的主流品种；渥丹花蕾晒干后称红花菜，可作山菜食用；四个品种鳞茎部位皆可食用。除了品种不同味道不同，食用的方式也对百合食用有所影响。在药膳发展还不够成熟的初期，百合的食用方法多是蒸制和蜜蒸制。随着医药水平的逐渐进步与发展，今天有关卫生部门发布的药食同源目录将百合列在其中，用以指导人们日常生活中制作百合药膳，如百合粥、百合饼、百合糕、百合蒸豆腐等。百合食用也有一定的注意事项，首先食用量不宜贪多，其次在食用过程中百合一定要充分加热以破坏其中有毒成分秋水仙碱；再者，并非所有人都适合食用百合，虽常有百合药膳可以调治失眠，但脾胃虚寒的人最好少食用，秋冬时节百合药膳常用来润肺止咳，而证属风寒咳嗽的人也不宜食用。

二、提取与制备

（一）百合多糖的提取与制备

百合的鳞茎中含有多糖、酚类、皂苷、生物碱、黄酮等活性物质，其中多糖的含量较高。现代研究表明多糖类化合物能够参与多种生命活动，具有广泛的生理功能。随着研究的深入，百合多糖已被证明具有抗氧化、免疫活性、抗肿瘤以及抑菌等功能，在生物医药及食品领域具有广阔的应用前景，因此相关研究备受关注。

1. 百合多糖的提取

宁娜等（2020）介绍了百合多糖的提取工艺，包括浸提法、回流法、超声法、微波法、酶法等。

（1）浸提法　高丹丹等（2013）研究了浸提取百合多糖的工艺条件。具体工艺条件为料液比1:30，提取时间6.12 h，提取温度64.7 ℃。该工艺条件下，百合多糖提取率为12.37%。李琼等（2010）采用浸提法提取百合多糖。具体工艺条件为：料液比1:12，提取时间2.8 h，提取温度52.7 ℃。该工艺条件下，百合多糖提取率为3.04%。彭程等（2006）研究了浸提法提取百合多糖的工艺。具体工艺条件为：料液比1:70，提取时间8 h，提取温度65 ℃。该工艺条件下，百合多糖提取率为15.64%。周静华等（2010）采用浸提法提取百合多糖的工艺。料液比1:8，提取温度60 ℃，提取2次，每次提取7 h。该工艺条件下，百合多糖提取率为6.13%。张聪敏（2011）研究了浸提法提取百合多糖的工艺条件。具体工艺条件为料液比1:20，提取温度75 ℃，提取2次，每次提取7 h。该工艺条件下，百合多糖提取率为9.98%。

（2）回流法　郑卫红等（2010）研究了回流法提取百合多糖的工艺条件。具体工艺条件为料液比1:8，提取温度80 ℃，提取2次，每次提取时间3 h。该工艺条件下，兰州食用百合的多糖得率为9.84%，潮州药用百合的多糖得率为2.44%。

（3）超声法　张占军等（2017）采用超声法提取百合多糖。具体工艺条件为料液比1:15，提取时间30 min，提取温度52 ℃，提取功率176 W。该工艺条件下，百合多糖得率为12.37%。金华等（2015）研究了超声法提取百合多糖的工艺条件。具体工艺条件为提取温度70 ℃，提取时间30 min，料液比1:20。该工艺条件下百合多糖得率为6.34%。杨朝霞（2013）采用超声法提取百合多糖。具体工艺条件为：提取温度70 ℃，提取时间45 min，料液比1:20。该工艺条件下百合多糖得率为7.92%。李化强等（2017）研究了超声法提取百合多糖的工艺条件。具体工艺条件为：提取温度50 ℃，提取时间40 min，料液比1:10，提取功率300 W。该工艺条件下百合多糖得率为6.57%。

（4）微波法　罗金花等（2008）采用微波法提取百合多糖。具体工艺条件为：药材粒度100目，提取时间25 min，提取温度75 ℃，提取功率700 W。该工艺条件下，百合多糖得率为3.41%。

（5）酶法　滕利荣等（2003）研究了酶法提取百合多糖的工艺条件。

具体工艺条件为：纤维素酶：果胶酶：胰酶＝2：2：1，提取 pH 值 7.0，提取温度 50 ℃，提取时间 90 min。该工艺条件下，百合多糖提取率为 31.30%。

（6）高压法　具体工艺条件为：料液比 1：25，提取温度 121 ℃，提取 2 次，每次提取时间 92 min。该工艺条件下，百合的多糖得率为 6.284%。

（7）超声波协同复合酶法　高清雅等（2014）研究了超声波协同复合酶提取百合多糖的工艺条件。具体工艺条件为凝乳酶加入量 1.5%，纤维素酶加入量 2%，料液比 1：25，超声温度 50 ℃，超声功率 225 W，超声时间 25 min。该工艺条件下，百合多糖得率为 39.860%。游雪娇等（2013）研究了水—酶连续提取百合非淀粉多糖的提取工艺条件。具体工艺条件为：料液比 1：19，提取温度 62 ℃，水提 4 h 后，加入果胶酶（酶用量 1 800 U/g），提取温度 30 ℃，提取 pH 值 5.5，提取时间 20 min。该工艺条件下，百合多糖得率为 8.63%。百合多糖是由吡喃糖苷键结合半乳糖、D-葡萄糖及 D-甘露糖构成的天然高分子化合物。有研究报道百合多糖除具有抗氧化、免疫调节、抗肿瘤等多种生理药理功能外，还能够增强吞噬细胞、B 淋巴细胞和 T 淋巴细胞的活力。在食品方面，多糖类常用作膳食补充剂、营养补充剂以调节免疫功能及促进人体健康。柳颖等（2021）介绍了百合多糖的提取方法、分离纯化及结构分析、生理功能进展，以期为百合的综合利用和百合多糖的进一步研究提供理论依据。柳颖等（2021）介绍百合多糖的提取方法主要包含热水浸提法、水提醇沉法、酶解辅助提取法、超声波辅助提取法、微波辅助提取法等。

（8）热水提取法　这是一种利用热水提取植物中的水溶性多糖的传统方法，具有安全环保的特点，也是目前研究中广泛使用的一种提取方法。采用热水提取法，从百合中提取水溶性多糖，采用正交试验对提取工艺条件进行优化，当提取温度为 80 ℃、固液比为 1：20 g/ml、提取 2 次、每次 1 h 时，经脱蛋白处理后的百合粗多糖提取率可达到 0.92%。选用江西万载龙牙百合为实验材料，用热水法提取百合多糖，用 Box-Behnken 响应面法获得最佳提取工艺条件下，百合多糖的提取率可达到 6.284%。与酸提法、碱提法相比，热水提取法适用面广，不易对多糖造成破坏，且实验设备简单、成本较低，但耗时长、得率低。

（9）水提醇沉法　由于多糖在水和醇中的溶解度存在差异，所以可以在提取液中加入乙醇达到适当浓度将多糖沉淀下来以达到提取目的。多位学者对百合多糖的提取工艺进行了探索性研究，发现固液比、提取时间、提取温度等因素对百合粗多糖提取率的影响较大，并采用 L₉（3³）正交设计法优化提取条件，确定了最佳的提取条件为：提取温度 65～70 ℃、固液比1：15、浸提 3 次、提取时间 4 h。根据百合多糖的荷电特性不同或相对分子质量的差异，主要采用 DEAE-纤维素层析法或凝胶过滤层析法将粗多糖进一步纯化。其工艺流程见图 5-1。余倩莎等（2017）采用水提醇沉法提取龙牙百合多糖，并用正交试验优化提取条件，最终发现在提取温度 60 ℃、料液比 1：5 g/ml、提取时间 40 min、提取 4 次的提取条件下百合多糖的提取率可达 6.27%。刘长命等（2018）选取兰州百合、商洛野百合为原料，用正交试验法和响应曲面设计方法优化 2 种多糖的提取工艺。正交试验法确定的最佳提取工艺条件下，兰州百合多糖提取率高达 37.75%，商洛野百合多糖提取率为 20.24%；响应曲面设计方法优化得出的最佳提取条件下，兰州百合多糖、商洛野百合多糖的提取率分别为 43.23% 和 30.4%，该结果证明通过响应曲面设计方法对提取工艺进行优化可以显著提高多糖得率。

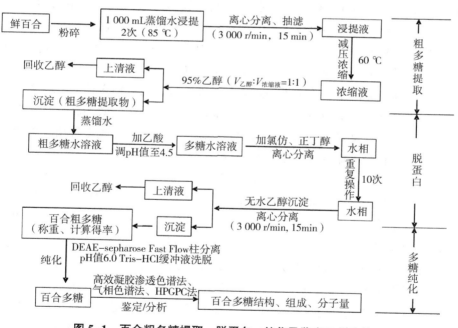

图 5-1 百合粗多糖提取、脱蛋白、纯化及鉴定工艺路线

（柳颖，2021）

（10）酶解辅助提取法 生物酶对反应的催化呈高效性、特异性，因此酶解辅助提取法相较于其他提取技术也更为高效、节能。孙国威

（2020）等采用复合酶提取方法从兰州百合鳞茎中提取多糖，经过响应面优化得到百合多糖的最佳提取工艺条件为：提取温度 54 ℃、提取时间 31 min，料液比 1：26 g/ml，在此条件下多糖的得率为 23.80%。游雪娇等（2013）采用水-果胶酶连续提取方法用热水法提取百合多糖，再将残渣用果胶酶酶解得到多糖提取液，最终百合多糖的提取率为 8.63%。虽然酶解辅助提取法具有能耗低、操作简单的特点，但需要注意在提取的过程中，要严格控制提取时间，时间过长则会导致目标分子分解。此外，为了保持酶的活性，对 pH 值和温度的控制也有较高的要求，若采用复合酶提取，还需考虑复合酶之间的协同关系。

（11）超声波辅助提取　超声波可以提高提取率并缩短提取时间的原因是超声波可以通过热效应、机械效应、空化效应等破坏细胞壁，加快多糖的溶出速率。陈杰等发现当提取温度 60 ℃、固液比为 1：50 g/mL、超声功率420 W、提取时间 60 min 时，百合多糖的最终得率可达到 12.54%。用该法提取多糖时需注意超声时间的控制，虽然延长超声时间有利于多糖的溶出，但在提取后期，多糖溶出较多，继续延长超声时间则会导致多糖发生降解。

（12）微波辅助法　这种方法提取植物多糖主要是利用微波的渗透能力，使分子与分子碰撞、破坏植物细胞壁，同时在微波产生的电磁场的作用下活性多糖成分向萃取溶剂界面扩散的速度加快，因此使多糖的提取率显著提高。微波萃取法适用范围广、易于控制、萃取时间短、效率高，在多糖的提取分离方面有良好的效果，已有学者将微波萃取法应用到多种植物多糖的提取，但在百合多糖的提取中研究较少。

2. 百合多糖的分离纯化及结构分析

在进行多糖的提取时，提取物中通常含有多种杂质，包括：蛋白质、色素、无机盐等。在开展多糖的结构分析和生物活性等研究前需要对多糖提取物进行分离纯化、除去杂质，以得到纯度较高的单一多糖。实验中常采用的分离纯化方法包括：分步沉淀法、凝胶色谱技术、超滤法、层析分离法、离子交换树脂法等。刘成梅等（2002）用 DEAE-纤维素柱法对水提醇沉法提取的百合粗多糖（lily polysaccharide，LP）进行分离纯化，得到 2 种百合多糖 LP1、LP2，采用纸层析和凝胶柱层析法鉴定二者均为单一组分，最后用气相色谱和凝胶柱层析法对多糖进行分析。由于单一的纯化方法往往无法得到较高纯度的多糖，因此在研究中通常需要联合使用各种方法。多糖具有复杂的结构，在进行多糖结构鉴定时的方法主要有：电泳法、酸解法、红外光谱分析法（infrared spectroscopy，IR）、紫外-可见分光光度法（ultraviolet and visible spectrophotometry，UV）、气相色谱法（gas chromatography，GC）、高效液相色谱法（high performance liquid chromatography，HPLC）、质谱法（mass spectrometry，MS）、高效凝胶渗透色谱法（high performance gel permeation chromatography，HPGPC）、核磁共振法（nuclear magnetic resonance，NMR）等。陈小蒙等用离子柱层析法分离纯化得到 2 种多糖，鉴定后确定其中一种为糖蛋白，另一种为单一组分。进行气相色谱分析后发现：LLP1 和 LLP2 的组成成分中均含有阿拉伯糖，2 种多糖的相对分子质量分别为 11 756 D、1 038 773 D。陈志刚等（2013）用高效凝胶渗透色谱法测定宜兴百合多糖提取物纯化得到的 3 种多糖组分，相对分子质量分别为 350.5 kD、403.3 kD 和 146.2 kD。刘云凤等（2017）采用红外光谱分析方法，确定百合籽多糖样品具有吡喃环结构并含有甘露糖。吴雄等（2012）采用高效液相色谱法测得百合多糖Ⅰ、Ⅱ、Ⅲ的平均相对分子质量分别为 97 000、220 000～465 000、94 000，用红外光谱进行分析鉴定后发现上述 3 种多糖分子中都含有-OH、C＝O、C-O-C。多糖的功能性质与化学结构、空间构象有密切联系，通过以上手段可以有效分析多糖的构型、化学键等结构特征，有助于研究其生理活性和药理作用机制。

（二）百合淀粉、膳食纤维的制备

吉宏武等（2006）介绍淀粉是百合的主要成分，约占新鲜鳞茎的 70%，具有典型的晶体结构特征，粒径范围宽为 10～105 μm，溶解度和膨润力较马铃薯淀粉与玉米淀粉大，抗冻稳定性较马铃薯淀粉与玉米淀粉差。其制备工艺流程如下：新鲜百合→剥瓣→清洗→匀浆（0.2% 的预冷亚硫酸钠溶液，料液比为 1 g：2 ml）→浆液稀释（冷水）→过滤（120 目双层滤布）→静置（阴凉处 3～4 h）→沉淀物洗涤（1% NaCl 洗涤 3 次，0.01 mol/L NaOH 洗涤 1 次，再用蒸馏水洗 3～4 次）→静置后去上清液→沉淀物干燥（50 ℃ 烘箱）。

膳食纤维是不被人体消化吸收的非淀粉类多糖与木质素的合称，具有多种生理功能，被营养学家称为第七大营养素。研究发现，百合膳食纤维具有良好的持水力、结合水力、阳离子交换能力、结合脂肪能力、能够吸附亚硝酸根、胆酸钠及金属离子，有效地改善胃肠道功能、促进消化吸收和润肠通便，具有很好的降血糖功能。其工艺流程：百合渣→清洗→碱浸泡→过滤→漂洗至中性→酸浸泡→漂洗至中性→干燥→粉碎→成品。利用制备百合淀粉后的残渣提取百合膳食纤维不仅可以综合利用百合资源，还对开发膳食纤维有着重要的意义。

（三）百合皂苷提取及纯化技术

百合皂苷提取及纯化技术。皂苷按其苷元结构划分为甾体皂苷和三萜皂苷，百合中的苷类为甾体皂苷。其提取分离有 3 种方法：醇提—大孔树脂吸附法、醇提—正丁醇萃取法和色谱法，其中醇提—大孔树脂吸附法为公认的最佳方法，大致的工艺流程为：百合烘干（含水量 6% 左右）→粉碎（过80 目筛）→70% 的乙醇溶液为提取剂（固液质量比为 1∶8，60 ℃ 水浴回流提取 3 h 提取 3 次或超声波 30 min）→再用 AB-8 大孔吸附树脂分离→无水乙醇→收集洗脱液，并浓缩至干→得百合浸膏→加无水乙醇溶解→丙酮—乙醚混合液分步沉淀→干燥→纯百合皂苷，该工艺适合实际的工业生产。

（四）百合生物碱分离技术

早在 20 世纪 60 年代就已从百合中分离出生物碱，主要集中在秋水仙碱（含量达 0.0064%）能抑制癌细胞的增殖，尤其对乳癌的抑制效果比较好，具有抗癌活性。①有机溶剂提取法，提取流程：百合原料—粉碎—过筛（50 或 20 目）—乙醇提取 [时间 8~10 h、75~80 ℃、溶剂用量（5~6）∶1] —高效液相色谱法检测含量；影响得率的因素依次为：萃取温度 >溶剂用量 >提取时间 >粒度。②超临界流体萃取技术。超临界流体萃取技术是一种新型的天然萃取分离技术，利用不同操作条件下各组分相平衡状态的差异来进行目标物的分离。在天然植物以及食品中的热敏性化合物的萃取过程中能使被萃取成分不因氧化、分解、逸散而变质，特别适用于功能成分的提取与纯化。其中，超临界二氧化碳萃取技术在提取或精制热敏性和易氧化的百合天然生理活性物质方面显示出不可比拟的优势。该技术具有天然性好、提取效率高、功能活性不破坏、传质快、能耗低、工艺简便、操作方便等优点，能更好地避免热敏性物质发生降解或其他不希望发生的副反应。其基本工艺流程为：百合—饱和超临界 CO_2 处理—萃取（乙醇作提携剂 40 ℃18 MPa，2 h）—带 CO_2 萃取物—水洗—水相萃取物—蒸馏—分离—干燥—成品—HPLC 法测定含量。在制备过程中各因素的影响秩序为：萃取温度>萃取时间>萃取压力>提携剂用量。

张薇等（2022）为探明酸枣仁—茯苓—百合泡腾片制作的最佳配方参数，以开发有益健康的新型固体饮料，同时实现药食同源植物资源的综合利用提供参考。以酸枣仁、茯苓及百合为原料，采用单因素与正交试验相结合的方法，以泡腾片感官品质综合得分为指标，研究酸枣仁、茯苓、百合、柠檬酸、碳酸氢钠、甘露醇和聚乙二醇不同添加量对泡腾片感官品质的影响。结果是酸枣仁—茯苓—百合泡腾片的最佳配方参数为酸枣仁 5%＋茯苓 15%＋百合

20%+柠檬酸 25%+碳酸氢钠 30%+甘露醇 5%+聚乙二醇 1%，泡腾片感官品质综合得分为 80.67 分。研究结论是最佳配方所得泡腾片外观呈淡红色，溶解均匀，口感酸甜适宜，风味独特，具有最佳感官品质，其工艺可行。

三、加工与综合利用

百合肉质白嫩含有丰富淀粉、蛋白质、脂肪、微量元素等营养成分，作为一种蔬菜在我国民间具有悠久的食用历史，加工方法多而简单，直接鲜蒸炒煮食用，如冰糖炖百合、清蒸百合、百合炒里脊、西芹炒百合、百合冬瓜汤、百合饮、百合粥、百合炖肉、百合丸、百合蒸蜂蜜、百合糕、百合八宝甜饭、桂花糖百合、百合莲子绿豆粥、银耳百合莲子羹、香蕉百合银耳汤等。但因百合保鲜期短，鲜食受到季节限制，因此百合也被晒干或磨粉制成四季可食用的半成品或方便食品，如将百合加工成百合干、百合淀粉、百合晶、百合罐头、百合汽水、百合奶、百合果茶和百合百宝羹等产品以供消费者需求。研究者们利用在花季采集百合花不影响根部鳞茎生长的特点将百合花加工制成百合花干或百合花罐头；同时从百合花中提取天然色素，用于食品、日用化工产品的着色。随着人们生活水平的提高和保健意识的增强各种营养丰富、具有保健价值的绿色食物已成为人们新的消费热点。

麻成金等（2006）以百合精粉为主要原料辅以杜仲子粕粉采用液态发酵酿造风味独特口感柔和的杜仲百合醋。丁松林等（2006）对百合、芦笋、芦荟复合饮料生产工艺进行了研究。史经略（2008）以百合、麦芽为主要原料利用小型啤酒生产线开发研制出一种具有营养保健功能的百合啤酒。罗艳玲等（2008）以百合、鱼腥草为主要原料开发百合鱼腥草复合饮料。周建华等（2007）以红枣、甘草、百合提取的浓缩液作为主要原料制备出复合保健软糖。焦力等（2011）介绍了可研究、开发、生产、销售的百合系列产品：百合原料及制成品保鲜百合、冻干百合，鲜百合真空包装、百合粉、百合片、百合面粉、百合水饺、百合汤圆、百合馒头、百合粽子、百合面条、百合粉丝、百合花茶。百合药用品百合干、百合颗粒、百合固金丸、百合冲剂、百合口服液、百合多糖、百合苷、百合酸苷、百合多酚、百合花提取物。百合养生保健饮品百合浓缩汁、百合露、百合果汁、百合酒、百合蜜酒、百合啤酒、百合口服液、百合饮、百合茶、百合奶。百合营养休闲食品百合晶、百合罐头、百合含片、百合营养胶囊、百合奶片、百合蜜饯、百合香米粥、百合燕麦羹、百合月饼、百合蛋糕、百合饼干、百合饼、百合糖。百合调味品百合酱油、百合醋酸调味料。百合美容化妆系列产品百合面奶、百合沐浴露、百合美容醋、百合洗发香波等。百合脱毒种苗、百合种苗脱毒组培快繁技术、百合栽培技术。张森旺等（2016）以百合鳞茎为原料，通过超声波清洗、涂膜等处理加工成鲜切百合鳞茎产品。采用单因素试验及响应面法优化对工艺参数进行优化，试验表明，鲜切百合鳞茎的最佳工艺超声时间 5 min、超声功率 535 W、壳聚糖浓度 0.9%、贮藏温度为 1 ℃。梁晓娟等（2018）以兰州百合为主要原料，卡拉胶和魔芋胶为复配凝胶剂研究百合果冻的配方。在单因素实验的基础上，选择复配胶浓度和配比、百合汁和氯化钾添加量为自变量，利用 Box-Behnken 法进行 4 因素 3 水平响应优化设计实验，确定最优工艺参数复配胶 2.0%、卡拉胶/魔芋胶为 2:1、百合汁 30%、氯化钾 0.14%、蔗糖 12%、柠檬酸 0.12%，制作的果冻弹性为 2.80±0.0081 mm，咀嚼性为 1.03±0.0067 mJ，感官得分为 91±0.6710 分，具有独特的百合风味。

段志坤（2020）介绍，龙牙百合除少量以新鲜鳞茎上市外，主要加工成百合干向外地运销或出口国外。具体加工方法如下：剥片将鳞茎肉质须根剪去，用手从外向内剥下鳞片，或用刀在鳞茎基部横切 1 刀，使鳞茎分离，按外层鳞片、中层鳞片和内层鳞片分开盛装。剥鳞片时要小心轻剥，防止破损，以保证干片质量。清洗将剥取的外、中、内层鳞片，分别倒入流动的清水中洗净，沥干水滴待用，以保证原料清洁卫生。

付兴周等（2021）以新鲜百合、雪莲果为主料，添加阿斯巴甜、蔗糖及柠檬酸等辅料，研制复合果汁保健饮料。通过单因素实验和正交试验，以感官评价为依据，得出低糖百合雪莲果饮料的最佳配方：雪莲果汁添加量 35%，百合汁添加量 19%、阿斯巴甜添加量 0.15%、柠檬酸添加量 0.18%，用去离子水定容至 100%。以此配方制得的饮料细腻适口、风味独特，具有良好的色泽和均匀的组织状态。

刘庆庆等（2021）以百合、绿豆和黄豆为主要原料，采用葡萄糖酸-δ-内酯作为凝固剂制备百合绿豆内酯豆腐，并通过正交试验优化。结果表明，百合绿豆内酯豆腐的最佳工艺参数为：绿豆与黄豆的质量比为 1:4（g/g），百合的添加量为 2%，豆水比为 1:9（g/ml）、葡萄糖酸-δ-内酯（GDL）添加量为 0.25%。在此工艺条件下，制备出的百合绿豆内酯豆腐色泽米白，组织状态均一，清香甘甜，爽滑可口。

齐成媚等（2021）以百合、糯米为主要原料，以综合感官评分为指标，采用模糊数学感官评价法结合单因素-响应面试验确定了百合糯米甜酒发酵工艺的配方。结果表明，百合糯米甜酒最佳工艺参数为百合糯米物料质量比

1：3、糖化酶添加量 0.5%、酵母添加量 0.4%、发酵时间 5 d、料液比为 1：2（g/ml）、发酵温度为 30 ℃，该条件下综合感官评分为 91.87。研究为保健型百合糯米甜酒的研发提供了理论依据。

毕文（2021）以核桃、百合为原料，采用单因素试验和正交试验的方法，研究核桃百合露的加工工艺。试验研究表明：30%核桃浆：20%百合浆按照 1：1 混合后，在 75 ℃和 25 MPa 下均质 1 次，添加 60%的牛奶、4%的蔗糖为最优工艺，加入 0.06%复配增稠剂（果胶：CMC-Na：黄原胶＝4：1：0.8）、0.10%复配乳化剂（蔗糖脂肪酸酯：单甘酯＝3：1）和 0.15%微晶纤维素，可保证产品良好的稳定性，添加 5%白砂糖+0.2%植脂末可保证产品口感。

王立国（2022）以新鲜百合鳞茎为主要原料制备百合膏，确定配方和工艺，进行风味物质分析和中试设计。主要研究结果如下：（1）以感官品质、流变特性和冻融稳定性为指标，优化百合膏配方：以百合浆液为固定体系，分别添加 0.298%果胶、0.615%柠檬酸、0.613%氯化钙、40.300%白砂糖，此配方制得的百合膏具有良好的口感及组织状态。采用常压加热浓缩工艺，以感官品质、色差参数、透光率和固酸比为指标，优化浓缩工艺参数：百合与水料液比 1：3、加热温度 80 ℃、加热时间 35 min，此工艺浓缩百合膏色差较小，滋味酸甜平衡。（2）以百合膏菌落总数为指标，优化杀菌工艺：85 ℃杀菌 25 min。杀菌处理后，百合膏保质期为 388 d。（3）百合膏的感官品质、理化指标和微生物指标，均符合国家标准。与市售梨膏比较，百合膏色差值较小，颜色更明亮。流变分析结果表明百合膏具有明显的剪切稀化现象，储能模量显著高于损耗模量，具备弹性特征。质构分析结果表明百合膏具有良好的黏度和弹性。与鲜百合浆液的挥发性风味物质相比，百合膏中丙酮、2-甲基丁醛-D、丁酸戊酯-M、异戊酸异戊酯-M、糠醛-D、糠醛-M 和戊醛等含量增加，风味更丰富。丙酮含量显著增加，赋予百合膏清香味和奶油味；正己醛、戊醛含量增加，使百合膏清香味更显著；苯甲醛赋予百合膏苦杏仁味和焦味。（4）根据企业要求，进行了日产 3 t 百合膏的中试生产基本设计，包括工艺流程、操作要点、物料衡算和设备选型。结合试验结论与生产实际，制定百合膏生产技术标准，规定了产品要求和检测方法。

蒋雅萍等（2022）以百合鳞茎为主要原料，辅以浓缩苹果汁、白砂糖、柠檬酸研制百合苹果复合饮料。通过单因素试验和正交试验确定该饮料的最佳配方：百合汁与浓缩苹果汁体积比 9：1，混合汁用量 60%，白砂糖添加量 5%，柠檬酸添加量 0.05%；稳定性试验表明，在该饮料中添加 0.05% 的羧甲基纤维素钠稳定效果最佳。研制出的百合苹果复合饮料色泽均匀，香味协调，有百合独特口感，理化指标和微生物指标符合 GB 7101—2015《食品安全国家标准　饮料》，百合多糖含量为 2.76 mg/ml，DPPH 自由基清除率为 49.24%。

蒋雅萍等（2022）以百合鳞茎为原料制备百合酒，研究初始糖度、酵母菌接种量和发酵温度对百合酒酒精度及感官品质的影响，通过单因素试验和正交试验优化百合酒发酵工艺条件。结果表明，百合酒最佳发酵工艺为初始糖度 28°Bx，酵母菌接种量 4%，发酵温度 26 ℃，在此最佳发酵条件下，所得百合酒酒精度为 10%vol，感官评分为 85 分。澄清试验结果表明，在百合酒中添加 1.6 g/L 的皂土澄清效果最佳，透光率为 99.6%。

李浪等（2023）以龙山县鲜卷丹百合 3~4 层鳞茎外片（采取人工拨片的方式由外向内取材）为原料，通过正交试验确定了最佳的复合护色剂配方为柠檬酸 0.8%、半胱氨酸 0.25%、抗坏血酸 0.3%；并选取热烫时间、护色时间、鼓风干燥温度 3 个因素进行响应面法试验，以色泽 L 值为评价指标，获得最佳工艺参数为热烫时间 8 min、复合护色剂护色时间 30 min、鼓风干燥温度 69 ℃，在该条件下百合粉色泽 L 值的理论值为 87.27，试验均值 87.15，达到了理论值的 99.9%，抑制褐变的效果良好，说明获得的百合粉最优加工工艺参数是可靠的。

朱俊坤等（2024）主要研究果胶、结冷胶、黄原胶、海藻酸钠、羧甲基纤维素钠、魔芋胶、卡拉胶等 7 种亲水胶体对百合浊汁饮料稳定性的影响。并通过粒径、电位、流变、水分流动、沉降实验等表征。结果表明，添加果胶的饮料具有更高的黏度，水分流动性减弱；添加海藻酸钠的饮料颗粒粒径最小，Zeta 电位绝对值最高；并且从浊度、离心沉淀率、沉降实验看出稳定性由高到低依次为果胶>结冷胶>黄原胶>海藻酸钠>羧甲基纤维素钠>空白>卡拉胶>魔芋胶。通过测定离心前后产品的颜色变化发现颜色变化主要受颗粒的大小和分布影响。感官结果表明黏度过高会增加产品的糊口感，合适的亲水胶体有利于提升产品的满意度。因此，了解不同亲水胶体对百合饮料的影响，有利于稳定剂的进一步选择和复配，对百合饮料的研发有重要意义。

主要参考文献

安智慧，黄大野，石延霞，等，2010. 百合镰刀菌枯萎病防治药剂的研究 [J]. 中国蔬菜 (18)：23-26.

白滨，杨花莲，何苏琴，等，2013. 兰州百合叶枯病病原菌形态特征及生物学特性研究 [J]. 中国蔬菜 (16)：78-84.

曹坳程，方文生，李园，等，2022. 我国土壤熏蒸消毒60年回顾 [J]. 植物保护学报，49 (1)：325-335.

曹彩霞，2022. 兰州百合鳞片气培环境因子的筛选及优化 [D]. 青海：青海大学.

曹钦政，高雪，贾桂霞，2016. 三倍体 LA 百合远缘杂交亲本的筛选 [J]. 北京林业大学学报，38 (2)：96-104.

陈君良，2016. 兰州百合根系分泌物自毒作用的研究及化感物质的 GC-MS 分析 [D]. 兰州：甘肃农业大学.

陈诗林，黄敏玲，2007. 低温和赤霉素对亚洲百合开花及鳞茎繁殖的效应 [J]. 吉林农业大学学报，29 (5)：511-517.

陈子琳，吴泽，张德花，等，2021. 南京地区盆栽百合引种适应性研究 [J]. 南京农业大学学报，44 (1)：78-88.

崔光芬，杜文文，段青，等，2016. 蕾期干旱胁迫对百合切花品质的影响 [J]. 应用生态学报，27 (5)：1569-1575.

崔光芬，杜文文，马璐琳，等，2020. 基于 iTRAQ 技术对亚洲百合与铁炮百合的柱头蛋白分析 [J]. 分子植物育种，18 (15)：4886-4897.

崔光芬，杜文文，吴学尉，等，2021. 氮磷钾施肥水平对百合切花与子球品质的影响 [J]. 中国农学通报，37 (19)：65-70.

董永义，2011. 水分对切花百合生长和外观品质影响的预测模型研究 [D]. 南京：南京农业大学.

杜方，2023. 百合属的起源、分类及资源多样性 [J]. 中国农业大学学报，28 (4)：68-79.

杜芳，李星桃，徐小晶，等，2018. 百合品种的分类及遗传多样性研究［J］. 山西农业大学学报（自然科学版），38（5）：16-22.

樊金萍，王冰，阎凤霞，等，2019. 卷丹百合珠芽发育形态特征及生理变化研究［J］. 东北农业大学学报，50（2）：18-27.

樊生丰，2017. 兰州百合与甘肃二阴山区几种农作物之间的化感作用研究［D］. 兰州：甘肃农业大学.

冯游滔，2017. 邵阳龙牙百合连作障碍机制及其治理措施研究［D］. 长沙：湖南农业大学.

郭方其，吕萍，吴超，等，2020. 浙江主栽盆栽百合种质资源表型性状遗传多样性分析［J］. 分子植物育种，18（14）：4802-4811.

郭金鹏，刘晓昌，仝赞华，2009. 芽孢杆菌 HSY-8-1 对植物病原菌的抑制及其抑菌产物特性［J］. 吉林农业大学学报，32（1）：29-33.

韩玲，2010. 拮抗菌和大蒜对百合枯萎病的抑菌和防病作用研究［D］. 杨陵：西北农林科技大学.

韩玲，程智慧，孙金利，等，2010. 枯草芽孢杆菌对百合枯萎病的防治效果［J］. 西北农业学报，19（10）：133-136，151.

郝晓娟，刘波，谢关林，2005. 植物枯萎病生物防治研究进展［J］. 中国农学通报，21（7）：319-322，337.

胡绍泉，2018. 不同光质及补光时间对东方百合生长及生理特性的影响［D］. 杭州：浙江大学.

胡悦，杜运鹏，张梦，等，2019. 12 种百合主要营养成分和活性成分的分析评价［J］. 天然产物研究与开发，31（2）：292-298.

黄鹏，2007. 施肥对兰州百合植株生长及鳞茎产量的影响［J］. 植物营养与肥料学报，13（4）：753-756.

黄鹏，薛世海，陈敏，等，2011. 根外施肥对兰州百合植株生长和鳞茎产量的影响［J］. 中国农学通报，27（10）：118-121.

黄伟，张晓光，李文杰，等，2009. 施用钾肥对食用百合光合作用、产量和经济效益的影响［J］. 干旱地区农业研究，27（3）：163-167.

黄炜，2018. 2,4-二叔丁基苯酚与镰刀菌在兰州百合枯萎病发生过程中的协同作用研究［D］. 兰州：甘肃农业大学.

黄钰芳，张恩和，张新慧，等，2020. 不同连作年限兰州百合光合特性日变化与生理生态因子的关系［J］. 西北农林科技大学学报（自然科学版）（8）：1-9.

贾丙瑞，2019. 凋落物分解及其影响机制［J］. 植物生态学报，43
　（8）：648-657.

黎欢，王蓉蓉，刘洁，等，2021. 不同亲水胶体对百合淀粉糊化及流变
　学特性的影响［J］. 中国食品学报（5）：57-66.

李超，顾生浩，张立祯，2019. 基于功能结构模型的鲜切百合群体光截
　获模拟［J］. 中国农业气象，40（1）：41-50.

李浩铮，郝渊鹏，赵水榕，等，2017. 3 种百合 2a 的引种试验［J］. 山
　西农业科学，45（2）：223-226.

李茂娟，廖祯妮，邓少华，等，2019. 百合新品种引种筛选及组培快繁
　技术研究［J］. 中国农学通报，35（22）：65-70.

李晴，石雨荷，朱珏，等，2023. 药食同源百合的资源分布与现代研究
　进展［J］. 中国野生植物资源，42（3）：87-95.

李心，杨柳燕，陈敏敏，等，2020. '木门'百合休眠和花芽分化进程
　中激素变化［J］. 中国农学通报，36（35）：42-47.

廉峻丽，2019. 种植时间和遮阴对百合花期和开花性状的影响［D］.
　太原：山西农业大学.

梁巧兰，2004. 百合病毒病发病因素与病毒检测方法的研究［D］. 兰
　州：甘肃农业大学.

林茂祥，刘正宇，任明波，等，2009. 金佛山野生百合属植物资源及开
　发利用［J］. 中国农学通报，25（14）：201-203.

蔺珂，梁巧兰，魏列新，等，2022. 5 种矿物源农药对兰州百合 3 种病
　害室内防效评价［J］. 植物保护，48（1）：338-346.

刘京宝，刘祥臣，王晨阳，等，2014. 中国南北过渡带主要作物栽培
　［M］. 北京：中国农业科学技术出版社.

刘小峰，2011. 6 种栽培百合鳞片扦插技术的研究［D］. 杨陵：西北农
　林科技大学.

柳颖，杨许花，马洪鑫，等，2021. 百合多糖的提取工艺及生物活性研
　究进展［J］. 食品安全质量检测学报，12（6）：2326-2331. DOI：
　10. 19812/j. cnki. jfsq11-5956/ts，2021. 06. 041.

马文月，2019. 龙牙百合化感自毒物质的分离与鉴定［D］. 长沙：湖
　南农业大学.

马旭，张铭芳，肖伟，等，2020. 百合遗传转化及纳米磁珠法研究进展
　［J］. 分子植物育种，18（14）：4657-4664.

马永吉，张宁，2016. 百合高效栽培［M］. 北京：机械工业出版社.

朴美玲，贾桂霞，张冬梅，2020. 短生育期'骄阳'百合的育性分析及2n 配子诱导［J］. 北京林业大学学报，42（7）：106-112.

秦平然，2021. 铁炮百合倍性效应分析及外源生长调节剂对其生长特性的影响［D］. 北京：北京林业大学.

秦晓杰，王园媛，和凤美，2022. 云南大百合与'索蚌'百合体细胞融合培养初报［J］. 分子植物育种，20（18）：6104-6112.

尚永强，王显灵，吴兴波，等，2021. 海拔和密度对兰州百合产量的影响［J］. 甘肃农业科技，52（5）：57-62.

孙鸿强，2017. 连作对兰州百合生理特性及土壤环境效应的影响［D］. 兰州：甘肃农业大学.

田雪慧，颉建明，2020. 不同食用百合品种对低温胁迫的生理响应［J］. 贵州农业科学，48（6）：89-93.

王丽媛，王文通，王凤兰，等，2014. 不同营养组合对 OT 系百合'Manissa'生物量及品质的效应［J］. 仲恺农业工程学院学报，27（1）：14-18，32.

王玲丽，2012. 低温胁迫下不同百合的抗寒生理研究［D］. 武汉：华中农业大学.

王美美，2019. 干旱胁迫对细叶百合生长及观赏价值的影响［D］. 成都：四川农业大学.

王晓冰，宋雅迪，庄静静，等，2019. 不同光照条件下大百合生理特性研究［J］. 中药材，42（7）：1489-1493.

王乙婷，2016. 贮藏条件对兰州百合主要营养成分及抗氧化活性影响的研究［D］. 兰州：兰州理工大学.

王奕丹，2022. 施钾对兰州百合生长特性及多糖的影响［D］. 银川：宁夏大学.

王云霞，张萍，葛蓓蕾，等，2020. 不同生育期卷丹百合的多酚积累特性及其抗氧化活性［J］. 湖南农业大学学报（自然科学版），46（5）：565-573.

王政，宋盈龙，刘艳楠，等，2016. 不同光源对百合试管苗生长及生理特性的影响［J］. 河南农业科学，45（6）：111-115.

魏焕章，等，2017. 百合·山药［M］. 北京：中国农业科学技术出版社.

吴超，郭方其，陈世平，等，2016. 外源水杨酸（SA）对食用百合长期低温储藏过程中生理代谢影响 [J]. 分子植物育种，14（9）：2495-2501.

吴美娇，张亚明，王雪倩，等，2019. 无花粉污染百合的杂交育种研究 [J]. 南京农业大学学报，42（6）：1030-1039.

吴青青，胡小京，崔嵬，等，2019. 秋水仙素诱导百合黄精灵多倍体研究 [J]. 种子，38（11）：96-100.

吴然，边光亚，薛少红，等，2022. 兰州百合鳞片扦插繁殖技术研究 [J]. 蔬菜（4）：21-24.

吴然，边光亚，薛少红，等，2022. 兰州百合生长发育规律及鳞茎增质量研究 [J]. 天津农业科学，28（12）：37-41，48.

吴沈忠，陆继亮，李航，等，2021. 变温处理对百合生长发育的影响及刺足根螨防治效果 [J]. 扬州大学学报：农业与生命科学版（1）：87-91.

武林琼，2020. "兰州百合"等 4 个百合品种在邢台山区的引种表现 [J]. 河北林业科技（1）：5-8.

武志江，李业燕，王亚军，等，2015. 百合枯萎病拮抗细菌的筛选、鉴定及其抑菌物质研究 [J]. 微生物学通报，42（7）：1307-1320.

席梦利，吴祝华，傅伟，等，2012. 亚洲百合杂交新品种'雨荷' [J]. 园艺学报，39（4）：811-812.

夏青，罗晨，曾粮斌，等，2022. 强还原土壤处理对再植龙牙百合生长不利因子的消减作用 [J]. 土壤学报，59（1）：183-193.

肖海燕，刘青林，2015. 百合等球根花卉育种研究进展 [J]. 中国农业科技导报，17（6）：21-28.

徐倩，孙泽晨，龙月，等，2022. 3 种百合属植物鳞茎甲醇提取物中酚类物质抗氧化活性及黄酮类及相关化合物的组成和代谢分析 [J]. 植物资源与环境学报，33（1）：42-52.

许东亭，秦丽珊，胡振阳，等，2015. 6 个百合品种光合特性分析 [J]. 仲恺农业工程学院学报，28（3）：17-20.

杨立晨，李得瑞，茹梦媛，等，2020. 22 种百合属植物在青岛地区引种的适应性研究 [J]. 中国农学通报，36（23）：46-53.

杨利平，符勇耀，2018. 中国百合资源利用研究 [M]. 哈尔滨：东北林业大学出版社.

杨利平，李蕊，2012. 百合亲本及其杂种幼苗对高温逆境的响应［J］. 东北林业大学学报，40（12）：63-66，141.

杨秀梅，瞿素萍，吴学尉，等，2010. 百合种质资源对枯萎病的抗性鉴定［J］. 西南大学学报（自然科学版），32（6）：31-34.

杨迎东，冯秀丽，王伟东，等，2019. 不同立地条件对百合种球生长发育的影响［J］. 沈阳农业大学学报，50（5）：595-601.

杨雨华，李文龙，黄鹏，等，2011. 钾肥与覆膜调控对兰州百合生长及个体大小不整齐性的影响［J］. 草业学报（10）：217-222.

叶静渊，1992. 我国百合栽培史初探［J］. 古今农业（4）：23-29.

游力刚，2012. 新编百合高效栽培技术［M］. 北京：中国农业科学技术出版社.

余鹏程，谭平宇，高丽，等，2021. OT百合杂交育种历程中的花色演变分析［J］. 园艺学报，48（10）：1885-1894.

余倩莎，杨岚，张城，等，2017. 百合多糖提取工艺优化［J］. 湖南农业科学（5）：84-86，90.

张德纯，2020. 甘肃兰州百合［J］. 中国蔬菜（10）：41.

张德英，2009. 百合地膜覆盖栽培的增产效应［J］. 云南农业科技（3）：25-26.

张冬菊，张睿婧，孙莲，等，2016. 切花百合新品种在上海地区的引种栽培试验［J］. 上海交通大学学报（农业科学版），34（4）：65-69，83.

张芳明，丁晓瑜，2020. 百合新品种引种与延长供花期配套栽培技术［J］. 浙江农业科学，61（8）：1596-1597，1652.

张丽丽，2013. 百合抗枯萎病研究［D］. 保定：河北农业大学.

张琳，2020. 百合小鳞茎从头再生的组织学和转录组学研究［D］. 杭州：浙江大学.

张如义，胡红玲，胡庭兴，等，2016. 核桃凋落叶分解对3种作物生长、光合及抗性生理特性的影响［J］. 生态与农村环境学报，32（4）：595-602.

张希平，2022. 10种百合鳞茎多酚提取物抗氧化活性及其与氮磷钾的相关性［D］. 银川：宁夏大学.

张曦，王振南，陆姣云，等，2016. 紫花苜蓿叶性状对干旱的阶段性响应［J］. 生态学报，36（9）：2669-2676.

张震林，郑梓唯，郑思乡，等，2022. 异源三倍体百合的培育及鉴定
　　［J］. 分子植物育种，20（19）：6424-6432.

张智惠，1989. 白合丛簇病毒的初步研究［J］. 植物病理学报，9
　　（5）：10.

赵健，赵志国，唐凤鸾，等，2017. 龙牙百合的研究进展［J］. 贵州农
　　业科学，45（7）：78-81.

赵祥云，王树栋，陈新露，2000. 百合［M］. 北京：中国农业出版社.

赵祥云，王树栋，王文和，等，2016. 庭院百合食用技术［M］. 北京：
　　中国农业出版社.

赵祥云，王文和，2017. 拓展市场强强联手合作共赢——我国百合产业
　　现状、存在问题和发展前景［J］. 中国花卉园艺（13）：10-13.

赵志珩，梁文汇，王伟娟，等，2020. 百合单倍体育种策略及发展趋势
　　［J］. 植物生理学报，56（11）：2367-2372.

周佳民，邓晶，宋荣，等，2019. 湖南武陵山区野生百合群落特征研究
　　［J］. 中国野生植物资源，38（6）：90-97.

周佳民，宋荣，曹亮，等，2019. 不同百合（品）种生长发育特性、光
　　合特性的比较分析及综合评价［J］. 中国中药杂志，44（21）：
　　4581-4587.

周佳民，王小娥，宋荣，等，2020. 百合连作障碍的生物学机理及生物
　　防治技术综述［J］. 湖南农业科学（11）：104-107.

周俐宏，石慧，杨迎东，等，2021. 百合资源抗棉蚜性鉴定及遗传多样
　　性分析［J］. 东北农业大学学报，52（6）：24-33.

周玲云，高素萍，陈锋，2016. 蔗糖和光周期在泸定百合试管鳞茎膨大
　　中的作用机制［J］. 浙江大学学报（农业与生命科学版），42（4）：
　　435-441.

周敏，赵秋燕，张迪，等，2023. 不同类型及不同品种百合的杂交亲和
　　性与胚挽救［J］. 江苏农业科学，51（7）：132-138.

朱昀，王未，李倩，等，2016. 百合珠芽与鳞茎营养成分及活性成分研
　　究［J］. 生物技术进展，6（5）：336-340.

朱志国，季晓莲，2015. 百合鳞茎形成的生理生化研究［J］. 中国农学
　　通报，31（10）：136-141.

ASCHER P D, 1975. Special stylar property required for compatible pollen-
　　Tube growth in *Lilium longiflorum* Thunb［J］. Botanical Gazette, 136

(3): 317-321.

BELLARDI M G, MARANI F, BERTACCINI A, 1988. Narcissusmosaic-virusin lily [J]. Acta Horticulturae, 234: 457-464.

BOOTH C, 1971. The genus fusarium. commonwealth mycological inatitute [M]. England: Kew Surrey.

BRIERLEY P D SMITH F F, 1944. Studies on lily virus diseases the mottle group [J]. Phytopath, 34 (8): 718-746.

CHENG Z, XU P, 2013. Lily (*Lilium* spp.) root exudates exhibit different allelopathies on four vegetable crops [J]. Acta Agriculturae Scandinavica, 63 (2): 169-175.

EIMER PAG, KOHI J, 1998. The survival and saprophytic competitive ability of the Botrytis spp. antagonist Ulocladium atrum in lily canopies [J]. European Journal of Plant Pathology, 104 (5): 435-447.

GOPAL B, 2016. Plant ltter decomposition humus formation carbon sequestration [J]. International Journal of Ecology & Enviromental Sciences, 41 (3): 243-243.

HUA C P, 2018. Effects of intercropping on rhizosphere soil microorganisms and root exudates of Lanzhou lily (*Lilium davidii* var. *unicolor*) [J]. Sciences in Cold and Arid Regions, 10 (2): 159-168.

LI J J, XU Z Y, XU Y B, et al., 2022. Effects of continuous lily cropping on the physicochemical properties and biological characteristics in subtropical facility red soils [J]. Eurasian Soil Science, 55 (9): 1258-1265.

LI M Q, WANG W Z, FAN S F, et al., 2021. Evaluation of crop rotation-suitability in food lily (*Lilium davidii* var. *unicolor*) [J]. Pakistan Journal of Botany, 53 (5): 1645-1653.

LIU Q, ZHANG R, XUE H, et al., 2022. Ozone controls potato dry rot development and diacetoxyscirpenol accumulation by targeting the cell membrane and affecting the growth of Fusarium sulphureus [J]. Physiol Mol Plant P (118): 101785.

SHANG Q, YANG G, WANG Y, et al., 2016. Illumina-based analysis of the rhizosphere microbial communities associated with healthy and wilted Lanzhou lily (*Lilium davidii* var. *unicolor*) plants grown in the field [J]. World Journal of Microbiology & Biotechnology, 32 (6): 1-15.